高等学校教材

波谱学原理及解析

BOPUXUE YUANLI
JI JIEXI

陈义平　主　编
孙瑞卿　孙　财　副主编

化学工业出版社
·北京·

内容简介

本书着重阐述了红外光谱、拉曼光谱、紫外-可见吸收光谱、核磁共振谱和质谱等波谱的基本原理、分子结构和波谱的关系，以及利用这种构效关系来解析化合物结构的方法。本书介绍的研究方法具有快速、灵敏、准确与信息量丰富等特点，已成为现代化学实验室中不可缺少的工具，并且广泛地应用于化学、石油化工、生物、医药、环保和材料学等许多科研及工业部门。

本书可作为高等院校化学、石化、医药、环保和轻工等相关专业教材，也可供科研人员阅读参考。

图书在版编目（CIP）数据

波谱学原理及解析 / 陈义平主编；孙瑞卿，孙财副主编. —北京：化学工业出版社，2023.1
高等学校教材
ISBN 978-7-122-42378-8

Ⅰ.①波… Ⅱ.①陈… ②孙… ③孙… Ⅲ.①波谱学-高等学校-教材 Ⅳ.①O581

中国版本图书馆 CIP 数据核字（2022）第 195253 号

责任编辑：曾照华
文字编辑：陈　雨
责任校对：王鹏飞
装帧设计：王晓宇

出版发行：化学工业出版社
（北京市东城区青年湖南街 13 号　邮政编码 100011）
印　　装：北京科印技术咨询服务有限公司数码印刷分部
787mm×1092mm　1/16　印张 16　字数 397 千字
2023 年 8 月北京第 1 版第 1 次印刷

购书咨询：010-64518888
售后服务：010-64518899
网　　址：http://www.cip.com.cn
凡购买本书，如有缺损质量问题，本社销售中心负责调换。

定　　价：68.00 元

前言

用经典的化学分析方法确定物质的分子量、分子式和结构式是很困难的，而且现代化学不能停留于经典的化学分析之上，要求有快速、灵敏、准确和信息丰富的测试研究手段。

波谱学解析可研究光、电磁波辐射和物质相互作用及其应用。依照波长的长短、频率以及波源的不同，电磁波谱可大致分为：无线电波、微波、红外线、可见光、紫外线、X 射线和 γ 射线。物质在光（电磁波）的照射下，引起分子内部某种运动，从而吸收、散射或转动某种波长的光，将入射光在经过样品后强度的变化或散射及转动光的信号记录下来，得到一张信号强度与光的波长或波数（频率）或散射角度及强度的关系图，用于物质结构、组成及化学变化的分析，这称为波谱法。由于不同频率的辐射和物质作用的机制不同，就产生了许多种波谱分析方法。

本书介绍的几种常用方法是：红外光谱和拉曼光谱、紫外-可见吸收光谱、核磁共振谱、质谱等，它们已成为现代化学实验室必不可少的工具。由于它们可以实现样品的微量化，具有快速、灵敏等特点，使许多复杂的问题变得简单和容易解决。例如：水稻种植田中的亚细亚刚毛草诱发剂的发现和利用就是一个很好的例证。为了根治刚毛草，科学家经过努力，在秧苗中提取了几微克的诱发种子发芽的化学物质，这样少的样品用经典的化学分析方法进行鉴定是不可能的。化学家们采用高分辨率的质谱和核磁共振谱方法，明确了这种化学物质的结构，并进行了化学合成。再如青蒿素的发现和利用也是一个很好的例证。为了根治疟疾，屠呦呦课题组联合有机结构化学家经过努力，采用红外光谱、核磁共振谱和质谱等方法，测定了青蒿素的化学结构，为青蒿素衍生药物的开发奠定了基础。这些内容体现了 20 世纪发展起来的“物理学”等的基本理论和实验方法与化学等学科的有机融合，体现了高新技术（如超导、激光、计算机控制和信息处理等）的辉煌成就和学科研究前沿，这是一个蓬勃发展的领域，在化学、石油化工、功能材料和生物工程等学科中具有广泛的应用。

福州大学开展波谱学课程教学比较早。1985 年，为适应物理化学专业研究生和高年级本科生的高素质创新人才培养的需要，在“结构化学”教学基础上，开设波谱学硕士学位课程和本科生课程。为适应学科发展和高素质创新人才培养的需要，优化课程体系与教材内容，推进教学方法改革与创新，提高教学质量，1985～2022 年，我们系统地进行了课程体系改革。将原分散在数门课程的有关教学内容进行优化组合、精选知识点，克服课程内容较陈旧等问题；教材的内容在加强基本原理基础上，贯穿释谱这条线，利用各种光谱的特点，突出分析分子结构与光谱、物质的性能与光谱的构效关系，力图从教学和实用的角度出发，阐明其基本原理、方法特点以及分子结构与波谱的关系，从而帮助学生对图谱进行解析和应用。

福州大学波谱学课程组于 1996 年正式出版了教材，并于 2011 年进行修订，更名为《波谱学原理及应用》。该教材（含讲义）至今已在福州大学研究生和本科生中使用 37 届，授课面已拓展到化学各专业并辐射到材料和生物工程等多个专业硕士点及相关专业的本科生教学。2020 年获得福建省线下一流本科课程立项。本书是笔者在本课程组编写的教材基础上，同时参考了国内外有关专著和教材，总结多年教学经验，对原有教材重新修订、整理而成。本书的谱图部分内容由孙瑞卿正高级实验师整理和修订，各章的结构解析由孙财博士修订，全书由陈义平审定。

本书出版得到了福州大学研究生院教育教学改革项目、福州大学化学学院教材建设项目和福州大学教务处教材出版立项的资助。本书的编写，得到了张汉辉教授和郑威教授的关心和大力支持。编者的书稿撰写从国内外有关专著和教材中受益匪浅，在此向他们表示衷心的感谢。由于种种原因本书中不足之处在所难免，诚恳期待广大读者和同仁批评指正。

2023 年 3 月 18 日于福州大学

目录

1

分子振动光谱

分子是由依靠化学键联结的原子组成的，具有确定的构型，化学键涉及原子核外的电子的相互作用。所以，考察分子的运动状态，应包括分子的整体平动、转动、核间的相对位置变化的振动和电子运动。因此，分子的能量可以看作由分子的平动能 E_t、分子的振动能 E_v、转动能 E_r 和电子运动能 E_e 组成，即：

$$E = E_t + E_r + E_v + E_e$$

由于原子核和电子的质量相差很大，运动速度也有较大差别，因此，作为一级近似，它们间的相互作用可以忽略，它们各自的运动在力学上可以独立处理。对分子中的电子运动和原子核间的运动分开讨论，这种处理方法称为玻恩-奥本海默近似处理。在原子核的相对运动中，分子整体平动的平动能只是温度的函数，它对分子本身的核间运动及电子运动影响可以忽略，故和分子光谱有关的能量变化可看作分子的转动、振动和电子运动的能量变化。分子的这三种运动状态的能量都是量子化的，每种分子都具有特定的转动能级、振动能级和电子能级。图 1-1 是双原子分子能级示意图。

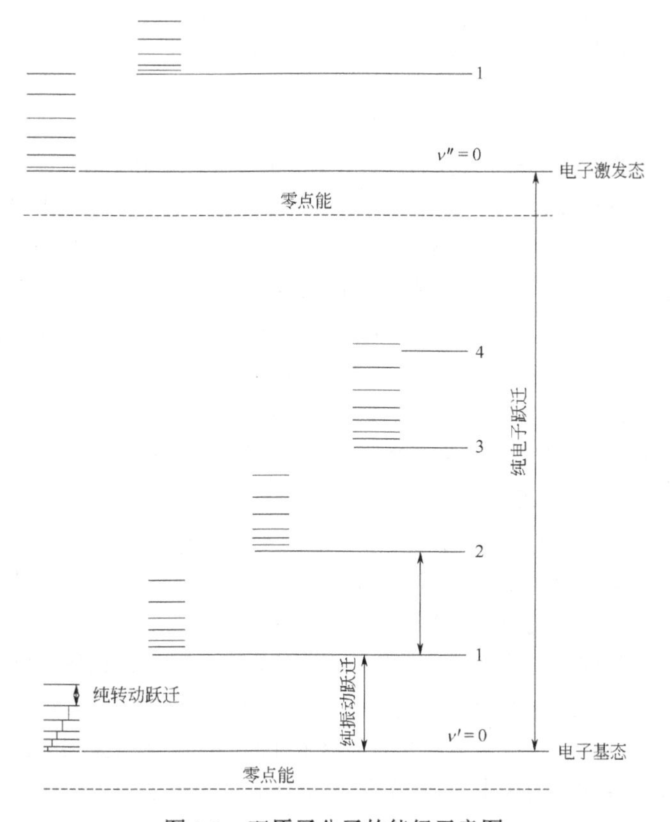

图 1-1　双原子分子的能级示意图

当分子从一种状态跃迁到另一种状态（能态），它要吸收或发射一定的能量，其关系式为：

$$\Delta E = E'' - E' = h\nu$$

式中，h 为普朗克常数；E'和 E''分别代表始态和终态的能量；ν为辐射频率。但是，量子力学还指出，并非任意两个能级间都可以产生跃迁，它必须遵循一定的规律（选率）。

分子的 E_e、E_v 和 E_r 能级间隔在数量级上有差别，分别是 10^5～10^4cm^{-1}、10^4～10^2cm^{-1} 和 10^2～1cm^{-1}。当用能量接近于 E_r 的微波或远红外光与物质的分子作用时，由于其能量不足以引起电子能级和振动能级变化，只能引起分子转动能级的变化，所得的吸收光谱称为分子转动光谱。而能量接近于 E_v 的中红外和近红外光与分子作用时，由于其能量不足以引起电子能级变化，只能引起振动能级变化并伴随分子转动能级的变化，此时，分子产生的吸收光谱称为振动-转动光谱或振动光谱。如果用能量接近于 E_e 的紫外和可见光与物质分子作用时，可引起电子能级之间的跃迁，并伴随分子的振动态和转动态的变化，产生的吸收光谱称为紫外-可见光谱，由于这种光谱主要是起源于价电子能级之间的跃迁，故也称为电子光谱。振动光谱、转动光谱和紫外-可见光谱统称为分子光谱，由于其跃迁的谱线重叠及相互作用的存在，其图谱的特征是带状谱，而原子光谱仅涉及原子中电子的跃迁，谱线十分尖锐，为线状光谱。在分子光谱中，除了吸收光谱外，还有发射光谱和拉曼散射光谱等。对这些光谱的研究，有助于了解分子的能级状态、状态跃迁、跃迁强度等方面的信息，从而获得有关的分子结构知识。

1.1　分子振动光谱的发展历程

分子振动光谱的发展源远流长，可追溯到 1665 年牛顿（英国数学家、天文学家）用三棱镜将太阳光分成七色光的实验，这个实验的方法是分光光度计的基础。但光谱学的较大发展是近百年的事。1892 年，朱利叶斯采用牛顿分光原理，利用岩盐作为棱镜、电阻温度计作为检测器的“红外分光光度计”测定了 20 多种有机化合物的红外光谱，发现了分子具有复杂的特征振动指纹，特定的化学官能团（如羰基、羟基等）都有其相应的振动频率，这就是后人所说的“基团（或官能团）特征振动频率”，这些振动频率位于 4000～50cm^{-1}。显然，只有那些偶极矩变化的振动才能产生红外光谱吸收。这些实验事实，为 20 世纪初量子理论的创立奠定了实验基础。此后，人们发现了高灵敏度的红外检测器，加上电子元器件的发展，从而使红外光谱的测试成为常规的分析手段。20 世纪 60 年代，用光栅作为分光器的第二代红外光谱仪投入使用，20 世纪 70 年代后期干涉型的傅里叶变换红外光谱仪成为主导机型。

在 1923 年，Smekal 首先预见了分子在光的辐射下具有非弹性散射，他的预见很快得到 Raman 和 Mandelstamm 的验证，他们使用高强汞灯激发样品产生拉曼散射光，用一台简易的摄谱仪和照相纸作记录。这些发现，成为了第二次世界大战前的非破坏性的主要研究方法。相比之下，当时拉曼光谱测试需要熟练的技术和使用暗室，它所测试的谱图受到很强的荧光、磷光效应和热谱等测试信号的影响而限制其发展。但在拉曼光谱测试中，固体样品的制样简单、玻璃能透过可见光和近红外光及拉曼散射光，这对于样品的研究会带来很大的方便，因而激励人们进一步开拓拉曼光谱的应用技术。到 20 世纪 60 年代，由于使用可见光激光器作为色散型拉曼光谱的激发光源，拉曼光谱技术有了很大的发展，但由于可见光能量较高，容易导致一些芳香有机化合物、高分子材料等物质产生荧光，其强度比拉曼散射光的强度大好几个数量级，严重影响拉曼光谱测定。此外，可见激光能量较高，有的样品容易遭破坏，而且仪器结构复杂、造价高，虽有很多应用，但还难成为常规分析方法。

傅里叶变换红外（FT-IR）光谱仪的出现，克服了分光型的红外光谱技术的一些局限性，许多功能附件及联机技术的使用，促进了红外光谱研究的开展，使 FT-IR 处于光谱学研究的举足轻重的地位，成为常规的研究手段之一。1964 年，Chantry 和 Gebbie 就证明了傅里叶变换技术用于拉曼光谱的可行性，但由于瑞利线的过滤等问题，直到 1986 年，Hirschfeld 才第一次报道了近红外傅里叶变换拉曼光谱（NIR FT-Raman）。他们用近红外激光器、FT-IR 的干涉仪、干涉滤光器滤去瑞利散射，以 Ge 检测器检测和经傅里叶变换技术获得拉曼光谱。近来，配置多种可供选择的激发波长（紫外、可见和近红外）的共焦拉曼光谱仪面世及应用技术的开发，促进了拉曼光谱研究的开展，并与红外光谱互补成为研究分子振动光谱的方法并逐渐成为常规研究的重要手段。近年来，在 FT-IR 和 Raman 的发展中，又开发了步进扫描（Step-Scan）技术，在时间分辨光谱（TRS）等方面的应用呈现出较好的发展势头。

傅里叶变换红外光谱仪和拉曼光谱仪的核心是 Micheison 干涉仪，图 1-2 是其示意的光路图。M_1 和 M_2 为两块相互垂直的平面镜，M_1 为定镜，M_2 为动镜，在它们之间放置一块背面镀有半透膜的光束分束器 BS。光源发出的光进入干涉仪的分束器被分成两束，透射光和反射光各占 50%，分别经动镜 M_2 和定镜 M_1 反射后先后到达检测器，检测的是透射光和反射光的相干光。如果进入干涉仪的是单色光 λ_1，假设反射光和透射光到达检测器的位相一样，发生了相长干涉，亮度最大（信号最强）；如果动镜移动了入射光的 $1/4\,\lambda_1$ 的距离，则二者的光程差为 $1/2\,\lambda_1$，两个光路光的位相差为 180°，发生了相消干涉，亮度最小。如果动镜移动了 $1/4\lambda_1$ 的奇数倍时，光程差为 $2 \times 1/4\lambda_1 \times n = 1/2n\lambda_1$（即为：$\pm 1/2\lambda_1$, $3/2\lambda_1$, $5/2\lambda_1 \cdots$），都会产生相消干涉，亮度最小，如果移动了 $1/4\lambda_1$ 的偶数倍，就会产生相长干涉，亮度最大。根据上述原理，得到单色光、二色光和多色光的示意干涉图（图 1-3）。这些干涉图实际是时域函数 $F(t)$，$F(t)$满足傅里叶函数的条件，即：

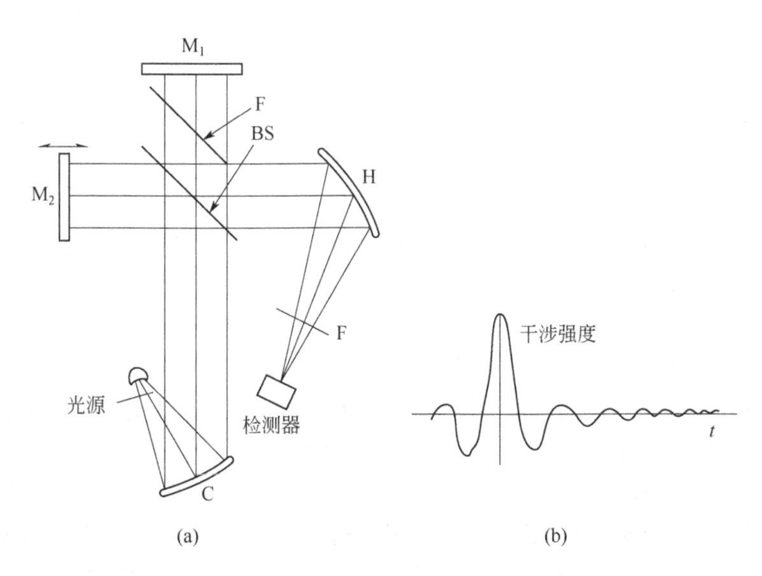

图 1-2　Micheison 干涉仪示意光路图

$$F(t)=\frac{1}{2\pi}\int_{-\infty}^{\infty}B(\omega)\exp(i\omega t)\mathrm{d}\omega$$

$B(\omega)$为频率函数，具有如下的变换：

$$B(\omega)=\frac{1}{2\pi}\int_{-\infty}^{\infty}F(t)\exp(-i\omega t)\mathrm{d}t$$

这样的变换称为傅里叶变换。经傅里叶变换后，将时域函数$F(t)$变换为频率函数$B(\omega)$，得到频谱图形。但经典的傅里叶变换计算耗时较大，不能实际应用。到了20世纪60年代中叶，Cooley-Turkey提出快速傅里叶变换方法才使傅里叶变换达到实用的程度。傅里叶变换具有多频道和光通量大等优点。

图1-4和图1-5分别为FT-IR和NIR FT-Raman光谱仪的光路示意图。

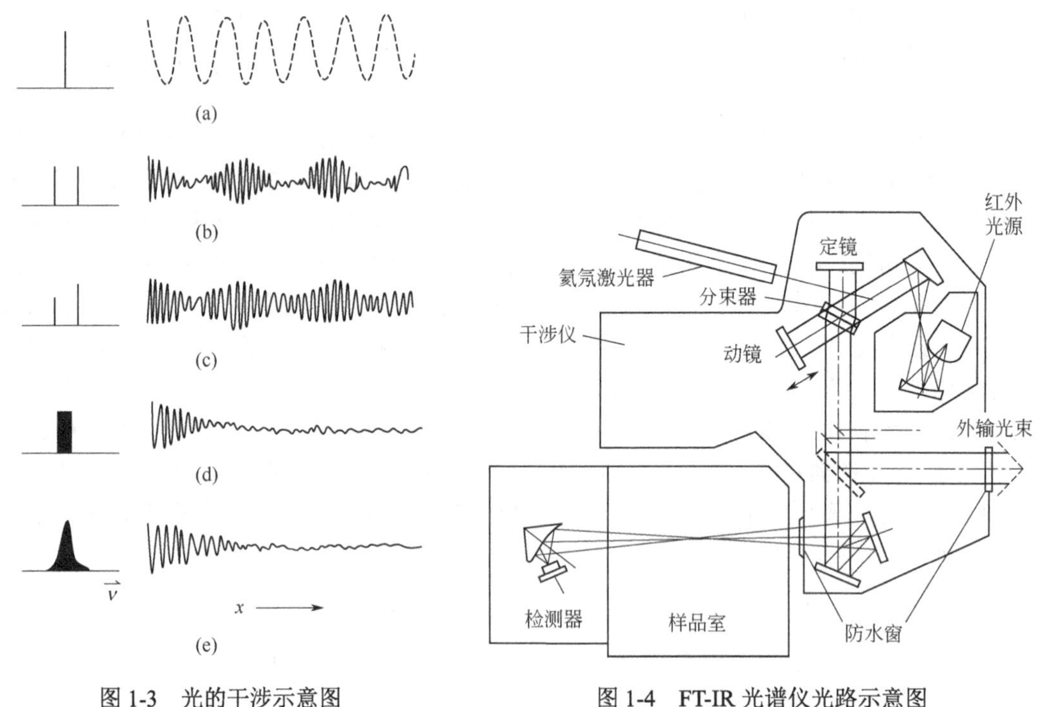

图1-3　光的干涉示意图

(a) 单色光；(b)、(c) 二色光；(d)、(e) 多色光

图1-4　FT-IR光谱仪光路示意图

在计算机和激光技术等近代高新技术基础上发展的傅里叶变换红外和拉曼光谱，已广泛应用于多种学科和领域，如化学、石油化工、药物、气象及环境科学和轻工等。人们在样品剖析、鉴定、测试和结构分析研究中取得了大量成果。分子振动光谱在化学领域中主要开辟两个方面的应用：经验解释和理论解释。由于对大量纯化合物的IR和Raman光谱测定已积累了许多数据资料，对一些小分子化合物的理论计算也取得一些结果，人们从中总结了化学键（或官能团）吸收光谱规律，用于解释化合物的光谱图。而理论研究则注重分子内部的运动机理以及对这种运动与电磁波辐射的相互作用，从分子力学的角度分别发展了分子振动光谱的频率理论和谱带强度理论，力图从光谱预测结构模型或从分子结构推测其光谱特征。频率理论有代表性的是Wilson提出的GF矩阵方法。谱带强度理论发展比较慢，但目前已有较大发展，它和频率理论

相互补充，可对分子结构及其振动模式进行较为详细的描述，力图克服谱带振动模式归属的盲目性。经 Gussion 推广应用，还发展了从头计算的方法。

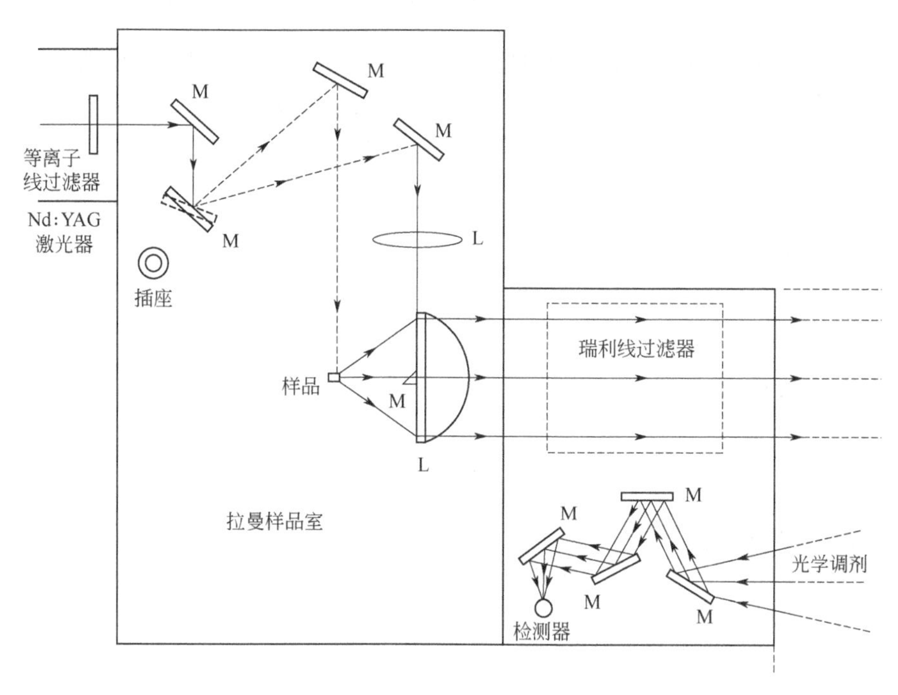

图 1-5　NIR FT-Raman 光谱仪光路示意图

1.2　双原子分子的振动-转动光谱

双原子分子的转动和振动可以分别用刚性转子模型和谐振子模型来表示，然后分别对这两个模型给予适当的修正，得出更精确的结果。

1.2.1　双原子分子的转动光谱

讨论双原子分子的转动光谱，最简单的模型是刚性转子，见图 1-6。将质量分别为 m_1 和 m_2 的两个原子视为质点，它们之间用一根没有质量的刚性杆联结，质心距离恒定为 r_e，重心 c 至两个核的距离分别为 r_1 和 r_2，据杠杆规则，有：

$$m_1r_1 = m_2r_2$$
$$r_e = r_1 + r_2$$

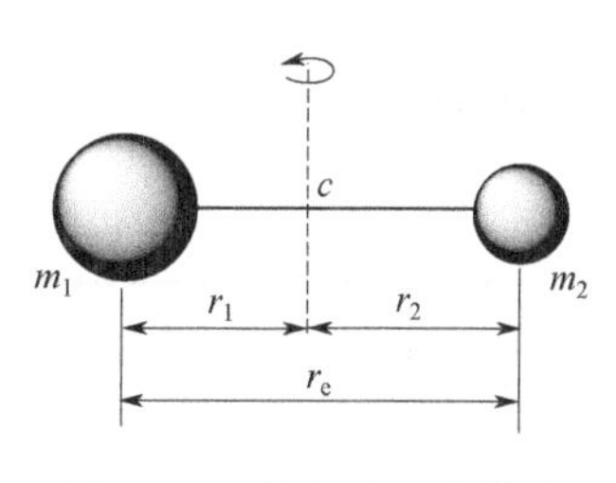

图 1-6　双原子分子的转动

由以上两式得：

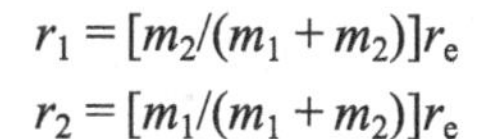

$$r_1 = [m_2/(m_1 + m_2)]r_e$$
$$r_2 = [m_1/(m_1 + m_2)]r_e$$

刚性转子的转动惯量 I 为：

$$I = m_1{r_1}^2 + m_2{r_2}^2 = [m_1m_2/(m_1 + m_2)]{r_e}^2 = \mu {r_e}^2$$

式中，μ 为分子的折合质量。按照经典力学，体系的转动动能 T 为：

$$T=\frac{1}{2}I\omega^2=L^2/(2I)$$

式中，ω 为角速度；$L=I\omega$，为角动量。在转动中，分子的势能是 r_e 的函数，在刚性转子中为常数，可取为零。因此，在 Schördinger 方程中只有动能项，即为：

$$[L^2/(2I)]\psi=E\psi$$

角动量算符 L^2 的本征函数是球谐函数 $Y_{j,M}(\theta,\ \phi)$，本征值是 $J(J+1)\frac{h^2}{4\pi^2}$，式中，J 为分子转动量子数，M 代表磁量子数，于是：

$$\frac{1}{2I}L^2Y_{j,M}(\theta,\ \phi)=\frac{h^2}{8\pi^2I}J(J+1)\,Y_{j,M}(\theta,\ \phi)$$

因此，转动能量 E_r 为：

$$E_r=J(J+1)\frac{h^2}{8\pi^2I}\qquad J=0,1,2\cdots$$

如果定义转动常数：

$$B\equiv h/(8\pi^2Ic)\quad(B\text{的单位为 cm}^{-1})$$

则

$$E_r=J(J+1)hBc\tag{1-1}$$

对于每个 J 值，M 可取值为：

$$M=0,\pm1,\pm2,\cdots,\pm J$$

远红外的转动光谱的选律是：

① 非极性分子没有（远）红外转动光谱，如 N_2、O_2、CO_2 等。

② 对于大多数极性分子，电子基态为 $^1\Sigma$，只有 $\Delta J=\pm1$，$\Delta M=0$，±1 跃迁才是许可的，如 HCl 分子。电子基态不是 $^1\Sigma$，还可看到 $\Delta J=0$ 的跃迁，如 NO 分子。

由转动能级公式（1-1）和选律，分子由 J 状态跃迁到 $J+1$ 的状态，转动能量变化是：

$$\Delta E=E(J+1)-E(J)=2(J+1)hBc\tag{1-2}$$

因为 $\Delta E=h\tilde{\nu}c$[1]　($\tilde{\nu}$ 的单位为 cm^{-1})

$$\tilde{\nu}_j=2(J+1)B\tag{1-3}$$

当 J 值依次增加一个单位时，所吸收的辐射依次为 $2B$、$4B$、$6B\cdots$，相邻的转动吸收谱线间隔 $\Delta\tilde{\nu}$ 为 $2B$。表 1-1 是 HCl 气体的远红外转动吸收光谱实验值和理论计算值。

表 1-1　HCl 气体的远红外转动吸收光谱实验值和理论计算值　　单位：cm^{-1}

$J+1$	1	2	3	4	5	6	7	8	9	10	11
$\tilde{\nu}_{obs}$				83.32	104.13	124.73	145.37	165.89	186.23	206.60	226.80
$\Delta\tilde{\nu}$					20.81	20.60	20.64	20.52	20.34	20.37	20.20
式(1-3)	20.68	41.36	62.04	82.72	103.40	124.08	144.76	165.44	186.12	206.80	277.48
式(1-5)	20.68	41.36	62.04	83.06	103.72	124.11	144.81	165.51	186.22	206.95	227.68

[1] 因为 $c=\lambda/T=\lambda\nu$，所以 $\nu/c=1/\lambda$(ν 的单位：Hz)，令 $\tilde{\nu}=\nu/c=1/\lambda$ ($\tilde{\nu}$ 的单位：cm^{-1})。本书频率单位为 Hz 时用 ν 表示，频率单位为 cm^{-1} 时用 $\tilde{\nu}$ 表示。

从表 1-1 中的数据可以看到，HCl 分子的转动光谱的谱线间隔 $\Delta\tilde{\nu}$ 基本相等，但随着 J 的数值增大稍微缩小，所以采用刚性转子模型描述双原子分子的转动状态还不完善。分子在转动中核间距并不恒定，会产生离心变形，因此，必须对此模型进行校正，校正后的转动能级为：

$$E_r = J(J+1)hcB - J^2(J+1)^2hcD \tag{1-4}$$

式中，D 为离心变形系数，其值一般只有 B 的 10^{-6}～10^{-5} 倍。分子从 J 跃迁到 $J+1$ 状态时，分子所吸收的辐射能量（波数）$\tilde{\nu}_j$ 为：

$$\tilde{\nu}_j = 2(J+1)B - 4D(J+1)^3 \tag{1-5}$$

表 1-1 中还列出用式（1-5）计算的结果（取 $2B = 20.68\text{cm}^{-1}$，$4D = -0.00016\text{cm}^{-1}$），它与实验值符合得很好。

用转动光谱可以计算双原子或不太复杂的多原子分子的转动惯量和几何参数（核间距，键角）。例如，由 HCl 分子的远红外光谱测得 $\Delta\tilde{\nu} = 20.68\text{cm}^{-1}$。

因为 $\Delta\tilde{\nu} = 2B = h/(4\pi^2Ic)$

$= h/(4\pi^2\mu r_e^{\,2}c)$

所以 $r_e = [h/(4\pi^2\mu c\Delta\tilde{\nu})]^{1/2}$

$\mu = m_H m_{Cl}/(m_H + m_{Cl}) = 1.008 \times 35.45/[6.023 \times 10^{23} \times (1.008 + 35.45)]$

$= 1.627 \times 10^{-24}(\text{g})$

那么，HCl 分子的键长 $r_e = 1.289\text{Å} = 0.1289\text{nm}$。

分子具有各种振动状态，转动光谱（$J=0 \rightarrow J=1$）可出现在 $\Delta v = 0$，±1，±2，±3…，v为振动量子数。当 $\Delta v = 0$ 时，得到纯转动光谱；在 $\Delta v = \pm1$，±2，±3…时，得到振动-转动光谱。此中，括号内的跃迁概率较小。根据玻尔兹曼能量分布定律，分子位于振动基态（$v = 0$）的数目最多，转动的概率最大，但在温度较高或分子较重时，分子在$v = 1$、2 的振动能级上也有显著的集聚，因此，除了在振动基态有较强的转动光谱，在长波方向也将出现较弱的伴线，如图 1-7 所示：

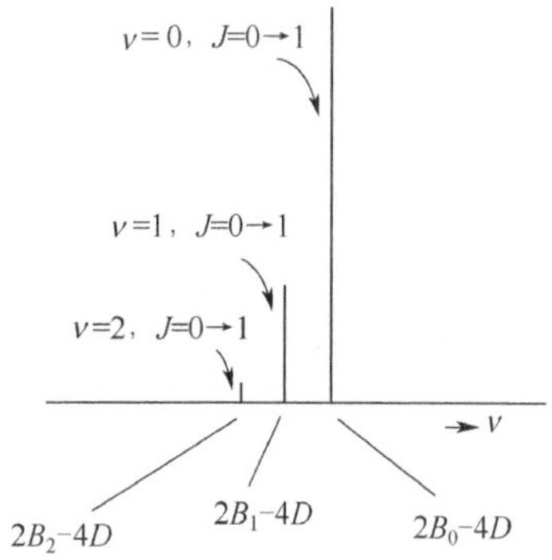

$$\tilde{\nu}_0 = 2B_0 - 4D$$
$$\tilde{\nu}_1 = 2B_1 - 4D$$
$$\tilde{\nu}_2 = 2B_2 - 4D$$

图 1-7 转动光谱线及其伴线

对于 Raman 转动光谱，在刚性转子的模型下，其转动光谱的选律为：

$$\Delta J = 0, \pm2$$

这个选律适用于电子基态为 $^1\Sigma$ 的分子。$\Delta J = 0$，相当于瑞利散射。对拉曼位移转动光谱，$|\Delta\sigma| = E_{J+2} - E_J = 4B(J+3/2)$，谱线间隔 $\Delta|\Delta\sigma| = 4B$，相当于远红外转动谱线间隔的两倍。根据转动 Raman 光谱的选律，存在 S、Q、O 三支（分别对应 $\Delta J = +2$、0、−2）。例如 N_2 分子的纯 Raman 位移转动光谱。

1.2.2 双原子分子的振动光谱

（1）简谐振动

如图 1-8 所示，假设双原子分子是由一个弹簧联结的两个小球组成，它们在平衡距离 r_e（即键长）附近作往复振动。当振动小球 1 位移了 X_1，小球 2 位移了 X_2，此时体系的动能为：

$$T=\frac{1}{2}m_1X_1'^2+\frac{1}{2}m_2X_2'^2 \tag{1-6}$$

体系的势能为：

$$V=\frac{1}{2}K(X_2-X_1)^2=\frac{1}{2}K(r-r_e)^2=\frac{1}{2}KX^2 \tag{1-7}$$

式中，m_1和m_2分别为小球的质量；K为力常数；X为位移量。根据势能公式（1-7），势能曲线是一条抛物线，势能和偏离平衡位置的位移量的平方成正比。

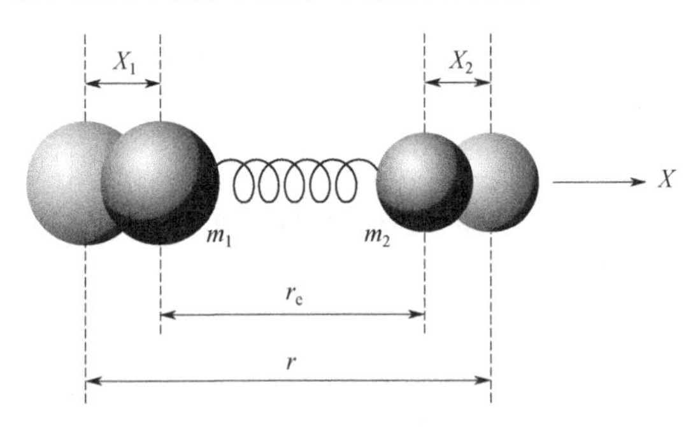

图 1-8 成键双原子间的振动模型

$$\frac{\partial T}{\partial t}+\frac{\partial V}{\partial X_i}=0 \tag{1-8}$$

将式（1-6）和式（1-7）代入经典运动方程式（1-8）得到：$m_1X_1''+K(X_1-X_2)=0$ ①

$$m_2X_2''+K(X_2-X_1)=0 \quad ②$$

由②/m_2-①/m_1=0，得：

$$X_2''-X_1''+K(1/m_1+1/m_2)(X_2-X_1)=0 \quad ③$$

因$X_2-X_1=X$，那么式③变为：

$$X''+K(1/m_1+1/m_2)X=0 \quad ④$$

令$\lambda=K/\mu$；$1/\mu=1/m_1+1/m_2$，μ称作约化质量。即式④变为：

$$X''+\lambda X=0 \quad ⑤$$

该方程是二阶线性微分方程，具有如下形式的通解：

$$X=A\cos(\sqrt{\lambda}\cdot t+\varepsilon) \quad ⑥$$

其中，A是待定的振幅，ε是初始位相，而$\lambda=4\pi^2\nu^2$，ν是振动频率。由式⑥得：$X_2-X_1=A\cos(\sqrt{\lambda}\cdot t+\varepsilon)$，因此可取：

$$X_1=A_1\cos(\sqrt{\lambda}\cdot t+\varepsilon) \quad ⑦$$

$$X_2=A_2\cos(\sqrt{\lambda}\cdot t+\varepsilon) \quad ⑧$$

将式⑦和式⑧分别代入式①和式②中，得：

$$m_1(-A_1\lambda)+K(A_1-A_2)=0 \quad ⑨$$

$$m_2(-A_2\lambda)+K(A_2-A_1)=0 \quad ⑩$$

将式⑨、式⑩整理得到：

$$(K-m_1\lambda)A_1-KA_2=0$$

$$-KA_1+(K-m_2\lambda)A_2=0 \quad (1\text{-}9)$$

对于这个线性齐次方程组的振幅 A_i 非零解条件是系数行列式为零，即：

$$\begin{vmatrix} K-m_1\lambda & -K \\ -K & K-m_2\lambda \end{vmatrix}=0 \quad (1\text{-}10)$$

方程式（1-10）是振动的久期方程式。把该行列式方程展开，得到：

$$(K-m_1\lambda)(K-m_2\lambda)-K^2=0 \quad (1\text{-}11)$$

λ 的根 λ_0 和 λ_1 分别是：

$$\begin{cases} \lambda_0=0 \\ \lambda_1=\dfrac{m_1+m_2}{m_1m_2}K=\dfrac{K}{\mu} \end{cases}$$

因为 $\lambda=4\pi^2\nu^2$，所以：

$$\nu=\frac{1}{2\pi}\sqrt{\frac{K}{\mu}} \quad (1\text{-}12)$$

如果振动频率 ν 用波数（cm^{-1}）表示，那么：

$$\tilde{\nu}=\frac{1}{2\pi c}\sqrt{\frac{K}{\mu}}=1303\sqrt{\frac{\kappa}{\mu'}} \quad (1\text{-}13)$$

式中，$\kappa=K\times10^{-5}$，$1303=\dfrac{1}{2\pi c}\sqrt{N_A\times10^5}$，如果已知 K 和 μ，就可利用公式算得基团的振动频率。

【例 1】 计算 C═O 基团的伸缩振动频率。已知 C═O 键的 $K=12.3\times10^2$N/m。

解： $\tilde{\nu}=1303\times\left[12.3\times\left(\dfrac{1}{12}+\dfrac{1}{16}\right)\right]^{\frac{1}{2}}=1750(cm^{-1})$

由公式（1-13）可看到，$\tilde{\nu}$ 的大小和 K 及 μ 有关。对于单键、双键到三重键，键的强度增大，其振动频率也依次增大，见图 1-9。

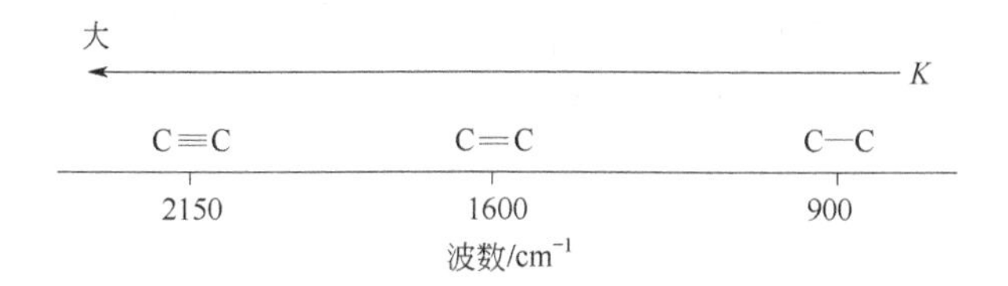

图 1-9　碳碳键振动频率

将式（1-11）求得的 λ_0 和 λ_1 分别代入式（1-9），得：当 $\lambda_0=0$ 时，$A_1=A_2$，两个原子向同一方向移动，⊙→⊙→，不是振动而是分子的平动。当 $\lambda_1=\dfrac{K}{\mu}$ 时，得到：$\dfrac{A_2}{A_1}=\dfrac{-m_1}{m_2}$，这说明两个原子以相反方向运动，←⊙—⊙→，振幅的大小和原子的质量成反比。在这个振动模型中，作为一个整体，体系的质量中心保持不变，每个原子的振动频率都相同，这种模型称为简谐振动模型。由式（1-6）可推得：

$$T=\frac{1}{2\mu}\left(\mu\cdot X'\right)^2=\frac{1}{2\mu}P_X{}^2$$

式中 P_X 为动量。那么，谐振子能量为

$$E = T + V = \frac{1}{2\mu} P_X{}^2 + \frac{1}{2} KX^2$$

动量 P_X 的算符为：

$$\hat{P}_X^2 = -h^2 \frac{\mathrm{d}^2}{\mathrm{d}X^2}$$

相应的 Schördinger 方程为：

$$\left[-h^2 \frac{\mathrm{d}^2}{\mathrm{d}X^2} + \frac{1}{2} KX^2\right]\Psi = E\Psi$$

Ψ 为振动波函数。解这个方程得到谐振子振动能级：

$$E_\nu = \left(\nu + \frac{1}{2}\right) h\nu_e$$

或者：$E_\nu = \left(\nu + \frac{1}{2}\right) hc\tilde{\nu}_e$

式中，ν 为振动量子数，$\nu = 0,1,2,3\cdots$；ν_e 为谐振子的振动频率；$\tilde{\nu}_e$ 为谐振子的振动波数。

（2）双原子分子的振动模型的校正

在谐振子模型中，忽略了势能函数 V 的高次展开项，使得 $V = \frac{1}{2} KX^2 + V_0$ 为一抛物线（图 1-10 中的虚线部分），这和实际的势能曲线有偏差。只有在 r 接近 r_e 时才符合得较好。按此模型计算的振动能级 $\left(\nu + \frac{1}{2}\right) h\nu_e$ 是等间隔的，也和实际情况有差异。所以，必须对谐振子振动模型加以修正。势能曲线可以用经验的 Morse 函数［式（1-14)］来表达（当然还有更为复杂、更精确的其他函数表达式）。

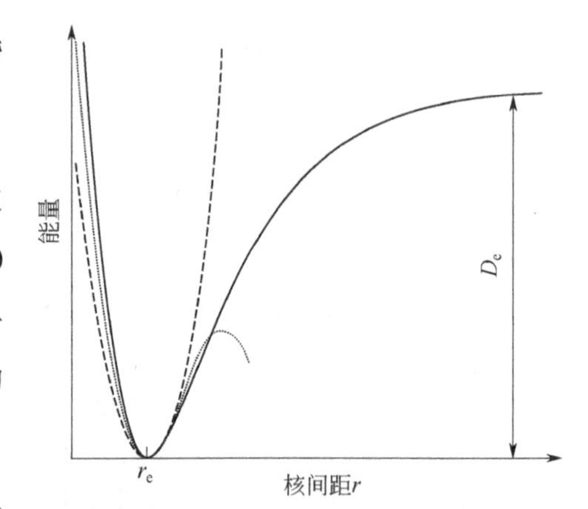

图 1-10　双原子分子的势能曲线

—实际势能；----抛物线；····立方抛物线

$$V = D_e \left\{1 - e^{\left[-\beta(r - r_e)\right]}\right\}^2 \tag{1-14}$$

式中，D_e 为离解能，$\beta = \left(\frac{K}{2D_e}\right)^{\frac{1}{2}}$。当 r 接近于 0 时，Morse 函数 V 趋于很大的有限值，而非束缚态势能为无限值，但由于 $r = 0$ 的性质对我们讨论问题不重要，因此这种缺陷无关紧要。$V(\infty) = D_e$，$V(r_e) = 0$，满足 $D_e = V(\infty) - V(r_e)$ 的关系。此外，可以证明，$V\left(r_e\right) = 0$，在 r_e 处势能最小。D_0 为分子从振动基态跃迁到分子的最高振动状态（恰好分子离解）所需的能量。D_e 和 D_0 相差 $\frac{1}{2} h\nu_e$，源于零点能效应。

将 Morse 函数代入 Schördinger 方程，对双原子分子的非简谐性作一级近似处理，得：

$$E_\nu = \left(\nu + \frac{1}{2}\right) hc\tilde{\nu}_e - \left(\nu + \frac{1}{2}\right)^2 hc\chi_e\tilde{\nu}_e \tag{1-15}$$

其中，$\chi_e\tilde{\nu}_e = \frac{hc\tilde{\nu}_e}{4D_e}$，称为非简谐性常数。显然，非简谐性使所有振动能级降低，这种降低随量子数的增加而很快地增加，所以，振动能级间的距离随ν的增加而减小。

（3）双原子分子的振动-转动光谱

在振动跃迁中，由于振动能大于转动能，故会伴随转动跃迁，产生振动-转动光谱。用高分辨率的红外光谱仪观察双原子分子的振动光谱带，可以发现每一条谱带都由许多谱线组成，例如 HCl 气体的红外光谱见图 1-11。

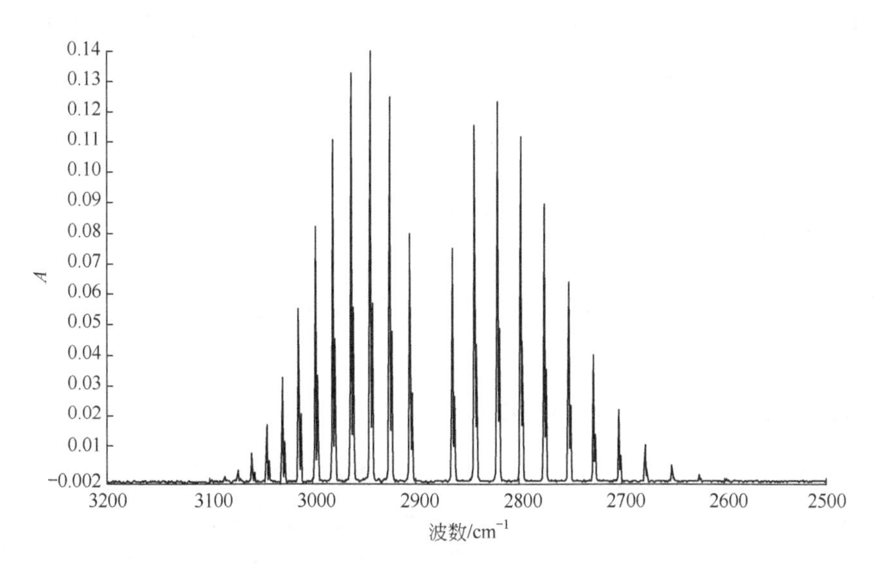

图 1-11　HCl 气体的红外光谱（在 P-E Spectrum 2000 FT-IR 测定，5cm 气体池）

振动谱带的精细结构是由转动能级引起的，因此，振动-转动的能量应为：

$$E_{\mathrm{v,r}} = E_{\mathrm{v}} + E_{\mathrm{r}} + E_{\mathrm{v-r}} \tag{1-16}$$

式中，E_{v}为振动能量；E_{r}为转动能量；$E_{\mathrm{v\text{-}r}}$为振动-转动的相互作用能量。根据前面对双原子分子的振动光谱和转动光谱的讨论，得到：

$$E_{\mathrm{v,r}} = \left(\nu+\frac{1}{2}\right)hc\tilde{\nu}_{\mathrm{e}} - \left(\nu+\frac{1}{2}\right)^2 hc\chi_{\mathrm{e}}\tilde{\nu}_{\mathrm{e}} + J(J+1)hcB - J^2(J+1)^2 hcD + \left[-J(J+1)\left(\nu+\frac{1}{2}\right)hc\alpha_{\mathrm{e}}\right] \tag{1-17}$$

式中的 α_{e} 为振动-转动的相互作用系数。将式（1-17）中的第三项和第五项合并，并定义转动系数 B_{v}为：

$$B_{\mathrm{v}} = B - \left(\nu+\frac{1}{2}\right)\alpha_{\mathrm{e}} \tag{1-18}$$

我们得到：

$$E_{\mathrm{v,r}} = \left(\nu+\frac{1}{2}\right)hc\tilde{\nu}_{\mathrm{e}} - \left(\nu+\frac{1}{2}\right)^2 hc\chi_{\mathrm{e}}\tilde{\nu}_{\mathrm{e}} + J(J+1)hcB_{\mathrm{v}} - J^2(J+1)^2 hcD \tag{1-19}$$

① 当$\nu = 0 \rightarrow \nu'$，$J = J' \rightarrow (J'+1)$时，即 $\Delta J = +1$，所得的谱线称为 R 支：

$$\tilde{\nu}_{\mathrm{R}}(J') = \nu'\left[1-(\nu'+1)\chi_{\mathrm{e}}\right]\tilde{\nu}_{\mathrm{e}} + 2B'_{\mathrm{v}} + J'(3B'_{\mathrm{v}} - B_{\mathrm{o}})$$

$$+J'^2\left(B_v'-B_o\right)-4\left(J'+1\right)^3 D\text{，}J'=1,2\cdots \qquad (1\text{-}20)$$

② 当$\nu=0\rightarrow\nu'$，$J=J'\rightarrow(J'-1)$时，即$\Delta J=-1$，所得的谱线称为P支：

$$\tilde{\nu}_P\left(J'\right)=\nu'\left[1-\left(\nu'+1\right)\chi_e\right]\tilde{\nu}_e-J'\left(B_v'+B_o\right)+J'^2\left(B_v'-B_o\right)+4J'^3D\text{，}J'=1,2\cdots \qquad (1\text{-}21)$$

式（1-20）和式（1-21）等号右边第一项称为谱线原线，将这两个方程进行适当的组合，可以求出分子的平衡键距、力常数及非简谐性常数、振动-转动相互作用常数和离心变形常数等。

③ 有一些分子，如NO，电子基态不是$^1\Sigma$态，$\Delta J=0$的跃迁是许可的，所得的谱线称为Q支。

1.3 多原子分子的振动光谱

多原子分子的振动光谱比较复杂，可借用“群论”这个数学工具把问题简化。在这一部分只作简单的定性讨论。

1.3.1 振动自由度和振动形式

在所有温度下，甚至包括热力学零度，每个分子都在其平衡构型附近不停地振动。在振动中，分子内部各原子间的距离和角度发生了周期性的变化，但其净结果，不产生分子质量中心的任何位移或不给分子以任何净的角动量（转动运动不予考虑）。考虑具有N个原子的分子，每个原子在三维空间运动时有三个自由度，那么这个分子共有$3N$个运动自由度。其中，分子的整体平移运动有三种，例如：

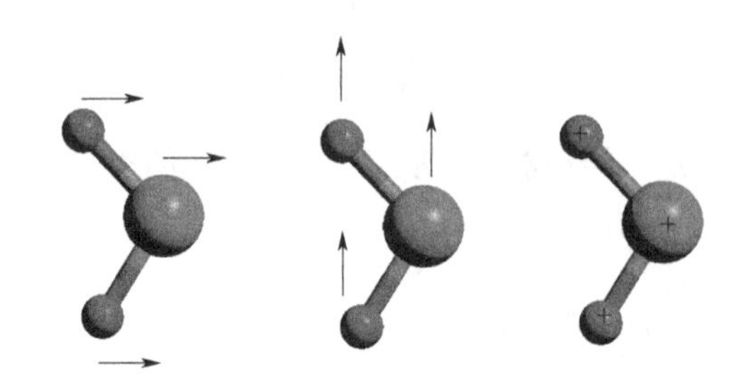

以及所有的原子一齐绕X、Y或Z轴作圆周运动，例如：

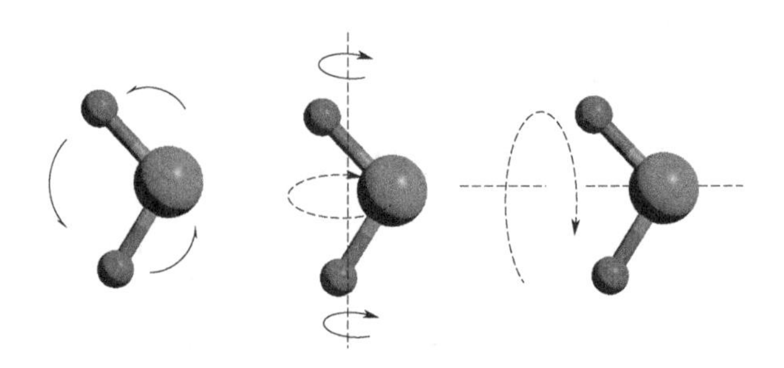

整体平移和转动对分子的振动没有贡献，应给予扣除，所以，只剩下$3N-6$个分子的振动方式。对于直线型分子，分子可在垂直于分子轴上的任意两个轴上转动，其振动方式为$3N-5$个。对束缚态分子，其振动方式为$3N$。例如，水分子的振动方式有$3N-6=3$个，即：

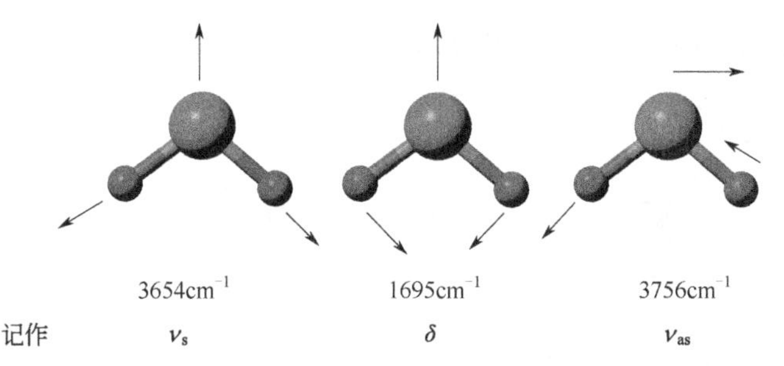

在红外光谱中可观察到这三个基频振动吸收峰。对于 CO_2，它属于直线型分子，有 $3N-5=3\times3-5=4$ 个振动方式，即：

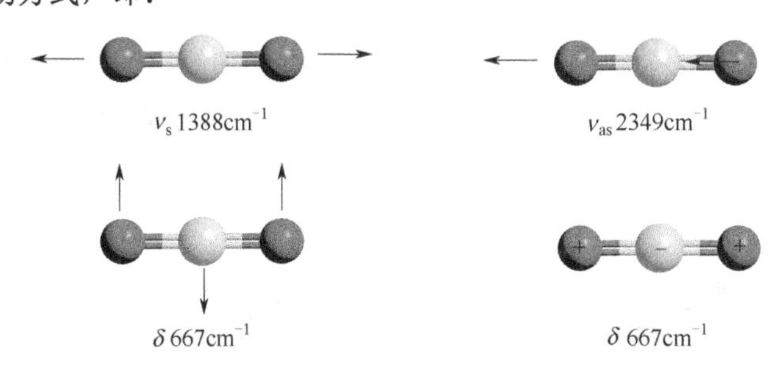

在这四种基频振动中，ν_s 没有偶极矩变化，故没有红外活性，而 ν_{as} 和 δ 都有偶极矩变化，其中 δ 处于简并状态，所以在红外光谱中能观察到两条红外基频吸收峰。对于复杂分子来讲，红外基频吸收峰的数目总是等于或小于振动方式的个数，一般来说，分子对称性愈高，简并愈多。例如，甲烷（CH_4）和氯仿（CH_3Cl）的振动方式都是 $3\times5-6=9$ 个。甲烷具有 Td 对称性，具有 A_1、E 和 $2T_2$ 的基频振动方式（A、E 和 T 分别为单重、二重和三重简并态）。其中，ν_1、ν_2（A_1、E）没有红外活性，只有 Raman 活性；而 ν_3、$\nu_4(2T_2)$有红外活性也有 Raman 活性，所以可观察到两条红外基频吸收峰。如果甲烷的一个 H 原子被 Cl 原子取代（变为氯仿），分子的对称性由 Td 变为 C_{3v}，对称性降低，有关的简并谱带产生分裂：

光谱活性	Td	CH_4		CH_3Cl	C_{3v}	光谱活性
R	A_1	$\nu_1(1)$	⟶	$\nu_1(1)$	A_1	IR, R
IR, R	T_2	$\nu_3(3)$	⟶	$\nu_2(1)$	A_1	IR, R
				$\nu_3(2)$	E	IR, R
R	E	$\nu_2(2)$	⟶	$\nu_4(2)$	E	IR, R
IR, R	T_2	$\nu_4(3)$	⟶	$\nu_5(1)$	A_1	IR, R
				$\nu_6(2)$	E	IR, R

在 CH_3Cl 中，出现 6 条红外基频吸收峰和 6 条拉曼基频吸收峰。在上述的几个例子中，我们看到并非每一种振动都能产生一个红外吸收峰，只有能引起分子瞬间偶极矩变化的那些振动，才能在红外光谱中出现相应的吸收峰。红外光谱除了出现 $\nu=0\rightarrow\nu=1$ 的基频振动跃迁外，由于分子的非简谐性，也可能出现 $\nu=0\rightarrow\nu=2$、3 的倍频和组合频（$\nu_1+\nu_2$）或（$\nu_1-\nu_2$）吸收带，由于这些吸收峰很弱，为基频峰的 1/100～1/10，所以比较好鉴别。此外，当相同的两个基团在分子中靠得很近时，其相应的特征峰常常发生所谓的振动耦合，形成了两个吸收峰。

分子的基本振动形式，一般分为两类：键的伸缩振动和键的弯曲振动。

（1）键的伸缩振动

这种伸缩振动指的是原子沿键轴方向来回相对运动，是键长长度改变的振动。由于振动的耦合作用，这种振动方式又可分为对称伸缩振动（用ν_s表示）和反对称伸缩振动（用ν_{as}表示）。例如亚甲基（$—CH_2—$）的对称和反对称伸缩振动：

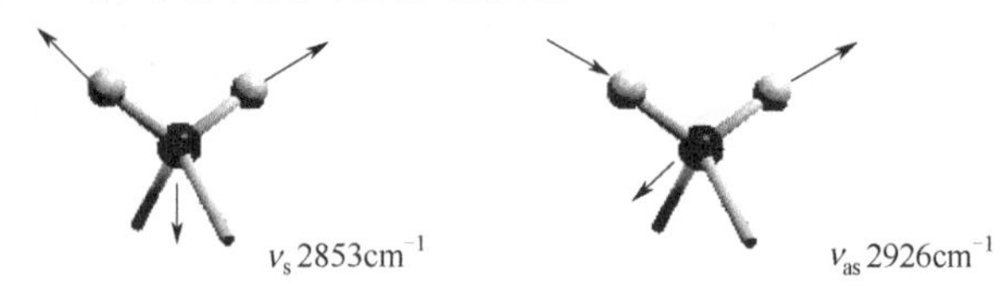

通常，ν_{as}比ν_s处于较高波数位置。

（2）键的弯曲振动

这种振动方式是指原子垂直于键轴方向的运动，又称为变形振动或变角振动。弯曲振动又分平面内（简称面内）弯曲振动和平面外（简称面外）弯曲振动两种。弯曲振动的力常数比键伸缩振动的力常数小，故同一基团的弯曲振动在其伸缩振动的低波数端出现。

① 面内弯曲振动（δ）：弯曲振动在 n 个原子构成的平面内进行［它有两种方式：剪式弯曲振动 σ，面内摇摆振动 ρ］，例如亚甲基：

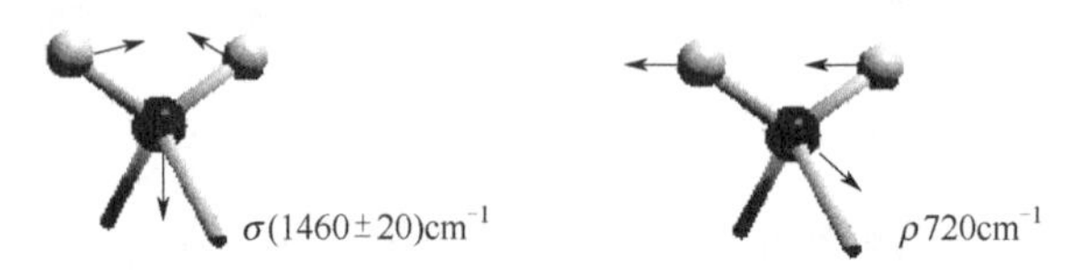

② 面外弯曲振动（γ）：弯曲振动在垂直于 n 个原子所在平面进行［它有两种方式：扭曲弯曲振动 τ，面外摇摆振动 ω］，如亚甲基：

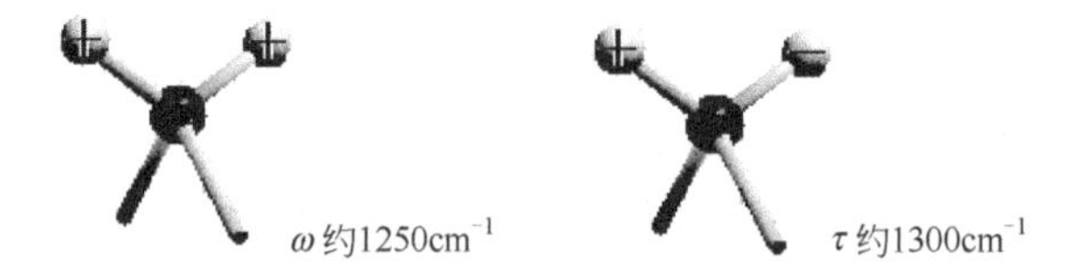

1.3.2 分子的对称性及基频振动的选律

前面讲到，对于 N 个原子的分子，有 $3N-6$ 个振动方式，对于多原子分子来讲，如何对这些振动方式进行归类是十分麻烦的事。然而，水分子、氨分子、甲烷分子等许多分子具有某些对称性，利用分子的对称性和几何要素，简化计算，就可以决定振动的简并性、振动的基频数目及红外光谱和拉曼光谱的选择性等。在这部分内容中，我们仅对这个问题作些介绍。

（1）分子的对称性和群的概念

每一个人都有对称性的直接观念，例如：

这种直接的观念就是几何体的一部分真正地与另一部分相同。也就是说，几何体经过某种变换（或称之为操作）之后，和变换前的形状没有什么差别。操作有如下几种：

① 不动操作（或称恒等操作），符号 E；

② 平面的反映，符号 σ；

③ 所有原子通过中心的倒反，符号 I；

④ 绕一个轴通过 $2\pi/n$ 角度的一次或 n 次旋转，符号 C_n；

⑤ 通过 $2\pi/n$ 角度旋转后再经垂直于旋转轴平面的反映，符号 S_n。

例如，对下面的图形进行操作，并不是每种操作都用得上。

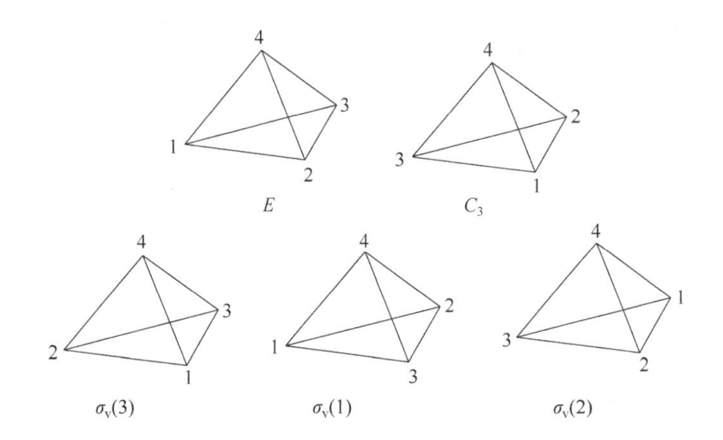

通过这些操作，使分子或其他的几何体的平衡构型变换到等价的不可区分的构型（等价原子的变换）。对称操作的实现必须借助于一定的几何实体，如映面、三重旋转轴等，它们被称为对称元素。分子的对称元素有：

① 恒等元素（E）；

② 对称面（σ）；

③ 反演中心（I）；

④ n 次转轴（C_n）；

⑤ n 次旋转反映轴（S_n）。

在讲到群时，人们通常想到人群、实物和观念等集合的概念。数学家们把群定义为群元素的一个集合。用符号 G、$\{A, B, \cdots, R, \cdots\}$ 表示，同时它必须满足下面的条件：

① 群中任意两个元素 R、S 的乘积等于集合中的另一个元素 T（封闭性）：

$$R \in G，S \in G，RS = T \in G;$$

② 群中的元素满足乘法结合律，$A(BC) = (AB)C$；

③ 群中有个恒等元素 E，它与群中任一元素相乘，使该元素不变：$RE = ER = R$；

④ 群中的每个元素 R 必有一个逆元素 R^{-1}，使得 $RR^{-1} = R^{-1}R = E$。

上面的所谓乘法并非通常的那种相乘，而是一种作用（或称为操作）。现在，从抽象的数学概念过渡到化学上的具体例子。例如水分子：

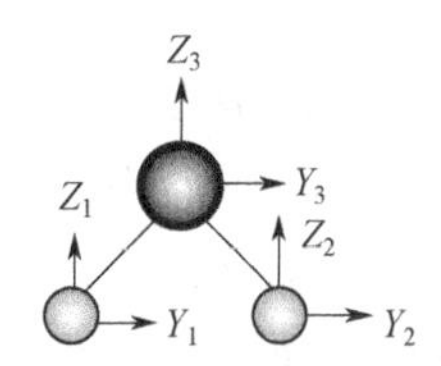

其对称元素为：E、C_2、σ_v（YZ 平面）、σ_v'（XZ 平面）。让我们依次把水分子的对称操作“相

乘”，考察是否满足群的条件。

① $C_2\sigma_v=\sigma_v'$，$C_2\sigma_v'=\sigma_v$，$\sigma_v\sigma_v'=C_2$，$\sigma_v\sigma_v'=E$。

② $C_2(\sigma_v\sigma_v')=C_2C_2=E=(C_2\sigma_v)\sigma_v'=\sigma_v'\sigma_v'=E$。

③ 存在恒等元素 E。

④ $C_2^{-1}C_2=E$，$\sigma_v\sigma_v=E$，$\sigma_v'\sigma_v'=E$。

由此可见，对于给定分子，其固有的对称操作的集合构成了群。由于对于给定的分子无论施加什么操作，至少有一点保持不动，所以也称这种群为对称点群。

前面已述，水分子的对称元素是 C_2、σ_v、σ_v'、E；对于三角锥形的 NH_3 分子，其对称元素是 C_3、$3\sigma_v$、E；而平面形的 NO_3^-，其对称元素是 C_3、$3\sigma_v$、σ_h、E。H_2O、NH_3、NO_3^-分别构成了 C_{2v}、C_{3v} 和 D_{3h} 点群。而 CH_3Cl 的对称元素和 NH_3 一样，也是 C_3、$3\sigma_v$、E，构成 C_{3v} 点群。每一种点群，都有一个乘法表与之相对应，不管分子中原子的数目有多少，只要对称元素一致，就构成了同一个点群，具有同样的乘法表，这种乘法表被称为不可约表示的特征标表。例如，C_{2v} 的特征标表见表 1-2。

表 1-2　C_{2v} 的特征标表

C_{2v}	E	C_2	$\sigma_v'(XZ)$	$\sigma_v(YZ)$		
A_1	1	1	1	1	T_Z	$\alpha_{XX},\alpha_{YY},\alpha_{ZZ}$
A_2	1	1	−1	−1	R_Z	α_{XY}
B_1	1	−1	1	−1	T_X，R_Y	α_{XZ}
B_2	1	−1	−1	1	T_Y，R_X	α_{YZ}

（2）分子振动方式的对称类型

分子具有特定的空间平衡构型，有特定的对称性，根据分子的对称性，便可确定其所属的分子点群。理论上可以证明，与分子的振动方式对应的对称性必属于分子所属的点群的某一对称类。这种对称性可通过所属点群的对称操作来进行考察和确定。对称操作作用在各原子的位移矢量（或相应的笛卡尔位移坐标，或以键、键角表示的内坐标等）将产生一个变换矩阵。点群的所有对称操作产生的变换矩阵形成一组新的可约表示Γ的矢量 $\chi_R^{(P)}$，可使用投影算符运算进行约化。投影算符公式为：

$$N_i=\frac{1}{N_g}\sum_R n_R\chi_R^{(P)}\cdot\chi_R^{(i)} \qquad (1\text{-}22)$$

利用该公式可求出各对称类型的分子基频振动数目。式（1-22）中，N_i 是第 i 类对称的振动方式数目，n_R 是第 R 种对称元素的操作数目，N_g 是群中对称操作的总数，$\chi_R^{(i)}$ 是第 i 对称类中 R 操作的不可约表示的特征标。N_i、n_R、N_g 和 $\chi_R^{(i)}$ 的数目可以从点群的不可约表示的特征标表中查到，而可约表示的特征标 $\chi_R^{(P)}$ 可按下面的方法求得。

① 特征标 $\chi_R^{(P)}$ 的确定　下面以 H_2O 为例说明其求法。水分子属于 C_{2v} 点群，令分子处于 YZ 平面上，C_{2v} 的特征标表参见表 1-2，C_{2v} 有 4 种对称操作：C_2、$\sigma_v'(XZ)$、$\sigma_v(YZ)$和 E，水分子的三个原子有九个笛卡尔坐标，在对称操作作用下，笛卡尔坐标的变换情况如下。

在 E 的作用下：

$$
\begin{pmatrix} x_1' \\ y_1' \\ z_1' \\ x_2' \\ y_2' \\ z_2' \\ x_3' \\ y_3' \\ z_3' \end{pmatrix} = E \begin{pmatrix} x_1 \\ y_1 \\ z_1 \\ x_2 \\ y_2 \\ z_2 \\ x_3 \\ y_3 \\ z_3 \end{pmatrix} = \begin{pmatrix} 1 & 0 & 0 & 0 & 0 & 0 & 0 & 0 & 0 \\ 0 & 1 & 0 & 0 & 0 & 0 & 0 & 0 & 0 \\ 0 & 0 & 1 & 0 & 0 & 0 & 0 & 0 & 0 \\ 0 & 0 & 0 & 1 & 0 & 0 & 0 & 0 & 0 \\ 0 & 0 & 0 & 0 & 1 & 0 & 0 & 0 & 0 \\ 0 & 0 & 0 & 0 & 0 & 1 & 0 & 0 & 0 \\ 0 & 0 & 0 & 0 & 0 & 0 & 1 & 0 & 0 \\ 0 & 0 & 0 & 0 & 0 & 0 & 0 & 1 & 0 \\ 0 & 0 & 0 & 0 & 0 & 0 & 0 & 0 & 1 \end{pmatrix} \begin{pmatrix} x_1 \\ y_1 \\ z_1 \\ x_2 \\ y_2 \\ z_2 \\ x_3 \\ y_3 \\ z_3 \end{pmatrix}
$$

根据特征标（也称为迹）的定义：$\chi_R^{(P)} = \sum_i R_{ii}$ 。即变换矩阵的对角线上的系数和，所以，在 E 的作用下，$\chi_E^{(P)}$=9。

在 C_2 的作用下：

$$
\begin{pmatrix} x_1' \\ y_1' \\ z_1' \\ x_2' \\ y_2' \\ z_2' \\ x_3' \\ y_3' \\ z_3' \end{pmatrix} = C_2 \begin{pmatrix} x_1 \\ y_1 \\ z_1 \\ x_2 \\ y_2 \\ z_2 \\ x_3 \\ y_3 \\ z_3 \end{pmatrix} = \begin{pmatrix} 0 & 0 & 0 & -1 & 0 & 0 & 0 & 0 & 0 \\ 0 & 0 & 0 & 0 & -1 & 0 & 0 & 0 & 0 \\ 0 & 0 & 0 & 0 & 0 & 1 & 0 & 0 & 0 \\ -1 & 0 & 0 & 0 & 0 & 0 & 0 & 0 & 0 \\ 0 & -1 & 0 & 0 & 0 & 0 & 0 & 0 & 0 \\ 0 & 0 & 1 & 0 & 0 & 0 & 0 & 0 & 0 \\ 0 & 0 & 0 & 0 & 0 & 0 & -1 & 0 & 0 \\ 0 & 0 & 0 & 0 & 0 & 0 & 0 & -1 & 0 \\ 0 & 0 & 0 & 0 & 0 & 0 & 0 & 0 & 1 \end{pmatrix} \begin{pmatrix} x_1 \\ y_1 \\ z_1 \\ x_2 \\ y_2 \\ z_2 \\ x_3 \\ y_3 \\ z_3 \end{pmatrix}
$$

得到 $\chi_{C_2}^{(P)} = -1$。同样可以得到：$\chi_{\sigma_v'(YZ)}^{(P)}$=1，$\chi_{\sigma_v(YZ)}^{(P)}$=3。归纳起来，水分子可约表示 Γ 的特征标为：$\chi_E^{(P)}$=9，$\chi_{C_2}^{(P)} = -1$，$\chi_{\sigma_v'(YZ)}^{(P)}$=1，$\chi_{\sigma_v(YZ)}^{(P)}$=3。

从上面的特征标的确定中，我们看到，特征标只和操作作用下“不动”的原子有关，只要考虑“不动”的原子坐标变换就行。总结起来，每个“不动”的原子在特定变换下对特征标的贡献如表 1-3 所示。

表 1-3　每个“不动”的原子对特征标的贡献

纯转动		非真转动	
R C_n^k	$\chi_R^{(P)}$ $1+2\cos(2\pi k/n)$	R S_n^k	$\chi_R^{(P)}$ $-1+2\cos(2\pi k/n)$
$E = C_k^k$	3	$\sigma = S_1^1$	1
C_2^1	−1	$I = S_2^1$	−3

续表

纯转动		非真转动	
C_3^1, C_3^2	0	S_3^1, S_3^2	−2
C_4^1, C_4^3	1	S_4^1, S_4^3	−1
C_6^1, C_6^5	2	S_6^1, S_6^5	0

【例 2】按照上述方法，求 NH_3 的可约表示的特征标。NH_3 属于 C_{3v} 点群，有六个对称操作：$2C_3$、$3\sigma_v$、E。

$$\chi_E^{(P)} = 4 \times 3 = 12,\quad \chi_{C_3}^{(P)} = 1 \times 0 = 0,\quad \chi_{\sigma_v}^{(P)} = 2 \times 1 = 2$$

在这个例子中，涉及了 $3N$ 个笛卡尔坐标，其中包含了 6 个平动和转动的自由度。

② 基频振动方式对称类的确定　前面提到，可以采用投影算符运算公式（1-22）来确定基频振动方式的对称类，现以 H_2O 和 NH_3 分子为例来说明其应用。

H_2O 分子属 C_{2v} 点群，前面求得可约表示的特征标：$\chi_E^{(P)} = 9$，$\chi_{C_2}^{(P)} = -1$，$\chi_{\sigma_v'(XZ)}^{(P)} = 1$，$\chi_{\sigma_v(YZ)}^{(P)} = 3$。从 C_{2v} 的不可约表示特征标表可知：$N_g = 4$，$n_E = n_{C_2} = n_{\sigma_v'(XZ)} = n_{\sigma_v(YZ)} = 1$。所以可得：

$$N_{A_1} = \frac{1}{4}[1 \times 9 \times 1 + 1 \times (-1) \times 1 + 1 \times 1 + 1 \times 3 \times 1] = 3$$

$$N_{A_2} = \frac{1}{4}[1 \times 9 \times 1 + 1 \times (-1) \times 1 + 1 \times 1 \times (-1) + 1 \times 3 \times (-1)] = 1$$

$$N_{B_1} = \frac{1}{4}[1 \times 9 \times 1 + 1 \times (-1) \times (-1) + 1 \times 1 \times 1 + 1 \times 3 \times (-1)] = 2$$

$$N_{B_2} = \frac{1}{4}[1 \times 9 \times 1 + 1 \times (-1) \times (-1) + 1 \times 1 \times (-1) + 1 \times 3 \times 1] = 3$$

因此，可约表示 Γ 可约化为 $3A_1$、A_2、$2B_1$ 和 $3B_2$，但是这些方式中包含了平动和转动的六个自由度，在考虑振动方式时应给予扣除。在 C_{2v} 对称性中，这六个自由度分别属于 A_1、A_2、$2B_1$ 和 $2B_2$，扣除后的振动方式为 $\Gamma_v = 2A_1 + B_2$。因此，水分子有 2 个 A_1 和 1 个 B_2 的基频振动。

对于 NH_3 分子，属于 C_{3v} 点群，可约表示的特征标为：$\chi_E^{(P)} = 12$、$\chi_{C_3}^{(P)} = 0$、$\chi_{\sigma_v}^{(P)} = 2$，$C_{3v}$ 的特征表见表 1-4。

表 1-4　C_{3v} 的特征表

C_{3v}	E	$2C_3$	$3\sigma_v$		
A_1	1	1	1	T_Z	$\alpha_{X^2+Y^2}, \alpha_{Z^2}$
A_2	1	1	−1	R_Z	
E	2	−1	0	$(T_X, T_Y), (R_X, R_Y)$	$(\alpha_{X^2-Y^2}, \alpha_{XY}), (\alpha_{XZ}, \alpha_{YZ})$

由不可约表示特征标表可知：$N_g = 6$，$n_E = 1$，$n_{C_3} = 2$，$n_{\sigma_v} = 3$，利用投影算符运算公式，得：

$$N_{A_1} = \frac{1}{6}(1 \times 12 \times 1 + 2 \times 0 \times 1 + 3 \times 2 \times 1) = 3$$

$$N_{A_2} = \frac{1}{6}[1 \times 12 \times 1 + 2 \times 0 \times 1 + 3 \times 2 \times (-1)] = 1$$

$$N_E = \frac{1}{6}[1 \times 12 \times 2 + 2 \times 0 \times (-1) + 3 \times 2 \times 0] = 4$$

扣除属于 A_1、A_2 和 $2E$ 的平动和转动的六个自由度，得振动方式为 $\Gamma_v=2A_1+2E$。所以，NH_3 分子有 2 个 A_1 和 2 个 E 的基频振动。

在上述讨论中，我们用到：对 N 个原子组成的自由分子，其振动的自由度为 $3N-6$（或直线分子 $3N-5$），因此振动的不可约表示必须扣除六种（或五种）属于平动和转动的方式。扣除了六种（或五种）平动和转动的方式后，$\chi_R^{(P)}$ 可按下式求得：

对纯转动 $$\chi_R^{(P)}=(U_R-2)\left[1+2\cos\left(2\pi k/n\right)\right] \tag{1-23}$$

对非真转动 $$\chi_R^{(P)}=U_R\left[-1+2\cos\left(2\pi k/n\right)\right] \tag{1-24}$$

式中，U_R 是不动原子数目。这两个公式的后一项乃可使用表 1-2 的数据。例如 H_2O 分子，求得的 $\chi_R^{(P)}$ 为：

$$\chi_E^{(P)}=(3-2)\times 3=3,\quad \chi_{C_2}^{(P)}=(1-2)\times(-1)=1,\quad \chi_{\sigma_v'(XZ)}^{(P)}=1\times 1=1,\quad \chi_{\sigma_v(YZ)}^{(P)}=3\times 1=3$$

按式（1-22）约化得 $\Gamma_v=2A_1+B_1$。

（3）分子基频振动的选律

在实际的光谱中，谱带的强度可以从极弱变化到最强。基于谐振子近似的光谱选律可以告诉我们，哪个跃迁有希望在光谱中出现，预计具有非零强度，而哪个跃迁在光谱中不能出现，预计具有零强度。预测具有零强度的跃迁称为禁阻跃迁，预计具有非零强度的跃迁称为允许跃迁。然而，选律不能预测允许跃迁的光谱强度。下面我们利用分子的对称性，来决定在红外光谱或拉曼光谱中，哪些振动方式是许可的，而哪些振动方式是不允许的。

① 红外光谱的振动选律　如果在振动过程中分子的偶极矩发生了变化，则振动的方式具有红外活性。两种状态 ψ_v和 $\psi_{v'}$之间的跃迁强度和跃迁矩的平方成正比，跃迁矩$M_{vv'}$为：

$$M_{vv'}=\int_{-\infty}^{\infty}\psi_v\mu\psi_{v'}\mathrm{d}\tau$$

式中，μ为电偶极矩。如果μ是常数，即在振动中不发生变化，那么

$$M_{vv'}=\int_{-\infty}^{\infty}\psi_v\mu\psi_{v'}\mathrm{d}\tau=\mu\int_{-\infty}^{\infty}\psi_v\psi_{v'}\mathrm{d}\tau$$

由于振动状态函数是正交归一的，ψ_v和 $\psi_{v'}$ 正交，上面的积分为零。因此，在振动方式中，那些偶极矩不发生变化的振动是没有红外活性的，例如 N_2 和 O_2 的伸缩振动。

分子的电偶极矩$\boldsymbol{\mu}$是所有化学键偶极矩$\boldsymbol{\mu}_i$ 的总矢量，在物理空间可分解为$\boldsymbol{\mu}_X$、$\boldsymbol{\mu}_Y$ 和$\boldsymbol{\mu}_Z$ 三个分量，若令 i、j 和 k 为笛卡尔坐标系的三个基矢量，则$\boldsymbol{\mu}$可写成：

$$\boldsymbol{\mu}=\boldsymbol{\mu}_X i+\boldsymbol{\mu}_Y j+\boldsymbol{\mu}_Z k$$

若按偶极矩的定义，这些分量为：

$$\boldsymbol{\mu}_X=\sum_{\alpha=1}^{N}e_\alpha X_\alpha$$

$$\boldsymbol{\mu}_Y=\sum_{\alpha=1}^{N}e_\alpha Y_\alpha$$

$$\boldsymbol{\mu}_Z=\sum_{\alpha=1}^{N}e_\alpha Z_\alpha$$

式中，e_α 是第 α 个原子的有效电荷，因为对称操作只是对等价原子的作用，而且等价原子具有相同的电荷，所以，决定$\boldsymbol{\mu}_X$、$\boldsymbol{\mu}_Y$和$\boldsymbol{\mu}_Z$变换性质的问题便归结于对$\sum X_\alpha$、$\sum Y_\alpha$和$\sum Z_\alpha$进行操作变换的结果。对称操作 R 对$\sum X_\alpha$、$\sum Y_\alpha$和$\sum Z_\alpha$的变换作用与对 X、Y和 Z 的变换作用相同，由此可得出一般结论：$\boldsymbol{\mu}_X$、$\boldsymbol{\mu}_Y$和$\boldsymbol{\mu}_Z$分别和 X、Y、Z 的变换性质一致，由于平动坐标 T_X、T_Y、T_Z与 X、Y、Z 具有相同的变换性质，因此，$\boldsymbol{\mu}_X$、$\boldsymbol{\mu}_Y$和$\boldsymbol{\mu}_Z$同样也分别和平动坐标 T_X、T_Y、T_Z具有相同的变换性质。任何分子都有 T_X、T_Y和 T_Z三个分量，只要属于相同的点群的分子，不管分子中所含的原子数目多少，其 T_X、T_Y和 T_Z的三个分量的对称性应是对应相同的，其表示一般列于点群特征表，如表 1-2 和表 1-4 所示。分子偶极矩$\boldsymbol{\mu}_X$、$\boldsymbol{\mu}_Y$和$\boldsymbol{\mu}_Z$的对称性也分别由平动坐标 T_X、T_Y、T_Z的对称性所确定。

前面讲到，跃迁矩$M_{vv'}=\int_{-\infty}^{\infty}\psi_v\mu\psi_{v'}\mathrm{d}\tau$ 决定了跃迁的可能性，显然，只有被积函数是全对称的或是偶函数时，积分才不为零。已知基态振动波函数$\psi_v=N_0H(X)=N_0$是全对称的，所以，$\mu\psi_{v'}$的积必须满足全对称的要求，或至少应有一个偶极矩分量的对称性和ψ_v一致，跃迁矩$M_{vv'}$的积分才不为零。这就是说，分子电偶极矩至少有一个分量的对称性和基频振动的对称性一致，就是平动 T_X、T_Y、T_Z中至少有一个对称性和基频振动的对称性一致，此时的基频振动就具有红外活性，否则，该基频振动就没有红外活性。例如，NH_3 属于 C_{3v} 点群，振动方式为$\Gamma_v=2A_1+2E$，具有 2 个 A_1和 2 个 E 的基频振动，由特征表（表 1-4）可知，它们分别与 T_Z和（T_X，T_Y）变换性质相同，所以，都有红外活性，在红外光谱中可看到四条基频振动光谱吸收带。而 CO_2 属于 $D_{\infty h}$ 对称性，$\Gamma_v=A_1+A_2+E$，A_2、E 分别与 T_Z和（T_X，T_Y）变换性质相同，所以，A_2、E 具有红外活性，而 A_1 没有红外活性，在红外光谱中可看到两条基频振动光谱吸收带。

② 拉曼光谱的选律　拉曼光谱产生的机制是由诱导偶极矩变化产生，也就是由极化率所决定，极化率α因化学键的方向性而复杂化。通常，X 方向的电场不仅诱导 X 方向的偶极矩，而且还诱导 Y 和 Z 方向的偶极矩，同样，Y、Z 方向的电场也是如此。因此，诱导偶极矩的 3 个分量 $\boldsymbol{\mu}(X)$、$\boldsymbol{\mu}(Y)$ 和 $\boldsymbol{\mu}(Z)$ 都和电场分量 $\boldsymbol{E}_X$、$\boldsymbol{E}_Y$和 $\boldsymbol{E}_Z$有关：

$$\boldsymbol{\mu}(X)=\alpha_{XX}\boldsymbol{E}_X+\alpha_{XY}\boldsymbol{E}_Y+\alpha_{XZ}\boldsymbol{E}_Z$$

$$\boldsymbol{\mu}(Y)=\alpha_{XY}\boldsymbol{E}_X+\alpha_{YY}\boldsymbol{E}_Y+\alpha_{YZ}\boldsymbol{E}_Z$$

$$\boldsymbol{\mu}(Z)=\alpha_{XZ}\boldsymbol{E}_X+\alpha_{YZ}\boldsymbol{E}_Y+\alpha_{ZZ}\boldsymbol{E}_Z$$

如写成矩阵表达式，即为：

$$\begin{pmatrix}\boldsymbol{\mu}(X)\\ \boldsymbol{\mu}(Y)\\ \boldsymbol{\mu}(Z)\end{pmatrix}=\begin{pmatrix}\alpha_{XX}\alpha_{XY}\alpha_{XZ}\\ \alpha_{YX}\alpha_{YY}\alpha_{YZ}\\ \alpha_{ZX}\alpha_{ZY}\alpha_{ZZ}\end{pmatrix}\begin{pmatrix}\boldsymbol{E}_X\\ \boldsymbol{E}_Y\\ \boldsymbol{E}_Z\end{pmatrix}$$

极化率张量元

这里的 $\boldsymbol{\mu}(X)$、$\boldsymbol{\mu}(Y)$ 和 $\boldsymbol{\mu}(Z)$ 是由电场分量 $\boldsymbol{E}_X$、$\boldsymbol{E}_Y$和 $\boldsymbol{E}_Z$在分子中感生的电偶极矩分量。在对称操作 R 的作用下，极化率α_{XX}、α_{YY}等的变换方式和 XX、YY 等的变换方式相同，所以要判断拉曼的活性，只要极化率张量元中至少有一个元素的对称性和基频振动的对称性一致，那么就有拉曼活性，否则，就没有拉曼活性。XX、XY 等的变换方式列于各点群的特征表。例如，NH_3 的 $2A_1$和 $2E$ 的基频振动方式都具有拉曼活性，在拉曼光谱中可以观察到四条基频振动的拉曼位移谱带。从特征表中可以发现，具有心对称的分子，其红外和拉曼活性不可能相同，而非心对称的分子（除属于点群 D_{5h}、D_{2h} 和 O 的分子外），其红外和拉曼活性的对称性可能有一些出现相同之处。例如，心对称分子 CO_2 基频振动方式有 A_1、A_2 和 E，其中 A_2 和 E 具有红外活性，而 A_1 振动具有拉曼活性。此外，在某些振动对称类中，有可能出现既不是红外活性也不是拉曼活性的情况。例如，平面正方形分子 XY_4，有七种简正振动模式，此中，$\nu_3(A_{2u})$、$\nu_6(E_u)$ 和 $\nu_7(E_u)$ 振动方式具有红外活性，而 $\nu_1(A_{1g})$、$\nu_2(B_{1g})$ 和 $\nu_4(B_{2g})$ 振动具有拉曼活性，但 $\nu_5(B_{2u})$ 既没有红外活性也没有拉曼活性，这类化合物有 XeF_4、$[AuCl_4]^-$ 等。

（4）伸缩振动模式分析

振动光谱的一个作用是区别化合物的异构体，由于振动模式中的键伸缩模式出现在比相同键的弯曲振动模式更高的频率区，并且也比较容易识别，故在区别异构体中常被应用。

比如，过渡金属羰基化合物的伸缩振动在 2200～1700cm^{-1}。

如果 $Mn(CO)_5I$ 的构型为图 1-12 所示，分子具有 C_{4v} 的对称性，以 CO 键 Δr 为基矢量，可约表示的特征标为：

$$\chi_E^{(P)}=5\,,\quad \chi_{C_4}^{(P)}=1\,,\quad \chi_{C_2}^{(P)}=1\,,\quad \chi_{\sigma_v}^{(P)}=3\,,\quad \chi_{\sigma_d}^{(P)}=1$$

利用投影算符公式，从而把可约表示约化为：

$$\Gamma_{\text{C—O}}=2A_1+B_1+E$$

其中，$2A_1+E$ 具有 IR 活性，$2A_1+B_1+E$ 具有 Raman 活性，图 1-13 为其红外吸收光谱。如果将一个较复杂的配体（如三苯基膦）代替碘原子，则分子的对称性肯定不是 C_{4v}，但是光谱的羰基振动区并不明显地出现 5 条谱。可以认为，该配合物的局部配位的对称性仍然接近于 C_{4v}，其谱带的图形可能与 C_{4v} 的实际情况不会有很大不同。

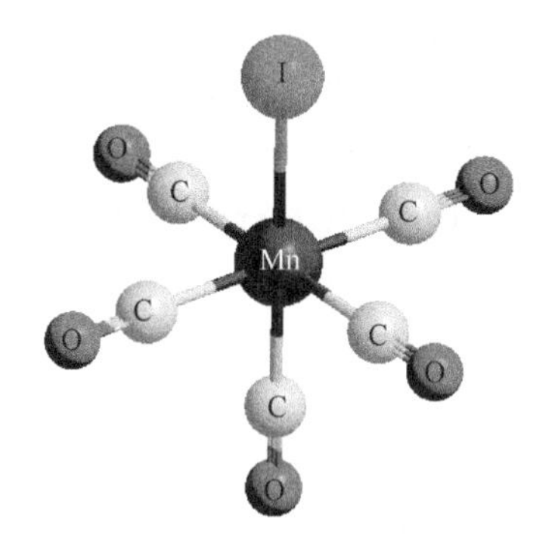

图 1-12　$Mn(CO)_5I$ 的构型

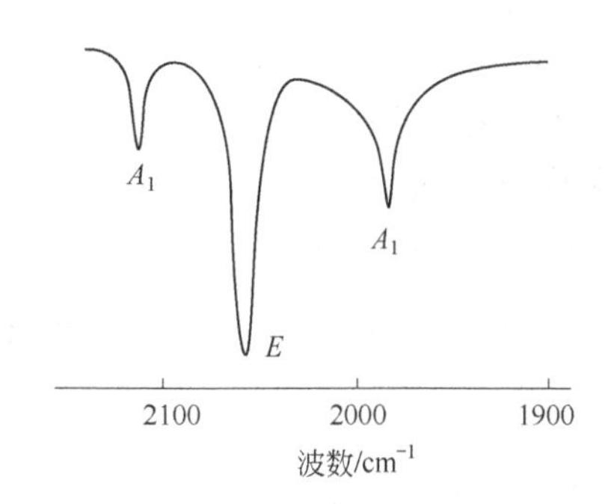

图 1-13　$Mn(CO)_5I$ 的红外吸收光谱

对于 $ML_3(CO)_3$ 配合物，可能有 *mer*-异构体和 *fac*-异构体（见图 1-14），从振动光谱如何预测其构型？

mer-异构体具有 C_{2v} 对称性，而 *fac*-异构体具有 C_{3v} 对称性，对 C—O 键伸缩振动进行分析，得：

mer：$\chi_E^{(P)}=3$，$\chi_{C_2}^{(P)}=1$，$\chi_{\sigma_v'(XZ)}^{(P)}=1$，$\chi_{\sigma_v(YZ)}^{(P)}=3$

$\Gamma=2A_1+B_2$，A_1 和 B_2 都有 IR 和 Raman 活性。

fac：$\chi_E^{(P)}=3$，$\chi_{C_3}^{(P)}=0$，$\chi_{\sigma_v}^{(P)}=1$

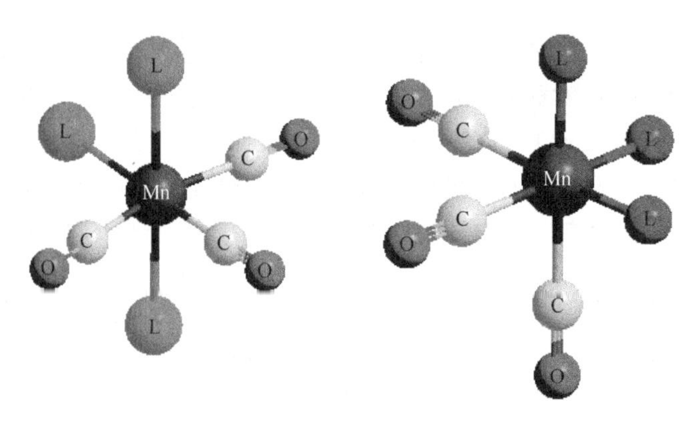

图 1-14　$ML_3(CO)_3$ 配合物的 *mer*-异构体和 *fac*-异构体示意图

$\Gamma = A_1 + E$，A_1 和 E 都有 IR 和 Raman 活性。

$Mo(CO)_3[P(OCH)_3]_3$ 的红外光谱在 1993cm^{-1}、1919cm^{-1} 和 1890cm^{-1} 出现谱带，故被确定为 *mer*-结构，而 $Cr(CO)_3(CNCH_3)_3$ 的红外光谱在 1842cm^{-1} 和 1960cm^{-1} 有谱带，确定为 *fac*-结构。

1.4　红外光谱的分子结构信息

多原子分子的振动光谱较为复杂，对于给定的每一个振动方式，分子中的每一个原子都是以相同的频率和初相参与简正振动，由红外或拉曼光谱得到的基频振动频率是属于整个分子的。但是，对于一个特定的振动方式，各个原子的振幅大小是有差异的或“贡献”不同，或者说某些键的振动起主要的作用。因此，可以将所讨论的振动方式看作是起主要作用的化学键的振动，这就是所谓的官能团振动的“特征性”。由于同一种官能团所处的分子环境可能不一样，对其官能团的振动频率肯定会产生不同的影响，因此，可以借助“特征性”及对其振动频率的“影响情况”来判断分子的结构。

1.4.1　红外光谱官能团特征频率

（1）红外光谱的分区

习惯上把化合物的 4000～400cm^{-1} 范围的中红外区的红外光谱划分为两个区域。4000～1330cm^{-1} 为特征基团频率区，主要是某些官能团的伸缩振动的吸收区，这一个区域的特点是吸收峰比较少，同一种官能团存在于不同的化合物中，其红外吸收峰的位置在比较窄的范围变动，其特征性比较强，可以用来鉴定官能团，因此也称为“特征区”。例如：ν_{O-H} 3650～3200cm^{-1}（甚至移向 2500cm^{-1}）；ν_{N-H} 3500～3100cm^{-1}；ν_{C-H} 约 3000cm^{-1}；$\nu_{C\equiv C}$，$\nu_{C\equiv N}$ 约 2150cm^{-1}；$\nu_{C=O}$ 约 1700cm^{-1}；$\nu_{C=C}$，$\nu_{C=N}$ 约 1600cm^{-1}。1330～400cm^{-1} 为指纹区，这个区域主要是某些分子的骨架特征振动，如 ν_{C-C}、ν_{C-N}、ν_{C-O} 等的单键伸缩振动，以及键的弯曲振动等。在这个区域，一部分振动频率对整个分子结构环境的变化十分敏感，如 ν_{C-C}、ν_{C-N}、ν_{C-O}，其键强度相近，振动的频率很靠近，其相互作用（耦合）很强，致使特征性也差，分子结构的细微变化就可引起该区域的变化，故称这个区域为“指纹区”，可用于鉴别不同的化合物。

（2）官能团的特征振动频率

表 1-5 列出了一些化学键的主要振动吸收区，图 1-15 为各类型化学键伸缩振动红外吸收峰的近似分布图；表 1-6 为各类化合物的红外光谱特征吸收峰，图 1-16 为与各种取代苯类型相关的倍频及合频带和 CH 面外弯曲振动吸收带的红外光谱特征峰形，可供鉴别化合物时参考。

表 1-5　主要振动吸收区

振动类型	波数/cm^{-1}	化学键	备注
ν_{X-H}	3700～3300	O—H	形成氢键时，峰强且宽，有的范围达 3000～2500cm^{-1}
		N—H	峰形较尖锐
	3100～3000	Ar—H；—C≡C—H；>C=C<H	Ar（芳环）
	3000～2700	$—CH_3$；$—CH_2—$；C—H；—CHO	
三键或聚双键伸缩	2400～2100	C≡C；C≡N； X=Y=Z	X=Y=Z： N=C=O； C=C=C； C=C=O；O=C=O
双键伸缩振动	1900～1550	C=O	酸；酮；醛；酰胺；酯；酸酐
	1675～1500	>C=C<；>C=N—	脂肪族>C=C<和芳香族的环振动区
δ_{C-H}（面内）	1475～1300	→C—H′	O—H 面内弯曲振动亦在此区
单键伸缩振动	1300～1000	C—O；C—O—C；C—N；C—C	
γ_{C-H}（面外）	1000～650	>C=C<H；Ar—H	
化合物较重元素的化学键的简单伸缩振动	600～200	C—S；S—S；C—H；C—M； M—M；P—Cl	M 为金属原子

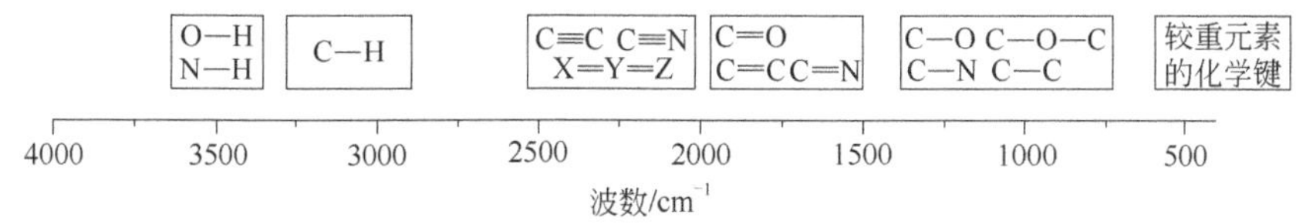

图 1-15　各类型化学键伸缩振动红外吸收峰的近似分布图

表 1-6　各类化合物的红外光谱特征吸收峰

化合物	基团	吸收峰/cm^{-1}	强度	归属	备注
烷烃	$—CH_3$	2960±15 2870±5 1470～1430 1380～1370	s m	ν_{as} ν_s(C—H) $\delta_{as}(CH_3)$ $\delta_s(CH_3)$	 偕二甲基有双峰
	$—CH(CH_3)_2$	1391～1380 1372～1365	s	$\delta_s(CH_3)$	ν(C—C)位于 1170cm^{-1}、1150cm^{-1}

续表

化合物	基团	吸收峰/cm^{-1}	强度	归属	备注
烷烃	$-C(CH_3)_2-$	1215 1195 二者比 1380 分裂的双峰弱	s s	ν(C—C)	1195cm^{-1}位置较恒定，1215cm^{-1}为 1195cm^{-1}峰的肩峰
	$-C(CH_3)_3$	1255 1210 二者比 1380 分裂的双峰弱	s s	ν(C—C)	1255cm^{-1}位置较 1210cm^{-1}峰恒定
	$—CH_2—$	2926±5 2850±5 1485～1440	s s m	ν_{as}(C—H) ν_s(C—H) $\delta_{as}(CH_2)$	当$\rho(CH_2)_n$的$n\geqslant4$时，有约 720cm^{-1}（较可靠）和 1350～1180cm^{-1}的吸收峰
	环丙烷 C—H	3070±10	m	ν_{as}(C—H)	
	$\geqslant$C—H	2890 1340	w w	ν(C—H) δ(C—H)	ν(C—H)谱带一般被$\nu(CH_3)$和$\nu(CH_2)$掩盖
	$—COCH_3$	1365～1355	s～m	δ(CH)	
	$—COOCH_3$	1440～1435 1365～1356		$\delta_{as}(CH_3)$ $\delta_s(CH_3)$	在 1135cm^{-1}、1155cm^{-1}和 790～760cm^{-1}也有峰
	$—OCOCH_3$	1380～1365	s	δ(CH)	谱带以强度较高为特征
	$—COCH_2—$	1440～1400	m	δ(CH)	比一般的$\delta(CH_2)$强度大
烯烃	$=CH_2$	3080 2975	m m	$\nu_{as}(=CH_2)$ $\nu_s(=CH_2)$	2975cm^{-1}和烷烃吸收重叠
	$=CH—$	3020	m	ν(=CH)	
	$>C=C<$	1680～1620*		ν(C=C)	*非共轭双键
		1660～1578**			**共轭双键；与杂原子相连，频率下降
	$R—CH=CH_2$	1420 1000～983 1300 937～905	m s m～w s	δ(—C—H—) γ(—C—H—) $\delta(=CH_2)$ $\gamma(=CH_2)$	频率范围较可靠
	$R_2C=CH_2$	1415 905～885	m s	δ(CH) γ(=CH)	
	(R)(H)C=C(R′)(H)	1415 730～670	m m～w	δ(CH) γ(=CH)	峰位不确定且可变
	(R)(H)C=C(H)(R′)	1000～950	s	γ(=CH)	
	(R)(R″)C=C(H)(R′)	840～800	s～m	γ(=CH)	
炔烃	RC≡CH	3360～3340 2140～2100	s w	ν(CH) ν(C≡C)	尖峰
	RC≡CR′	2260～2190	s	ν(C≡C)	

续表

化合物	基团	吸收峰/cm^{-1}	强度	归属	备注
芳烃	Ar—H	3100～3000	m～w	ν(CH)	
	苯核	1650～1585 1625～1575 1525～1475		环振动	强度可变。1500cm^{-1}峰常高于1600cm^{-1}峰；只有当苯基和不饱和基团或未共用电子对基团共轭时，才出现1580cm^{-1}峰。共轭使这三个峰加强
	取代苯	795～730 710～675	s s	γ(Ar—H)	苯环上有5个邻接H
		780～720	s	γ(Ar—H)	苯环上有4个邻接H
		810～750 725～680	s s	γ(Ar—H)	苯环上有3个邻接H
		860～800	s	γ(Ar—H)	苯环上有2个邻接H。常出现在820～800cm^{-1}
		900～860	s	γ(Ar—sH)	苯环上孤立H；有时位移至800cm^{-1}
羰基化合物 酮	—CO—	1715 1100（脂肪族） 1300（芳香族） 1～n个峰	vs	ν(C═O) δ(C—C—C) ν(C—C)	饱和脂肪族化合物 C—C—C弯曲振动和C—(CO)—C的C—C伸缩振动
	α,β-不饱和酮	1675	vs	ν(C═O)	在1650～1600cm^{-1}有明显的$\nu_{C=C}$吸收峰；单键顺式中，可位移到1600cm^{-1}以下，强度和$\nu_{C=O}$相似
	Ar—CO Ar—CO—Ar	1690 1665		ν(C═O)	
	七元环或更大 六元环 五元环 四元环 三元环	1705 1715 1745 1780 1850		ν(C═O)	
	α-卤代 CH_2X—CO— CHX_2—CO— 或CHX—CO—CHX	1740～1715 1750～1715		ν(C═O)	
	$-\overset{O}{\overset{\Vert}{C}}-\overset{O}{\overset{\Vert}{C}}-$	1720		ν(C═O)	
	$=\underset{OH}{\underset{\vert}{C}}-\underset{O}{\underset{\Vert}{C}}-$	1675		ν(C═O)	
	—CO—$\overset{\vert}{C}$H—CO—	1720		ν(C═O)	偶尔为双峰
	—CX═CH—CO— X为OH或NH_2	1650（游离） 1615（形成分子内氢键）		ν(C═O)	
羰基化合物 醛	—CHO	2820，2720 1725	m～w vs	ν(CH) ν(C═O)	ν(C—H)和δ(C—H)倍频产生费米共振
	α,β-不饱和醛 $\alpha,\beta,\gamma,\delta$不饱和醛 Ar—CHO	1685 1675 1700	vs vs vs	ν(C═O) ν(C═O) ν(C═O)	

续表

化合物		基团	吸收峰/cm^{-1}	强度	归属	备注
羰基化合物	羧酸	—COOH	3300～2500 1760 1710 1420 1300～1200 920	s vs	ν(OH) ν(C═O) δ(OH) ν(C—O) γ(OH)	单体在 3550cm^{-1}；二聚体，峰宽 单体 二聚体
		$\gt$C═C—COOH Ar—COOH	1720 1690		ν(C═O) ν(C═O)	
	羧酸盐	$-C\begin{smallmatrix}\nearrow O\\ \searrow O\end{smallmatrix}$	1610～1550 1400		ν_{as}(CO) ν_{s}(CO)	
	酯	—CO—O—	1735 1330～1150 1140～1030	vs vs vs	ν(C═O) ν_{as}(COC) ν_{s}(COC)	H—CO—OR ν_{as}(COC) 1180cm^{-1} CH_3—CO—OR 1240cm^{-1} R—CO—OR 1190cm^{-1} R—CO—OCH_3 1165cm^{-1}
		$\gt$C═C—CO—O—	1730～1715	vs	ν(C═O)	ν(C—O) 1300～1250 vs 1200～1050 s
		Ar—CO—O—	1730～1715	vs	ν(C═O)	ν(C—O) 1300～1250 vs 1180～1100 s
		Ar—O—CO—R	1770		ν(C═O)	
		$\gt$C═C—O—CO—	1760		ν(C═O)	ν(C═C) 1690～1650cm^{-1} s
		α-卤代	1775～1745		ν(C═O)	
		α-酮酯	1755～1740		ν(C═O)	
	酸酐	—CO—O—CO—	1820，1760 1180～1045 1310～1200		ν(C═O) ν(C—O)	两峰相距 90～35cm^{-1} 饱和的脂肪酸酐 环状的酸酐
		丙烯酸酯或苯甲酸酐	1780，1725		ν(C═O)	
		六元酸酐	1800，1750		ν(C═O)	$\Delta\nu$(C═O)，70～50cm^{-1}
		五元酸酐	1865，1785		ν(C═O)	$\Delta\nu$(C═O)，约 80cm^{-1}
		邻苯二甲酸酐	1850，1790		ν(C═O)	约 1770cm^{-1}裂分为双峰
		马来酸酐	1850，1790		ν(C═O)	$\Delta\nu$(C═O)，约 60cm^{-1}； 1790cm^{-1}裂分为双峰
	酰胺	伯酰胺 —$CONH_2$	3500，3400 3350～3200 1690 1650 1600 1640		ν(NH)(游离) ν(NH)(缔合) ν(C═O)(游离) ν(C═O)(缔合) δ(NH)(游离) δ(NH)(缔合)	显数个峰 酰胺Ⅰ吸收带 酰胺Ⅱ吸收带[δ(NH) + ν(C—N)]

续表

化合物	基团	吸收峰/cm^{-1}	强度	归属	备注
羰基化合物 酰胺	仲酰胺 —CO—NHR	3440		ν(NH)(游离)	
		3300		ν(NH)(缔合)	
		3070		δ(NH)(倍频)	
		1680		ν(C═O)(游离)	
		1655		ν(C═O)(缔合)	酰胺Ⅰ吸收带
		1530		δ(NH)(游离)	
		1550		δ(NH)(缔合)	酰胺Ⅱ吸收带[δ(NH) + ν(C—N)]
		1260		ν(C—N)(游离)	
		1300		ν(C—N)(缔合)	酰胺Ⅲ吸收带[ν(C—N)+δ(NH)]
	叔酰胺 —CO—N<	1650		ν(C═O)	
羰基化合物 酰卤	—CO—X	1815～1770* 1780～1750**	vs vs	ν(C═O)	*饱和，ν(C—X)在 1000～910cm^{-1} **不饱和（烯或芳烃酰卤）
醚	>C—O—C<	1150～1050	s	ν_{as}(C—O—C)	吸收带较强，而ν_s(C—O—C)吸收带太小，故只根据ν_{as}(C—O—C)判断
	ArOR ArOAr >C═C—OR	1275～1150 1075～1020	s s～w	ν_{as}(C—O—C) ν_s(C—O—C)	
	脂肪族 R—OCH_3	2830～2815	s	ν_s(CH_3)	—OC_2H_5无此吸收带，非对称伸缩振动在 2990～2970cm^{-1}，位置非特征
	芳香族 Ar—OCH_3	2850～2830		ν_s(CH_3)	还有 3000cm^{-1}、2950cm^{-1}、2915cm^{-1}三条吸收带，如同三重峰
	环氧基 >C—C< (O)	1280～1240	s～m	ν_{as}(C—O—C)	“8μ 吸收带”
		950～810	s～m	环振动	“11μ 吸收带”
		840～750	s～m	环振动	“12μ 吸收带”
		3050～3000	m	ν(CH)	
醇和酚	—OH	3650～3584		ν(OH)	游离的醇或酚
		3550～3200		ν(OH)	二聚体和多聚物，产生分子内氢键时频率更低
		约 1350（醇） 1260～1170（酚）		δ(OH)	
	C—O	1210～1000（醇）		ν(C—O)	伯醇ν(C—O) 1085～1050cm^{-1} 仲醇ν(C—O) 1124～1087cm^{-1} 叔醇ν(C—O) 1205～1124cm^{-1} （液膜法）
		1300～1200（酚）		ν(C—O)	
卤化物	C—X	1400～1000	vs	ν(C—F)	卤化物的吸收带频率易受邻接功能团的影响，变化较大
		800～600	s	ν(C—Cl)	
		600～500	s	ν(C—Br)	
		约 500	s	ν(C—I)	

续表

化合物	基团	吸收峰/cm^{-1}	强度	归属	备注
含硫化合物	—SH	2600～2550	w	ν(SH)	比—OH 谱带弱，形成氢键时向低频位移不多
	—C(═S)—	1250～1020	s	ν(C═S)	和ν(C═O)一样，受取代基诱导效应等影响
	$—SO_2—$（砜）	1440～1290 1230～1120	s s	$\nu_{as}(SO_2)$ $\nu_s(SO_2)$	特征，饱和脂肪族的砜，吸收带在 1350～1290cm^{-1}、1165～1120cm^{-1}
	—SO—（亚砜）	1220～990	s	ν(SO)	特征，饱和脂肪族亚砜 1070～1030cm^{-1}
	S—S	540～505	w	ν(S—S)	线型双硫化合物有 2 条吸收带
含氮化合物 胺	—CH	2820～2760	s～m	ν(CH)	
	—NH	3600～3250		ν(NH)	在非极性稀溶液中伯胺有两个ν(NH)吸收带，而仲胺只有一个，叔胺则无
		1650～1570（伯胺）	w	δ(NH)	脂肪族仲胺的δ(NH)很难找到，芳香族仲胺的δ(NH)在约 1515cm^{-1}
	C—N	1250～1020（脂肪族伯胺和仲胺） 1380～1250（芳香族胺）	m～w s	ν(C—N) ν(C—N)	伯胺　1340～1250cm^{-1} 仲胺　1350～1250cm^{-1} 叔胺　1380～1310cm^{-1}
胺的盐类	伯胺盐类	3000～2250 2600 2200～1950	s s～m	$\nu(NH)(^+NH_3)$	较宽，与ν(CH)吸收带重叠 一个或一系列吸收带 有时没有
		1625～1560 1550～1495		$\delta_{as}(^+NH_3)$ $\delta_s(^+NH_3)$	
	仲胺盐类	3000～2250 1620～1560	s m	$\nu(NH)(^+NH_2)$ $\delta_{as}(^+NH_2)$	较宽，或一系列吸收带
	叔胺盐类	2750～2250		$\nu(NH)(^+NH)$	较宽，或一系列吸收带，与ν(CH)重叠。季铵盐类没有ν(NH)吸收带
氨基酸及其盐类	—NH	3100～2600 1665～1585 1550～1485	m w s～m	$\nu(NH)(^+NH_3)$ $\delta_{as}(^+NH_3)$ $\delta_s(^+NH_3)$	
	—COO	1610～1580 1450～1300		$\nu_{as}(COO^-)$ $\nu_s(COO^-)$	
	氨基酸的盐酸盐	3333～2380 1610～1590 1550～1480	s w s	ν(OH) (COOH) $\nu(NH)(^+NH_3)$ $\delta_{as}(^+NH_3)$ $\delta_s(^+NH_3)$	有时重叠

续表

化合物		基团	吸收峰/cm^{-1}	强度	归属	备注
含氮化合物	氨基酸及其盐类	氨基酸的盐酸盐	1755～1700	s	ν(C—O) (COOH)	
		氨基酸钠盐				
		—NH	3400～3200		ν(NH)	
		—COO	1610～1550	s	ν_{as} (COO^-)	
			1420～1300	w	ν_s (COO^-)	
	氰基	—C≡N	2260～2215		ν(CN)	脂肪族ν(CN) 2260～2240cm^{-1}，α，β-不饱和氰以及芳基氰ν(CN) 2240～2215cm^{-1}
	硝基	—NO_2	1565～1545	vs	ν_{as}(NO_2)	脂肪族 R—NO_2
			1550～1500	vs		芳香族 Ar—NO_2
			1385～1350	vs	ν_s(NO_2)	脂肪族 R—NO_2
			1365～1290	vs		芳香族 Ar—NO_2
含磷化合物		PH	2450～2280	m～w	ν(PH)	
			1250～950	w	δ(PH)	
		P═O	1300～1100	s	ν(P═O)	由于转动构象的关系，常常出现双峰
		O═P(—)—OH	2700～2200		ν(OH)(缔合)	在稀溶液条件下并不出现 3600cm^{-1}处的游离 OH 振动
			1240～1180		ν(P═O)	
		O═P(OR)(OR)—NR^1R^2	1275～1200		ν(P═O)	二烷氧磷酰胺
		P—O	1100～950	s	ν(P═O)	P—O—R 1050cm^{-1} s；P—O—Ar 950～875cm^{-1} s
		P═S	800～650	w	ν(P═S)	
含硅化合物		Si—H	2360～2100	s	ν(SiH)	峰形尖
			890～860	s	δ(SiH)	
		Si—O—H	3680±10 3400～3200（缔合）		ν(OH)	OH 弯曲振动吸收带 870～820cm^{-1}
		Si—O	1100～1000	s	ν(SiO)	峰较宽
		Si—CH_3	1255		δ_s(CH_3)	尖而特征
		R—C(═O)—SiR_3	1618		ν(C═O)	
含硼化合物		B—H	2640～2350		ν(BH)	
		B—CH_3	1435		δ_{as}(CH_3)	δ_s(CH_3)(1332±7)cm^{-1}
		B—O	1350～1310		ν(BO)	
		B—N	1465～1330		ν(BN)	

注：（吸收峰强度）vs 为很强；s 为强；m 为中；w 为弱。R 和 Ar 分别代表烷基和芳香基。

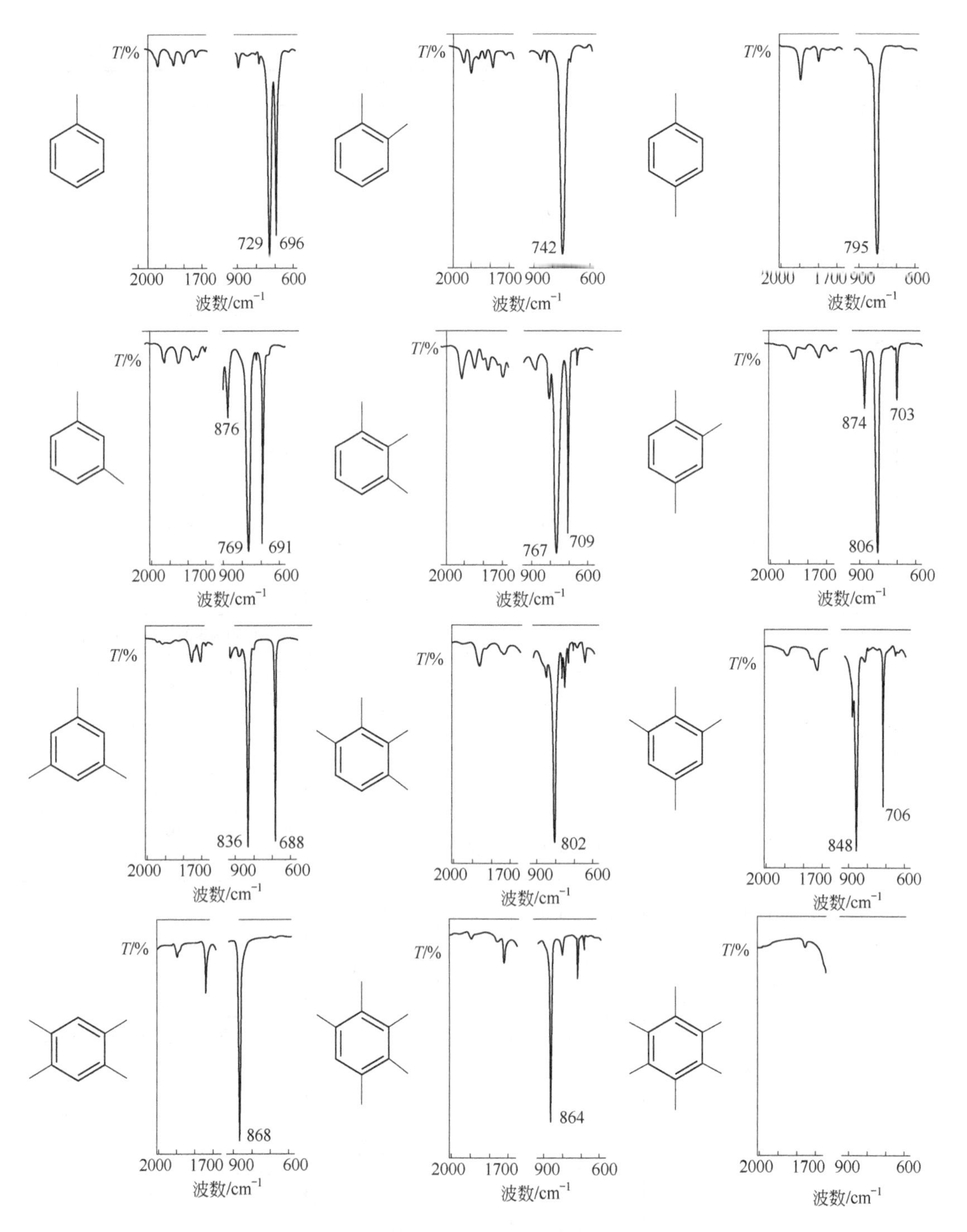

图 1-16　与各种取代苯类型相关的倍频及合频带和 CH 面外弯曲振动吸收带

① 烷烃　烷烃的主要红外特征吸收是 C—H 的伸缩振动（3000～2850cm^{-1}）和弯曲振动（1465～1360cm^{-1}）。例 3 和例 4 分别是正己烷和 2,3-二甲基丁烷的红外光谱图及其特征峰位，其差异在于 2,3-二甲基丁烷是支链化合物，在 1380cm^{-1} 左右出现峰的分裂；正己烷出现 726cm^{-1} 的 $\rho(CH_2)_n$ ($n \geqslant 4$)。从 1380cm^{-1} 左右的谱带有没有分裂可判断是支链或是直链化合物，如是支链化合物，还可通过 1250～1170cm^{-1} 峰的 C—C 骨架振动进一步判断是异丙基或叔丁基。通过

726cm^{-1}的峰有没有存在可判断$(CH_2)_n$中的 n 是否≥4。

【例 3】正己烷　$CH_3(CH_2)_4CH_3$

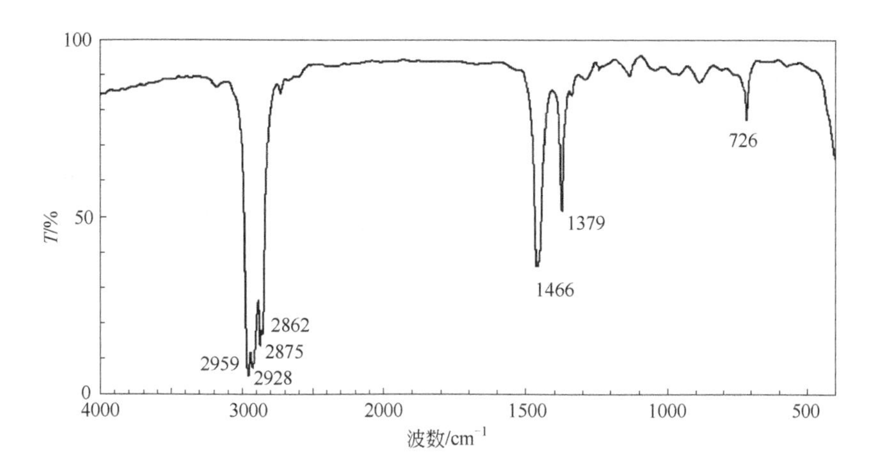

ν_{as}(—CH_3) 2959cm^{-1}，ν_s(—CH_3) 2875cm^{-1}；ν_{as}(—CH_2—) 2928cm^{-1}，ν_s(—CH_2—) 2862cm^{-1}

δ_{as}(—CH_2—)1466cm^{-1}；δ_s(—CH_3) 1379cm^{-1}

$\rho(CH_2)_n$ (n≥4)726cm^{-1}

【例 4】2,3-二甲基丁烷　$(CH_3)_2CH—CH(CH_3)_2$

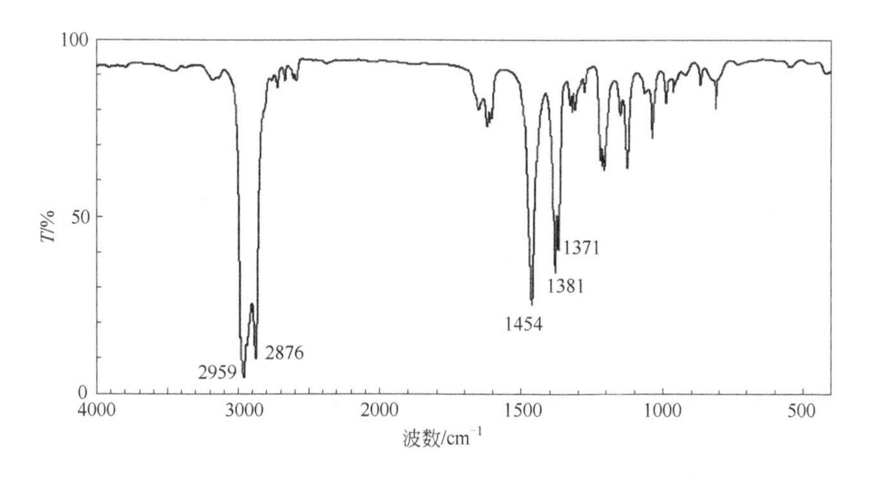

ν_{as}(—CH_3) 2959cm^{-1}，ν_s(—CH_3) 2876cm^{-1}

δ_{as}(—CH_3) 1454cm^{-1}

δ_s(—CH_3) 1381cm^{-1}、1371cm^{-1}

② 烯烃　烯烃的主要红外特征吸收是烯基上的 C—H 的伸缩振动（3080～3000cm^{-1}）和面外弯曲振动（1000～675cm^{-1}），以及 C═C 的伸缩振动（1680～1580cm^{-1}）。涉及的烷烃部分基本上仍保持其相应的红外吸收特征。例 5 是正己烯的红外光谱图及其特征峰位。这个例子的烯基是端式的，如果是嵌入式，主要的区别在面外弯曲振动区域（1000～675cm^{-1}）。

【例 5】正己烯　$CH_3(CH_2)_3CH═CH_2$

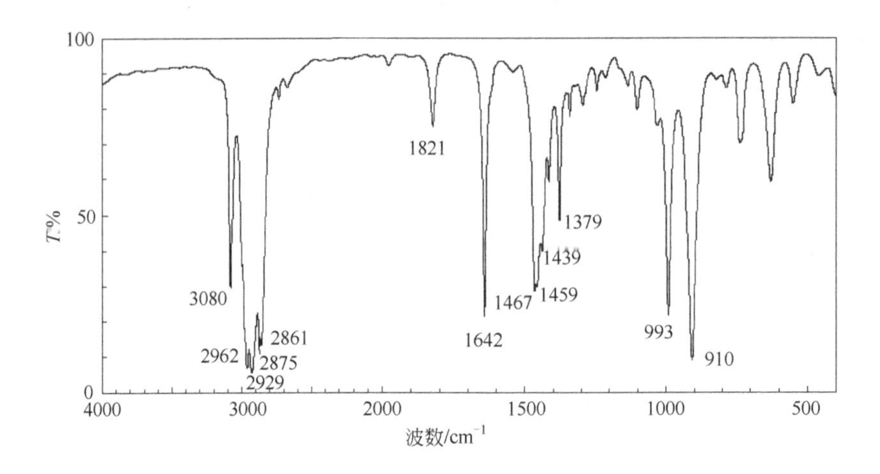

ν_{as}(═CH_2)3080cm^{-1}

ν(C═C)1642cm^{-1}，γ(═CH_2)910cm^{-1}，2τ(—$CHCH_2$)1821cm^{-1}，τ(—$CHCH_2$)993cm^{-1}

③ 炔烃　炔烃的主要红外特征吸收是炔基上的 C—H 的伸缩振动（约 3300cm^{-1}）和 C≡C 的伸缩振动（2260～2100cm^{-1}）以及 C—H 面外弯曲振动（约 630cm^{-1}）。例 6 是 1-己炔的红外光谱图及其特征峰位。这个例子的炔基是端式的，如果是嵌入式的，就不存在炔基上的 C—H 的伸缩振动和面外弯曲振动。对全对称双取代炔，它的 C≡C 的伸缩振动没有红外光谱活性，仅有拉曼光谱活性。

【例 6】1-己炔　$CH_3(CH_2)_3C$≡CH

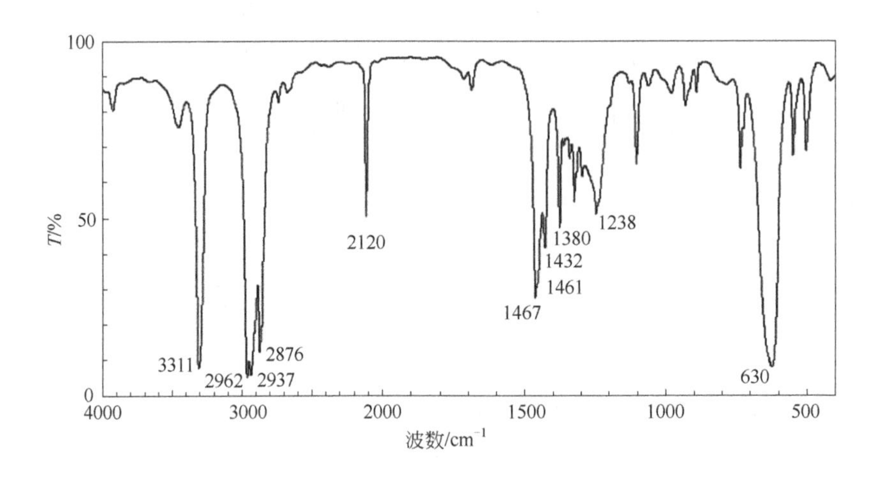

ν(≡CH)3311cm^{-1}

ν(C≡C)2120cm^{-1}

τ(≡CH)630cm^{-1}，2τ 1238cm^{-1}

δ(≡C—CH_2)1432cm^{-1}

④ 芳烃　芳烃的主要红外特征吸收是其 C—H 的伸缩振动（3100～3000cm^{-1}）和 C═C 的伸缩振动（1600～1450cm^{-1}）以及 C—H 面外弯曲振动（900～680cm^{-1}）。从芳环的 C—H 面外

弯曲振动或倍频、合频区域吸收峰的位置、数目和形状可以推测芳环的取代类型。例 7 和例 8 分别是甲苯和苄腈的红外光谱图及其特征峰位。在苄腈的红外光谱图中还可以看到ν(C≡N) 2256cm^{-1}。

【例 7】甲苯　$C_6H_5CH_3$

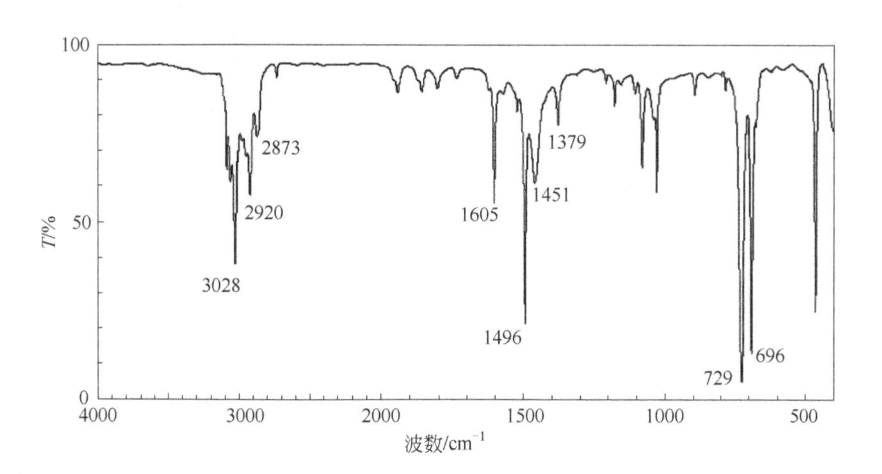

ν(═CH)3028cm^{-1}

芳环骨架振动ν(C┅C)1605cm^{-1}、1496cm^{-1}、1451cm^{-1}

芳环 Ar—H 面外弯曲γ(Ar—H)729cm^{-1}、696cm^{-1}（一取代）

【例 8】苄腈　C_6H_5CN

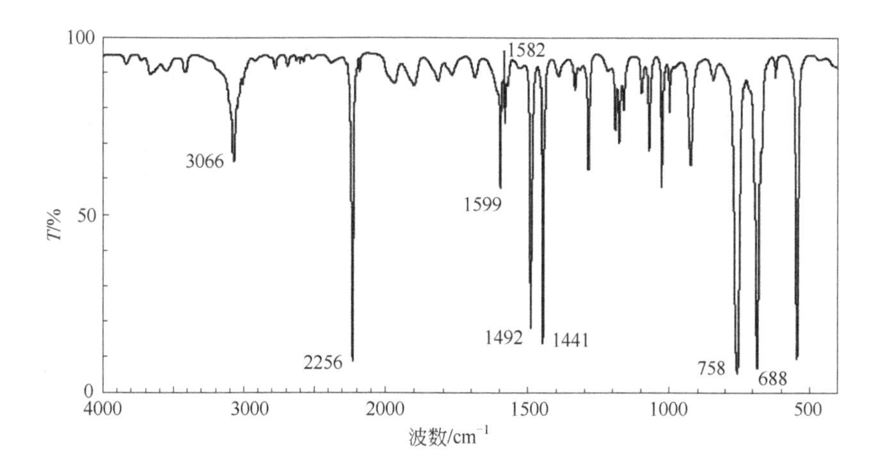

苯环骨架振动ν(C┅C)1599cm^{-1}、1582cm^{-1}、1492cm^{-1}、1441cm^{-1}

芳环 Ar—H 面外弯曲γ(Ar—H) 758cm^{-1}、688cm^{-1}（一取代）

ν(C≡N)2256cm^{-1}

⑤ 醇和酚　醇和酚都含有羟基，其分子游离态时的主要红外特征吸收是 O—H 的伸缩振动在 3650～3600cm^{-1}（单体），但它们容易形成分子间氢键，在 3500～3200cm^{-1} 出现宽峰；醇和酚的 C—O 的伸缩振动分别位于 1210～1000cm^{-1} 和 1410～1310cm^{-1}，O—H 面外弯曲振动分别位于

约 1350cm^{-1}和 1260～1170cm^{-1}。例 9 和例 10 分别是己醇和苯酚的红外光谱图及其特征峰位。

【例 9】己醇　$CH_3(CH_2)_5OH$

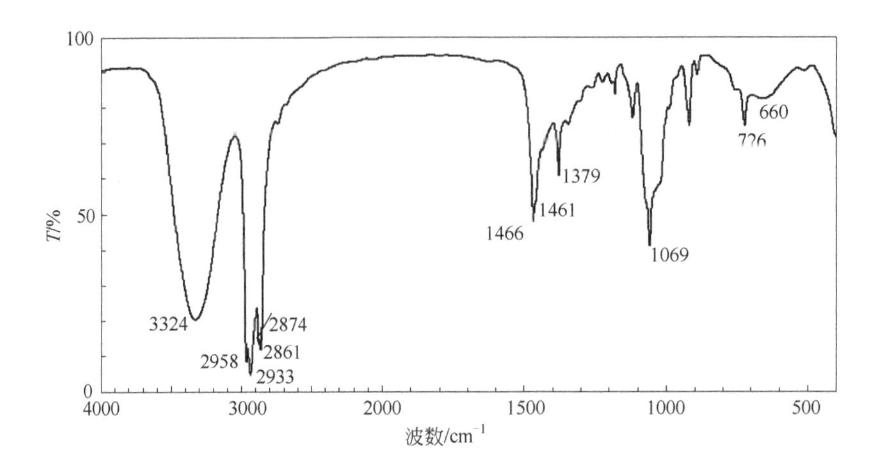

ν(OH)3324cm^{-1}，δ(OH)1430cm^{-1}［引起 $\delta_{as0}(CH_3)$1466cm^{-1}和 $\delta_{as}(CH_2)$1461cm^{-1}峰的宽化］，τ(OH)660cm^{-1}

ν(C—O)1069cm^{-1}

【例 10】苯酚　C_6H_5OH

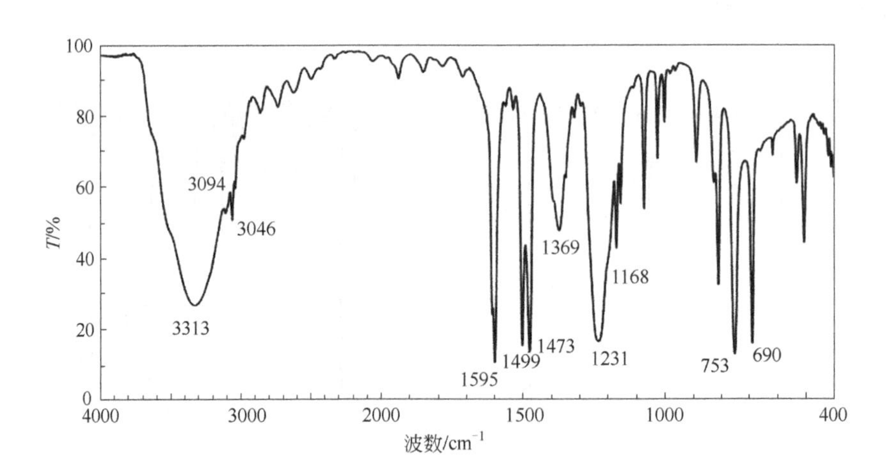

酚羟基 ν(OH)3313cm^{-1}，ν(C—O)1231cm^{-1}

苯环骨架振动 ν(C┅C)1595cm^{-1}、1499cm^{-1}、1473cm^{-1}，单取代芳环面外弯曲 γ(Ar—H)753cm^{-1}和 690cm^{-1}（一取代）

⑥ 胺　胺和醇类似，其主要红外特征吸收是 N—H 的伸缩振动在 3600～3250cm^{-1}。在稀的无极性溶液中，伯胺有两个 ν(NH)吸收带，仲胺出现一个宽带，叔胺则没有峰。C—N 的特征伸缩振动吸收在 1380～1020cm^{-1}，但峰很弱，其峰位和脂肪族或芳香族胺的类别有关。例 11 是十二烷胺的红外光谱图及其特征峰位。

【例 11】十二烷胺　$CH_3(CH_2)_{11}NH_2$

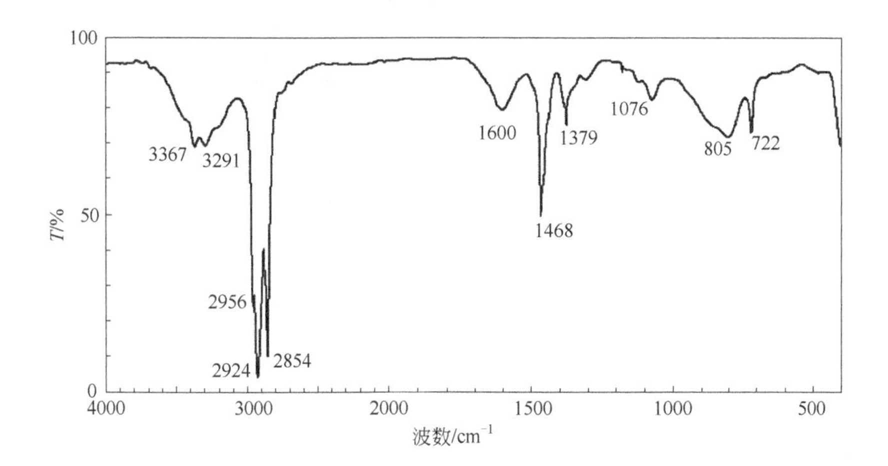

$\nu_{as}(NH_2)$ 3367cm^{-1}，$\nu_s(NH_2)$3291cm^{-1}

$\delta(NH_2)$ 1600cm^{-1}，$\tau(NH_2)$805cm^{-1}

⑦ 醛、酮、酸、酸酐和酯　醛、酮、酸、酸酐和酯都含有羰基，是极性键，有很强的红外特征吸收，C═O 的伸缩振动在 1900～1550cm^{-1}，含有羰基的不同类别化合物有很强的红外特征性，分别处在一个较窄的范围，可根据 C═O 的红外伸缩振动位置进行化合物类型的判断。例 12～例 16 分别是苯甲醛、3-庚酮、庚酸、丁酸酐和乙酸乙酯的红外光谱图及其特征峰位。

【例 12】苯甲醛　$(C_6H_5)CHO$

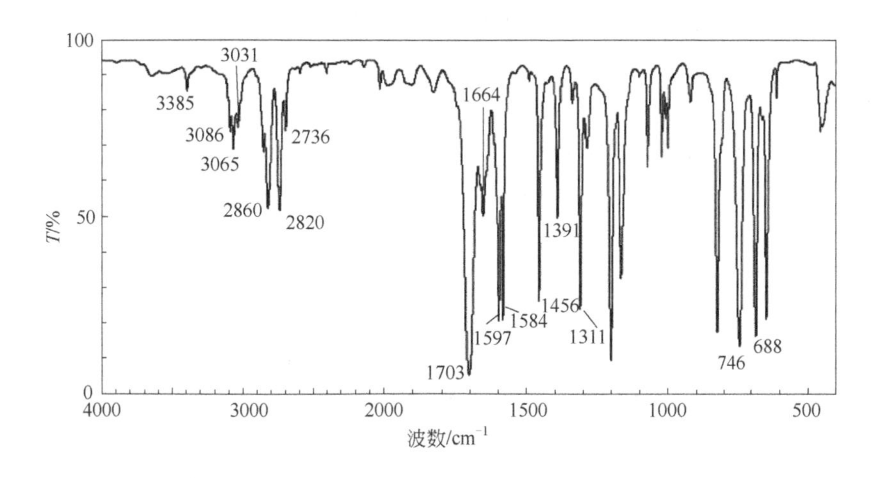

ν(C═O)1703cm^{-1}，2ν(C═O)3385cm^{-1}，ν(CH) + 2δ(CH)2820cm^{-1}、2736cm^{-1}

ν(Ar—H)3086cm^{-1}，芳环振动 ν(C┅C)1597cm^{-1}、1584cm^{-1}、1456cm^{-1}

γ(Ar—H)746cm^{-1}、688cm^{-1}

【例 13】3-庚酮　$CH_3(CH_2)_3COCH_2CH_3$

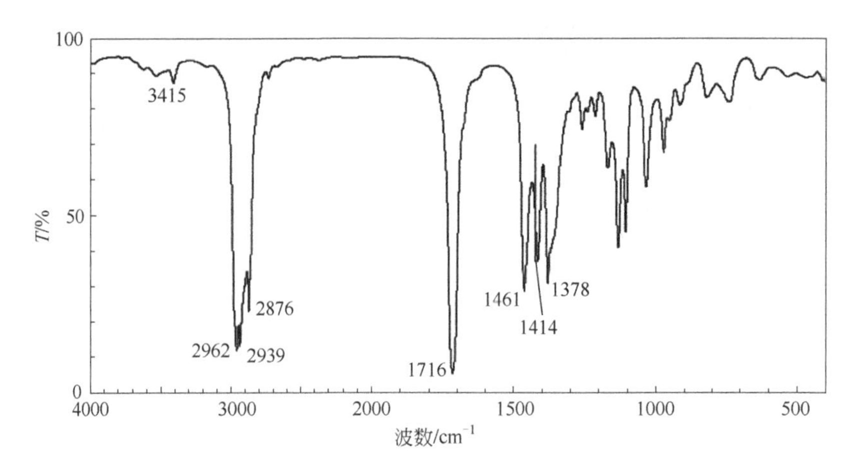

ν(C═O)1716cm^{-1}，2ν(C═O)3415cm^{-1}

δ(O═C—CH$_2$)1414cm^{-1}

【例 14】庚酸　$CH_3(CH_2)_5COOH$

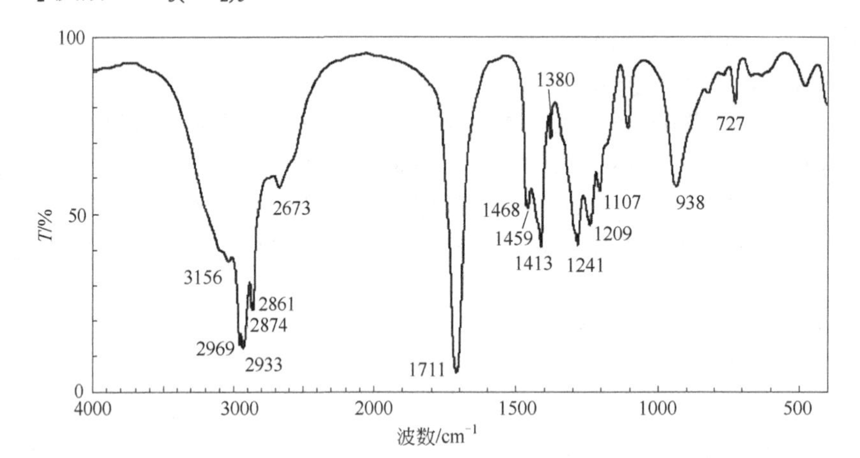

ν(OH)3156cm^{-1}

ν(C═O)1711cm^{-1}，δ(COOH)1413cm^{-1}，ν(C—OH)1241cm^{-1}，γ(OH)938cm^{-1}

【例 15】丁酸酐　$CH_3(CH_2)_2COOCO(CH_2)_2CH_3$

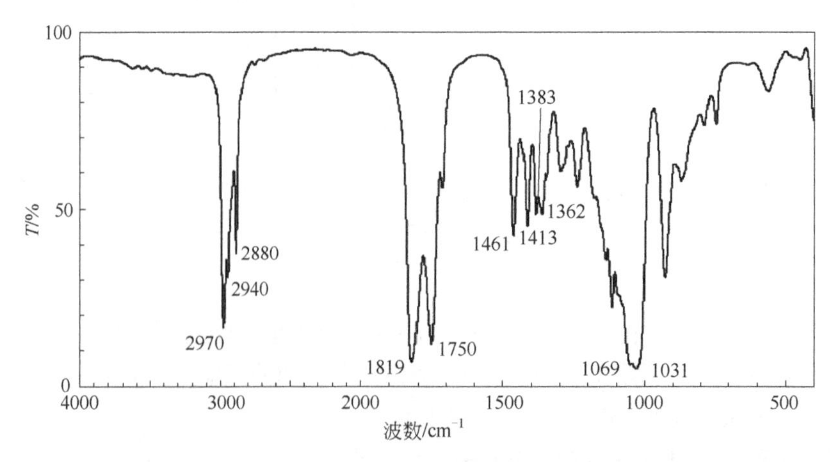

ν(C═O)1819cm^{-1}、1750cm^{-1}

$\delta(CH_2)$1413cm^{-1}，CH_2与C═O相连；$\delta_{as}(CH_3)$1461cm^{-1}、$\delta_s(CH_3)$1383cm^{-1}

ν(COOCO)1031cm^{-1}

【例16】乙酸乙酯　$CH_3CH_2OOCCH_3$

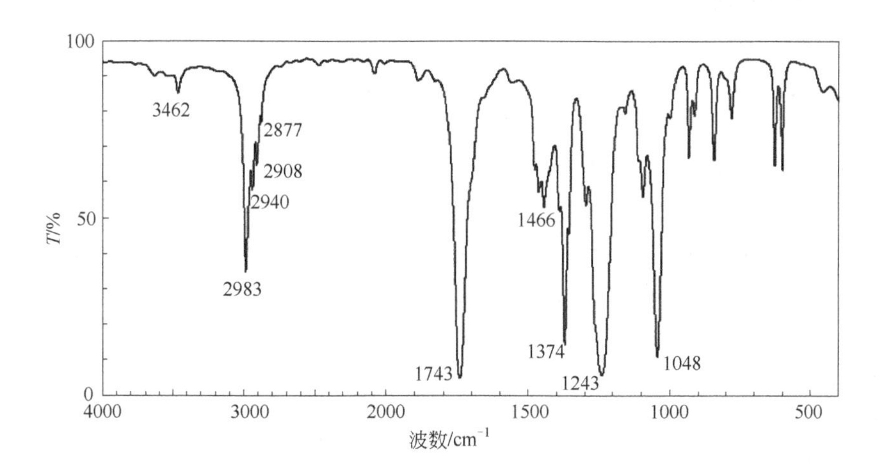

ν(C═O)1743cm^{-1}，2ν(C═O)3462cm^{-1}

$\nu(CH_3COOC)$1243cm^{-1}

ν(COC)1048cm^{-1}

⑧ 氨基酸　氨基酸含有酰胺基团，显示两性离子基团（质子化的氨基阳离子和羧酸盐的阴离子）的光谱。例17是亮氨酸的红外光谱图及其特征峰位。

【例17】亮氨酸　$(CH_3)_2CHCH_2CH(NH_3^+)COO^-$

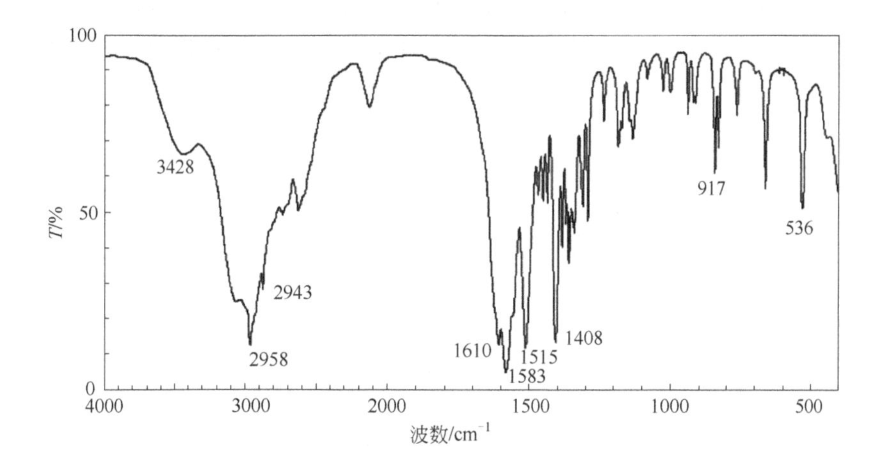

ν(NH)(—NH_3^+)3100～2000cm^{-1}，δ_{as}(NH)(—NH_3^+)1610cm^{-1}，δ_s(NH)(—NH_3^+)1515cm^{-1}

ν(CH) + ν(NH)2958cm^{-1}；τ(NH)(—NH_3^+) 536cm^{-1}

ν_{as}(C═O)1583cm^{-1}；ν_s(C═O)1408cm^{-1}

1.4.2 谱带的强度和影响谱带位移的因素及谱带的形状

红外光谱的谱带位置、谱带强度和谱带形状构成了一个化合物的 IR 光谱的基本特点，它们与测定状态的外因和分子结构本身的内因有关，一种化合物有别于另一种化合物，往往可以从这三个方面找到差别。

（1）谱带的强度

① 峰强的表示法和定量上的应用　红外光谱的峰强可用摩尔吸收系数 ε 表示，ε 定义为：

$$\varepsilon = [1/(bc)]\lg (I_0/I)_\nu$$

式中，c 为浓度（mol/L）；b 为池厚度（cm）；I_0 和 I 分别为入射光和出射光的强度，$\lg (I_0/I)_\nu$ 是在波数为 ν 时由仪器测定的吸光度 A。

在定性研究红外光谱时，强度是以极强（vs）、强（s）、中等（m）和弱（w）、极弱（vw）等表示，这些常由谱图直观得出，它们与 ε 值的对应关系为：

强度	ε
极强（vs）	≥200
强（s）	75～200
中等（m）	25～75
弱（w）	5～25
极弱（vw）	0～5

强度测定在定性分析中不常用，但广泛地用于定量分析，较精确的积分吸收强度的测定法也有人作了介绍。通常，吸收强度的测定多采用基线法（图 1-17）。

$$rs/ts = I_0/I_1$$

因为　　$A = \lg(I_0/I_1)$

所以　　$A = \lg(rs/ts)$

例如，图 1-18 为邻二甲苯、间二甲苯、对二甲苯和乙基苯四种化合物在环己烷中的混合溶液的 IR 吸收光谱。表 1-7 列出它们各自的吸光系数 k 值，以及在所选定的波长处测得混合溶液的吸光度 A。

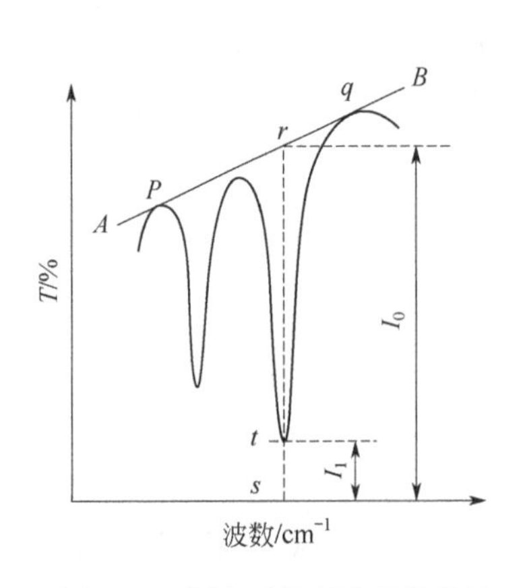

图 1-17　测定吸收强度的基线法

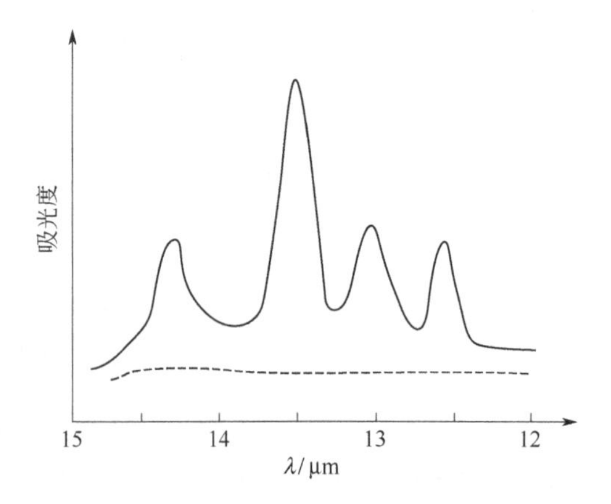

图 1-18　邻二甲苯等四种化合物在环己烷中的混合溶液的 IR 吸收光谱

表 1-7　四种化合物的吸光系数及其混合液的吸光度

波数/cm^{-1}	吸光系数 × 光程（L/g）× 0.2				混合溶液吸光度 ×10
	对二甲苯	间二甲苯	邻二甲苯	乙基苯	
795.2	2.8288	0.0968	0.0000	0.0768	0.7721
768.0	0.0492	2.8542	0.0000	0.1544	0.8676
741.2	0.0645	0.0668	4.7690	0.5524	2.2036
696.3	0.0641	0.1289	0.0000	1.6534	0.7386

由 $A_\lambda=\sum_{i=1}^{n} k_\lambda c_i$ 得：

$0.7721=2.8288c_1+0.0968c_2+0\times c_3+0.0768c_4$

$0.8676=0.0492c_1+2.8542c_2+0\times c_3+0.1544c_4$

$2.2036=0.0645c_1+0.0668c_2+4.7690c_3+0.5524c_4$

$0.7386=0.0641c_1+0.1289c_2+0\times c_3+1.6534c_4$

解之，得：

$c_1=0.252\text{g/50mL}$

$c_2=0.277\text{g/50mL}$

$c_3=0.406\text{g/50mL}$

$c_4=0.415\text{g/50mL}$

对于固体样品及某些黏稠液体等样品，其厚度不易精确重复制备，不能直接采用上述定量方法，要采用下面介绍的内标法或比例法。

比例法是通过比较同一谱图中有特征性的谱带的吸光度来获得待测组分相对含量（浓度）的比例关系。若样品是一个二元组分的混合物或共聚物，同时每一个组分都有不受另一组分干扰的特征谱（可供选择为分析谱带），根据比尔定律，两个组分的吸光度可以分别写为：

$$A_1=a_1b_1c_1$$
$$A_2=a_2b_2c_2$$

由于在同一样品中，$b_1=b_2$，因此谱带的吸光度比值 R 有如下关系：

$$R=\frac{A_1}{A_2}=\frac{a_1c_1}{a_2c_2}=k\frac{c_1}{c_2} \qquad (1\text{-}25)$$

$k=a_1/a_2$ 为两个组分在各自分析波数处的吸收系数的比例常数。通过配制一个或几个已知浓度比的混合物（其浓度比靠近待测样品）作为标准样品，则可求得比例常数的值。由于所测样品为二元体系，所以 $c_1+c_2=1$，将此代入式（1-25），即可得到：

$$c_1=R/(k+R)$$
$$c_2=k/(k+R) \qquad (1\text{-}26)$$

用比例法测量二元体系的混合物较方便。如丙烯腈-醋酸乙烯酯共聚物的组分分析可选择 C≡N 独立峰（2242cm^{-1}）和醋酸乙烯酯的 C═O 独立峰（1740cm^{-1}）。但对于多元体系，需用到多个关系式计算各个 k 值，计算上比较烦琐，一般采用内标法。为了改正比例法的这一缺点，有时可以在样品中掺入一定量某种物质作为内标物，由于内标物的浓度是已知的，所以即可通过某待测组分和内标物分析谱带之间的吸光度比，利用式（1-25），直接求出待测组分的浓度，该种方法称为内标法，它同样可以在不必测量样品厚度的情况下，直接进行定量分析。在样品采用油糊法制样的定量分析中，内标法应用很广泛。被选为内标的物质应该具备如下条件：在被测样品中不含该物质，并且不会和样品中的其他组分作用；纯度高，化学稳定性好；红外光谱简单，其吸收谱带不妨碍待测组分的分析谱带的选择；本身具有一个不受样品谱带干扰的强谱带；易和样品掺和均匀。常用的内标物质有硫氰化铅[$Pb(SCN)_2$]、硫氰化钾（KSCN）、铁氰化钾[$K_3Fe(CN)_6$]和亚铁氰化钾[$K_4Fe(CN)_6$]等，它们在 2100～2000cm^{-1} 区有较强的特征谱带。有时也用六溴代苯（C_6Br_6）作内标物质，它在 1300cm^{-1} 和 1255cm^{-1} 处有特征吸收峰。

② 影响红外吸收谱带强弱的因素　红外吸收谱带的强弱可以认为主要决定于分子振动的偶极矩变化大小。极端的情况是偶极矩不发生变化，那就不会出现红外吸收峰。据这样的考虑，我们来分析以下几种情况。

a．红外吸收谱带的强度与分子振动的对称性有关。振动的分子对称性愈高，在振动中分子的偶极矩变化就愈小，谱带的强度也就愈弱。例如，芳香族化合物在约 1600cm^{-1} 总有一至数条谱带，归属于苯环的骨架伸缩振动。苯分子的这种振动是全对称的，几乎没有偶极矩变化，因此吸收峰极弱。但如果苯上的一个氢原子被其他基团所取代，则原有振动的对称性被破坏，在 1600cm^{-1} 附近就产生了较强的谱带。

b．基团的极性愈大，振动中偶极矩的变化愈大，谱带强度愈强。例如，羰基、氨基、硝基、羧基和醚键等极性基团均有很强的红外吸收谱带；而非极性键，如 C—C、N═N、S—S 键的红外吸收谱带一般均较弱。

c．振动的类型。反对称的伸缩振动一般比对称的伸缩振动引起的偶极矩的变化大，所以强度也比较大。通常，伸缩振动的谱带强度大于弯曲振动的谱带强度。

③ 利用谱带相对强度的变化，往往在很相似的谱图分析中能找到十分重要的信息。例如，对三十烷醇质量的评价。据报道，三十烷醇是一种植物生长调节剂及某些动物的生长刺激剂，然而在生产过程中可能由于夹带二十六烷醇、二十八烷醇而使三十烷醇的作用降低以致失去作用。前述的三种烷醇的红外光谱十分相似，但在 2855cm^{-1}[$\nu_s(CH_2)$]和 2965cm^{-1}[$\nu_{as}(CH_3)$]的强度比值有些差异，我们曾经根据红外强度的比值大小判别样品质量的优劣，借以作为中间提纯过程的控制标准。王宗明等人采用近红外光谱法测定汽油的辛烷值，他们选择—CH_3、—CH_2—、芳烃（C┅C）和烯烃（═CH）的第二倍频峰（分别为 8390cm^{-1}、8280cm^{-1}、8735cm^{-1}和 9260～8770cm^{-1}）的强度变化，用多重线性回归和偏最小二乘法对数据进行处理，得到试样的辛烷值，同时研制出 FT-NIR 辛烷值测定仪，将测定和数据分析融为一体，使用十分方便。

（2）影响谱带位移的因素

前面已讲到，许多化学键或分子的基团都有相对固定的 IR 特征吸收峰位置。然而，由于这些化学键或分子的基团和周围的环境有不同程度的力学和电学耦合，所以它们的力常数不是固定不变的，吸收谱带或多或少会产生位移。这种位移反过来为我们提供了关于邻接基团的情况。例如ν(C—H)伸缩振动很强地受到与这个碳原子键接方式的影响，在$-\overset{|}{\underset{|}{C}}-\overset{|}{\underset{|}{C}}-H$、$>C=\overset{|}{C}-H$和—C≡C—H 的情况下，$\nu$(C—H)分别出现于 3000～2850$cm^{-1}$、3100～3000$cm^{-1}$和约 3300$cm^{-1}$范围内。影响谱带位移的因素很多，通常分为两类，即：与测定状态有关的外因和与分子结构本身有关的内因，了解这些影响因素有助于结构的鉴别工作。

① 外因（测定状态）　红外谱带常随实验条件而变化，由于这些实验条件影响到分子的

物态变化（旋转异构现象、多晶现象等），或影响分子的溶剂效应（溶质的缔合、溶剂化等），因此极性基团的谱带位置受溶剂效应的影响较大。

a．由于测定时物理状态不同而引起的变化　有时尽管是同一化合物，但测定时物理状态不同，所得的光谱会出现较大差异。气态物质在低压下一般为孤立分子，无缔合作用，故吸收带较尖锐；固体与液体，如存在缔合作用（常为极性基团的分子），吸收带常会变宽。图 1-19 是 1,10-二溴正癸烷[$Br(CH_2)_{10}Br$]的固体和液体的红外光谱，可以看到，固体的光谱吸收带比液体的尖锐，而且吸收峰的数目多些，这是由于发生分子振动和晶体力场的作用，分子振动和晶格振动的耦合将出现某些新谱带。如果物质能以几种晶型存在，其样品和石蜡油研磨时，可能发生多晶现象或互变异构现象，各种晶型的光谱也会出现某些差异，例如图 1-20 为不同晶型的硬脂酸的红外光谱。纳米结构材料的红外吸收谱带常出现蓝移和谱带变宽现象，可认为是小尺寸效应、量子效应、颗粒组元表面张力较大、内部畸变使平均键长变短而使振动频率蓝移；小尺寸使颗粒粒径分布不均匀，界面配位数不足，出现键长与颗粒内部键长有差别等情况，从而导致谱带宽化。

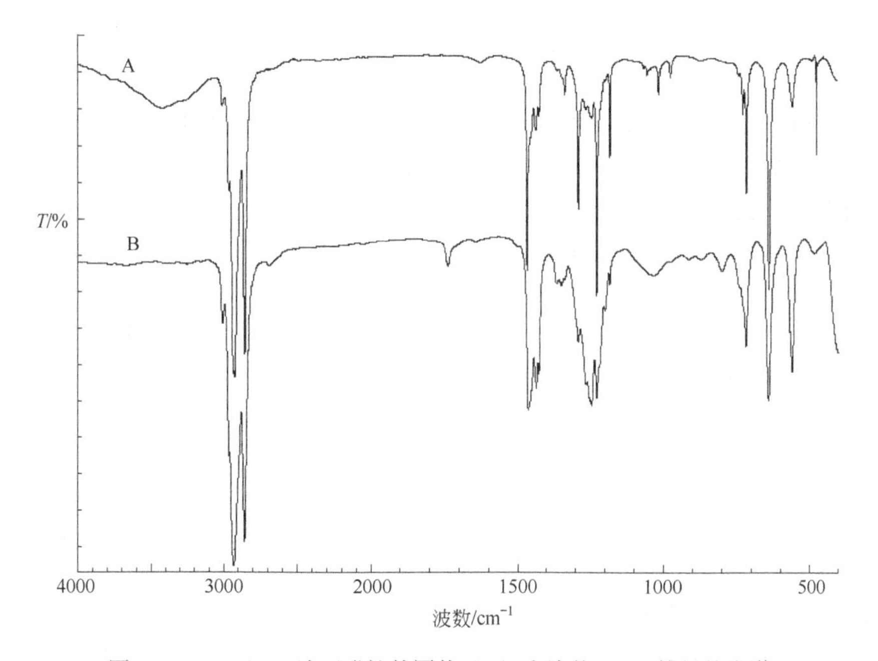

图 1-19　1, 10－二溴正癸烷的固体（A）和液体（B）的红外光谱

b．溶剂的影响和选择　在溶剂中测定时，极性基团（如酮、酰胺或腈等）的伸缩频率将随溶剂的极性而变化，溶剂的极性愈大，频率愈低，如羧酸中羰基伸缩振动频率在非极性溶剂中为 $1760cm^{-1}$，而在乙醇中则为 $1720cm^{-1}$。一般常用的溶剂为四氯化碳和二硫化碳，因为其分子小，分子对称性比较高，所以本身 IR 吸收较少，在溶解性能及挥发性能方面一般也能达到测试要求。在比较由相同的溶剂测得的谱图时，还应注意到浓度或温度的差异有时会影响到分子间的缔合程度。

② 内因（分子结构因素）　分子结构的因素对化合物的基团振动频率的影响是最主要的。为了尽量消除上述环境（外因）影响，应尽可能在非极性稀溶液中进行谱图的测定，然后把样品的谱带位置和标准数据进行比较，考虑引起基团振动频率位移的因素。如果样品不溶于非极性溶剂，需要用到极性溶剂时，必须十分谨慎。

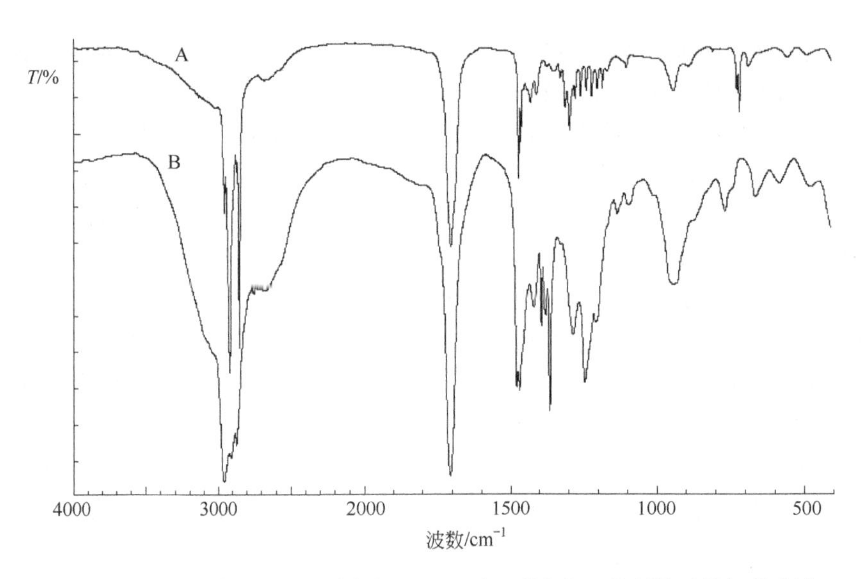

图 1-20 不同晶型 A（以 β 型为主）、B（以 α 型为主）的硬脂酸的红外光谱

a．诱导效应（I 效应） 在具有一定极性的共价键中，随着取代基电负性不同而产生的不同程度的静电诱导作用，引起分子中电子云分布发生变化，从而改变了化学键力常数，使振动的频率发生变化，这种效应称为诱导效应。吸电子基团（或原子）引起的亲电诱导效应以–I 表示，而斥电子基团（或原子）引起的供电子诱导效应用+I 表示。

基团（或原子）的–I 效应按下列顺序逐渐减小：

—F ＞ —Cl ＞ —Br ＞ —I ＞ —OCH_3 ＞ ⟩$NHCOCH_3$ ＞ —C_6H_5 ＞ —CH_3

例如，卤素取代的丙酮化合物的 ν(C═O)变化：

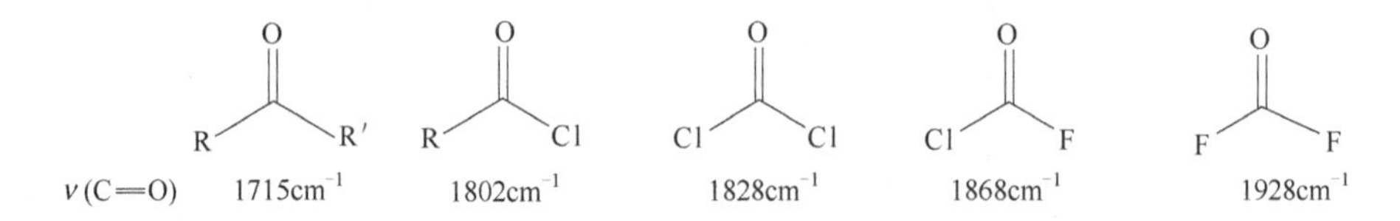

显然，随着取代基电负性（或亲电诱导效应–I）增强，羰基的伸缩振动频率向高频方向移动。这是由于在丙酮分子中，羰基略有极性，氧原子带有一些负电荷，成键的电子云离开键的几何中心偏向氧原子。如果分子中的甲基被电负性强得多的卤素原子取代，由于卤素原子对电子的吸引力增强，使得电子云接近于键的几何中心，降低了羰基的极性，使其双键性增强，从而键的伸缩频率增高。取代基的电负性越大，亲电诱导效应越显著。

–I 效应使临近的 CH_2 弯曲振动频率向低频方向位移。例如聚乙烯$\leftarrow\!\!(CH_2CH_2)\!\!\rightarrow_n$的 $\delta(CH_2)$ 为 $1465cm^{-1}$，而聚氯乙烯$\leftarrow\!\!(CH_2CHCl)\!\!\rightarrow_n$、聚氟乙烯$\leftarrow\!\!(CH_2CHF)\!\!\rightarrow_n$的 $\delta(CH_2)$分别为 $1429cm^{-1}$ 和 $1408cm^{-1}$。

b．共轭效应（M 效应） 因分子形成大 π 键所引起的效应，称为共轭效应。共轭效应可使共轭体系中电子云分布平均化，从而使双键性质降低，即力常数减小，振动吸收峰向低波数方向移动，这种效应也使得某些单键具有一定程度的双键性，从而显著地影响到某些键的强度和振动频率，共轭范围越大，共轭效应越明显。一般亲电共轭效应（或 π-π 共轭）用–M 表示，供电共轭效应（或 p-π 共轭）用＋M 表示。例如：

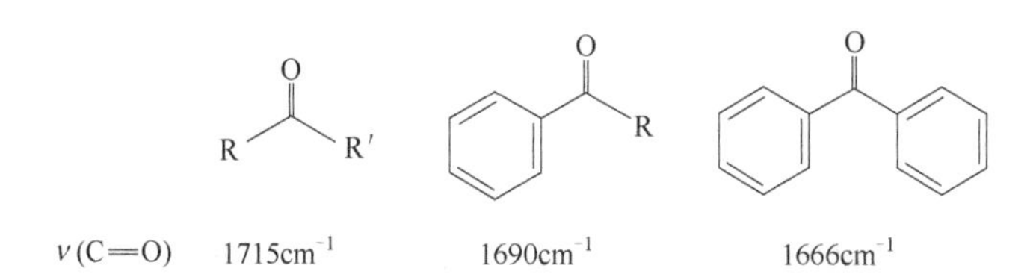

c．诱导和共轭的联合效应　在同一化合物中，如果同时存在 I 效应和 M 效应，这是一种协同作用，吸收峰的位置移动方向由影响较大的那个效应决定。例如：

(a)

ν(C═O) 1715cm^{-1}

ν(C═O)　1690cm^{-1}　　1735cm^{-1}

+M > −I　　+M < −I

(b)

ν(C═O)　1665cm^{-1}　　1725cm^{-1}

由（a）到（b），−M 效应提高。

(c)

ν(C═O)　1710cm^{-1}　　1750cm^{-1}

硫氧原子在（a）中起作用的+M 效应在此被抵消了。因此，−I 效应起主要作用。

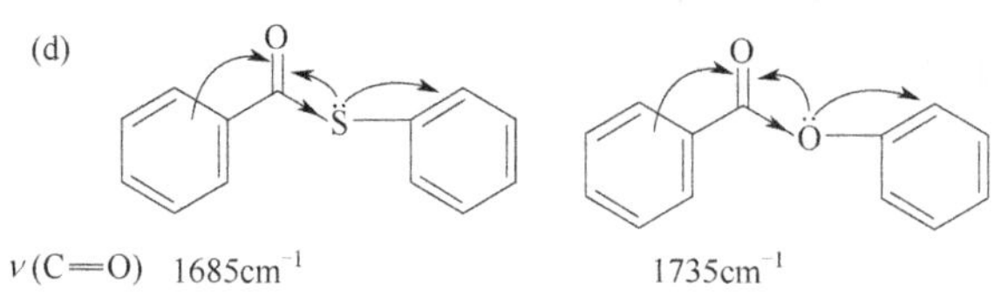

由（c）到（d），−M 效应提高。

d．空间效应

（a）键角效应　以环张力为例，当环张力增大时，环内 C—C 键间的原子轨道重叠不好，导致环内各键削弱，振动频率降低，而环外突出的键增强，振动频率升高。

【例 18】

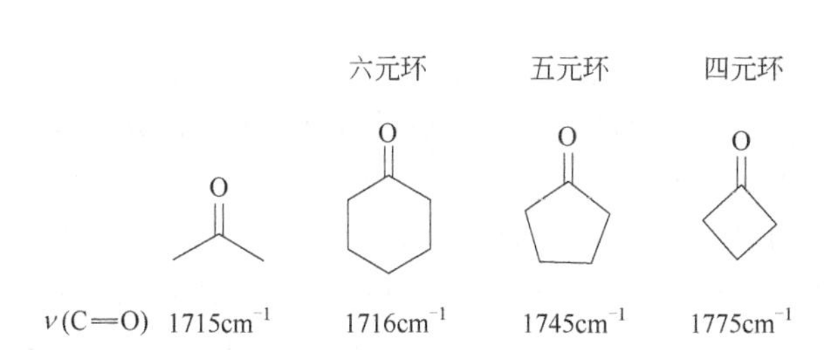

【例 19】

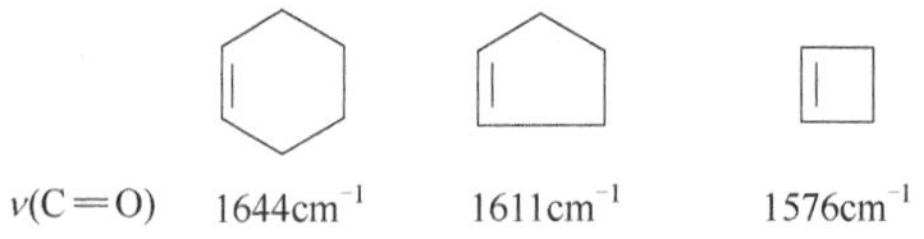
ν(C═O)
1644cm⁻¹
1611cm⁻¹
1576cm⁻¹

【例 20】环丙烷

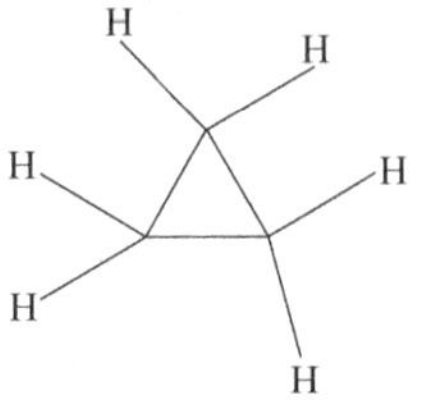
H
H
H
H
H
H

∠C—C—C 键角（60°）比正常的∠C—C—C 键角小很多，ν(C—H)比正常值（约 2900cm^{-1}）大很多，位移到 3030cm^{-1}。

（b）共轭的空间阻碍

【例 21】

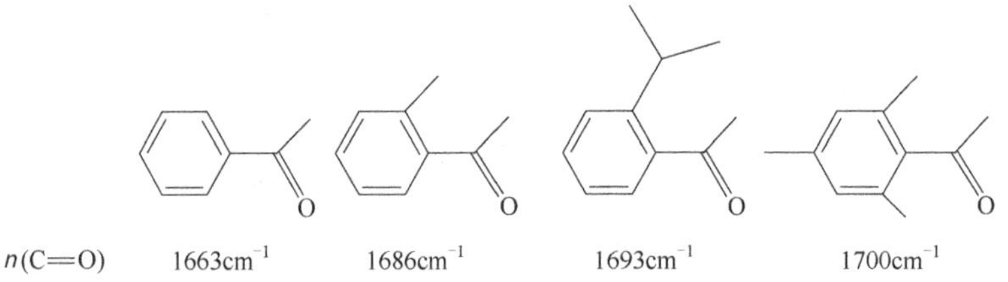
O
O
O
O
n(C═O)
1663cm⁻¹
1686cm⁻¹
1693cm⁻¹
1700cm⁻¹

在这个系列从左到右的化合物中，C═O 侧链与芳环保持平面性越来越困难，所以 ν(C═O)振动频率逐渐与饱和化合物的 ν(C═O)相接近。

（c）偶极场效应　相互靠近的分子基团之间，会通过空间产生偶极场效应（又称 F 效应），它们不是通过化学键而是通过空间发生作用。例如，氯代丙酮的三种旋转异构体，其羰基振动频率是不同的。

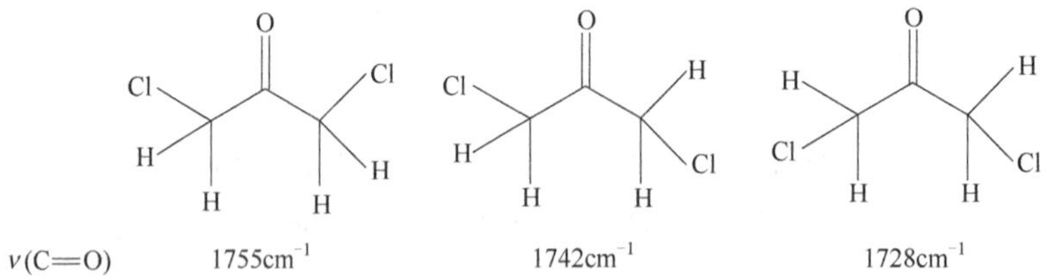
O
Cl
Cl
H
H
H
H
O
Cl
H
H
Cl
H
H
O
H
H
Cl
Cl
H
H
ν(C═O)
1755cm⁻¹
1742cm⁻¹
1728cm⁻¹

卤素和氧原子都是键偶极的负极，当 $^{\delta+}$C—Cl$^{\delta-}$和 $^{\delta+}$C═O$^{\delta-}$靠近时，会产生偶极之间的排斥作用，使 C═O 键间的电子云密度增加，C═O 的双键性增强，频率增大。

e．振动的耦合和费米（Fermi）共振　在分子中位置靠近的两个基团，如果具有相近的振动频率，就有可能发生振动的耦合产生两个新的吸收带，其位置位于原谱带位置的高频和低频两侧。例如醋酸酐含有两个相似的＞C═O，其吸收频率应该相同，但在 1860～1720cm^{-1}范围内出现两个吸收峰，ν(C═O)分别为 1828cm^{-1}和 1750cm^{-1}，这是由于两种伸缩振动之间发生耦合，从而分为两个峰。

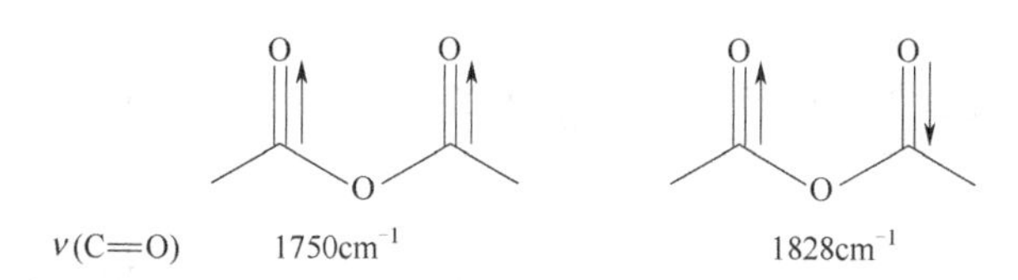

若有一个基团振动的倍频或合频与另一个基团或本基团的基频振动频率相近，并且这两个基团在分子中相互靠近，可能会产生共振并使谱带产生分裂，使得强度很弱的倍频或合频谱带异常地增加，这种现象称为费米共振。例如，苯甲醛的醛基 C—H 伸缩振动在 $2800cm^{-1}$，而 C—H 面内弯曲振动 δ(CH)$1400cm^{-1}$ 的第一倍频也出现在相近区域，二者发生费米共振，使这个区域出现了两条很强的谱带（$2800cm^{-1}$ 和 $2720cm^{-1}$）。很多醛类化合物都有这种现象，这对于醛类化合物是很特征的。

f. 氢键的影响　氢键是一个分子（如 R—X—H）和电负性强的 Y 原子相互作用，生成 R—X—H⋯Y—R′，氢键指的是 H⋯Y，它有分子间氢键和分子内氢键之分。对于 ν(X—H)，氢键越强，越向低波数方向位移，谱带变宽。

例如，乙醇（CH_3CH_2OH），游离态的 ν(O—H)为 $3640cm^{-1}$，而形成二聚体的 ν(O—H)为 $3514cm^{-1}$，多聚体的 ν(O—H)为 $3350cm^{-1}$。由于游离态、二聚体、多聚体在实际样品中有一定的分布，故峰形很宽，强度较大。分子间的氢键形成的程度和样品的浓度有关，在非极性溶剂中考察不同浓度的羟基化合物，可以区别分子间氢键与分子内氢键。例如，水杨醛在很稀的四氯化碳溶液（如 0.25% CCl_4 溶液）中仍然出现缔合的羟基峰，分子内氢键不受浓度变化的影响。而浓度变化对分子间氢键有较大的影响，乙醇在四氯化碳溶液中溶解度到 0.01mol/L 时，体现缔合的多聚体和二聚体状态的 ν(O—H)红外吸收峰 $3350cm^{-1}$、$3514cm^{-1}$ 已消失，只能观察到游离态的 ν(O—H) $3640cm^{-1}$ 红外吸收峰。

（3）谱带的形状和分子结构的关系

红外光谱是一种分子光谱，它的谱峰呈带状结构，正常的谱带应该是围绕其中心频率呈对称分布。但也常发现不对称的谱峰，例如 Byler 对核糖核酸酶 A 的红外酰胺Ⅰ带光谱进行曲线拟合［图 1-21（a）］，确定了螺旋结构与 β 结构百分含量和 X 射线衍射法所得的结果相当一致。图 1-21（b）是聚对苯二甲酸乙二酯的 IR 光谱图。采用高分辨率的仪器或用曲线拟合法分峰，可以在 1040～$1000cm^{-1}$ 范围对聚对苯二甲酸乙二酯分得三组谱带，即 $1024cm^{-1}$、$1021cm^{-1}$ 和 $1018cm^{-1}$，它们分别对应于晶区反式构象、非晶区反式构象及左右式构象。

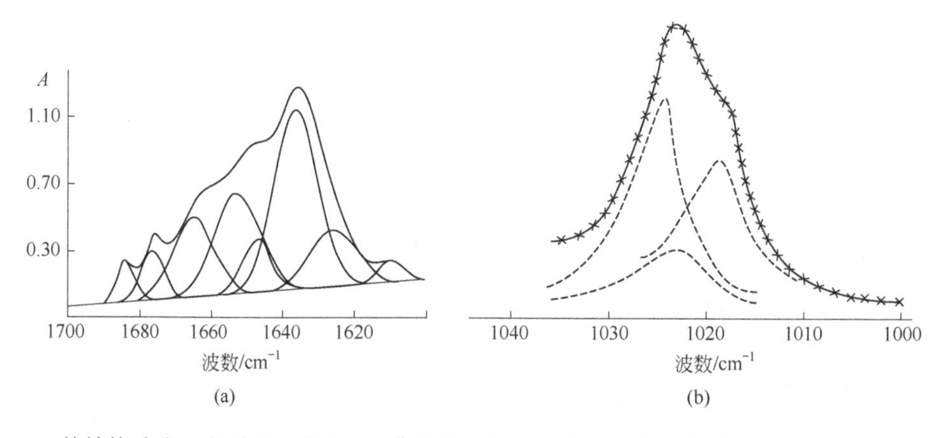

图 1-21　核糖核酸酶 A 的酰胺Ⅰ带 FT-IR 曲线拟合谱（a）与聚对苯二甲酸乙二酯的 IR 光谱图（b）

1.5 红外光谱谱图的解析

通过释谱，通常可以确定分子的某些官能团，初步了解某些精细结构，如分子的骨架、官能团的位置等立体化学的信息，从而推断出分子的可能结构。为了作出更为确定的判断，有时还要借助其他的物理化学方法（如紫外-可见光谱、核磁共振谱和质谱等），进一步加以佐证。在解释图谱时，预先应尽可能多地了解样品的各种数据和资料，以便为释谱带来方便。

1.5.1 样品的原始资料

① 样品的来源和可能的用途。

② 样品纯度。在红外光谱测定时，样品应尽可能纯净。

③ 成分、分子量或分子式。可用元素分析仪确定元素或用质谱仪确定分子式。

④ 化学反应的性能。

1.5.2 计算未知物分子式的不饱和度

在释谱前，常常要先根据分子式计算化合物的不饱和度。不饱和度的计算公式为：

$$S_{\mathrm{I}}=1+n_4+\frac{1}{2}(n_3-n_1)$$

式中，S_{I} 为不饱和度；n_1、n_3、n_4 分别为一价、三价和四价的原子数目。一价原子如氢、卤素；三价原子如氮；四价原子如碳；对二价原子如氧、硫不参加计算。

【例 22】 CH_4，$S_{\mathrm{I}}=1+1+\frac{1}{2}(-4)=0$

【例 23】 $CH_3CH{=}CH_2$，$S_{\mathrm{I}}=1+3+\frac{1}{2}(-6)=1$

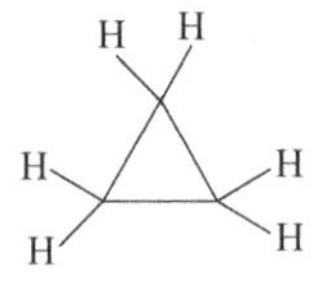

环丙烷（C_3H_6），$S_{\mathrm{I}}=1$

【例 24】 H—C≡C—H，$S_{\mathrm{I}}=2$

对三重键（C≡C 或 C≡N），$S_{\mathrm{I}}=2$。

【例 25】 C_6H_6，$S_{\mathrm{I}}=1+6+\frac{1}{2}(-6)=4=3+1$，三个双键，一个封闭环。

对于稠环芳烃，不饱和度可用下式计算：

$$S_{\mathrm{I}}=4r-S$$

式中，r 为环数；S 为共用边数。

【例 26】

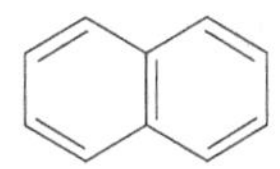

$r=2$，$S=1$，$S_I=4\times2-1=7=5+2$，五个双键，两个环。

1.5.3 谱图的解释

尽管在红外光谱法的发展过程中有不少人对谱图分析的方法进行各种尝试，如日本的岛内武彦提出的“八区法”等，实际上至今还没有一个统一的谱图解析方法。我们知道，一个化合物的红外光谱往往是由许多谱带组成，尤其是复杂分子的红外光谱，各种强弱不一的谱带数量甚多，企图对每一个谱带作出明确的归属往往是徒劳的，因为某些谱带产生的原因很复杂。但是，一些较强的谱带，尤其是基团特征频率区的谱带往往具有很强的特征性，与分子结构有着密切的联系，为定性分析提供了重要的线索。所以，定性分析一般从基团的特征频率区（4000～1330cm^{-1}）的谱带（当然，首先是强的谱带）开始，根据峰位、峰强和峰的形状推断可能的化学基团，如是否含有—OH、>NH、O═C<、C≡N、C═C、C≡C 等，然后在指纹区（1330～650cm^{-1}）进一步找到“旁证”。此外，还应根据谱带位移、谱带轮廓的变化等来考虑各个基团所处的化学环境及它们彼此之间的关系，结合样品的来源、用途和其他分析手段提供的信息，合理地推测出化合物可能的分子结构，根据所推测的几个可能的结构查对标准谱图，或直接用几个已知化合物来进行验证。下面我们介绍一种释谱的基本方法。

首先，先从羰基化合物开始。

（1）>CO，ν(C═O)　1900～1550cm^{-1}

羰基化合物包括的化合物门类广泛，如：酮 R_2C═O，醛 RCHO，羧酸 RCOOH，酯 RCOOR′，酰胺 $RCONR_2$（R 为 H 或烷基），酰卤 RCOX（X 为 F、Cl、Br 或 I）等。它们的共同特点是含有羰基。羰基的伸缩振动处于 1900～1550cm^{-1}，由于 C═O 的电偶极矩较大，所以是 IR 的强谱带，容易和其他类型的化合物区别开来。羰基化合物的共振结构式如下：

$$\underset{\text{A结构}}{\mathrm{X{-}\overset{\overset{\displaystyle O}{\|}}{C}{-}Y}} \longleftrightarrow \underset{\text{B结构}}{\mathrm{X{-}\overset{\overset{\displaystyle O^-}{|}}{C^+}{-}Y}}$$

羰基化合物的种类不同，两种趋势的比例也不同，当羰基化合物的 X、Y 有助于提高 A 结构的趋势时，C═O 的双键性增强，ν(C═O)向高波数一端移动；反之，若 X、Y 有助于提高 B 结构，则单键性增强，ν(C═O)向低波数一端移动。如前面所述：和羰基相连的原子或基团的电负性，α、β 位的不饱和双键的共轭效应，氢键作用和环状羰基化合物的环张力大小等直接影响到 C═O 键的强度。羰基化合物的ν(C═O)伸缩振动频率通常有如下的变化次序：

RCOOCOR′（酸酐）>RCOOH（羧酸）>RCOOR′（酯）>RCHO（醛）>RCOR′（酮）>$(RCOOH)_2$（二聚羧酸）>$RCONH_2$（酰胺）>$RCOO^-$（羧酸盐）

下面，我们分区来讨论羰基化合物。但有一点应该记住，羰基ν(C═O)的位置受溶剂的影响很大，被研究的化合物一般应在非极性的稀溶液中测定。

① 有ν(C═O) 吸收峰存在，判断是酸、酸酐、酯、酰胺、醛、酮中的哪一种。

a．ν(C═O)＞1750cm^{-1}[诱导效应，键应力等原因促使ν(C═O)↑]

（a）卤化物：

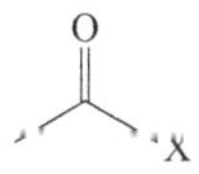

烷基卤化物ν(C═O)1810～1795cm^{-1}

芳基卤化物ν(C═O)1785～1763cm^{-1}

（b）五元环及五元环以下的酮或内酯 1795～1760cm^{-1}，如：

ν(C═O)1770cm^{-1}

（c）酸酐ν(C═O) 1820cm^{-1}、1760cm^{-1}

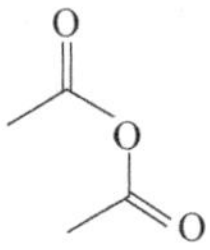

（d）不饱和的基团与酯的氧原子相连，如：

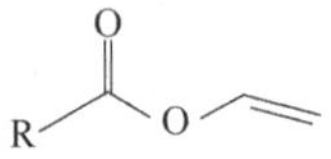

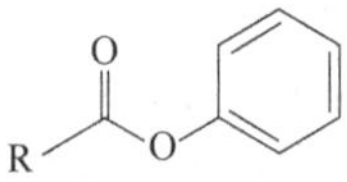

ν(C═O) 1780～1770 cm^{-1}

b．ν(C═O)＜1700cm^{-1} [共轭效应促使ν(C═O)↓]

（a）烯酮ν(C═O) 1685～1665cm^{-1}

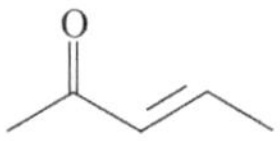

（b）芳香酮ν(C═O) 1700～1680cm^{-1}

（c）酰胺ν(C═O) 1690～1630cm^{-1}

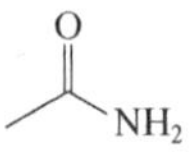

（d）某些酸，如：

ν(C═O)1684cm^{-1}

c．ν(C═O)1755～1700cm^{-1}

（a）饱和的醛、酮、酸和酯。

（b）饱和的六元环内酯 1755～1725cm^{-1}。

通过上述判别后，找相关峰进一步确证。

d．相关峰进一步确证

（a）酸：ν(OH) 3200～2500cm^{-1}（缔合），单体 3500cm^{-1}。

（b）酯：ν(C—O—C) 1300～1000cm^{-1}。

（c）酰胺（仲、伯）：ν(NH)3500～3200cm^{-1}。

（d）醛：ν(CH)2850cm^{-1}、2750cm^{-1}［费米共振，2750cm^{-1}（弱峰），2850cm^{-1} 常被>CH_2 或—CH_3 的伸缩振动峰掩盖］。

（e）酸酐

ⅰ 1310～1050cm^{-1}有 1～2 个ν(C—O—C）强谱带。

ⅱ 饱和脂肪酸酐ν(C—O—C)1180～1045cm^{-1}，环状酸酐ν(C—O—C)1310～1200cm^{-1}。

② 没有>C═O 存在，不存在ν(C═O)吸收峰，但元素分析含有氧或氮，分别查证是否为醇、酚、醚或胺类化合物。

a．醇或酚：ν(OH)3600～3200cm^{-1}，ν(C—O)1300～1000cm^{-1}。ν(OH)的位置受到氢键强烈的影响，根据ν(OH)位置形状，进一步判别游离醇或酚，或是二聚物、多聚物。根据ν(C—O)位置，判别伯醇、仲醇、叔醇。ν(C—O)谱带受氢键的影响较小，ν(C—O)频率变化顺序为酚>叔醇>仲醇>伯醇，分别为：1260～1180cm^{-1}、1205～1125cm^{-1}、1125～1085cm^{-1}、1085～1030cm^{-1}。

b．醚：ν(C—O)1300～1000cm^{-1}。

c．胺类：ν(NH) 伯胺 3500～3400cm^{-1}：R—NH_2 3500cm^{-1}，Ar—NH_2 3400cm^{-1}；仲胺 3450～3310cm^{-1}，R—NH—R 3350cm^{-1}、3310cm^{-1}，Ar—NH—R 3450cm^{-1}。

（2）1675～1500cm^{-1} 区（判断存在 C═C 双键或芳环）

这个区除了 C═O 很强的 IR 吸收峰外，较弱的 IR 吸收峰主要是由 C═C、C═N、N═N 等的键伸缩振动及苯环骨架振动引起，容易和 C═O 振动区分。烯烃的ν(C═C)一般较弱，其吸收强度受对称性的影响较大。一般共轭烯烃有 1600cm^{-1} 和 1650cm^{-1} 两个吸收峰，若对称性强，则在 1600cm^{-1} 出现单峰，三个共轭键也会在 1600cm^{-1} 和 1650cm^{-1} 出现双峰。芳环的骨架振动通常在 1450cm^{-1}、1500cm^{-1} 和 1600cm^{-1} 出现多个峰，其峰数和谱带强度受到分子对称性和取代基的影响。相关峰ν(═C—H)大于 3000cm^{-1}。

（3）2400～2000cm^{-1} 区（判断是否存在 X≡Y、X═Y═Z 型基团）

在这个范围出现的吸收峰来自于 X≡Y、X═Y═Z 型基团。由于这一区域没有其他基团的强吸收，解释比较容易，但应注意二氧化碳在 2350cm^{-1} 有强吸收（特别用单光束仪器作图时）。端炔基 C≡C—H 的ν(CH)在 3300cm^{-1} 出现尖峰，如果炔烃对称性高，则ν(C≡C)不出现，看不到ν(C≡C)伸缩谱带不一定没有此基团。所研究的重键的基团有：

氰基（—C≡N）　　2260～2210cm^{-1}

异氰酸酯（—N═C═O）　　2275～2250cm^{-1}

硫氰酸酯（—S—C≡N）　　脂肪族 2140cm^{-1}，芳香族 2175～2160cm^{-1}（较异氰酸酯强）

异硫氰酸酯（—N═C═S）　　脂肪族 2140～1990cm^{-1}，芳香族 2130～2040cm^{-1}

（4）3300～2800cm^{-1}

① 碳原子杂化状态不同，ν(C—H)差异较大。S 成分多，ν(C—H)↑。

C 以 sp 杂化，如—C≡CH　　ν(C—H)　约 3300cm^{-1}

C 以 sp^2 杂化，如>C═CH$_2$　　ν(C—H)　3100～3000cm^{-1}

C 以 sp^3 杂化，如—CH$_3$　　ν(C—H)　3000～2850cm^{-1}

芳烃、烯烃、炔烃的ν(C—H)在 3000cm^{-1} 以上，而烷烃的ν(C—H)一般在 3000cm^{-1} 以下。因此可以 3000cm^{-1} 为界限，定性地估计该化合物是饱和的还是不饱和的有机化合物。

② ν(C—H)还受到诱导效应、环张力等的影响：

—CHO　　约 2720cm^{-1}

—OCH$_3$　　约 2830cm^{-1}

>N—CH$_3$　　2800cm^{-1}

环丙烷　　3030cm^{-1}

（5）检查指纹区

① 醇、酚、酯、醚、羧酸和酸酐　ν(C—O)1300～1000cm^{-1}

② 芳环的 C—H 面外弯曲振动 δ(C—H)　位于 900～650cm^{-1} 区域的芳环的 C—H 面外弯曲振动 δ(C—H)，与取代基的类型无关，只与芳环上质子的数目和取代位置直接有关，对判断苯环取代情况十分有效。2000～1660cm^{-1} 范围的面外振动的倍频区，对于不同取代位置也能给出不同的图像，但倍频峰强度较弱，要得到清晰的图形，最好在较强浓度时，再绘一张 IR 谱图加以比较。

③ 烯烃的特征吸收　表现在以下区域：双键上的ν(═C—H)、ν(C═C)、δ(C—H)和γ(>C═CH$_2$)，在烯烃的鉴定上十分重要。各种不同的烯烃有其独特的波数（如表 1-6 所示）。

④ 烷烃的特征吸收　烷基的谱带特征性强，易于辨认，上面已讲到，在 3000cm^{-1} 附近的ν(C—H)吸收判断是否存在饱和碳氢键，从 1465cm^{-1}（甲基和亚甲基的弯曲振动）、1380cm^{-1}（甲基对称面上弯曲振动）和 720cm^{-1}（CH$_2$ 面外摇摆）附近的谱带加以验证和辨认烷基的类型。

a. 偕甲基

(CH$_3$)$_2$CH—（异丙基）　1385cm^{-1} (s)，1375cm^{-1} (s)　　δ(C—H)　CH$_3$

(CH$_3$)$_3$C—（叔丁基）　1380cm^{-1}，1395cm^{-1} (w～m)，1365cm^{-1} (s)　δ(C—H)　CH$_3$

由于一个碳原子同时与两个或三个 CH$_3$ 邻接，CH$_3$ 的对称变形振动产生耦合，在 1380cm^{-1} 附近产生分裂，这对于研究分子中是否存在不同的支链十分有用。此外，1170cm^{-1} 或 1155cm^{-1} 肩峰的出现一般可作为证明异丙基存在的依据，而 1250cm^{-1}、1210cm^{-1} 出现的肩峰可表示分子中有叔丁基存在。

b. 1465cm^{-1} 和 720cm^{-1} 有特征吸收基团　—CH$_2$—剪式振动频率为 1465cm^{-1}，是中到强的谱带，常与—CH$_3$ 的反对称变形振动重叠。通常有机化合物在 1465cm^{-1}、1380cm^{-1} 有吸收峰，前者较强，后者较弱。如强度相反，则意味着存在乙酰基。

—CH_2—的面内摇摆振动频率随 CH_2 数目变化而变化（面内摇摆的相互耦合）。$(CH_2)_n$ 基团，n＜4 时，n 减小，振动频率向高频移动（$740cm^{-1}$→$810cm^{-1}$）；如 n≥4 时，几乎在 $720cm^{-1}$ 附近，它在鉴别上是有用的。含有亚甲基长链 $(CH_2)_n$（n≥4）的结晶态样品，CH_2 的面内摇摆振动谱带在 $720cm^{-1}$ 处分裂为两个，例如聚乙烯，在非结晶态为 $720cm^{-1}$，而结晶态为 $720cm^{-1}$、$731cm^{-1}$。

（6）P═O、P—O、S═O、Si—O

在化合物中，P═O 的伸缩振动在 1350～$1100cm^{-1}$，游离态时位于高频区，而成氢键时位于低频区。P—O—C 的伸缩振动是 P—O 和 C—O 的振动的耦合，对脂肪族和芳香族，分别在 1050～$1000cm^{-1}$（强吸收峰）和 1260～$1160cm^{-1}$（弱吸收峰）及 1000～$950cm^{-1}$（强吸收峰）。焦磷酸酯的 P—O—P 的伸缩振动位于 1000～$900cm^{-1}$（强吸收峰）和约 $700cm^{-1}$（弱吸收峰）。

S═O 的伸缩振动在 1350～$1040cm^{-1}$，它和羰基相类似，随着和 S═O 相连的基团的电负性增加，ν(S—O)伸缩振动向高频位移。

在有机硅化合物中，Si—O—Si 的反对称伸缩振动在 1100～$1000cm^{-1}$ 范围出现强的红外吸收。对于环状硅氧烷化合物，随着环张力的增大，其吸收峰向低频移动；对于长链硅氧烷聚合物，出现 $1087cm^{-1}$ 和 $1020cm^{-1}$ 分裂峰。对于 Si—O—R 和 Si—O—C_6H_5 的 Si—O 伸缩振动分别在 $1090cm^{-1}$ 和 970～$920cm^{-1}$。Si—OH 中的 Si—O 通常在 910～$830cm^{-1}$。

（7）检查硝基和亚硝基等存在

硝基化合物最特征的两个吸收峰是 NO_2 的 ν_{as}（1615～$1540cm^{-1}$）和 ν_s（1390～$1320cm^{-1}$）。对脂肪族硝基化合物，这两个强峰分别位于约 $1560cm^{-1}$ 和约 $1370cm^{-1}$，一般前者强度高于后者。与 >C═O 基相似，如果分子的 α-碳位上有电负性强的取代基（如卤素），将使这两峰的间距增大，如 CCl_3NO_2，ν_{as} $1610cm^{-1}$，ν_s $1307cm^{-1}$。如果—NO_2 和双键共轭，将同时使这两个峰向低波数方向移动，如 $(CH_3)_2C$═$CHNO_2$，ν_{as} 为 $1515cm^{-1}$，ν_s 为 $1366cm^{-1}$。当硝基和甲基同碳连接，硝基的 ν_s 和甲基的对称变形振动将相互作用，使 CH_3—C—NO_2 基在 $1390cm^{-1}$ 和 $1360cm^{-1}$ 各出现一吸收峰。对芳香硝基化合物，$\nu_{as}(NO_2)$ 位于 1530～$1500cm^{-1}$，$\nu_s(NO_2)$ 位于 1370～$1330cm^{-1}$，后者的强度高于前者，其吸收峰的位置与芳环上取代基的性质、大小和取代位有关。但硝基的出现，使芳烃的 C—H 面外弯曲振动峰向高波数移动，加上 ν(C—N)的干扰，不能用 900～$650cm^{-1}$ 区域的吸收规律来检测苯环上的取代情况。

亚硝基化合物含有一个 N═O 吸收峰。在稀溶液下，脂肪族和芳香亚硝基化合物的 N═O 伸缩振动分别在约 $1600cm^{-1}$ 和约 $1500cm^{-1}$。在溶液、液态和固态下，由于二聚体的存在而呈现了顺反异构体，其顺式异构体和反式异构体的 N═O 伸缩振动分别在 1425～$1380cm^{-1}$ 和 1290～$1190cm^{-1}$。

1.5.4 聚合物的红外光谱

聚合物的应用十分广泛，例如作为橡胶、塑料、纤维、涂料、黏结剂及功能高分子材料，和人们生活密切相关。利用红外光谱对聚合物的鉴别和结构表征是十分重要的。

聚合物是由许多重复的小分子单元（可达 10^3～10^5 数量级）键接而成，分子中的原子数目相当多，结构远较小分子复杂，但对于相同的重复单元而言，其振动模式近似相同，可以按小分子来考虑。但由于分子链的结构和聚集态不同，其红外光谱的谱带（如构象谱带、立构规整谱带和结晶谱带等）也会出现较大的差异，因此，可以利用红外光谱来研究聚合物的结构。

1.5.5 谱图解释范例

【例 27】化合物的分子式为 C_8H_{18}，其红外光谱图如下所示，请推断其分子结构式。

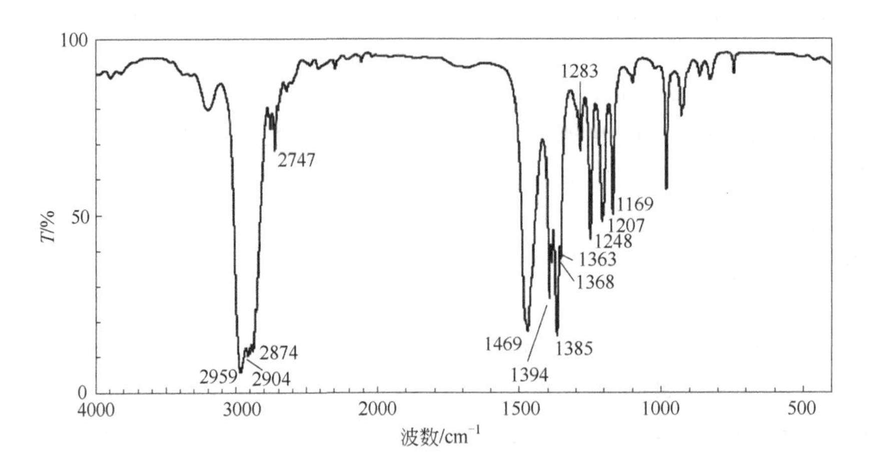

解：$S_{\rm I}=1+8+\dfrac{1}{2}(0-18)=0$

2959cm^{-1}、2904cm^{-1}、2874cm^{-1}、2747cm^{-1} ν(C—H)

1469cm^{-1} δ(C—H)(CH_2)

1394cm^{-1}、1385cm^{-1}、1368cm^{-1}、1363cm^{-1} δ(C—H)(CH_3)，可能有—HC$(CH_3)_2$或—C$(CH_3)_3$

1248cm^{-1}、1207cm^{-1} ν(C—C)，有—C$(CH_3)_3$

1169cm^{-1} ν(C—C)，有—HC$(CH_3)_2$

综上，化合物是$(CH_3)_3CCH_2CH(CH_3)_2$。

【例 28】化合物的分子式为 C_7H_{14}，其红外光谱图如下所示，请推断其分子结构式。

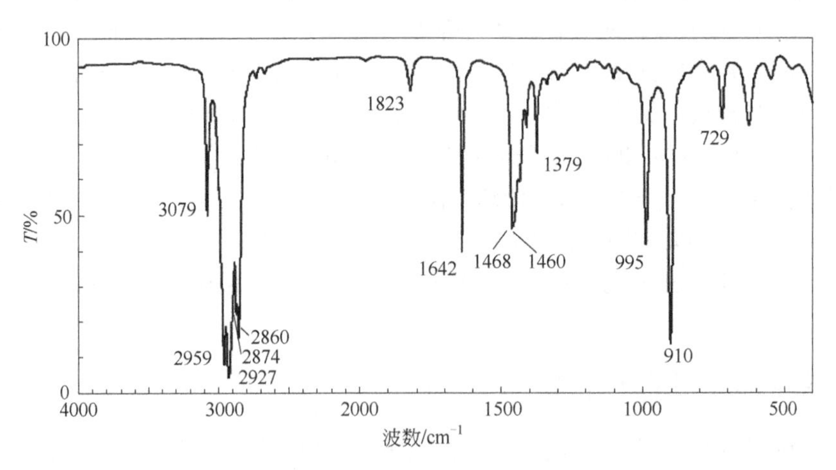

解：$S_{\rm I}=1+7+\dfrac{1}{2}(0-14)=1$，可能是烯烃或环烷烃

3079cm^{-1} ν(=C—H)
1642cm^{-1} ν(C=C)
995cm^{-1}、910cm^{-1} γ(=C—H)(一取代)

} RCH=CH_2

1823cm^{-1} 2γ(=C—H)

2959cm^{-1}、2927cm^{-1}、2874cm^{-1}、2860cm^{-1} ν(C—H)

1468cm^{-1}、1460cm^{-1} δ(C—H)(CH_2)

1379cm^{-1} δ(C—H)(CH_3)

729cm^{-1} $\rho(CH_2)_n$，$n\geqslant4$

综上，化合物是 $H_2C=CH-CH_2CH_2CH_2CH_2CH_3$。

【例 29】化合物的分子式为 $C_7H_6O_2$，其红外光谱图如下所示，请推断其分子结构式。

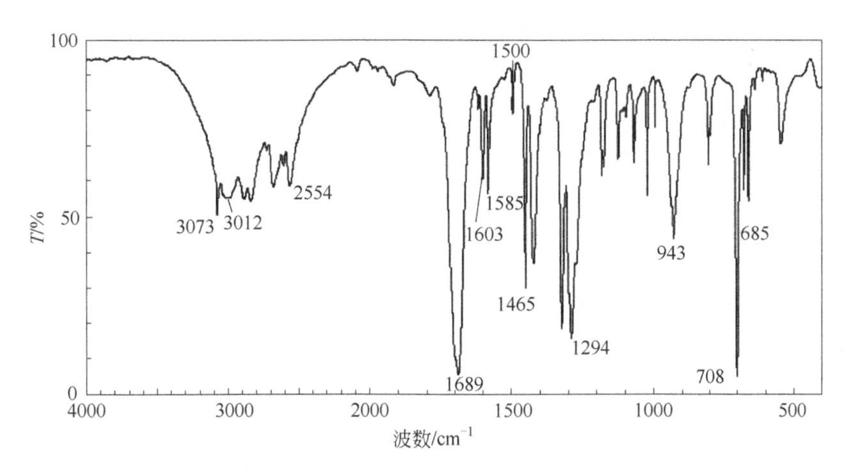

解： $S_I=1+7+\frac{1}{2}(0-6)=5$，可能含有苯环

3073cm^{-1} ν(=C—H)

1603cm^{-1}、1585cm^{-1}、1500cm^{-1}、1465cm^{-1} 苯环骨架振动 ν(C┄C)

708cm^{-1}、685cm^{-1} γ(Ar—H)（邻接 5H）

} 单取代苯

1689cm^{-1} ν(C=O),C=O 与苯环相连，红移

3012～2554cm^{-1} ν(O—H)

1294cm^{-1} ν(C—O)

943cm^{-1} γ(O—H)

} —COOH

因此，该化合物为 C_6H_5—COOH。

【例 30】化合物的分子式为 $C_4H_{10}O$，其液膜红外光谱图如下所示，请推断其分子结构式。

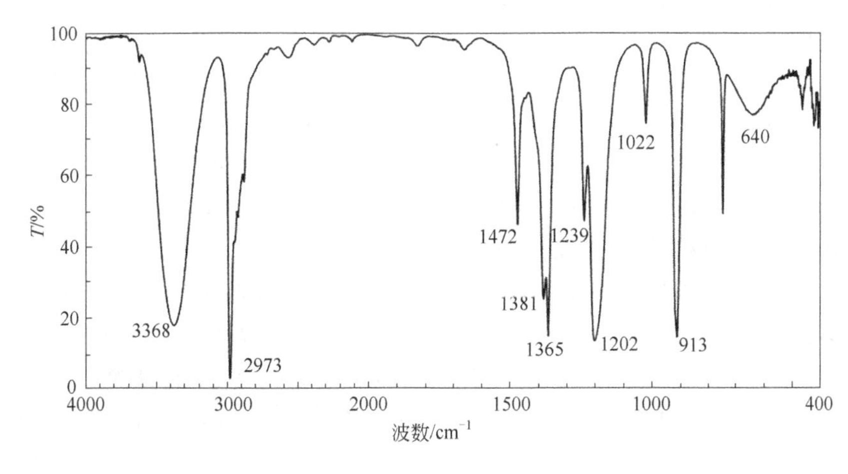

解： $S_{\mathrm{I}}=1+4+\frac{1}{2}(0-10)=0$

3368cm^{-1} ν(O—H)

1202cm^{-1} ν(C—O)，叔醇

640cm^{-1} γ(O—H)

2973cm^{-1} ν(C—H)

1472cm^{-1} δ(C—H)(CH_2)

1381cm^{-1}，1365cm^{-1} δ(C—H)(CH_3)
1239cm^{-1}，1022cm^{-1} ν(C—C)
} 有—C(CH_3)$_3$

因此，该化合物为 $H_3C-\underset{OH}{\overset{CH_3}{C}}-CH_3$。

1.5.6 用标准谱图验证

将未知物的红外光谱与推测的样品的标准光谱进行比较，是鉴定未知物分子结构的一个可靠的手段和依据。

（1）红外光谱图集或卡片

常用的红外光谱图集或卡片如下。

① *Sadtler Standard Infrared Spectra* 备有化合物名称（以 abcd…顺序）索引、分子式索引、化学分类索引和光谱索引。此外，还有谱线位置索引。除了纯化合物谱集外，还有农业化学品、聚合物及其单体、表面活性剂、处理水的化学试剂等商业红外光谱图集，每类商业光谱图集都附有相应的索引，以便查找。

② *The Aldrich Library of Infrared Spectra* 有字顺索引和分子式索引。

③《DMS 卡片》。

④《API 卡片》是一部石油烃类的谱图集。

⑤《矿物红外光谱图集》收集了矿物的红外光谱。

谱图解析程序如下：可根据自己的经验，一般先从判断特征峰入手，再找出相关峰进行综合分析，并注意分子各个基团间的相互影响的因素，推测相邻的结构，最后再用标准谱图进行比较、验证和确认。

（2）计算机辅助结构解析软件和检索谱库

计算机辅助结构解析软件和检索谱库的建立和不断完善，使得检索的速度和准确率得到很大的提高，国内在计算机谱库检索方面也做了许多工作，还建立了网站供大家查询。

① 上海有机化学研究所的红外数据库，通过特定格式转化的红外光谱文件以峰位检索、强峰检索、功能团检索以及组合检索，也可以通过化合物名称、化合物分子式检索，获取需要的化合物，主要包括其红外光谱图、物化性质以及 CAS 登录号等信息。

② 美国 Bio-Rad（伯乐）公司的 Search-32。

③ PerkinElmer 公司的 PC-Search 和 Thermo Scientific 公司的 OMNIC Specta 光谱检索系统等。特别是这些公司的检索平台，可以相互调用光谱数据库，使用起来相当方便。

④ 在网站上也有一些免费的光谱数据库，如 SDBS 是一个有机化合物的综合光谱数据库系统，包括化合物目录下不同类型的光谱。光谱类型如下：电子碰撞质谱、傅里叶变换红外光

谱、^{1}H 核磁共振谱、^{13}C NMR 谱、激光拉曼光谱和电子自旋共振光谱。记录包括图形结构和光谱，在许多情况下具有峰值分配。可以通过名称、分子式、分子量、CAS 登录号、原子/元素数和光谱数据来搜索化合物。本书大部分谱图摘自此库。

⑤ 计算机辅助红外谱图解析不受标准谱库多少的制约，它模拟人的思维，从未知物的谱图出发，根据吸收谱带的特征频率、强度等信息，依靠前人总结出来的分子结构与谱带特征等信息进行演绎，完成对未知物的结构解释。它的能力和水平取决于人们对光谱规律的了解及计算机的编程技巧，这方面具有代表性的是 Woodruff 和 Smith 的 PAIRS（Program for the Analysis of Infrared Spectra）程序，它由解释规则、规则编译器和解释程序组成。

1.6 无机化合物和配位化合物的振动光谱

1.6.1 无机化合物的振动光谱

无机化合物的基团振动频率一般处于 4000～400cm^{-1}，但有些无机化合物的振动，如 MX 处于 400cm^{-1} 以下。晶体状态的无机化合物在 400cm^{-1} 以下还存在晶格振动模式，这些模式与晶体的结构相关。

（1）双原子分子

在无机化合物中，双原子分子沿着化学键键轴方向的振动频率和力常数呈现相关的趋势。在卤族元素中，其拉曼散射光谱的位移为：

	F_2		Cl_2		Br_2		I_2
$\Delta\tilde{\nu}$/cm^{-1}	892	>	546	>	319	>	215
K/(N/cm)	4.45	>	3.19	>	2.46	>	1.76

与此类似，Li＞Na＞K＞Rb。

对于卤化氢系列，其红外吸收光谱为：

	HF	HCl	HBr	HI
$\tilde{\nu}$/cm^{-1}	2962	2886	2558	2230
K/(N/cm)	8.8	4.8	3.8	2.9

同样地，红外吸收光谱振动频率 HBe＞HMg＞HCa＞HSr。频率的大小主要和 H—X 键的强弱有关，而且略和 X 的质量有关。

羟基离子 OH^-的特征是在 3700～3500cm^{-1} 有一个尖锐的谱带。氰基离子 CN^-在 2250～2050cm^{-1} 出现一个比较尖锐的谱带。

许多包含 M═O 基团的无机化合物（如 M = V、Nb、Ta、Mo、W、Re、Ru、Os 等），其 M═O 伸缩振动谱带出现在 1050～800cm^{-1}。

（2）三原子分子

三原子分子有弯曲型分子（如水）和直线型分子（如 CO_2）。对于弯曲型分子，三个简正振动模式都有红外活性和拉曼活性，对于线型 XYZ 型分子（$C_{\infty v}$）的四个简正振动模式（其中两个处于简并态），既是红外活性的又是拉曼活性的。如 HCN（气态）$\tilde{\nu}$(HC) = 3311cm^{-1}，$\tilde{\nu}_2(\delta_{(HCN)})$ = 721cm^{-1}，$\tilde{\nu}_3$(CN) = 2097cm^{-1}；如 I_3^-（溶液），$\tilde{\nu}_1$=114cm^{-1}，$\tilde{\nu}_2$=52cm^{-1}，$\tilde{\nu}_3$=145cm^{-1}。对于 $CO_2(D_{\infty h})$,具有 A_1、A_2和 E 的振动模式，其中 A_2和 E 属红外活性，A_1属拉曼活性。

（3）四原子分子

① 三角锥形四原子 XY_3 型分子（C_{3v}） 这种类型的分子，四个简正振动模式（$2A_1+2E$）均有红外活性和拉曼活性。

例如，NH_3(气体)ν_{as}：3336cm^{-1}，3338cm^{-1}（费米共振引起的分裂）

δ_s：932cm^{-1}，968cm^{-1}（费米共振引起的分裂）

ν_d：3414cm^{-1}

δ_d：1628cm^{-1}

② 平面形四原子分子(XY_3)（D_{3h}） 在 $A_1'(\nu_s)$、$A_2''(\gamma)$、$E_1'(\nu_d)$和 $E_1'(\delta_d)$的振动模式中，$A_1'(\nu_s)$具有拉曼活性；$A_2''(\gamma)$具有红外活性；而 $E_1'(\nu_d)$和 $E_1'(\delta_d)$兼有拉曼和红外活性。

例如，BF_3(气体) ν_s(BF)：888cm^{-1}

$\gamma(BF_3)$：718cm^{-1}

ν_d(BF)：1505cm^{-1}

δ_d(FBF)：482cm^{-1}

（4）五原子分子

四面体分子(XY_4)(T_d)，具有$\nu_s(XY)(A_1)$、$\delta_d(YXY)(E)$、$\nu_d(XY)(T_2)$和 $\delta_d(YXY)(T_2)$四种基频振动模式，这四种基频振动模式都具有拉曼活性，但只有 $2T_2$ 有红外活性。

例如，CH_4 ν_s(CH)2717cm^{-1}，δ_d(HCH)1534cm^{-1}，ν_d(CH)3019cm^{-1}，δ_d(HCH)1306cm^{-1}

CCl_4 ν_s(CCl)460cm^{-1}，δ_d(ClCCl)214cm^{-1}，ν_d(CCl)792cm^{-1} (765cm^{-1})，δ_d (CCl)314cm^{-1}

SiF_4 ν_s(SiF)801cm^{-1}，δ_d(FSiF)264cm^{-1}，ν_d(SiF)1030cm^{-1}，δ_d(FSiF)389cm^{-1}

PO_4^{3-} ν_s (PO)938cm^{-1}，δ_d (OPO)420cm^{-1}，ν_d(PO)1017cm^{-1}，δ_d(OPO)567cm^{-1}

表 1-8 列出了常见的无机离子特征红外吸收峰。

表 1-8 无机离子特征红外吸收峰 单位：cm^{-1}

(1) NH_4^+ $^+NH_4ClO_4^-$ $^+NH_4NO_3^-$	3300～3030 极强 1430～1390 极尖 约 3300[无氢键的ν(NH)] ν_1 3100 ν_2 3060[有氢键的ν(NH)] ν_3 3030	ν(NH)出现几个峰是反映其在晶格中有几种不同强度的氢键
(2) $C\equiv N^-$ $Fe(CN)_6^{3-}$ $Fe(CN)_6^{4-}$	2200～2000 强 2140 2130～2020	
(3) OCN^-	2220～2130	
(4) SCN^-	2105～2060	
(5) CO_3^{2-} $CaCO_3$	1450～1410 极强 880～800 中 750～700 约 1430，876 弱	最低波数峰只有矿物质才常见
(6) HCO_3^{-1}	1420～1400 强 1000～990 中 840～830 中	

续表

(7) NO_3^-	710～690 中 665～650 强 1380～1350 极强 840～815 中 1050～1000 750～700	大多指一价金属形成的盐，如 KNO_3，在 1370 和 840 二价的过渡金属 Fe、Co、Ni 等形成的盐，如 $Fe(NO_3)_2$
(8) NO_2^-	1380～1320 弱 1520～1250 极强 840～800 弱，尖锐	
(9) SO_4^{2-} $CuSO_4 \cdot 2H_2O$	1130～1080 极强 680～610 中～弱 1140～610 双峰	硫酸氢盐和亚硫酸盐低波数处无峰 170℃烘烤过夜后，第一峰变成三个峰，表明结晶水和晶形的对称性对光谱有明显的影响
(10) SO_3^{2-}	1100～900 强 700～625	
(11) ClO_4^-	1100～1025 宽强 650～600 强	
(12) ClO_3^-	1000～900 极强 650～600 强	
(13) PO_4^{3-} HPO_4^{2-} $H_2PO_4^-$	1100～1000 强	磷酸盐仅有一个强而宽的特征峰
(14) SiO_3^{2-}	1100～900 极强	
(15) CrO_4^{2-} $Cr_2O_7^{2-}$	900～775 强或中 900～825 中 750～700 中	
(16) MnO_4^{2-}	925～875 强	

注：无机盐的红外光谱数据都是采用溴化钾压片或石蜡研糊的方法测得的。

1.6.2 配位化合物的红外振动光谱

（1）含氧配位化合物

羧酸、醇、醚、醛、酮、酯以及 β-双酮等配体，在形成配位化合物时，均是通过氧原子和金属原子配位形成配合物，其红外光谱具有一定的特征。

① 羧酸的配位化合物　羧酸与金属形成配位化合物时，呈现丰富的配位方式：

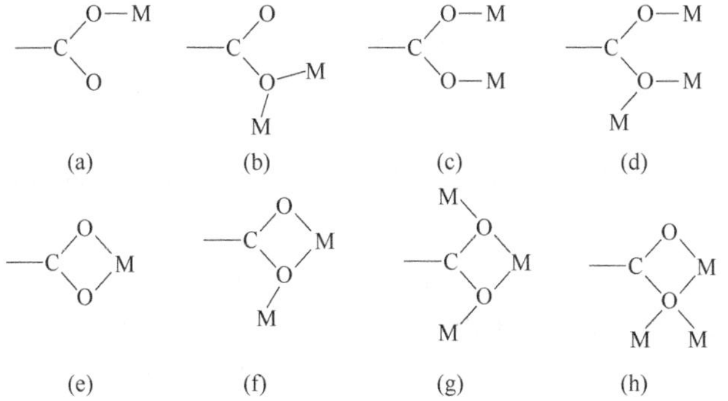

(a)　(b)　(c)　(d)

(e)　(f)　(g)　(h)

其中配位方式（a）、（c）和（e）的结构类型最常见。在羧酸配合物中，羟基（—OH）和羰基的红外伸缩振动都会发生变化。羧酸的ν(C═O)位于1725～1710cm^{-1}，当它以单齿和金属配位时，羧基的对称伸缩ν_s和反对称伸缩ν_{as}分别为约1400cm^{-1}和约1610cm^{-1}，其$\Delta\tilde{\nu}=\nu_{as}-\nu_s>\Delta\tilde{\nu}_{Na}$（$\Delta\tilde{\nu}_{Na}$为羧酸钠盐的对应两条谱带差，对醋酸钠，$\Delta\tilde{\nu}_{Na}$约为164cm^{-1}）；羧酸桥式配位的配合物，羧基的ν_{as}和ν_s分别在约1570cm^{-1}和约1430cm^{-1}，其$\Delta\tilde{\nu}\leqq\Delta\tilde{\nu}_{Na}$；羧基为双齿螯合配位时，羧基的$\nu_{as}$和$\nu_s$分别位于约1510cm^{-1}和约1465cm^{-1}，其$\Delta\tilde{\nu}<\Delta\tilde{\nu}_{Na}$。对芳香羧酸及其配合物，由于羧基和芳香环的共轭，致使羧基的伸缩振动向低频方向移动。

我们曾报道的$[Fe_3O(EtCO_2)_3(MeCO_2)_3(H_2O)_3]\cdot NO_3\cdot H_2O$和$[Cu_2(OAc)_4(Ur)(H_2O)]$等配合物，羧基是以桥式配位，它的对称伸缩$\nu_s$和反对称伸缩$\nu_{as}$分别为1434cm^{-1}和1588～1575cm^{-1}；$[Cu(H_2Y)(Ur)_2]$（H_4Y为乙二胺四乙酸，Ur为尿素），该配合物存在1718cm^{-1}的非离子化—COOH的羰基振动，也存在1600cm^{-1}的羧基单齿配位的羰基振动。

② 醇、醚、酮、醛的配位化合物

a．对于醇的金属配合物，ν(C—O)约在1000cm^{-1}，而ν(M—O)出现于600～300cm^{-1}范围。如$Cu(OMe)_2$的ν(M—O)在520cm^{-1}和435cm^{-1}，分别为M—O的反对称伸缩振动和对称伸缩振动。

b．对于脂肪醚的金属配合物的红外光谱研究比较少。Wieser在研究$MgBr_2$和MgI_2的乙醚配合物的振动光谱中，将380～300cm^{-1}的谱带归属为ν(Mg—O)，乙醚配位时，其C—O—C的伸缩频率减小，ν_{as}(C—O—C)由1120cm^{-1}降到1040cm^{-1}，ν_s(C—O—C)由846cm^{-1}降到780cm^{-1}。

c．醛和酮是配位能力较弱的含氧配体，在形成配合物时，其羰基的伸缩振动频率减小，而δ(C—C═O)频率升高。β-双酮的配位化合物是一类十分重要的配合物，最有代表性的是乙酰丙酮的过渡金属配合物，它有许多特殊性质，在很多方面获得应用。乙酰丙酮（acacH）具有酮式、螯环烯醇式和开环烯醇式三种构型：

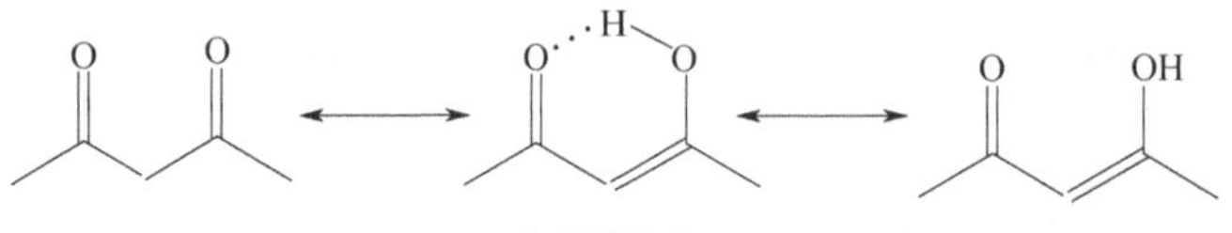

酮式　　螯环烯醇式　　开环烯醇式

它和过渡金属形成下述几种构型配合物：

（a）烯醇式配合物。以烯醇式一价阴离子双齿螯合配位，ν(C═O)在1710cm^{-1}的IR吸收峰位移至约1600cm^{-1}，这是C═O键通过—CH—和C—O键产生共轭，并与金属螯合配位的缘故，是烯醇式配位的证据。如$Cu(acac)_2$出现1577cm^{-1}、1529cm^{-1}的ν(C═O)和ν(C═C)的耦合峰。这个振动谱带的频率大小顺序和所螯合的二价金属离子的稳定化能的顺序一致，即$Ni^{2+}>Cu^{2+}>Zn^{2+}$，配合物的M—O键的离子化程度升高，ν(M—O)减小，CO的伸缩振动的频率升高。

（b）酮式配合物。配位形式和烯醇式一样为双齿螯合，但乙酰丙酮却是以中性酮式结构配位。在这一类配合物中，ν(C═O)出现于约1700cm^{-1}。

（c）acac以γ-C原子和金属配位，如$Na_2[Pt(acac)_2Cl_2]\cdot 2H_2O$，两个羰基的伸缩频率较高，位于1652cm^{-1}、1626cm^{-1}，而ν(C—C)的伸缩频率减小，位于1352cm^{-1}和1193cm^{-1}。但以γ-C原子和金属配位时，acac的氧原子仍有配位能力，这种情况将导致羰基的伸缩频率降低。

（d）螯环烯醇式有时通过单个氧和金属单齿配位。

（2）含氮配体的配合物

① 氨的配位化合物　氨能和许多过渡金属元素形成配合物，如$[M(NH_3)_6]^{n+}$、$[M(NH_3)_4]^{m+}$及混合配体化合物$[M(NH_3)_mL_n]^{e-}$（L 通常为卤离子和 SCN^-、CN^-、NO_2^-等）。配合物中 NH_3 出现了位于 3400～3000cm^{-1} 的反对称伸缩振动$\nu_{as}(NH_3)$和对称伸缩振动$\nu_s(NH_3)$；1650～1550cm^{-1}的简正变形振动 $\delta_d(NH_3)$；1370～1000cm^{-1} 的对称变形振动 $\delta_s(NH_3)$；950～590cm^{-1} 的面内摇摆振动 $\rho(NH_3)$，其中 $\rho(NH_3)$对于 M—N 化学键强弱变化十分敏感，位置变化较大，通常ν(M—N)位于 600～200cm^{-1}。

② 胺的配位化合物　烷基胺 RNH_2 和 R_2NH 形成金属配合物后，ν(N—H)和ν(C—N)向低频移动。通常ν(N—H)移动了 150～100cm^{-1}，ν(C—N)出现于 1200～900cm^{-1}。

乙二胺常与金属离子形成五元环配合物，ν(M—N)位于 400～300cm^{-1}，环变形振动位于 525cm^{-1} 和 520cm^{-1} 附近，比较特征。Bennett 等人系统地研究了第一过渡金属乙二胺配合物$[M(en)_3]SO_4$的红外光谱，对金属最敏感的谱带ν(M—N)位于 400～300cm^{-1}。

③ 吡啶在 400cm^{-1} 以下没有吸收带，故方便研究ν(M—N)。通常ν(M—N)位于 200cm^{-1} 左右。在形成配合物后，605cm^{-1} 的吡啶环的面内弯曲振动和 405cm^{-1} 的吡啶环的面外弯曲振动都明显地向高频移动，而其余的许多谱带均没有明显的变化。

④ 硫氰酸根（SCN^-）配位化合物　SCN^-作为一个多齿配体，它不仅可以以端基 S 或 N 和金属形成单齿配位形式，还可作为桥连配体与金属配位，理论配位模式有 15 种，常见的有 3 种配位方式：

M←S—C≡N　　M←N≡C—S　　M—SCN—M′

（S 配位）　　（N 配位）　　（桥式，μ-1、3-NCS）

此外，μ-1、1-NCS，μ-1、1-SCN，μ-1、1-3-NCS 和 μ-1、1-3- SCN 等桥连方式也常遇到。通常，第二、第三过渡金属系列的 Rh、Ir、Pd、Pt、Ag、Au、Cd 和 Hg 等优先与 S 原子配位，其余金属元素倾向于与 N 原子配位。

自由的 SCN^-，ν(C═N)、ν(C—S)分别位于 2053cm^{-1}、748cm^{-1}，δ_{SCN} 位于 486cm^{-1} 和 471cm^{-1}。

N 配位：ν(C═N)一般＜2100cm^{-1}，δ(SCN)约为 480cm^{-1}，ν(C—S)约为 820cm^{-1}。

S 配位：ν(C═N)一般＞2100cm^{-1}。

桥式：ν(CN)比 N 配位或 S 配位的ν(CN)都高。例如桥式配位的 $HgCo(SCN)_4$，ν(CN)位于 2137cm^{-1}，比 N 配位的$[Co(SCN)_4]^{2-}$的ν(CN)（2065cm^{-1}）高。

（3）CO 配位化合物

CO 能和许多金属原子形成 σ-π 配键的配合物，即 CO 以 C 原子上的孤对电子和中心金属原子形成 σ 键，同时，CO 的 π 反键又可能和金属的 d 轨道形成反馈键。在配位方式上，可形成下列五种形式：

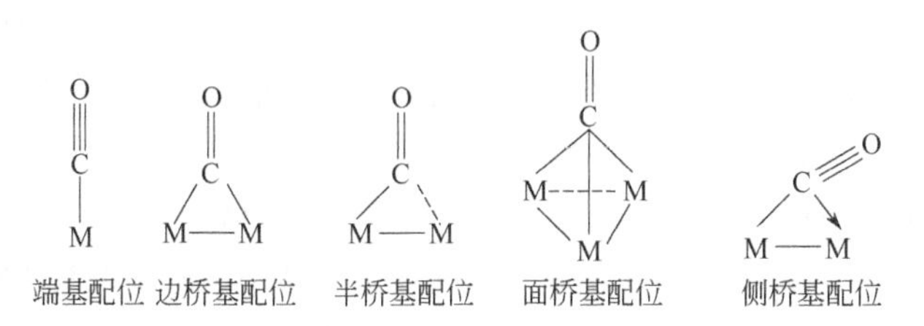

① 端基配位　σ-π 配键的形成，加强了 M—C 的键合作用，但却降低了 CO 键的键级，使 ν(CO)降到 2125～1900cm^{-1}。

② 边桥基配位　边桥基的形成，使 CO 的键级降到约 2。例如，在 $Fe_2(CO)_9$ 中，ν(CO)位移到 1900～1750cm^{-1}。而在$[Pt_6(CO)_{12}]^{2-}$中，既存在端基配位的 CO，ν(CO)位于 1900cm^{-1}，也存在桥基，使得ν(CO)位于 1818cm^{-1}和 1795cm^{-1}。

③ 半桥基配位　例如在$(C_5H_5)_2V_2(CO)_5$ 中，有两个 CO 属于半桥基配位，ν(CO)出现于 1871cm^{-1}和 1832cm^{-1}处，另外三个 CO 属于端基配位。

④ 面桥基配位　CO 的 C 原子同时与三个金属原子键合，使得 CO 的键级比边桥基更低，其ν(CO)位于约 1650cm^{-1}。例如，在$(C_5H_5)_3Co_3(CO)_3$ 中三个 Co 原子构成“三角形”骨架，其中一个 CO 属于 μ_3 桥，两个 CO 属于 μ_2 桥，其对应的 IR 吸收峰分别为 1673cm^{-1}、1833cm^{-1}、1755cm^{-1}。

⑤ 侧桥基配位　例如 $Mn_2(CO)_5(Ph_2PCH_2PPh_2)_2$，有一个侧桥基配位的 CO，其$\nu$(CO)为 1645cm^{-1}，其余四个 CO 为端基配位。

1954 年，Eischens 将过渡金属 CO 化合物推广到吸附态 CO，即把ν(CO) > 2000cm^{-1}归属为线型吸附态 CO，而ν(CO) < 2000cm^{-1} 为桥型吸附态 CO。此外，CO 可以作为探针分子和其他化合物的分子共吸附在固体材料表面，通过观察 CO 吸附态ν(CO)的位移，研究其他分子在吸附时与基底间发生的电子转移过程。例如，给电子的 Lewis 碱与 CO 共吸附在 Pt 上时，影响到吸附在 Pt 上的 CO 的红外伸缩振动谱带向低波数位移。从 H_2O、NH_3 到 C_5H_5N 的给电子能力增大，共吸附 CO 的红外伸缩振动谱带从非共吸附时的ν(CO) 2065cm^{-1}分别位移到 2050cm^{-1}、2040cm^{-1}和 1990cm^{-1}。而接受电子的化合物和 CO 共吸附在 Pt 上时，ν(CO)向高波数位移，如 HCl 共吸附时，ν(CO)位移到 2075cm^{-1}。苯的加氢催化反应制备环己烷可用 CO 作为探针研究其反应机理。CO 吸附在 Pt/Al_2O_3 催化剂上时，CO 的红外伸缩振动ν(CO)为 2065cm^{-1}，催化剂再吸附苯时，可观察到大于 3000cm^{-1}属于苯的ν(C—H)，此时 CO 的伸缩振动ν(CO)位移到 2025cm^{-1}，但再吸附氢后，ν(C—H)的振动落于 3000cm^{-1}以下，表明生成了环己烷，而ν(CO)频率升高，位移到 2065cm^{-1}。研究者认为，苯的加氢催化反应过程是，苯在催化剂 Pt/Al_2O_3 的作用下，苯的 π 电子转移到催化剂上，π 键松懈，有利于苯的加氢反应。

（4）金属硫簇化合物的红外光谱

20 世纪 70 年代，根据铁钼辅基的 EXAFS 和谱学等数据，卢嘉锡教授提出化学模拟生物固氮的 Fe-Mo-S 网兜形“福州模型”，研究集体以此为起点，开辟了原子簇研究领域，取得杰出的成果，三核 Mo 原子簇是其研究的部分内容。对三核 Mo 原子簇的 Mo 桥的红外光谱研究发现，Mo-(μ_3-S)和 Mo-(μ_2-S)的红外特征吸收带分别位于 460～440cm^{-1} 和 485～470cm^{-1}，而 Mo-(μ_3-O)的红外特征吸收带位于约 700cm^{-1} 和约 500cm^{-1}。我们曾以$(NH_4)_3VS_4$ 为原料合成了$[V_2S_6O_2(Cupph_3)_4(Cu(MeCN))_2]\cdot 2(CH_2Cl_2)\cdot 2(PrOH)$**1**、$[V_2S_6O_2Cu_6(3\text{-}MePy)_6]$**2** 和$[VS_4(Cupph_3)_4Br]\cdot CH_2Cl_2$ **3** 等簇合物。簇合物 **1** 和 **2** 分别在 955cm^{-1} 和 951cm^{-1} 出现了钒端氧键的很强ν_{as}(V═O)谱带。簇合物中的 V—S 键的伸缩振动ν(V—S)的位置及峰的形状和 S 的成键方式及簇骼的特征有很大关系。在$(NH_4)_3VS_4$ 中，$(VS_4)^{3-}$属于 T_d 对称性，只有两个 T_2 基频振动模式有红外活性，其中ν_{as}(V—S)出现于 469cm^{-1}。在簇合物中，ν_{as}(V—S）的吸收峰都向低波数移动。簇合物 **1** 和 **2** 的 S 原子以 μ_4-S 桥和金属原子配位，ν(V-(μ_4-S))分别出现于 449cm^{-1}和 444cm^{-1}，很尖锐的 IR 吸收带形。而在簇合物 **3** 中，S 原子有三种桥连方式，即：1 个 μ_4-S 桥，2 个 μ_3-S

桥，1 个 μ_2-S 桥，它在 457～444cm^{-1} 出现几个 ν(V—S)吸收谱带。

（5）金属氧簇化合物的红外光谱

自从 J.Berzerius 成功合成第一个金属氧簇化合物，已有近 200 年的历史。其名称从多酸（杂多酸、杂多化合物），多金属氧酸盐，到 20 世纪 90 年代的金属含氧簇合物或金属氧簇化合物进行演变，但由于这类化合物的结构多样性和复杂性，在命名上并没有统一。如今，这一古老的研究领域仍然充满生机和活力，对其合成规律、丰富多彩的拓扑结构和成键规则等的研究，为其在催化、材料科学和药物化学等研究领域的应用奠定了基础，显示了诱人的应用前景。具有 Keggin 结构的一类金属氧簇化合物是其重要的代表。1934 年，Keggin 首次测定了 $Na[PW_{12}O_{40}]\cdot 5H_2O$ 的结构，它是由三个 WO_6 八面体以共边的方式相连组成的三金属簇 W_3O_{10} 基元，然后 4 组三金属簇 W_3O_{10} 基元间以及和中心的 PO_4 四面体间通过共顶点相连构筑而成。具有 Keggin 结构的化合物很多，其阴离子簇可以用通式$[XM_{12}O_{40}]^{n-}$表示（X＝P、Si、Ge、As…，M＝Mo、W…）。如以 O_a、O_b、O_c 和 O_d 分别代表 Keggin 结构中的 PO_4 四面体的桥氧、M_3O_{10} 基元-基元之间共顶点的桥氧、同一个三金属簇 M_3O_{10} 基元的共边桥氧和 MO_6 八面体的端氧，人们对 X 为 P、M 为 W 或 Mo 的 Keggin 结构化合物的红外光谱研究表明，它们的 ν_{as}(P—O_a)，ν_{as}(M═O_d)分别是 1079cm^{-1}、980cm^{-1} 和 1064cm^{-1}、964cm^{-1}。而 ν(M—O_b—M)和 ν(M—O_c—M)分别在 890～850cm^{-1} 和 800～760cm^{-1}。

我们曾合成了具有杂多阴离子$[PV_yMo_xW_{12-x-y}O_{40}]^{(3+x)-}$（$y=1\sim3$）的四甲基胺化合物，对其开展了红外光谱的研究，发现了 ν_{as}(M═O_d)和 ν(M—O_b—M)频率随着阴离子簇的金属组分的变化而变化（参见图 1-22）。

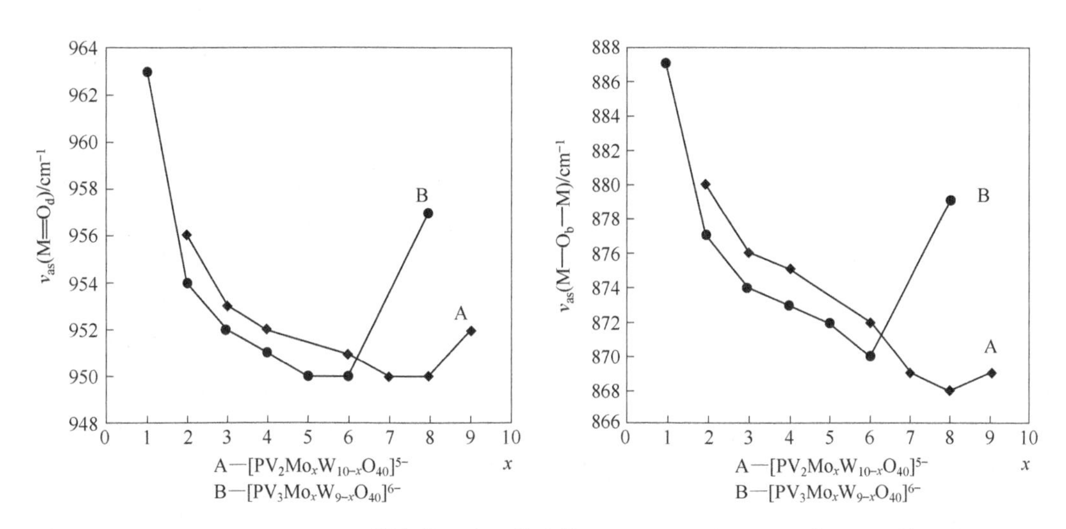

图 1-22　具有$[PV_yMo_xW_{12-x-y}O_{40}]^{(3+x)-}$簇阴离子化合物（$y=2$，3）的红外光谱的主要特征峰位比较

从图 1-22 看到，取代钒越多，相应的 ν_{as}(M═O_d)和 ν(M—O_b—M)振动频率越红移；取代钨越多，相应的 ν_{as}(M═O_d)越蓝移；而且由取代钒引起的峰的红移效应比由取代钨引起的峰的蓝移效应明显；但在 W 较少的 PV_2Mo_9W 和 PV_3Mo_8W 杂多化合物却出现反常的情况，这可能是由于含 W 较少的杂多化合物的 Keggin 结构畸变较大而造成张应力增大所致。对于其他的杂多化合物，单钒与双钒、三钒产物的阴离子相比，拥有的负电荷越来越多（分别为−4、−5、−6），过多的负电荷可能使一些杂多阴离子中的电子占据反键轨道，从而减弱了 M═O_d 键的强度，

导致 M═O_d 的振动频率下降。当 M═O_d 键减弱时，端氧原子 O_d 的负电荷将升高，它与邻近的质子化结晶水[$H^+(H_2O)_2$]的静电作用增强，从而束缚了质子的活性，使其酸强度减小，因而可用ν_{as}(M═O_d)振动频率大小来探讨杂多化合物酸强度的变化。还可看到，随着单钒、双钒、三钒杂多阴离子的负电荷越来越多，除了削弱 M═O_d 键的强度外，也将使ν_{as}(M—O_b—M)和ν_{as}(M—O_c—M)振动频率发生红移，前者变化更为明显，可认为 M—O_b—M 键比 M—O_c—M 键更为主要。在含多钒少钨原子的 Keggin 结构的杂多化合物中，ν_{as}(M—O_b—M)振动频率红移明显，其 M—O_b—M 键更为松弛，容易释放出氧原子，表现出更强的氧化性能。桥氧键的振动直接反映了杂多化合物的氧化性能。骨架的金属组成对 M═O_d 的振动频率也有很大影响，钨原子比起钼和钒原子更有利于增强 Keggin 结构 M—O 键，使之稳定性更强，表现出弱的氧化性能，但却有较强的酸性。

1.6.3 无机新材料的红外光谱研究

（1）纳米材料的研究

纳米材料广义上是指在三维空间中至少有一维处于纳米尺度范围或由它们作为基本单元构成的材料。从 20 世纪 80 年代末纳米科技诞生以来，纳米材料始终是纳米科技的一个重要研究领域。对纳米材料开展红外光谱研究主要集中于研究纳米氧化物、氮化物和纳米半导体等材料，利用拉曼光谱可以对纳米材料进行分子结构分析、键态特征分析和定性鉴定等。纳米材料在结构上和常规聚集态的晶态和非晶态有很大的差别，突出地表现在小尺寸颗粒效应、表面张力较大、界面原子排列的无规则性较大（或界面原子配位数不足）、颗粒内部发生畸变而使键长变短，这些导致了键的振动频率升高，同时无序度提高，致使许多红外吸收带或拉曼的散射谱带的精细结构消失，引起了谱带的宽化。红外和拉曼光谱为纳米材料的结构、界面结构和相变提供了十分有用的信息。

（2）C_{60} 研究

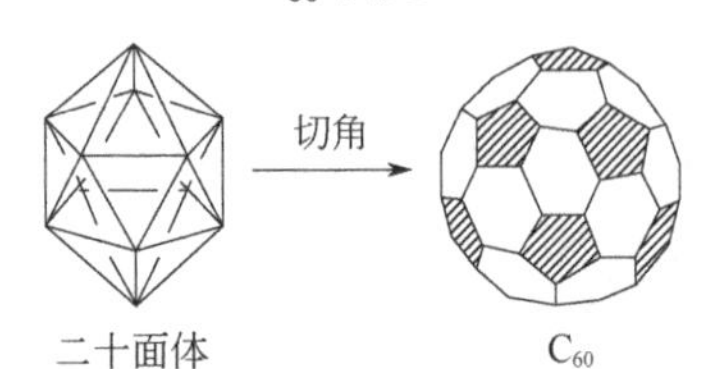

C_{60} 由于它的特殊的结构以及它在超导、光、电、磁等领域表现出的奇特性质和潜在的应用前景，引起了人们的极大关注。C_{60} 分子也称球烯，它的结构模型是由二十面体切角后演变而成，它是由 20 个六边形和 12 个五边形组成的球形 32 面体，具有 I_h 对称性。由质谱得到它的分子量为 720，含有 60 个碳原子，^{13}C 的核磁共振谱只能看到 1 条谱线，化学位移 142.5，说明球中的 60 个碳原子是等效的。红外光谱中（见图 1-23），可观察到四条强的吸收谱带，分别位于 1428cm^{-1}、1182cm^{-1}、576cm^{-1} 和 526cm^{-1}。拉曼光谱可观察到 10 条拉曼位移峰，其中 8 条强度较大的分别是：1575cm^{-1}、1470cm^{-1}、1428cm^{-1}、774cm^{-1}、710cm^{-1}、496cm^{-1}、437cm^{-1} 和 273cm^{-1}，另外两处较弱的位移峰出现在 1250cm^{-1} 和 1099cm^{-1}。C_{60} 有 174（$60 \times 3 - 6$）个振动自由度，按照上述结构模型的理论计算表明，有四个具有红外活性（$4T_{1u}$）和十个具有拉曼活性（$4A_g + 6H_g$）的基频振动模式，理论上对 C_{60} 结构的振动光谱预测与红外光谱和拉曼光谱的实验结果相符，并且为以后的晶体结构测定所证实。

（3）催化剂研究

红外光谱是多相催化剂的表面结构和化学吸附等研究的十分重要的手段。例如，利用吡啶吸附的红外光谱法（Py-IR 法）可以方便地测定氧化物表面的 Brönsted 酸（质子酸或简称 B 酸）

和 Lewis 酸（简称 L 酸），确定催化剂表面酸性类型。在红外光谱中，1540cm^{-1}是吡啶与固体表面作用形成 PyH^+的特征吸收带，用作 B 酸的鉴定。吡啶与溶液中的 L 酸或固体 L 酸作用，形成 Py-L 络合物，在红外光谱中存在 1450cm^{-1}吸收带，这可作为 L 酸存在的特征。Py-IR 法现已成为常规测定催化剂表面酸性中心类型的方法。该法还可测定固体表面（酸性中心）的酸量，但需要精心测定 PyH^+或 Py-L 的吸光度$\sum_B^{1540}$和$\sum_L^{1450}$，并且配合化学分析的酸碱滴定方法绘出定量的工作曲线，给 Py-IR 定量表面酸量带来一些困难。刘兴云等人采用内标谱带法研究了 HZSM-5 和阳离子改性的 ZSM-5 的表面酸量，取得较好结果。苏文悦等人应用 Py-IR 法研究 SO_4^{2-}/TiO_2 固体酸的煅烧温度和 L 酸及 B 酸的关系，探讨合适的制备工艺条件，取得很好的结果。Hendra 和 Burch 等研究了若干硅胶和分子筛表面吸附吡啶的 FT-Raman 光谱，在 1025～1016cm^{-1} 附近的吡啶环呼吸振动 Raman 位移峰表明存在 B 酸。在对催化剂活性中心的研究中，常利用 NO 等小分子作为探针分子，它们的特征振动在红外光谱测定中十分灵敏。在对催化剂的 IR 表征中，常用到原位透射反应池、原位漫反射池及 IR 发射光谱和 IR 光声光谱等研究方法。

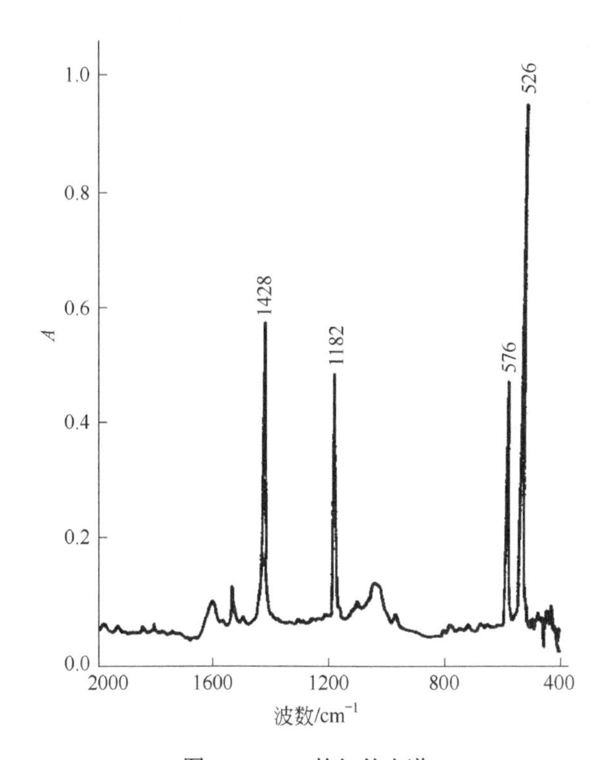

图 1-23　C_{60}的红外光谱

1.7　二维红外相关光谱分析

二维红外相关光谱（IR 2D-COS）是由 I. Noda 提出，通常采用一定的外界微扰（如温度变化、压力变化、浓度变化、磁场变化等）作用在样品体系上，检测并记录样品在光辐射下的光谱变化。对在上述外界扰动下获得的、随外界微扰的梯度变化的动态光谱信号进行数学上的相关分析，从而产生二维红外相关光谱。

与通常的谱图比较，二维红外相关光谱可以提高谱图分辨率，方便对含有许多重峰的复杂光谱的辨认，而且从同步相关谱和异步相关谱所提供的相关信息，研究分子内官能团间或分子间的相互作用及其对外界微扰的响应。它是研究官能团动态变化和分子内、分子间相互作用的一种有力手段。

下面先介绍一下有关二维红外相关光谱图的一些特点。

1.7.1 二维红外相关光谱的特点

二维红外相关光谱包括了同步相关谱和异步相关谱。图 1-24（a）所示的是同步相关谱，对角线上的相关峰称为自动峰（autopeak），是基团振动峰的自相关性对外界微扰的响应结果。基团的电暂态偶极矩在外界微扰下越敏感，越容易发生变化，相关性越大，自动峰越强，自动峰的符号都是正的。同步相关谱的交叉峰（cross peak）沿对角线两侧对称分布，交叉峰说明不同基团间电暂态偶极矩在外界微扰下变化趋势的关系。正的交叉峰说明对应峰位处的相关基团在微扰过程中，电暂态偶极矩的变化趋势相同，两者一致性越高，交叉峰越强；相反，负的交叉峰说明在对应峰位处的相关基团在微扰过程中，电暂态偶极矩的变化趋势相反，两者变化趋势差距越大，交叉峰强度越负。

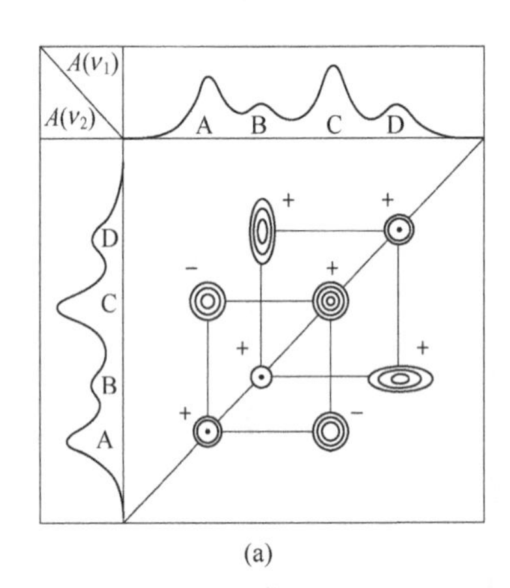

(a)

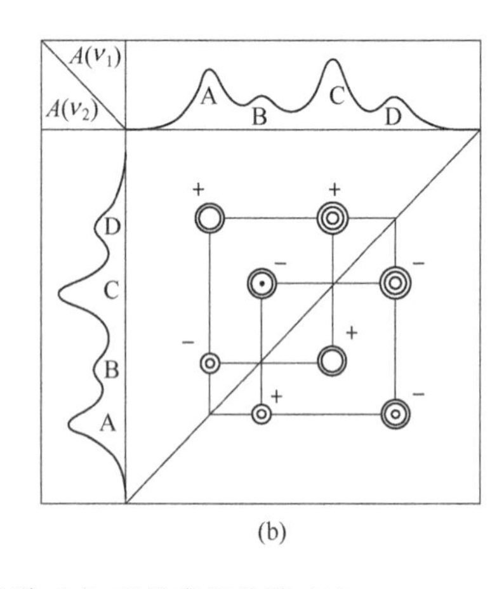

(b)

图 1-24　IR 2D-COS 同步相关谱（a）和异步相关谱（b）

图 1-24（b）所示的为异步相关谱，它关于对角线反对称。由于异步相关谱是一个位置的信号和另一个位置 Hilbert 变换信号的相关性分析的结果，而原信号和它的 Hilbert 变换信号是正交的，因此可以预见异步相关谱没有自相关峰出现在对角线上。异步交叉峰代表了两个不同位置测得的光强变化次序或变化的不同步特征，它仅当光谱强度变化信号的频率在不同位相时才会出现，这一特点在区分不同光谱来源或不同组分形成的重叠峰时特别有效。异步交叉峰的符号可以是负或正的，判断两个波数处光谱强度变化次序的规则为：

① 当同步相关谱对应位置的强度为正[$\Phi(\nu_1, \nu_2)>0$]时，正的异步交叉峰[$\Psi(\nu_1, \nu_2)>0$]表示ν_1的强度变化总是先于ν_2的强度变化，而负的异步交叉峰表示ν_1的强度变化总是滞后于ν_2的强度变化；

② 当 $\Phi(\nu_1, \nu_2)<0$ 时，上述规则正好相反。

有一点需要说明的是，二维相关光谱图上振动峰的峰位和一维光谱相比可能存在微小的差异。这主要是因为二维相关光谱中的峰位并不完全代表其真实的偶极跃迁矩，而只代表由给定波数所对应的动态信号的纯“相角”变化造成。

由于二维红外光谱的以上优点，它已经被广泛应用在化学、物理、生物、医学等领域，例如蛋白质结构、液晶化合物、分子动力学以及生物分子的光化学研究。我们课题组首先开展了对配合物（簇合物）的二维相关光谱分析研究并总结了光谱与结构关系的规律，并取得了较好的成果。

1.7.2 二维红外相关光谱的应用实例

【例 31】 Noda 开展了聚苯乙烯（PS）溶解于 50∶50 的甲乙酮（MEK）和全氘代甲苯（d-Toluene）中，随时间变化溶液蒸发过程的红外光谱研究。

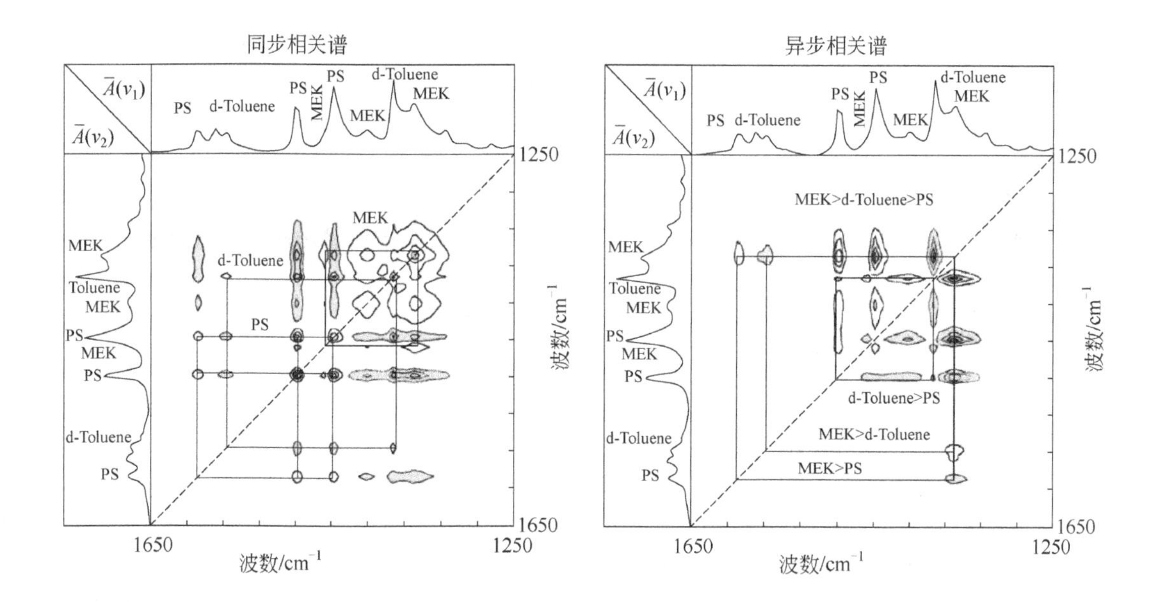

从同步相关谱中看到，对于相同化合物，具有很强的相关峰。但是，在不同的物种中也出现一些同步交叉峰，如 PS 和甲苯间出现负的交叉峰，表明相关基团在溶液蒸发过程中，可能具有相关性，变化趋势相反。在异步相关谱中，在（ν_1，ν_2）坐标下出现正的异步交叉峰，表明溶液蒸发过程相关基团出现负的异步交叉峰，即 ν_2 先于 ν_1 发生。

【例 32】胡鑫尧课题组应用二维红外相关光谱法研究 1,2-二(2′, 5′-二甲基-3′-噻吩)全氟环戊烯（BMTPF）分子在紫外光照射下的光化学反应历程。BMTPF 分子在紫外光照射下，随时间变化的红外谱图见下图。BMTPF 分子的特征峰主要集中在 3000～2800cm^{-1} 的甲基 C—H 伸缩振动区和 1600～1450cm^{-1} 的 C═C 双键、噻吩环骨架振动区内。但是，由于在紫外光照射下样品特征峰的变化比较微弱，从一维红外谱图上难以观察到样品结构的变化信息。

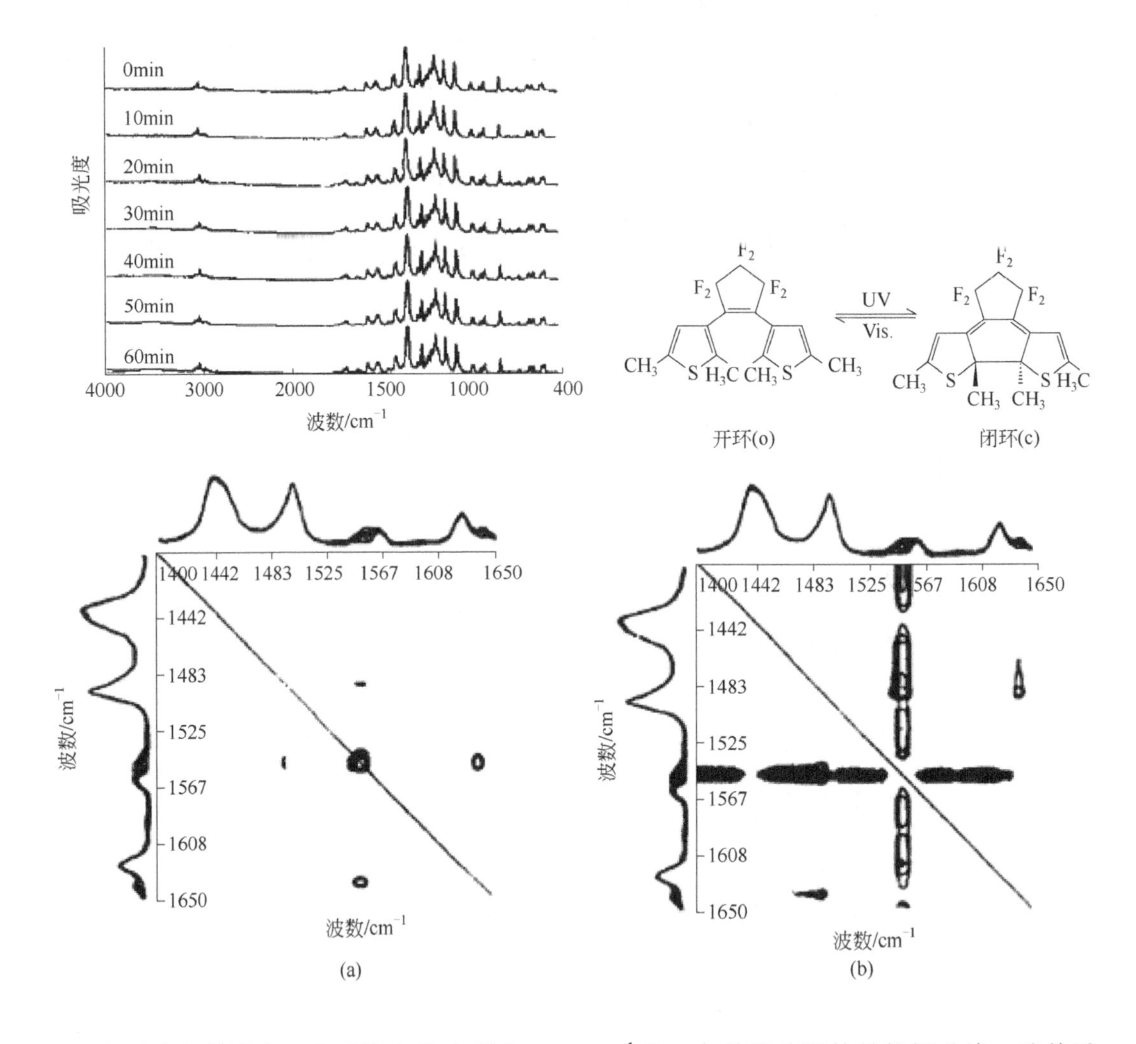

在同步相关谱上，自动峰主要出现在 1554cm^{-1} 处，它是噻吩环的骨架振动峰。随着反应的进行，噻吩环的芳香性丧失，1554cm^{-1} 峰的强度会明显削弱，因此在同步相关谱上出现最强的自动峰。另外，在（1640cm^{-1}，1554cm^{-1}）出现一对同步交叉峰，由 BMTPF 中的 C═C 和噻吩环骨架振动峰相关而形成。在异步相关谱上，异步交叉峰主要位于（1553cm^{-1}，1494cm^{-1}），（1640cm^{-1}，1494cm^{-1}）和（1617cm^{-1}，1553cm^{-1}）处。其中，位于 1494cm^{-1} 的吸收，归属于芳香噻吩环的 C═C 面内振动，而 1617cm^{-1} 处的吸收，则归属于噻吩环参加闭环反应后剩余的一个 C═C。异步交叉峰的出现，说明这些吸收峰强度的变化不是同步的。通过异步和同步交叉峰符号的分析，可推断相应官能团变化的先后次序，从而了解变化发生的每一步骤以及机理。例如，位于（1617cm^{-1}，1553cm^{-1}）处的异步交叉峰，由开环态分子中的噻吩骨架振动和闭环态分子中含硫五元环中的 C═C 伸缩振动相关形成，它的相关强度为负；而在同步相关谱上，相应位置处的相关强度为正。根据二维相关谱的符号规则，可以推断，在光致变色反应过程中，噻吩环吸收强度的变化早于 C═C 强度的变化。

【例 33】陈义平课题组曾研究了四种钼氧簇化合物簇阴离子：$[(PO_4)_2Mo_5O_{15}]^{6-}$、$\beta$-$[Mo_8O_{26}]^{4-}$、

$[PMo_{12}O_{40}]^{3-}$、$[P_2W_{18}O_{60}]^{6-}$的热微扰下二维红外相关光谱（图 1-25），四种簇阴离子的结构见图 1-26。

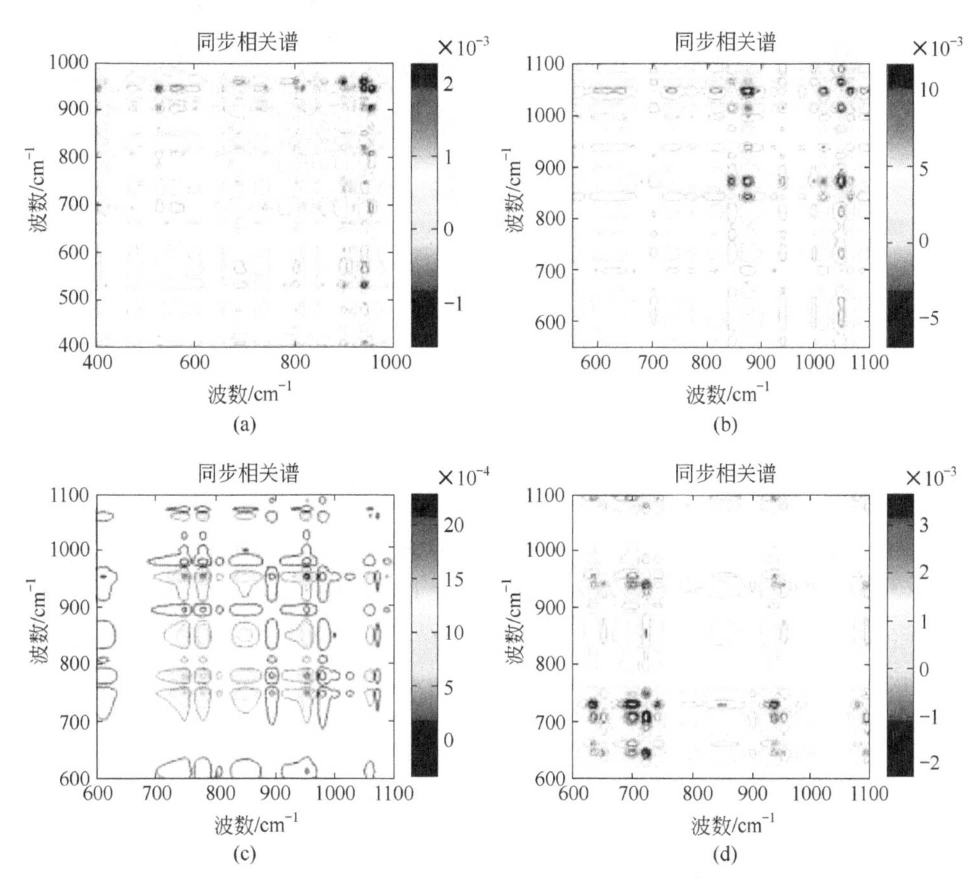

图 1-25　50～120°C 热微扰下 IR 2D-COS

（a）β-$[Mo_8O_{26}]^{4-}$；（b）$[(PO_4)_2Mo_5O_{15}]^{6-}$；（c）$[PMo_{12}O_{40}]^{3-}$；（d）$[P_2W_{18}O_{60}]^{6-}$

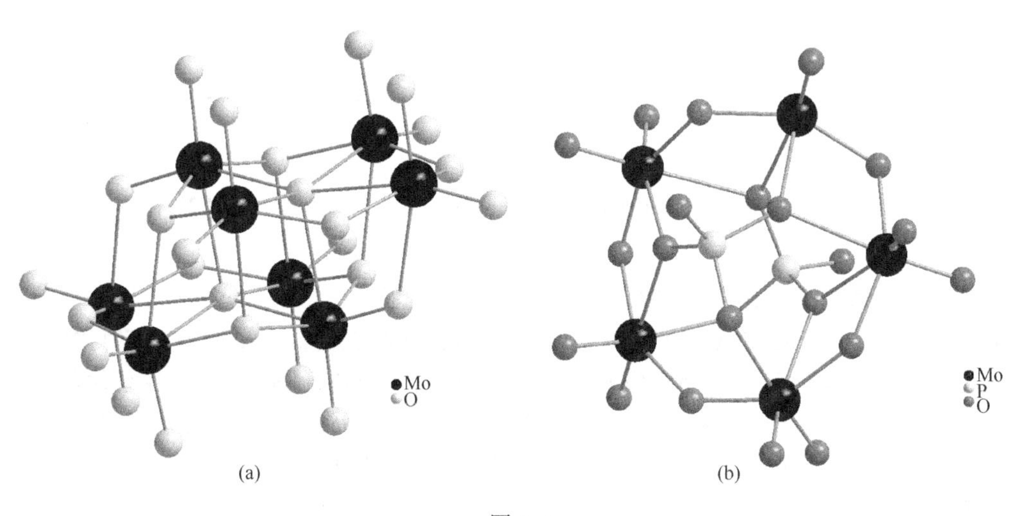

图 1-26

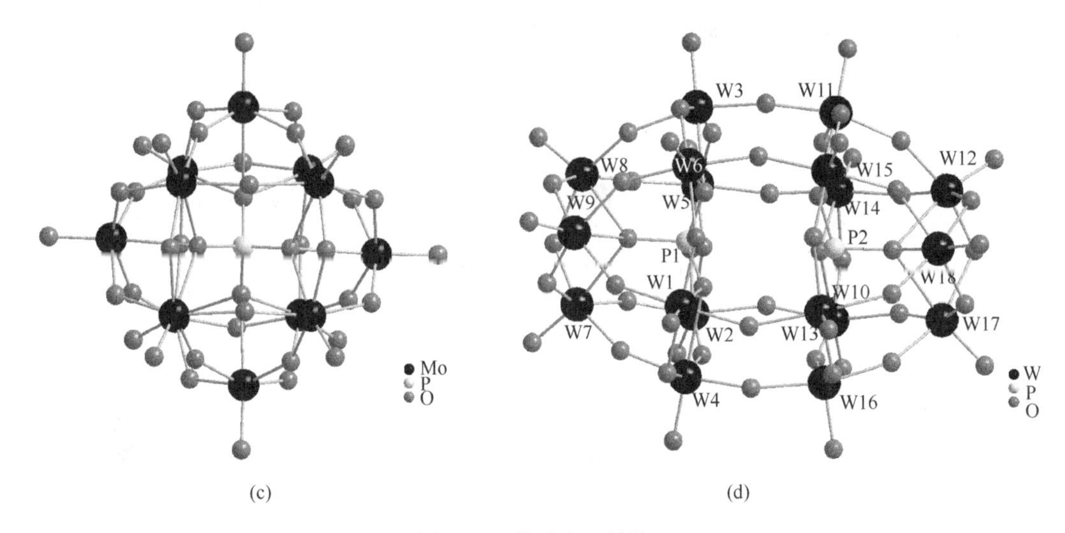

图 1-26　簇阴离子结构

（a）β-$[Mo_8O_{26}]^{4-}$；（b）$[(PO_4)_2Mo_5O_{15}]^{6-}$；（c）$[PMo_{12}O_{40}]^{3-}$；（d）$[P_2W_{18}O_{60}]^{6-}$

【例 34】张汉辉课题组曾研究了 Pr 的有机酸配合物$[Pr(BYBA)_3(H_2O)_2]\cdot[Pr(BYBA)_3(H_2O)]$的红外光谱，晶体结构分析表明，在该化合物中的有机酸配位方式有四种（图 1-27），借助一维红外的经验较难指认其归属，采用自行加工的磁微扰附件，进行磁微扰下的 IR 2D-COS 分析，得到较满意结果。

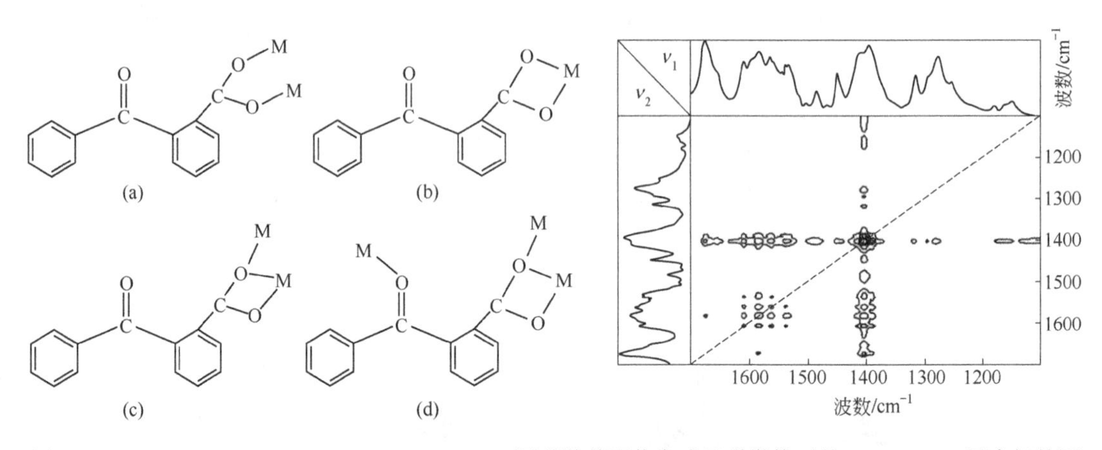

图 1-27　$[Pr(BYBA)_3(H_2O)_2]\cdot[Pr(BYBA)_3(H_2O)]$四种羧基配位方式及磁微扰下的 IR 2D-COS 同步相关图

从红外的磁微扰下的 IR 2D-COS 同步相关图中可以看到，1656cm^{-1}、1609cm^{-1}、1563cm^{-1}、1531cm^{-1}和 1403cm^{-1}、1387cm^{-1}出现了自动峰和它们之间的交叉峰，这是因为羧基直接以各种方式和磁性的金属原子配位，外界磁场和金属离子作用，强烈影响到与金属离子配位的羧基键，因此可以将它们分别归属于羧基的反对称和对称伸缩振动。此外，还观察到在约 3300cm^{-1}、约 1403cm^{-1}的交叉峰，这和配位水有关，而其他基团的红外吸收峰受磁微扰的影响很小，观察不到它们的相关峰。

1.8 拉曼光谱

前面讲到，在分子的振动中，有些振动具有红外活性，能强烈地吸收红外光，从而出现强的红外光谱带，而有些振动却具有拉曼活性，产生强的拉曼位移谱带。这两种方法都能提供分子振动的信息，起到了相互补充的作用，采用这两种方法，可获得振动光谱的全貌，如图 1-28 所示醋酸乙酯的红外吸收光谱和拉曼光谱。

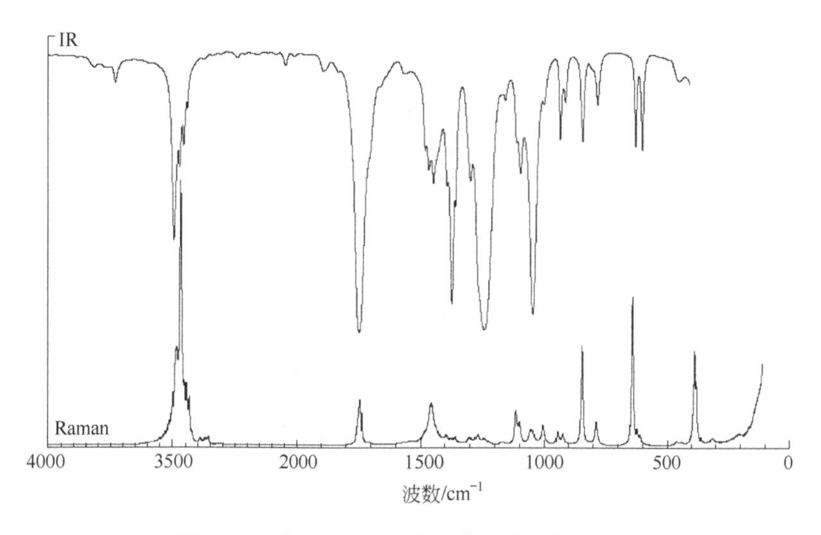

图 1-28　醋酸乙酯的红外吸收光谱和拉曼光谱

分子振动的许多较早期数据是由拉曼光谱提供的。1923 年 Smekal 在理论上预言了拉曼光谱的存在，1928 年印度学者 C.V.Raman 首次在研究液态苯的散射光谱实验中发现，这种效应称作 Raman 效应，Raman 因此项成果在 1930 年获得诺贝尔物理学奖。我国 20 世纪 50～60 年代的教科书将 Raman 效应称为“联合散射光谱”。40～60 年代，拉曼光谱技术发展较慢。但到 60 年代中期，当激光光源用于取代汞的光源后，情况发生了变化，拉曼光谱成了研究分子振动光谱的有力手段之一。

1.8.1 拉曼效应

拉曼效应是光与物质分子作用下产生的联合散射现象。当物质分子受到高频率（约 10^{15}Hz）的单色激光束的辐射时，分子中的电子和光子发生较强烈的作用，使电子云相对原子核位置产生波动变化，使得分子被极化，结果产生以入射光的频率 ν_0 向所有方向散射的光。在这个过程中，光子没有得失能量，其能量仍然是 $h\nu_0$，这一过程称为瑞利（Raylight）散射。瑞利散射被看作是分子和光子间的弹性碰撞，它是分子体系中最强的光散射现象，其强度和入射光的频率 ν_0 的四次方成正比。碰撞的第二种类型是非弹性碰撞，少部分散射光的频率和入射光的频率不一样，光子从分子中得到或失去能量。这种散射光的能量为 $h(\nu_0-\nu_1)$或 $h(\nu_0+\nu_1)$，失去或得到的能量 $h\nu_1$ 相当于分子振动能级的能量，称之为拉曼位移。$h(\nu_0-\nu_1)$的谱线称为斯托克斯（Stokes）线，$h(\nu_0+\nu_1)$的谱线称为反斯托克斯（anti-Stokes）线。位于 Raylight 线低频一侧的

Stokes 线通常只有 Raylight 线的 10^{-5} 数量级的强度。由玻尔兹曼能量分布定律知道，处于振动基态 ν_0 的分子数目比处于激发态 ν_1 的分子多，所以斯托克斯线的强度又高于反斯托克斯线的强度。拉曼光谱通常记录的是斯托克斯线，有时为了某些应用（如特殊环境下测定物质温度）的需要，要用到反斯托克斯线。

1.8.2 退偏振比

当一束平面偏振光照射介质时，由于光量子与介质分子相互作用，散射光的偏振方向可能会发生变化。偏振光的改变和分子振动时电子云形状的变化有关，即与分子构型及简正振动的对称性有关。退偏振比是拉曼光谱的一个重要参数，它可以提供有关分子振动的对称性及分子构型的信息。退偏振比（ρ）定义为：与入射偏振光方向垂直的拉曼散射光的强度（$I_{\perp}$）和平行的拉曼散射光的强度（$I_{\parallel}$）之比，即：

$$\rho = \frac{I_{\perp}}{I_{\parallel}}$$

它表示了入射偏振光作用于分子后，拉曼散射光对于原来入射光退偏振的程度，也称极化系数，可以证明，$0 \leqslant \rho \leqslant \frac{6}{7}$。习惯上，把 $\rho = \frac{6}{7}$ 的拉曼线称为退偏振的拉曼线（用 dp 表示），$0 < \rho < \frac{6}{7}$ 的谱线称为偏振的拉曼线（用 ρ 表示），而 $\rho = 0$ 的拉曼线称为全偏振的拉曼线（用 cp 表示）。在拉曼光谱实验中，确定拉曼线的退偏振比是很重要的，一般地说，用 ρ 值可以区分全对称和非对称振动方式，对于简单的分子，这个值可以帮助确定分子中原子的排布。现把有关的经验归纳如下：

① 全对称振动方式有全偏振的拉曼线，即小的 ρ 值。例如，对于极化率各向同性的全对称振动，电子云密度球形分布，比如四面体（如 $SnCl_4$）和八面体（如 SF_6）的全对称振动方式有全偏振的拉曼线，$\rho = 0$；而对于极化率呈椭球分布的全对称振动，$0 < \rho < \frac{6}{7}$，比如 CO_2 分子的全对称振动方式，$\rho < 0.2$；线型分子的全对称振动方式的 ρ 一般在 0.1～0.3。

② 所有非对称的振动方式的拉曼线都是退偏振的，ρ 值等于或接近于 $\frac{6}{7}$。但是，单凭 ρ 接近于 $\frac{6}{7}$ 还不能完全确定一个振动是非对称的，因为全对称振动方式的 ρ 也有接近于 $\frac{6}{7}$ 的情况。

③ 简并振动方式的拉曼线都是退偏振的。

④ 对于大的非对称分子，大多数振动方式的拉曼线在某种程度上是偏振的。

例如，图 1-29 列出 CCl_4 在两个偏振方向的拉曼光谱。

CCl_4 属 T_d 对称性，$\Gamma_{CCl_4} = A_1 + E + 2T_2$，有 A_1、E 和 2 个 T_2 的振动方式，这几个振动方式都有 Raman 活性，仅有 T_2 属于 IR 活性。由图 1-29，在 459cm^{-1} 处的退偏振比 $\rho \approx 0$，是全对称的伸缩振动方式 A_1；而 314cm^{-1}、218cm^{-1} 处的退偏振比 $\rho \approx \frac{6}{7}$，是非对称振动方式 E 和 T_2，测定 IR 光谱，就可进一步认定 T_2 的振动方式。

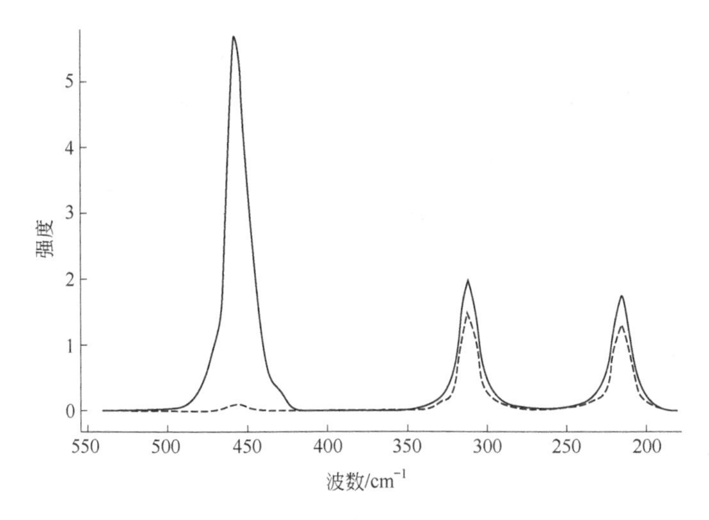

图 1-29　CCl_4 在两个偏振方向的 Raman 光谱

1.8.3　拉曼光谱的应用

拉曼光谱的应用大致和红外光谱一样，但也有其鲜明的特点。这些特点是：

① 扫描范围宽，4000～$5cm^{-1}$ 区域可一次完成，特别适宜 IR 光谱不易获得的低频区域的光谱。

② 水的拉曼散射较弱，适宜于测试水溶液体系，这对于开展电化学、催化体系和生物大分子体系中含水环境的研究十分重要。例如生化物质自身含有大量的水，大部分只溶于水而不溶于有机溶剂，采用 IR 光谱测定，水的信号很强，不易办到。目前已对部分蛋白质、核酸及多肽、内酯和糖类等物质进行了激光拉曼光谱测定和结构表征。

③ 可用玻璃作光学材料，样品可直接封装于玻璃纤维管中，制样简便，便于进行原位测定。而玻璃器具在较宽广的红外区却是不透明的，对 IR 光谱测定难度大。

④ 选择性高。分析复杂体系有时不必分离，因为其特征谱带十分明显。

⑤ 由于拉曼光谱是一种光的散射现象，所以待测样品可以是不透明的粉末或薄片，这对于固体表面的研究及固体催化剂性能的测试都有独到的便利之处。

⑥ Raman 光谱的退偏比，能够给出分子振动对称性的明显信息。

⑦ 拉曼光谱和红外光谱的选律不一样，在分子振动光谱的研究中可以互为补充。在基团特征振动频率的分析中，它们有如下几方面的特点：

a．不饱和 C═C、C≡C、C≡N 等伸缩振动的拉曼谱线强度高，而相应的 IR 谱带却比较弱。

b．极性基团 >NH、—OH 和 C═O 等伸缩振动的拉曼谱线及弯曲振动拉曼谱线强度较弱，而相应的 IR 谱带却很强，这就使拉曼光谱便于研究水溶液和醇溶液等体系。

c．$—CH_3$ 和 $—CH_2—$ 的弯曲振动谱带在 IR 是强的，而在 Raman 光谱中却较弱。

d．S—S、S—H 伸缩振动谱带在 Raman 光谱中很强，而在 IR 光谱中较弱。

e．—C—C—伸缩振动谱带 Raman 信号强，而红外信号弱，这使得 Raman 光谱在高分子化合物的研究中很有成效。由于碳链骨架结构往往产生很强的 Raman 谱线，而碳链结构的变化又会影响 Raman 频率，所以可以用于研究高分子的构象或结构。

f．化学键的对称伸缩振动一般有较强的 Raman 信号，而反对称伸缩振动则有较强的 IR

信号。

表 1-9 列出了一些特征基团振动频率及其 Raman 和 IR 光谱强度比较。

表 1-9 拉曼光谱和红外光谱主要基团频率及强度

基团振动	频率范围 /cm^{-1}	强度	
		拉曼	红外
ν(O—H)	3650～3000	w	s
ν(N—H)	3500～3300	m	m
ν(≡C—H)	3300	w	s
ν(=C—H)	3100～3000	s	m
ν(—C—H)	3000～2800	s	s
ν(—S—H)	2600～2550	s	w
ν(C≡N)	2255～2220	m～s	s～o
ν(C≡C)	2250～2100	vs	w～o
ν(C=O)	1820～1680	s～w	vs
ν(C=C)	1900～1500	vs～m	o～w
ν(C=N)	1680～1610	s	m
ν(N=N) 脂肪烃衍生物	1580～1550	m	o
ν(N=N) 芳香烃衍生物	1440～1410	m	o
ν_{as}[C—NO_2]	1590～1530	m	s
ν_s[C—NO_2]	1380～1340	vs	m
ν_{as}(C—SO_2—C)	1350～1310	w～o	s
ν_s(C—SO_2—C)	1160～1120	s	s
ν_{as}(C—SO—C)	1070～1020	m	s
ν(C=S)	1250～1000	s	w
$\delta(CH_2)$, $\delta_{as}(CH_3)$	1470～1400	m	m
$\delta_s(CH_3)$	1380	w～m	s～m
		s （若在 C=C 键上）	
ν(CC), (芳香烃)	1600，1580	s～m	m～s
	1500，1450	m～w	m～s
	1000	s（单取代及 1，3，5；邻位取代）	o～w
ν(CC)环烷烃	1360～600	s～m	m～w
直链脂肪烃			
ν_{as}(C—O—C)	1150～1060	w	s
ν_s(C—O—C)	970～800	s～m	w～o
ν_{as}(Si—O—Si)	1110～1000	w～o	vs
ν_s(Si—O—Si)	550～450	vs	o～w
ν_s(O—O)	900～845	s	o～w
ν_s(S—S)	550～430	s	o～w
ν_s(Se—Se)	330～290	s	o～w
ν[C(芳香烃)—S]	1100～1080	s	s～m
ν[C(脂肪烃)—S]	790～630	s	s～m
ν(C—Cl)	800～550	s	s
ν(C—Br)	700～500	s	s
ν(C—I)	660～480	s	s
δ_{as}(CC) 脂肪烃直链 C_n			
C_n, $n=3$～12	400～250	s～m	w～o
n>12	2495/n		
分子晶体中的晶格振动	200～20	vs～o	s～o

1.8.4 晶体的拉曼散射

在晶体的偏振拉曼散射实验中，常用 Porto 等人规定的符号来描述实验的光学几何配置。例如，图 1-30 为 $z(xz)x$ 的光学几何配置。

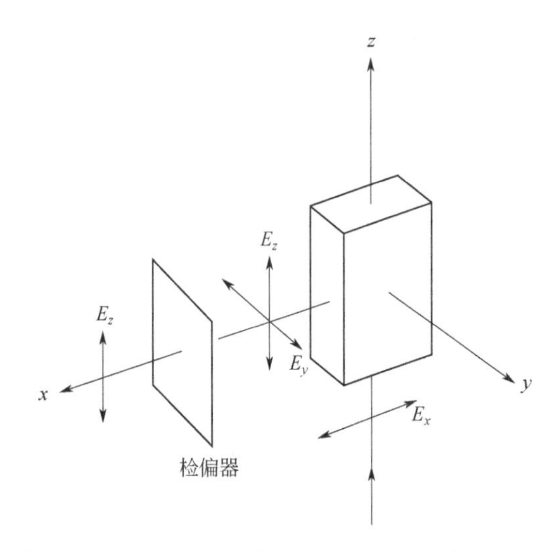

图 1-30 晶体的拉曼散射测量的 $z(xz)x$ 光学几何配置

$z(xz)x$ 的第一个符号 z 和第四个符号 x 分别表示入射光和散射光的传播方向，括号内的 xz 分别表示入射光和散射光的偏振方向 x 和偏振方向 z。晶体的拉曼光谱实验，最重要的是选择好散射实验的光学几何配置，使各种对称性的振动方式能够区分。

【例 35】金红石结构的晶体 MnF_2，空间群是 D_{4h}^{14}（$P4_2/mnm$），每个单胞有两个化学式的分子，所以共有 18 个振动自由度，其中拉曼活性模为 A_{1g}、B_{1g}、B_{2g} 和 E_g。在分析空间群 D_{4h}^{14} 的散射实验的几何配置对拉曼光谱的影响时可借用其子群 D_{4h} 来分析。

（a）$y(zz)x$ 配置

入射光和散射光的偏振方向都是 z。从 D_{4h} 特征标表可见，极化率张量元 zz 可引起拉曼效应的是 A_{1g}，但不会出现 B_{1g}、B_{2g} 和 E_g 的拉曼谱线［见图 1-31（a）］。

（b）$x(zx)y$ 配置

在 D_{4h} 点群中，对应 zx 极化率张量元的是 E_g，所以能激发 E_g 拉曼散射，而不能激发 A_{1g}、B_{1g} 和 B_{2g}［见图 1-31（b）］。

（c）$z(xx)y$ 配置

在 D_{4h} 点群中，对应 xx 极化率张量元的是 A_{1g} 和 B_{1g}，所以可观察到 A_{1g} 和 B_{1g} 拉曼谱线，其他观察不到［见图 1-31（c）］。

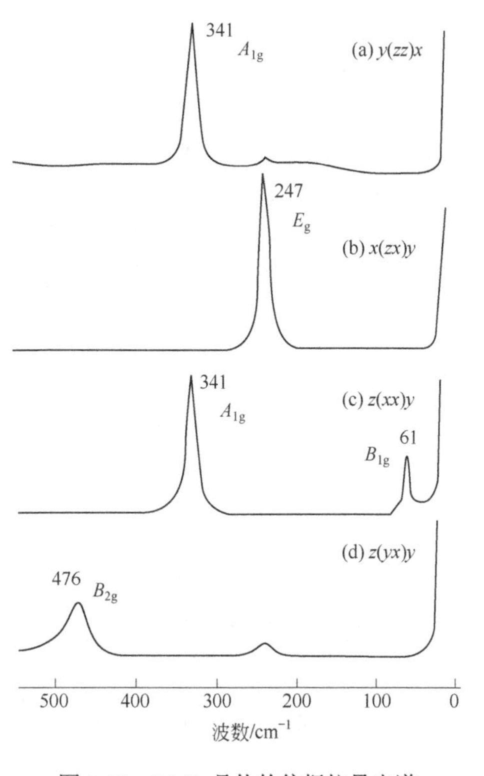

图 1-31 MnF_2 晶体的偏振拉曼光谱

（d）$z(yx)y$ 配置

在 D_{4h} 点群中，对应 yx 极化率张量元的是 B_{2g}，所以只能观察到 B_{2g} 的拉曼谱线［见图 1-31（d）］。

【例 36】低温相偏硼酸钡 β-BaB_2O_4(BBO)是优质的紫外倍频晶体，黄金陵课题组首次确定该晶体的完整结构，推翻了 Hubner 认为其是有心空间群 $C_{2/C}$ 不可能有倍频效应的结果，确定其空间群为 R_3（后修正为 R_{3C}）。洪水力从 BBO 的空间群 R_{3C} 和其子群 C_{3V} 进行对称分析，用 $x(zz)\bar{x}$ 、$y(xz)\bar{y}$ 和 $x(yz)\bar{x}$ 的几何配置，测定了晶体的拉曼散射光谱（图 1-32），同时结合红外光谱，对 BBO 晶体谱线的对称性进行了详细分析。

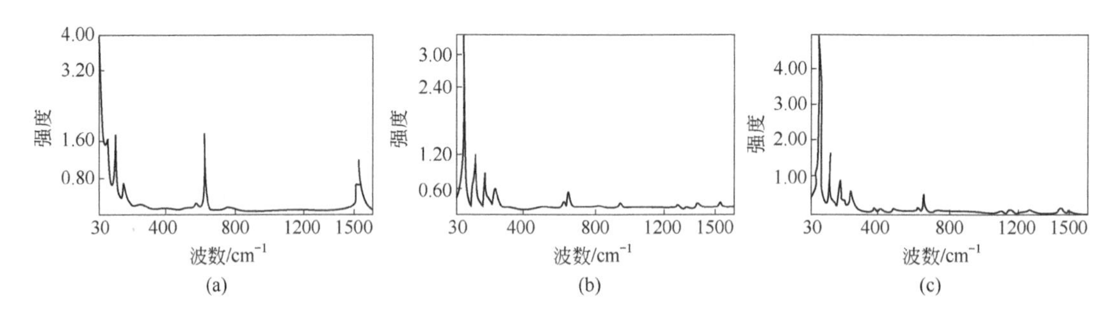

图 1-32　低温相偏硼酸钡 β-BaB_2O_4(BBO)晶体的偏振拉曼光谱

A_1　1157cm^{-1}(R)，1195cm^{-1}(IR)；772cm^{-1}(R)，787cm^{-1}(R)，789cm^{-1}(IR)；637cm^{-1}(R)，624cm^{-1}(IR)；392cm^{-1}(R)，394cm^{-1}(IR)

A_2　704cm^{-1}(IR)

E　1447cm^{-1}(R)，1421cm^{-1}(IR)；1403cm^{-1}(R)，1405cm^{-1}(IR)；1275cm^{-1}(R)，1241cm^{-1}(IR)；1306cm^{-1}(R)，1280cm^{-1}(IR)；954cm^{-1}(R)，951cm^{-1}(IR)；484cm^{-1}(R)，481cm^{-1}(IR)；246cm^{-1}(R)，247cm^{-1}(IR)

【例 37】马来酸氢十八酯（OHM）晶体是分光晶体，我们曾对其进行拉曼光谱研究。针对 OHM 晶体沿[010]方向具有解理性、晶体很薄、有一个方向不好定向的特点，对其进行[$y(zx)\bar{y}$，$y(zz)\bar{y}$]和[$y(xz)\bar{y}$，$y(xx)\bar{y}$]的几何配置，得到了图 1-33 的拉曼光谱。

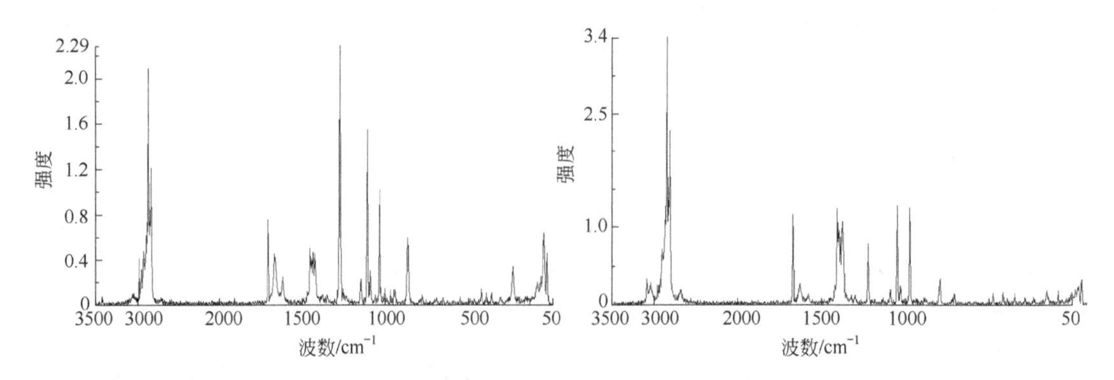

图 1-33　OHM 晶体的偏振拉曼光谱［左图是 $y(zx)\bar{y}$，$y(zz)\bar{y}$ 的几何配置；右图是 $y(xz)\bar{y}$，$y(xx)\bar{y}$ 的几何配置］

OHM 的碳链较长，C—C 骨架的伸缩振动频率位于 $1063cm^{-1}$ 和 $1118cm^{-1}$，在 $1299cm^{-1}$ 出现了—CH_2—的卷曲振动，$894cm^{-1}$ 还含有 C—C—C 的对称振动方式，在低频端 $102cm^{-1}$ 出现了烷基链纵向声子模式（LAM-3）振动。图 1-33 的实验几何配置在 $y(zz)y$ 和 $y(xx)y$ 不同，由图可见，涉及烷烃链的这几个振动模式都出现了偏振。偏振拉曼光谱分析和晶体结构的结果相互印证，OHM 分子的较长的烷基碳链是以双聚体沿[100]和[001]方向排列成层，分子层间沿[010]方向堆垛，由于分子层的层间作用力弱，因而 OHM 晶体在[010]具有解理性。

1.8.5 拉曼光谱新技术

（1）共振拉曼光谱

使激发光的频率接近或落在化合物的电子吸收光谱谱带范围内，将产生“共振效应”，拉曼谱线强度明显提高。一般需用到波长可调的激光器。例如，邻硝基甲基取代苯胺的电子吸收光谱的最大吸收带在 441.6nm，若使用 441.6nm 或附近波长的激光器作为拉曼光谱的激发光源，则散射强度明显增强，因此可获得该物质浓度为 10^{-5}～10^{-4}mol/L 水溶液的拉曼光谱。共振拉曼光谱在测定蛋白质、核酸和磷脂等浓度较稀的生物分子的拉曼光谱方面有许多应用。

（2）拉曼微探针及光导纤维拉曼探针

这是一种显微镜与拉曼光谱相结合的新技术，目前已广泛使用配置多通道的激光器的共聚焦的拉曼光谱仪。它可用于研究电极表面吸附物质的分布状况、表征半导体器件及微量分析等。可见光和近红外光在光导纤维上有良好的传导性，能用于原位测定，如在人体内部诊断和监控病理变化、放射性废物的遥测等方面有许多应用。

（3）时间分辨（TRS）及瞬态拉曼光谱

目前，FTIR-TRS 和反斯托克斯拉曼光谱的时间分辨分别可达到 10^{-7}s 和 10^{-15}s。步进扫描（step-scan）技术使其应用不断扩大，如在瞬态过程的应用研究。

（4）相干反斯托克斯拉曼光谱

① 效率高，可达 1%，比自发拉曼散射约高 10^5 倍；

② 方向性好；

③ 抗荧光性能好。

（5）表面增强拉曼散射

若将散射分子吸附在银电极及银化合物溶胶表面，散射分子的拉曼散射明显地增强。关于表面增强的原理，认为是由于表面活化后，分子及离子与表面相互作用，分子与离子的对称性及有序程度受到破坏，以致对称性下降，引起拉曼光谱活性提高。目前，表面增强的基底材料除了应用最普遍的银及其化合物外，还可使用 α-Fe_2O_3 溶胶、TiO_2 和 n-CdS 等。

习题

1. 计算非环酮中 C═O 基频伸缩振动峰位（cm^{-1}）（设 $K_{C═O}$=11.72N/cm）。

2. 确定 PH_3（三角锥形、C_{3V} 对称性）和 BCl_3（平面三角形、D_{3h} 对称性）的振动方式，并指出哪些属于红外活性，哪些属于拉曼活性，并求其对应的对称类的内坐标。

3. NO_3^- 属 D_{3h} 点群，试分析它有几种简正振动方式，哪些振动方式具有红外活性，哪些振动方式具有拉曼活性。

4. 指出下列各种振动形式，哪些是红外活性振动，哪些是非红外活性振动。

① CH_3CH_3　ν(C—C)　② CH_3CCl_3　ν(C—C)　③ SO_2　ν_s(—SO_2)

④ CH_2═CH_2　ν(C═C)及下列振动形式：

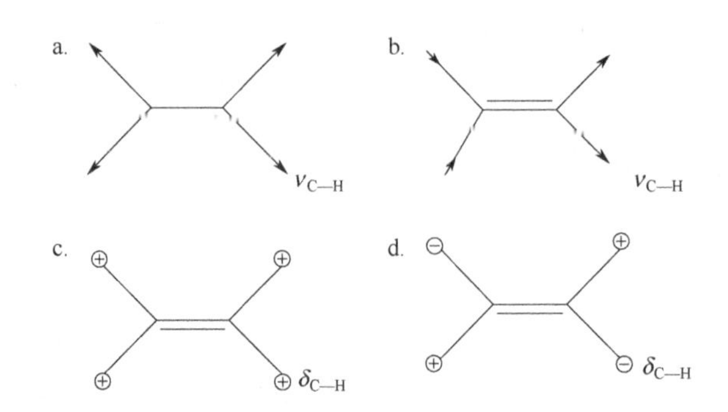

5. 说明下列化合物中的ν(C═O)频率变化的原因：

酰卤—C(═O)X 1870～1790cm^{-1}；　酯—C(═O)OR 1745～1720cm^{-1}

酸—C(═O)OH 1770～1750cm^{-1}；　醛—C(═O)H 1735～1715cm^{-1}

酮 RC(═O)R′ 1720～1710cm^{-1}；　酰胺—C(═O)NH_2 1700～1680cm^{-1}

6. 把下列各化合物按ν(C═O)频率增加的顺序加以排列，并说明理由。

CH_3C(═O)OH　CH_3C(═O)Cl　CH_3C(═O)CH_3　F_2C(═O)

7. 说明下列化合物在4000～1600cm^{-1}范围的红外光谱的主要差别是什么。

8. 下列化合物在红外光谱中有哪些不同的特征吸收峰？

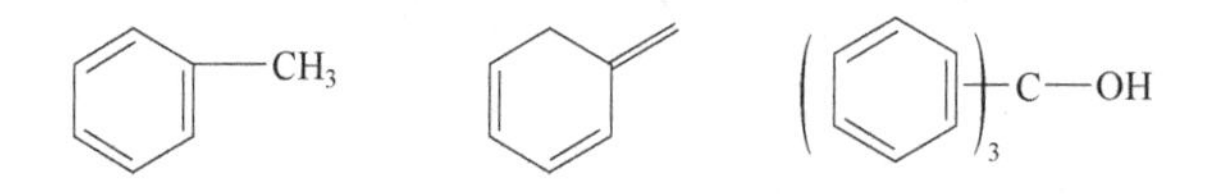

9. 由红外光谱辨认，邻二甲苯、对二甲苯、间二甲苯分别对应下列哪一种化合物。

化合物A　在767cm^{-1}及692cm^{-1}有吸收峰

化合物B　在792cm^{-1}有吸收峰

化合物C　在742cm^{-1}有吸收峰

10. 根据下列红外光谱图推测化合物的结构式。

（a）C_6H_{14}（主要吸收峰：2959cm^{-1}，2920cm^{-1}，2875cm^{-1}，2862cm^{-1}，1466cm^{-1}，1379cm^{-1}，726cm^{-1}）

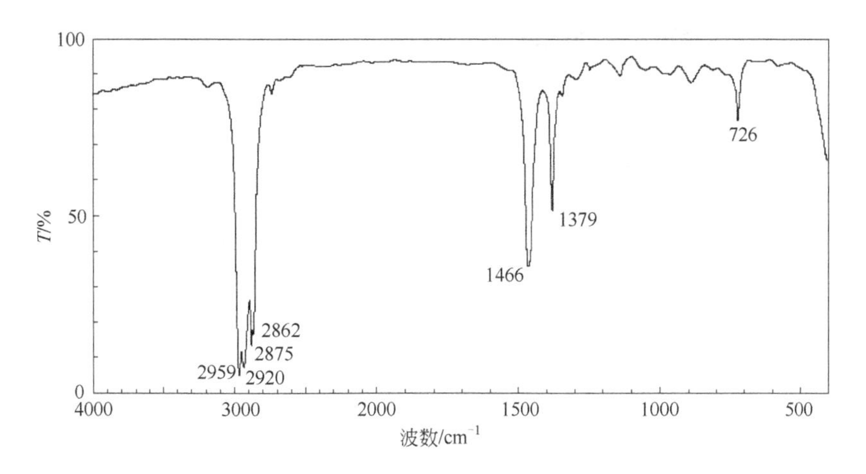

（b）C_4H_8O（主要吸收峰：1718cm^{-1}，1417cm^{-1}，1366cm^{-1}）

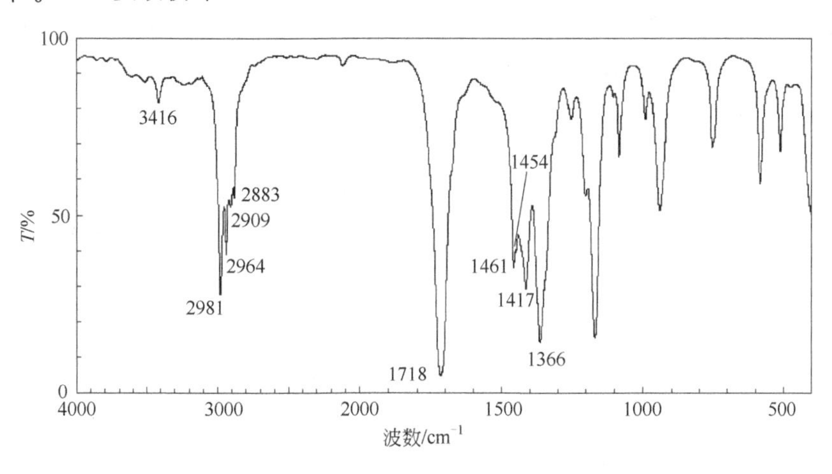

11. 化合物的分子式为$C_9H_{10}O$，分别根据下列红外光谱图推测其化合物的结构式。

（a）主要吸收峰：3327cm^{-1}（宽峰），3027cm^{-1}，2918cm^{-1}，2864cm^{-1}，1667cm^{-1}，1599cm^{-1}，1578cm^{-1}，1494cm^{-1}，1449cm^{-1}，1418cm^{-1}，1093cm^{-1}，1070cm^{-1}，1010cm^{-1}，999cm^{-1}，967cm^{-1}，740cm^{-1}，734cm^{-1}，692cm^{-1}

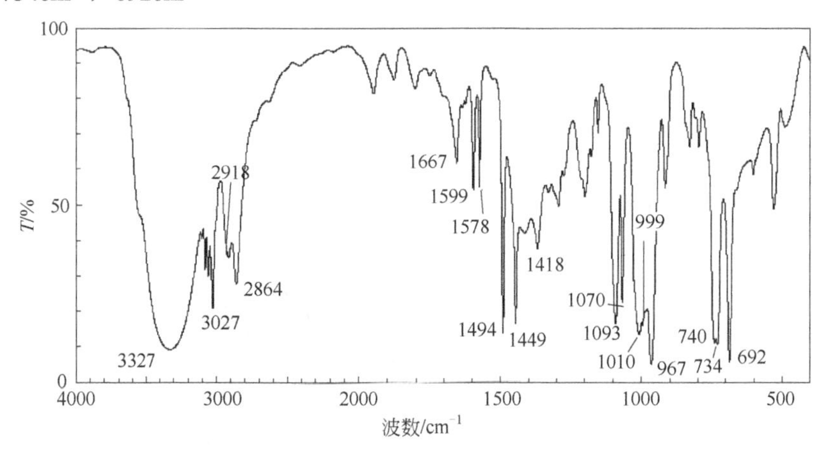

（b）主要吸收峰：3029cm^{-1}，2928cm^{-1}，2826cm^{-1}，2726cm^{-1}，1726cm^{-1}(vs)，1604cm^{-1}，

$1497cm^{-1}$，$1454cm^{-1}$，$747cm^{-1}$，$701cm^{-1}$

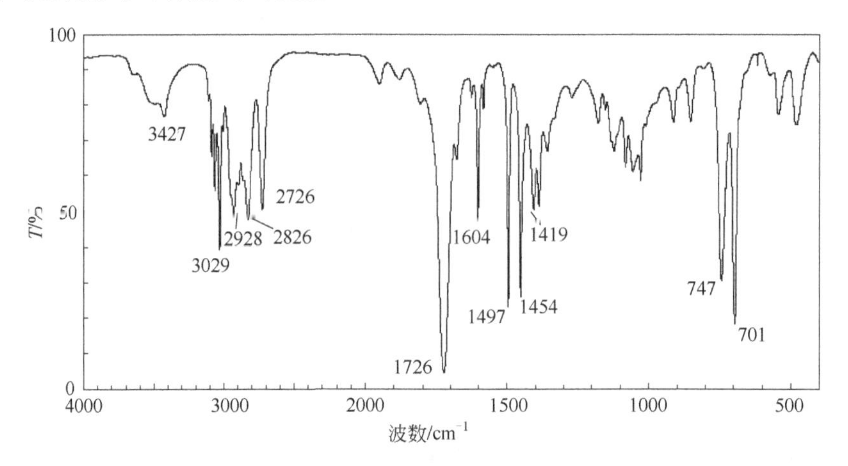

（c）主要吸收峰：$3032cm^{-1}$，$3004cm^{-1}$，$2968cm^{-1}$，$2923cm^{-1}$，$2869cm^{-1}$，$1682cm^{-1}$(vs)，$1607cm^{-1}$，$1574cm^{-1}$，$1430cm^{-1}$，$816cm^{-1}$

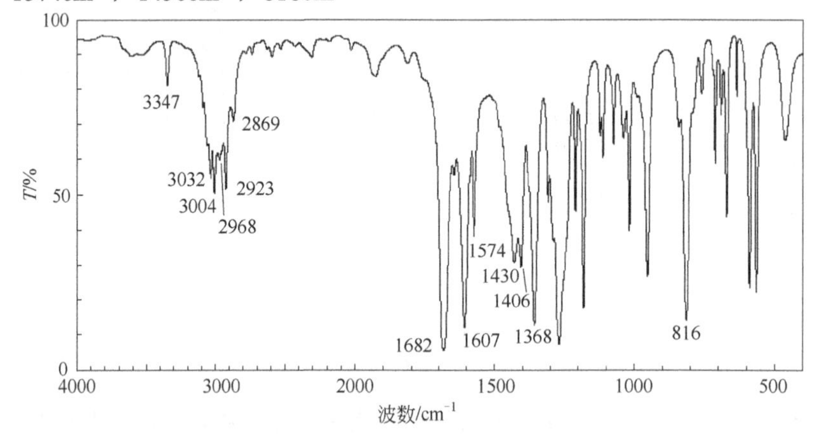

12. 两个同分异构化合物的分子式为 $C_9H_{10}O_2$，它们的红外光谱图分别如下所示，请推测其化合物的结构式。

（a）主要吸收峰：$3035cm^{-1}$，$2966cm^{-1}$，$2895cm^{-1}$，$1743cm^{-1}$，$1608cm^{-1}$，$1498cm^{-1}$，$1456cm^{-1}$，$1381cm^{-1}$，$1229cm^{-1}$，$1027cm^{-1}$，$751cm^{-1}$，$698cm^{-1}$

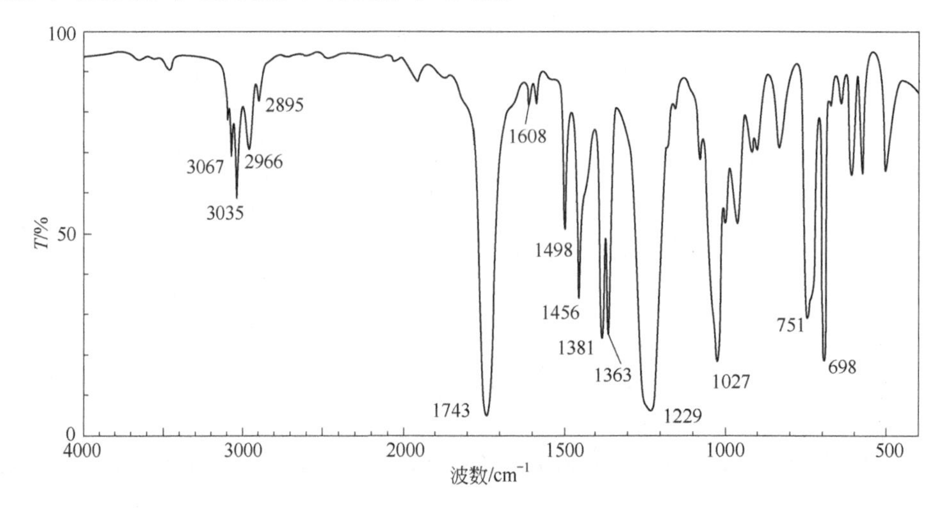

（b）主要吸收峰：3064cm^{-1}，2983cm^{-1}，2939cm^{-1}，2907cm^{-1}，2874cm^{-1}，1719cm^{-1}，1603cm^{-1}，1585cm^{-1}，1492cm^{-1}，1478cm^{-1}，1465cm^{-1}，1452cm^{-1}，1315cm^{-1}，1276cm^{-1}，1109cm^{-1}，711cm^{-1}，688cm^{-1}

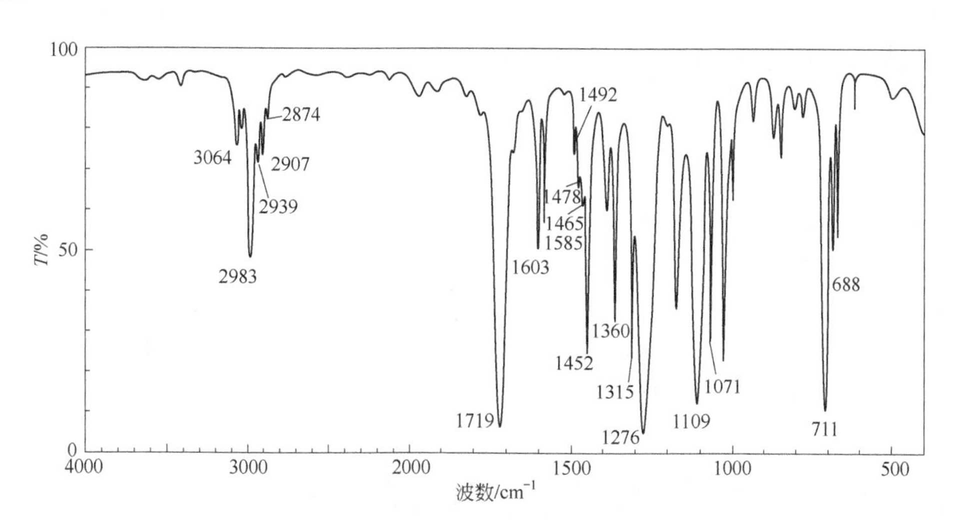

2 紫外-可见吸收光谱

紫外-可见吸收光谱虽然包含着电子能级、振动能级和转动能级的变化，但主要起源于分子中价电子能级的跃迁。各种化合物的紫外-可见光谱曲线的特征主要是分子中价电子在相应的能级间跃迁的内在规律的体现，该方法所用的仪器简单、价格低廉，分析操作简单，而且分析速率较快。在化合物的鉴定、结构分析和纯度检查特别是药物、天然产物化学中有着广阔的应用前景，本章根据各类化合物的不同情况予以讨论。

2.1 紫外-可见吸收光谱与电子跃迁

在有机化合物中，经常遇到的分子轨道的类型为σ、π和n轨道。它们又分成成键轨道（记作σ、π)、反键轨道（记作σ^*、π^*）和非键轨道n。以羰基为例，它的能级顺序大致如图2-1所示。

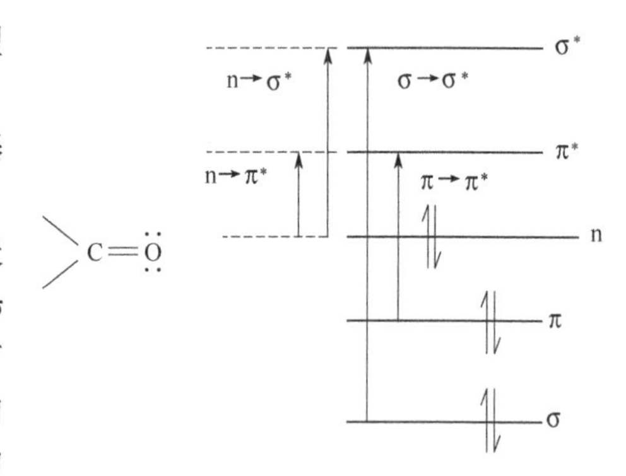

图2-1 羰基的能级大致顺序示意

紫外-可见吸收光谱主要是由价电子能级跃迁产生。占据上述三种类型轨道上的电子分别称为σ电子、π电子、n电子。电子从基态跃迁到激发态有四种类型，即：$\sigma\to\sigma^*$、$n\to\sigma^*$、$\pi\to\pi^*$、$n\to\pi^*$。有的分子不存在n、π轨道，当然也就不存在相应类型的电子跃迁。

2.1.1 电子从基态（成键轨道）向激发态（反键轨道）的跃迁

有机分子的这类跃迁包括了$\sigma\to\sigma^*$跃迁和$\pi\to\pi^*$跃迁。

（1）$\sigma\to\sigma^*$跃迁

$\sigma\to\sigma^*$电子跃迁和别的跃迁相比，需要较大的能量，这种吸收谱带一般落在远紫外区（$\lambda<$150nm)。但水在178nm以下开始吸收，空气中的氧气在195nm开始吸收，在145nm有最大吸收峰。所以，这个区域中的研究超出一般紫外-可见分光光度计的范围，需要用到昂贵的真空紫外分光光度计，在实际使用中受到限制。饱和烷烃化合物只含σ键，如甲烷在125nm有$\sigma\to\sigma^*$吸收峰。因此，饱和碳氢化合物在常规测定中适宜作为溶剂。

（2）$\pi\to\pi^*$跃迁

不饱和键中的π电子吸收能量后跃迁到π^*反键轨道。由于$\pi\to\pi^*$跃迁所需能量较$\sigma\to\sigma^*$低，所以吸收峰一般都位于紫外区。随着共轭系统的增长，π电子云受束缚减小，引起$\pi\to\pi^*$跃迁所需的能量更低，其吸收带向长波方向移动。由势阱的能级公式$E=\dfrac{n^2h^2}{8ml^2}$可知，共轭范围l增大，相邻的能级间隔 $\Delta E_{n \to n+1}=\dfrac{(2n+1)h^2}{8ml^2}$ 越小，吸收峰甚至可以移向可见区（如表 2-1 所示）。

表 2-1　共轭双键与 λ_{max}及化合物颜色的关系

化合物	共轭双键数	λ_{max}/nm	颜色
乙烯	1	175	无
丁二烯	2	217	无
己三烯	3	258	无
二甲基辛四烯	4	296	淡黄
癸五烯	5	335	淡黄
二甲基十二碳六烯	6	360	黄
α-羟基-β-胡萝卜素	8	415	橙

$\pi \to \pi^*$跃迁的另一个特点是跃迁概率大，吸收强度强，一般摩尔吸光系数 $\varepsilon > 10^4$。光谱学上称这种 $\pi \to \pi^*$跃迁谱带为 K 带，K 带是共轭分子的特征吸收带，借此可判断化合物中的共轭结构，在紫外光谱中应用得最多。

此外，芳香化合物的 $\pi \to \pi^*$跃迁，包含 B 吸收带（苯型谱带）和 E 吸收带（乙烯型谱带），这是芳香化合物和芳香杂环化合物的特征吸收带。例如，苯溶于异辛烷中测得的紫外光谱，苯的 $\pi \to \pi^*$跃迁产生了 B 带和 E 带。B 带为宽峰，并出现振动的精细结构的吸收，其中心峰为 254nm，ε 在 204 左右。当苯环上有取代基并且与苯环共轭，或是在极性溶剂中测定时，其 B 带的精细结构消失。苯的 E 带有两个吸收峰，分别叫 E_1 带和 E_2 带，前者是由苯环内乙烯键上的 π 电子激发所致，吸收峰在 184nm（$\varepsilon > 10000$）；E_2 带属于苯环共轭二烯的 π 电子激发引起，吸收峰在 203nm（ε 7400），都属强吸收。当苯环上有发色团取代而且与苯环共轭时，吸收峰显著地向长波移动（称为红移），此时的 E_2 带称为 K 带。例如，苯乙酮的紫外吸收光谱（如图 2-2 所示）的三个吸收峰为 240nm（ε 1300）、278nm（ε 1100）和 319nm（ε 50），分别属于 K 带、B 带及 R 带。R 带为下面要讲到的由 $n \to \pi^*$跃迁产生的吸收带。

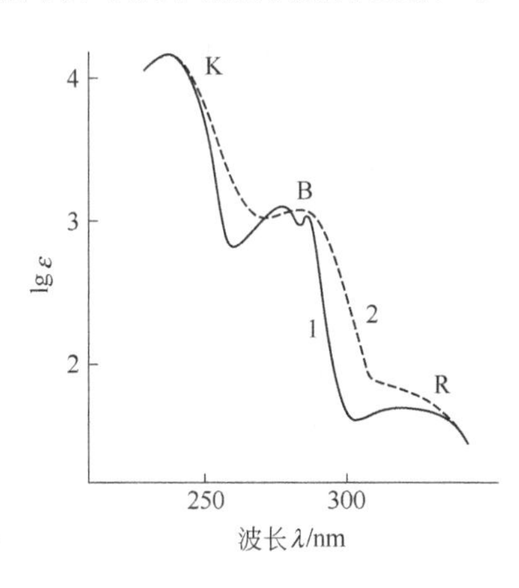

图 2-2　苯乙酮的紫外吸收光谱

1—正庚烷溶液；2—甲醇溶液

2.1.2　杂原子未成键电子被激发向反键轨道的跃迁

杂原子未成键电子被激发向反键轨道的跃迁，包括 $n \to \sigma^*$和 $n \to \pi^*$跃迁。

（1）$n \to \sigma^*$跃迁

氧、氮和卤素等杂原子均有未成键的 n 电子。如—NH_2、—OH、—S、—X 等基团连在分子上，杂原子上的孤对电子向反键轨道跃迁，$n \to \sigma^*$跃迁所需的能量比 $\sigma \to \sigma^*$小，其吸收峰约在 200nm。

（2）$n \to \pi^*$跃迁

在双键上连有杂原子（如 O、N、S 和卤素原子等）的化合物（如—C═O、—C═N 类型的化合物），处在非键轨道上的孤对电子可能跃迁到 π*反键轨道上。$n \to \pi^*$跃迁所需的能量比 $n \to \sigma^*$小，一般在近紫外或可见区域有吸收，其特征是强度弱（一般 $\varepsilon < 100$），有些学者认为 ε

值小，是由于对称性不匹配使得 $n \to \pi^*$ 跃迁受到限制。$n \to \pi^*$ 跃迁在光谱学上称为 R 带，如丙酮的 $\lambda_{max} = 279$nm 的吸收带，$\varepsilon = 15$。

综上所述，在常规测定条件下，几乎所有的有机化合物的紫外-可见吸收光谱都是源于 $\pi \to \pi^*$ 或 $n \to \pi^*$ 跃迁，故其研究的对象是不饱和化合物。

（3）溶剂效应

在有机分子中，激发态 π^* 比基态 π 的极性大，受到外界极性溶剂的影响比较大，其能态降低比较明显。而非键轨道的孤对电子与极性溶剂的相互作用更为强烈，导致其能态降低更明显（参见图 2-3）。所以，可以观察到化合物分别在非极性溶剂或低极性溶液中、极性溶剂测定时，相应的 $\pi \to \pi^*$ 和 $n \to \pi^*$ 跃迁的吸收峰分别红移（吸收波长增长）和蓝移（吸收波长减小），如丙酮分别在正己烷和水溶液中的 $n \to \pi^*$ 吸收光谱为 278nm 和 264.5nm。

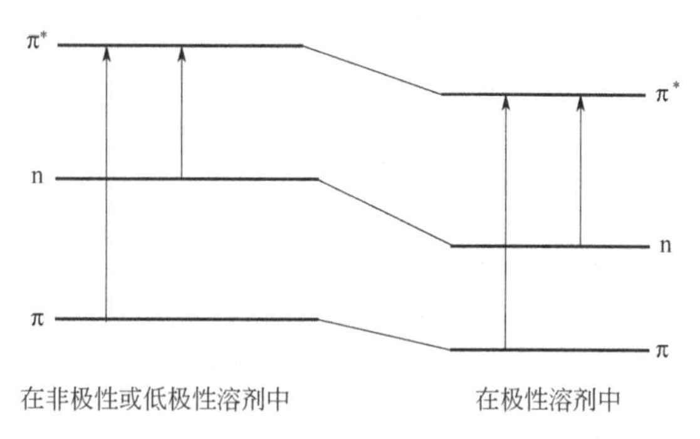

图 2-3　化合物的 π、π*和 n 能级受到溶剂效应影响示意

2.1.3　常用术语

（1）发色团（chromophore）

凡能吸收紫外光或可见光而引起电子跃迁的基团称为发色团。这种基团主要是具有不饱和键和未成对电子的基团，如 >C=C<、>C=O、—N=N—、$-NO_2$ 等。由于 $\pi \to \pi^*$ 或 $n \to \pi^*$ 跃迁能量低，所以吸收峰位于紫外-可见光区。发色团也称生色团。

（2）助色团（auxochrome）

能使吸收峰向长波方向移动的带有杂原子的基团叫做助色团，如—OH、$-NH_2$、—OR、—X 等。例如，饱和烃本身只有 $\sigma \to \sigma^*$ 跃迁，如和杂原子连接，产生 $n \to \sigma^*$ 跃迁，使吸收峰向长波方向移动，如助色团和发色团相连，产生 $n \to \sigma^*$ 及 $n \to \pi^*$ 跃迁，使吸收峰向长波方向移动。助色团如和共轭双键或苯环相连，不仅可使吸收峰向长波方向移动，而且还会使吸收峰的强度增强。

2.2　紫外光谱与分子结构的关系

如果有机化合物在 270～350nm 区域内存在一个低强度（$\varepsilon = 10 \sim 100$）的吸收谱带，而在 200nm 内无吸收，则该化合物一般具有一个非共轭的、含有孤对电子的简单的发色团，这个弱的吸收谱带是由 $n \to \pi^*$ 跃迁引起的。反之，如果一种有机化合物存在多个吸收谱带，其中一些谱带甚至出现在可见区，则该化合物可能具有一个长链共轭的发色团或者多环芳香发色团，如果该化合物是有颜色的，则可能至少含有 4～5 个共轭双键的发色团和助色团。不过有些化合物例外，如一些含氮化合物（硝基化合物、偶氮化合物、重氮化合物和亚硝基化合物），以及 α-二酮、己二醛和碘仿等有机化合物不符合这条规则。如果化合物主要吸收谱带的 ε 值在 1000～2000 之间，一般表示存在一个简单的 α,β-不饱和酮或二烯。如果 ε 值在 1000～10000 之间，通常表示有一个芳香体系。如果 ε 值在 100 以下，则表示存在 $n \to \pi^*$ 跃迁。所以，可以借助 λ_{max} 吸收峰的位置及 ε_{max} 吸收峰的强度，来推测化合物的结构。下面，我们介绍一些由有机物的结构推算其吸收光谱最大波长的经验规则，借此，可对未知化合物结构的推测提供佐证，但要完整地对化合物的结构进行详细了解，还需与 IR 光谱、核磁共振谱及质谱等技术紧密配合。

2.2.1 饱和有机化合物

饱和有机化合物只有 σ→σ*跃迁，在 200～400nm 不产生吸收峰，因此这类化合物在紫外-可见光谱中常用作溶剂。

和助色团相连的饱和烃，除 σ→σ*跃迁之外，尚有 n→σ*跃迁。

2.2.2 不饱和有机化合物

① 只有简单的 C═C 双键，存在 π→π*跃迁。例如乙烯的 λ_{max} 在 165nm，$\varepsilon = 10^4$。如果两个双键被两个或两个以上的单键隔开，那么 λ_{max} 不变，ε 值增大一倍。

② 含有杂原子的双键，可能发生 π→π*、n→σ*及 n→π*跃迁，如 >C═O、>C═S、>C═N、—N═N—等，n→π*的 λ_{max} 在 270～350nm，ε 为 10～100。如丙酮 λ_{max} = 279nm，ε = 15。

③ λ_{max} 和共轭系统的关系。

图 2-4 为 1,3-丁二烯和乙烯的 π 轨道示意图。1,3-丁二烯由于共轭作用，分子的 HOMO 和 LUMO 轨道的能级差 ΔE 比单一的双键的 ΔE 小，所以，波长红移。由表 2-1 也可看到共轭系统越长，跃迁所需的能量越小，吸收峰的波长越红移，而且吸收峰的强度也增加的规律。除了碳碳双键共轭系统外，其他的共轭系统也会发生同样的效应。

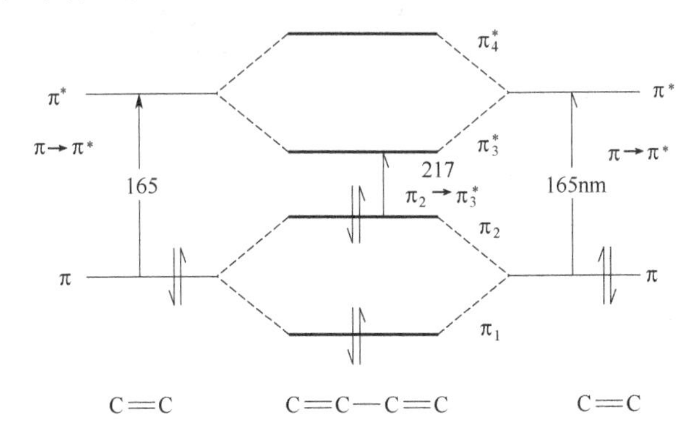

图 2-4 乙烯与 1,3-丁二烯 π 轨道示意图

2.2.3 共轭烯烃的 λ_{max}

（1）共轭烯烃分类

可以分为下列六种情况：

① 线型共轭

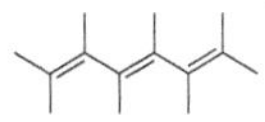

② 交叉共轭 例如：

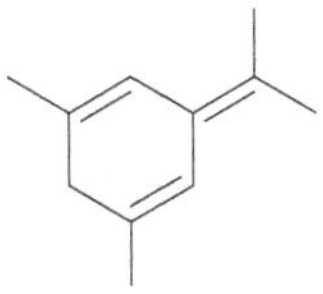

③ 环二烯

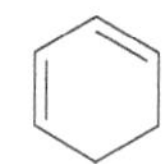

④ 半环二烯　即一个双键组成环的一部分，而另一个双键处在环外，例如：

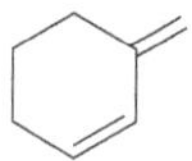

⑤ 同环二烯　两个双键同处于一个环（A 环）中，对于 B 环来说，这两个双键又都是环（B 环）外双键。例如：

⑥ 异环二烯　参与共轭的两个双键分属于两个环所有。例如：

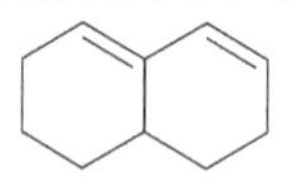

（2）以丁二烯（>C═C—C═C<）为母体

对于含有 2～3 个双键的共轭烯烃，伍德沃德-菲泽（Woodward-Fieser）等人总结了预测它们的吸收光谱 λ_{max} 值的规则。这个规则以丁二烯（>C═C—C═C<）等为母体，按照表 2-2 的规定，根据各种不同的情况加上一定的增量，用以计算该化合物的 π→π*跃迁引起的最大吸收的波长 λ_{max}。

表 2-2　计算共轭烯烃的 λ_{max} 的增量

结构因素	$\Delta\lambda_{max}$/nm
（1）每延长一个共轭双键	30
（2）每增加一个环外双键（并且要参与共轭）	5
（3）在共轭双键上每取代一个烷基	5
（4）在共轭双键上的取代基（助色团）	
（a）*O*-酰基（—OOCR 或—OOCAr）	0
（b）*O*-烷基（—OR）	6
（c）*S*-烷基（—SR）	30
（d）*N*-烷基（—NRR'）	60
（e）卤素（—Cl，—Br）	5

注：1．链状共轭二烯的基本值为 217nm。
2．同环（六元环）共轭二烯系统的基本值为 253nm，两个共用双键的同环二烯的基本值为 289nm。
3．异环（六元环）共轭二烯系统的基本值为 214nm。
4．五元环或七元环的同环或异环共轭二烯系统的基本值分别为 241nm 和 228nm。同环或异环共存时，按同环计算。
5．本计算规则不适用四个以上的共轭烯烃体系、交叉共轭烯烃和芳香族体系。

下面举几个例子说明这个规则的应用：

【例 1】

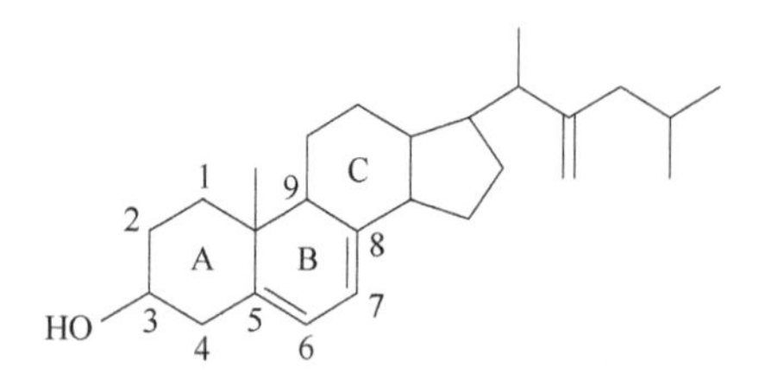

同环二烯基本值	253nm
环外双键	+2 × 5nm
取代基（—R）	+4 × 5nm
λ_{max}（计算值）	283nm
（实验值）	282nm

5,6-位双键对 A 环来说是环外双键，7,8-位双键对 C 环也是环外双键，因此增加了 $2\times5=10$(nm)；5,8-位上各有两个烷基取代，因此，应加上 $4\times5=20$(nm)，λ_{max}（计算值）和 λ_{max}（实验值）符合得很好。

【例 2】

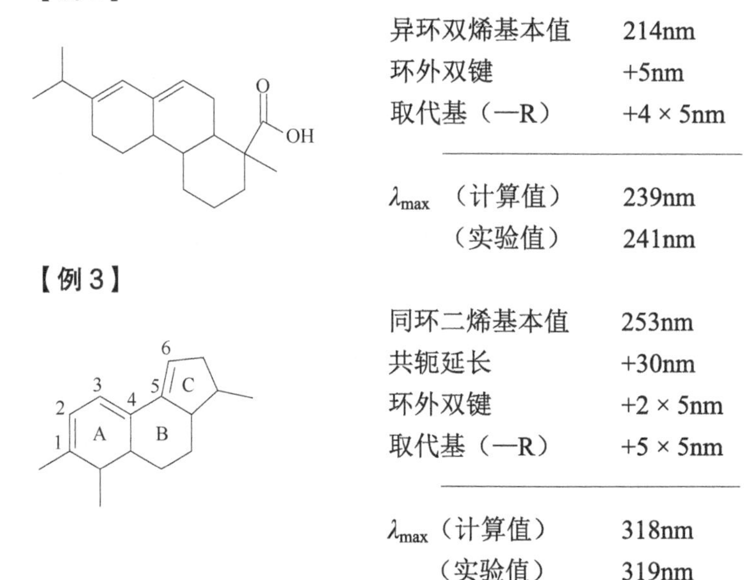

异环双烯基本值	214nm
环外双键	+5nm
取代基（—R）	$+4\times5$nm
λ_{max}（计算值）	239nm
（实验值）	241nm

【例 3】

同环二烯基本值	253nm
共轭延长	+30nm
环外双键	$+2\times5$nm
取代基（—R）	$+5\times5$nm
λ_{max}（计算值）	318nm
（实验值）	319nm

（5,6-位双键对 B 环为环外双键，3,4-位双键对 B 环为环外双键）

【例 4】

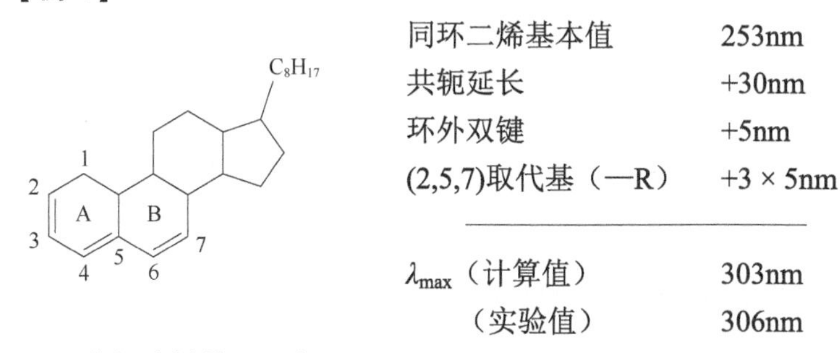

同环二烯基本值	253nm
共轭延长	+30nm
环外双键	+5nm
(2,5,7)取代基（—R）	$+3\times5$nm
λ_{max}（计算值）	303nm
（实验值）	306nm

（3）共轭多烯的 λ_{max} 和 ε_{max}

Woodward-Fieser 规则用于交叉共轭烯烃不能得到满意的结果，也不适用于烯烃分子中含有四个以上共轭双键的情况。分子中含有四个以上共轭双键时，其 λ_{max} 和 ε_{max} 可用以下 Fieser-Kuhn 公式计算：

$$\lambda_{max}^{己烷}=114-5M+n(48.0-1.7n)-16.5R_1-10R_2$$
$$\varepsilon_{max}^{己烷}=1.74\times10^4 n$$

式中 M——双键体系中烷基取代的数目；

n——共轭双键的数目；

R_1——参与共轭的环内双键的键数；

R_2——参与共轭的环外双键的键数。

【例 5】

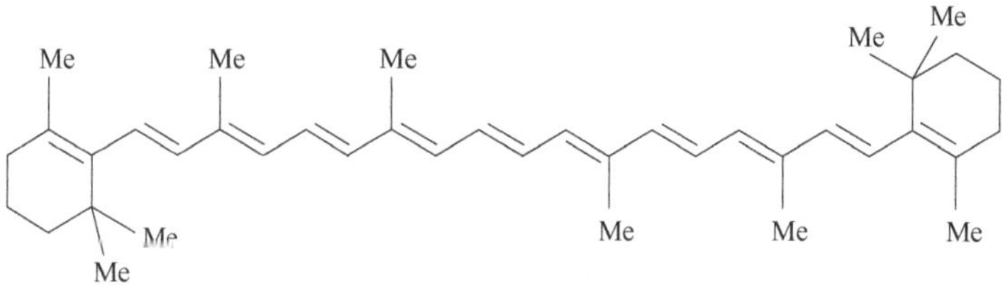

其中，$M=10$，$n=11$，$R_1=2$，$R_2=0$

即，$\lambda_{max}=114+5\times10+11\times(48.0-1.7\times11)-16.5\times2-10\times0=453.9(nm)$

λ_{max}（实验值）$=452nm$

ε_{max}（计算值）$=1.74\times10^4\times11=19.1\times10^4$

ε_{max}（实验值）$=15.2\times10^4$

【例 6】

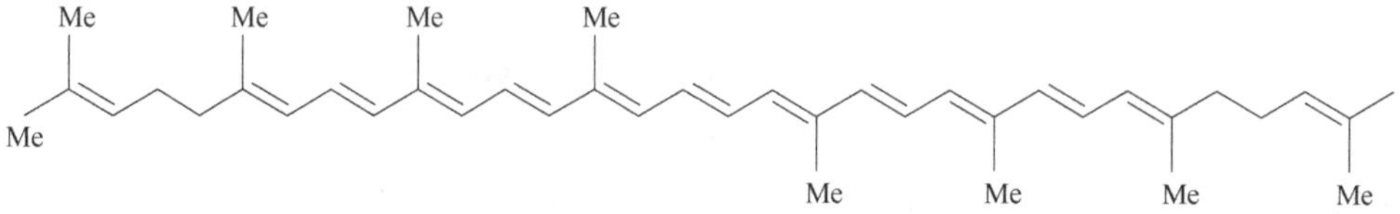

其中，$M=8$，$n=11$，$R_1=0$，$R_2=0$

即，$\lambda_{max}=114+5\times8+11\times(48.0-1.7\times11)=476.3(nm)$

λ_{max}（实验值）$=474nm$

$\varepsilon_{max}=1.74\times10^4\times11=19.1\times10^4$

ε_{max}（实验值）$=18.6\times10^4$

2.2.4 α,β-不饱和醛类和酮类化合物的λ_{max}

α,β-不饱和醛类和酮类化合物都含有与羰基共轭的不饱和 C═C 键，这类化合物分子同时存在由 $\pi\rightarrow\pi^*$跃迁和 $n\rightarrow\pi^*$跃迁引起的吸收光谱。一个典型的例子是巴豆醛。

孤立的 >C═C< 和 >C═O 发色团分别在 166nm 和 170nm 附近呈现一个较强的 $\pi\rightarrow\pi^*$跃迁的吸收峰，而孤立的 >C═O 发色团在 280nm 附近还呈现一个弱的 $n\rightarrow\pi^*$跃迁的吸收峰。在巴豆醛中，这两个发色团形成了共轭体系，共轭程度有所增大，使得 $\pi\rightarrow\pi^*$跃迁和 $n\rightarrow\pi^*$跃迁的 λ_{max} 分别移动到 240nm 和 320nm 附近（如图 2-5 所示），而且，这两个吸收峰的强度都有所增强。

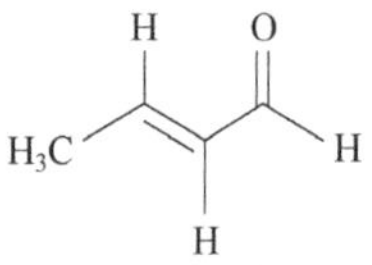

可以用 $-\underset{\delta}{C}=\underset{\gamma}{C}-\underset{\beta}{C}=\underset{\alpha}{C}-\underset{x}{C}=O$ 这个一般式来表示含有一个 C═O 键和多个 C═C 键的不饱和羰基化合物。如果 x 是烷基，则称为烯酮；如果 x 是 H，则称为烯醛。对于 α,β-不饱和烯醛和不饱和烯酮，先后由 Woodward 和 Fieser 及 Scott 总结和提出 $\pi\rightarrow\pi^*$跃迁的 λ_{max} 的加和计算规则（如表 2-3 所示）。

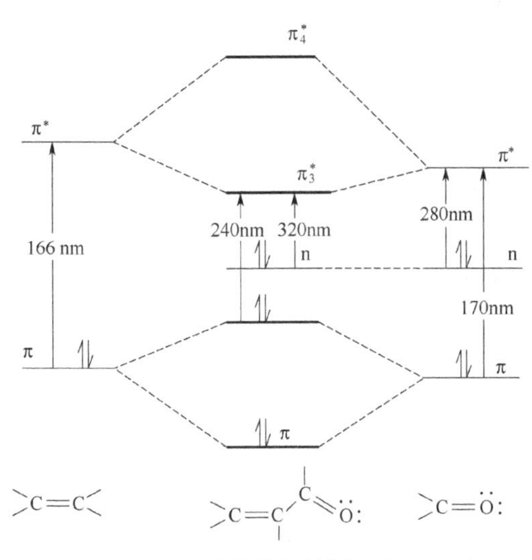

图 2-5　巴豆醛的能级简图及电子跃迁

表 2-3　α,β-不饱和羰基化合物 λ_{max} 的计算规则

母体和取代基团			λ_{max}/nm
母体	α,β-不饱和烯酮基本值（六元环或非环酮）		215
	α,β-不饱和五元环烯酮基本值		202
	α,β-不饱和烯醛基本值		207
x 取代基：当 x 位为—OH 或—OR 时			−22
其他取代基	每延伸一个共轭双键		+30
	同环共轭二烯		+39
	环外双键		+5
	每个取代烷基	α 位	+10
		β 位	+12
		γ（或更高）位	+18
	每个取代—OH	α 位	+35
		β 位	+30
		γ（或更高）位	+50
	每个取代—OAc	α、β、γ（或更高）位	+6
	每个取代—OR	α	+35
		β	+30
		γ	+17
		δ（或更高）位	+31
	每个取代—Cl	α	+85
		β	+15
	每个取代—Br	α	+12
		β	+25
	每个取代—SR	β	+30
	每个取代—NR_2	β	+95
溶剂校正	乙醇，甲醇		+0
	氯仿		+1
	二氧六环		+5
	乙醚		+7
	己烷，环己烷		+11
	水		−8

【例7】

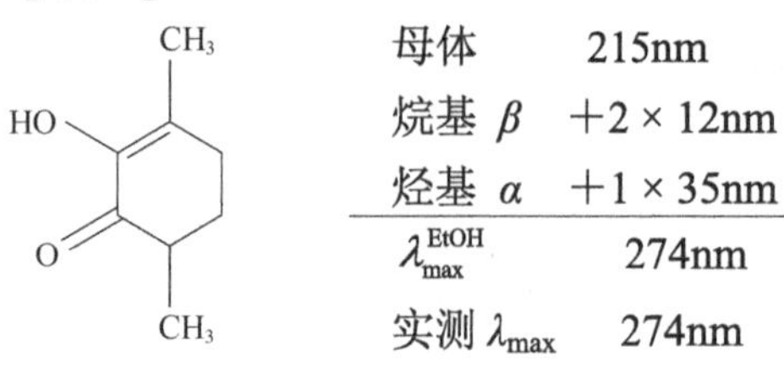

母体 215nm

烷基 β $+2\times12$nm

烃基 α $+1\times35$nm

λ_{max}^{EtOH} 274nm

实测 λ_{max} 274nm

【例8】

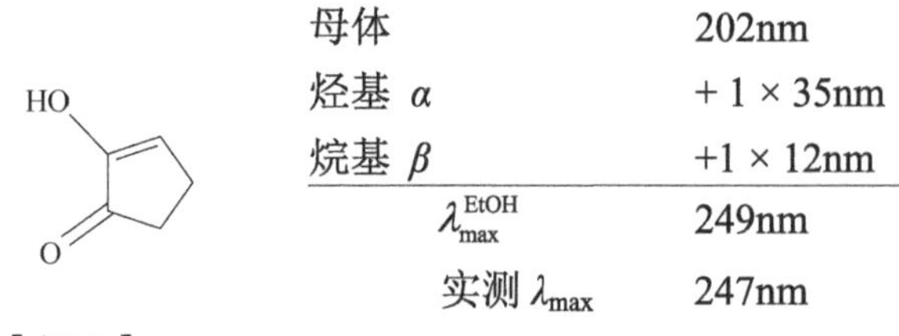

母体 202nm

烃基 α $+1\times35$nm

烷基 β $+1\times12$nm

λ_{max}^{EtOH} 249nm

实测 λ_{max} 247nm

【例9】

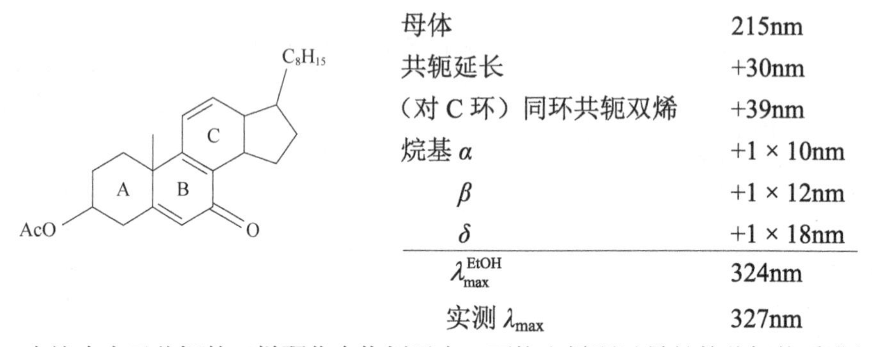

母体 215nm

共轭延长 +30nm

（对C环）同环共轭双烯 +39nm

烷基 α $+1\times10$nm

β $+1\times12$nm

δ $+1\times18$nm

λ_{max}^{EtOH} 324nm

实测 λ_{max} 327nm

在这个交叉共轭的三烯酮化合物例子中，不饱和烯酮以最长的共轭体系进行计算。

【例10】

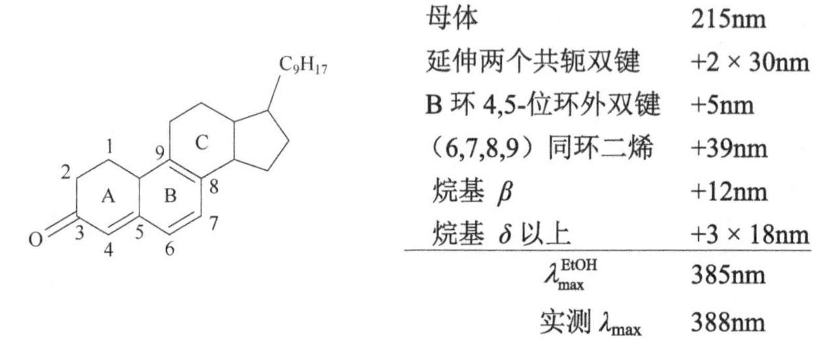

母体 215nm

延伸两个共轭双键 $+2\times30$nm

B环4,5-位环外双键 +5nm

（6,7,8,9）同环二烯 +39nm

烷基 β +12nm

烷基 δ 以上 $+3\times18$nm

λ_{max}^{EtOH} 385nm

实测 λ_{max} 388nm

2.2.5 α,β-不饱和羧酸及其酯化合物的 λ_{max}

α,β-不饱和羧酸及其酯的 λ_{max} 除了可用表2-3计算外，还可按Nielsen归纳的表2-4规则计算。

表2-4 计算 α,β-不饱和羧酸及其酯的 λ_{max}^{EtOH}

羧酸和酯的基本值	α 或 β 一元取代者	208nm
	α,β 或 β,β 二元取代者	217nm
	α,β,β 三元取代者	225nm

续表

λ_{max}增值	每延长一个共轭双键	+30nm
	γ或δ烷基	+18nm
	环外双键	+5nm
	α,β烯键处五元环或七元环	+5nm

在α,β-不饱和羧酸及其酯的基本值上，可以根据α,β-不饱和酮、醛的λ_{max}加上增量，计算λ_{max}值。

【例 11】

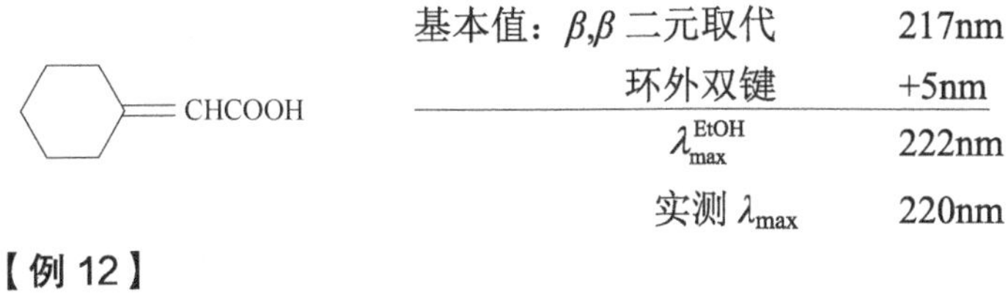

【例 12】

$CH_3(CH{=}CH)_2COOH$ 基本值：β一元取代 208nm

共轭延长 +30nm

烷基δ +18nm

λ_{max}^{EtOH} 256nm

实测λ_{max} 254nm

【例 13】

O OH

基本值：α,β二元取代 217nm

七元环 +5nm

λ_{max}^{EtOH} 222nm

实测λ_{max} 222nm

2.2.6 苯的单取代和多取代物的λ_{max}

苯在紫外区有三个由$\pi \to \pi^*$跃迁引起的吸收峰，分别在184nm（ε 50000）的E_1带，203.5nm（ε 7400）的E_2带和254nm（ε 205）的B带。当苯发生取代时，E_2和B吸收带都会发生变化。

（1）苯的单取代化合物

在苯环中引入一个取代基，会使苯的$\pi \to \pi^*$跃迁的吸收谱带发生位移。从表2-5列出的某些单取代苯化合物的特征吸收可看到，苯胺阳离子（$C_6H_5—NH_3^+$）的λ_{max}和苯的λ_{max}几乎相同，而苯胺（$C_6H_5—NH_2$）的λ_{max}却比苯的λ_{max}大很多。这是因为苯胺（$C_6H_5—NH_2$）的N原子上的孤对电子与苯环上的π电子发生了共轭（p-π共轭），从而降低了电子的激发能，使λ_{max}红移。苯胺阳离子（$C_6H_5—NH_3^+$）已经不存在孤对电子，不存在p-π共轭，所以，它的λ_{max}与苯λ_{max}几乎相同。表2-5的几种情况可以分别用助色团取代基的p-π共轭和发色团取代基的π-π共轭来加以解释。

表 2-5 苯的单取代物的λ_{max}/nm

取代基（R）	λ_{max}（ε）	
	E_2或K带	B带
—H	203.5(7400)	254(204)
$—NH_3^+$	203.5(7500)	245(160)
—Me	206(7000)	261(225)
—I	207(7000)	257(700)
—Cl	209.5(7400)	263.5(190)

续表

取代基（R）	λ_{max}（ε）	
	E_2或K带	B带
—Br	210(7900)	261(192)
—OH	210.5(6200)	270(1450)
—OMe	217(6400)	269(1480)
—SO_2NH_2	217.5(9700)	264(740)
—CN	224(13000)	271(1000)
—COO^-	224(8700)	268(560)
—COOH	230(11600)	273(970)
—NH_2	230(8600)	280(1430)
—O^-	235(9400)	287(2600)
—NHAc	238(10500)	
—COMe	245.5(9800)	
—CH═CH_2	248(14000)	282(750),291(500)
—CHO	249.5(11400)	
—Ph	251.5(18300)	
—OPh	255(11000)	272(2000),278(1800)
—NO_2	268.5(7800)	
—CH═CHCOOH	273(21000)	
—CH═CHPh	295.5(29000)	

（2）苯的二元取代物的 λ_{max}

苯的二元取代物的吸收光谱 λ_{max} 与这两个取代基的种类及其在苯环的取代位置有关。

取代基可以分为两类：助色团取代基和发色团取代基。这两种取代基一般都能使苯的203.5nm(E_2)发生红移。其红移的大小为：

助色团取代基：—CH_3 < —Cl < —Br < —OH < —OCH_3 < —NH_2 < —O—

发色团取代基：—NH_3^+ < —SO_2NH_2 < —CO_2^- = —CN < —CO_2H < —$COCH_3$ < —CHO < —NO_2

两个取代基在苯环上的取代，可以分为以下两种情况：

① 对位取代

a. 同种类别的取代基（即同属助色团取代基或是发色团取代基）。

【例 14】

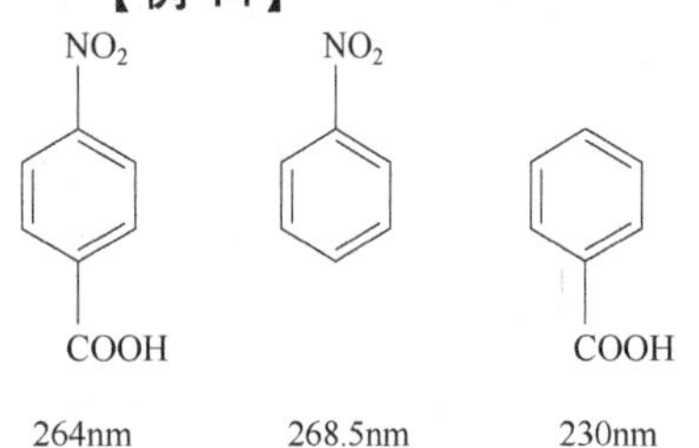

苯的 E_2 带 λ_{max} 为 203.5nm

和硝基苯 λ_{max} 的差值 $\Delta\lambda_1$ = 268.5−203.5 = 65(nm)

和苯甲酸 λ_{max} 的差值 $\Delta\lambda_2$ = 230−203.5 = 26.5(nm)

和对硝基苯甲酸 λ_{max} 的差值 $\Delta\lambda$ = 264−203.5 = 60.5(nm)

$\Delta\lambda \approx \Delta\lambda_1$，对硝基苯甲酸的 λ_{max} 和硝基苯的 λ_{max} 靠近。

b. 不同类别的取代基（一个为助色团，另一个为发色团）。

【例 15】

—NH_2 为助色团取代基；—NO_2 为发色团取代基。

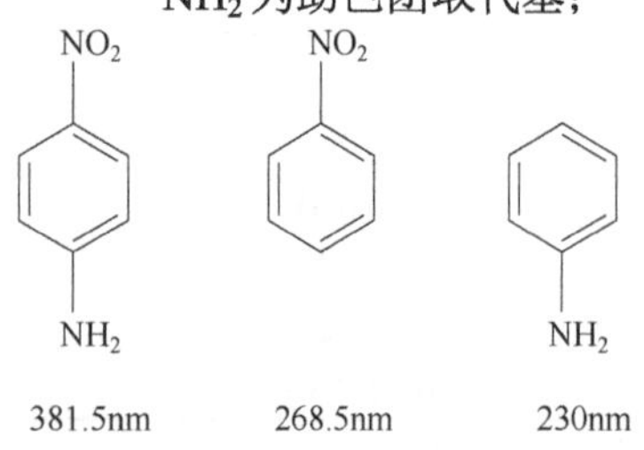

苯的 E_2 带 λ_{max} 为 203.5nm

和硝基苯 λ_{max} 的差值 $\Delta\lambda_1$ = 65nm

和苯胺 λ_{max} 的差值　$\Delta\lambda_2$ = 26.5nm

和对硝基苯胺 λ_{max} 的差值 $\Delta\lambda$ = 178nm

$\Delta\lambda$ = 178nm ＞ $\Delta\lambda_1 + \Delta\lambda_2$ = 91.5nm

$\Delta\lambda$ 大于这两类单取代基所引起的 $\Delta\lambda_1+\Delta\lambda_2$之和。这是因为电子从电子给体通过芳香环传递到电子受体，电子给体和受体间的协同作用使离域性增大（如下所示），吸收谱带显著红移。

$H_2\ddot{N}$—C_6H_4—NO_2

② 邻位或间位取代　不管取代基属于何种类型，邻位或间位的苯取代物的 λ_{max} 的位移量，大致等于由这两个取代基单独取代时的位移量的总和。

【例 16】

邻羟基苯甲酸（COOH, OH）	苯甲酸（COOH）	苯酚（OH）
236.5nm	230nm	210.5nm

苯的 E_2 带 λ_{max} 为 203.5nm

和苯酚 λ_{max} 的差值 $\Delta\lambda_1=7$nm

和苯甲酸 λ_{max} 的差值 $\Delta\lambda_2=26.5$nm

和邻羟基苯甲酸 λ_{max} 的差值 $\Delta\lambda=33$nm

$\Delta\lambda_1+\Delta\lambda_2=7+26.5=33.5(\text{nm})$

$$\Delta\lambda\approx\Delta\lambda_1+\Delta\lambda_2$$

而间羟基苯甲酸 $\lambda_{max}=237$nm

$$\Delta\lambda=237-203.5=33.5(\text{nm})$$

（3）芳香族的酮、醛、酯和羧酸的 λ_{max}

对于苯的 Y—C_6H_4—COX 型的化合物和某些多取代物，可用 Scott 规则计算其 K 带（E_2 带）的 λ_{max}^{EtOH}，所用的 λ_{max} 的基本值和 λ_{max} 的增量值的计算参数如表 2-6 所示。

表 2-6　Y—C_6H_4—COX 的 λ_{max} 计算规则

母体和取代基团			λ_{max}/nm
母体基本值：X 为	—烷基		246
	—环酮		246
	—H		250
	—OH		230
	—O—烷基		230
	—O—环内酯		230
增加值：Y 为	—烷基或环烷基	*o*-, *m*-	+3
		p-	+10
	—OH，—OR	*o*,*m*-	+7
		p-	+25
	—O—	*o*-	+11
		m-	+20
		p-	+78
	—Cl	*o*,*m*-	+0
		p-	+10
	—Br	*o*,*m*-	+2
		p-	+15
	—NH_2	*o*,*m*-	+13
		p-	+58
	—NHMe	*p*-	+73
	—NMe_2	*o*,*m*-	+20
		p-	+85

【例 17】

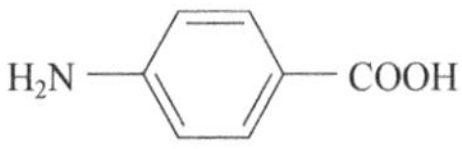

X 为—OH，母体基本值	230nm
Y 为对位，—NH_2	+58nm
λ_{max}（计算）	288nm
（实测）	283nm

【例 18】

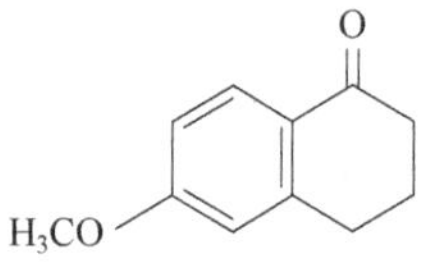

X 为一环，基本值	246nm
Y 为对位，—OR	+25nm
邻位(环部分)	+3nm
λ_{max}（计算）	274nm
（实测）	276nm

【例 19】

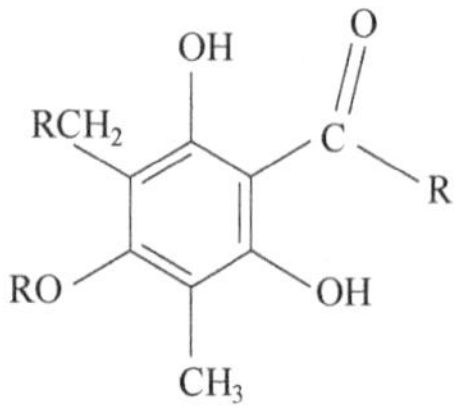

X 为—R，基本值	246nm
Y 为邻位，—OH	+2 × 7
间位，—CH_3	+2 × 3
对位，—OH	+25nm
λ_{max}（计算）	291nm
（实测）	291nm

【例 20】

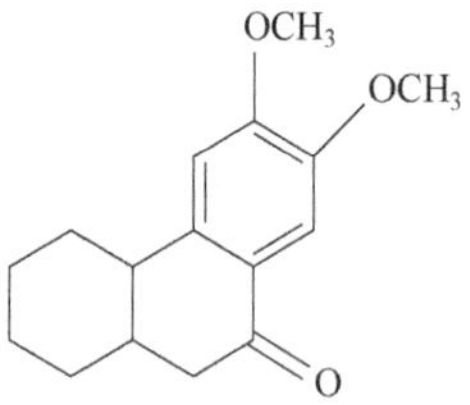

X 为一环，基本值	246nm
Y 为邻位，环基	+3nm
间位，—OCH_3	+7nm
对位，—OCH_3	+25nm
λ_{max}（计算）	281nm
（实测）	278nm

【例 21】

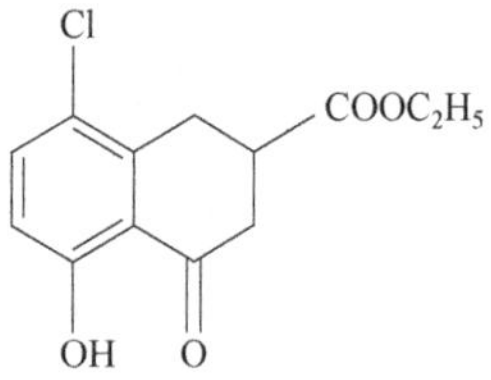

X 为一环，基本值	246nm
Y 为邻位，环基	+3nm
邻位，—OH	+7nm
间位，—Cl	+0nm
λ_{max}（计算）	256nm
（实测）	257nm

（4）稠环芳香烃和杂环化合物

稠环芳香烃具有两个或两个以上的共轭苯环，共轭体系越大，λ_{max} 值也就越大（如表 2-7 所示）。

表 2-7 几种稠环芳香烃的特征吸收带

化合物	E_1		E_2		B	
	λ_{max}/nm	ε	λ_{max}/nm	ε	λ_{max}/nm	ε
苯	184	47000	204	7000	254	200
萘	220	100000	275	5700	312	250
蒽	253	200000	375	8000	被掩盖	
苯并[*b*]蒽	278	200000	474	130000	被掩盖	

杂环化合物如呋喃、吡咯和噻吩等的紫外光谱与相应的芳烃相似，表 2-8 列出一些化合物的特征吸收带。

表 2-8　几种杂环化合物的特征吸收带

化合物	λ_{max}/nm	ε	λ_{max}/nm	ε'	溶剂
环戊二烯	200	10000	238.5	3400	己烷
呋喃	200	10000	252	1	环己烷
吡咯	211	15000	240	800	己烷
噻吩	231	7100	269.5	1.5	己烷
吡啶	257	2750	270	450	己烷
喹啉	275	4500	311	6300	乙醇

由表 2-7 和表 2-8 可见：

① 五元杂环化合物相当于环戊二烯的 C_1 被杂原子取代，因此，其紫外-可见光谱与环戊二烯相似。第一个吸收峰归属于 K 带；第二个吸收峰为弱带，类似于苯环的 B 带。

② 六元杂环化合物的紫外-可见光谱与苯相似，如吡啶的 257nm 吸收带和苯的 B 带相似，也分成几个小峰，其 $n\rightarrow\pi^*$跃迁的弱带常被 B 带覆盖。

③ 稠环芳烃杂环化合物的紫外-可见光谱与相应的稠环芳烃化合物相近，如喹啉和萘的紫外-可见光谱相似。

2.3　无机配合物的紫外-可见吸收光谱

过渡金属配合物的电子吸收光谱的一般形式如图 2-6 所示。

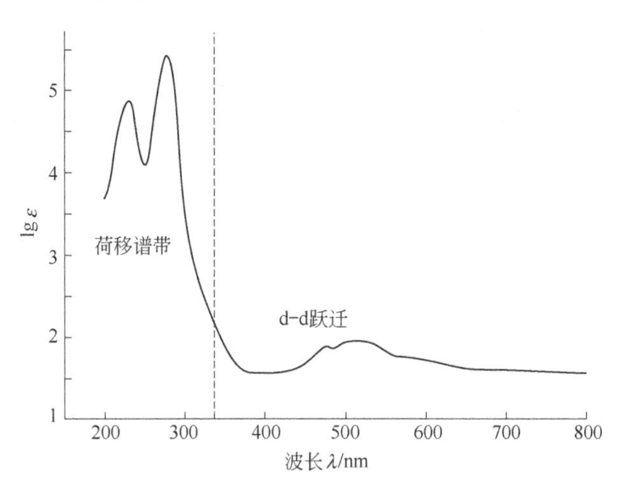

图 2-6　过渡金属配合物的电子吸收光谱的一般形式示意图

图 2-6 中有两类不同的电子光谱，通常在 330～1000nm（可见区和近红外区），可以观察到一个或几个强度较低的谱带，摩尔吸光系数在 10^{-1}～10^3 之间；在紫外区，甚至偶尔也可落在可见区，往往有若干很强的谱带，摩尔吸光系数在 10^3～10^5 之间，这些谱带相当于配体内的电子跃迁和由中心金属离子到配体或由配体到金属离子的电荷转移（荷移谱带）。在这一章节，

我们拟以这几种电子跃迁的形式分别进行讨论。

2.3.1 过渡金属配合物的 d-d 跃迁

大多数过渡金属配合物是有颜色的，这是配合物在配位场作用下吸收特定波长的可见光的 d-d 跃迁及荷移跃迁所引起的。前者可以很好地用配位场理论来解释实验观察到的光谱。

（1）谱带的强度

通常，d-d 电子跃迁的谱带强度很弱，摩尔吸光系数仅为 10^{-1}～10^{2}，这是由于：

① 宇称相同的轨道之间的跃迁是禁阻的，这个规律称作宇称变化的选择规则（也称 Laports' rule），d-d 跃迁属于禁阻的。

② Laports' rule 的松弛　实际上，许多过渡金属配合物是有颜色的，仍然有一些机理动摇了这个规则。这些机理包括了其他宇称性的波函数的掺杂（例如，掺杂了 p 轨道，p 轨道是中心反对称的）。如果配合物整体上无反演中心，则这种掺杂是可能的，四面体配合物就是这样的情况，一般都有较强的 d-d 跃迁谱带（在 10^{2}～10^{3} 之间）；对八面体配合物，它有一个反演中心，松弛宇称禁阻的重要机制是其对称性可被配体的适宜振动稍许微扰，称之为“振动耦合”，即电子波函数与振动波函数的耦合。这种机制对宇称禁阻的松弛不是很有效，所以，八面体配合物的 d-d 跃迁谱带，ε<100，谱带强度弱。例如$[Co(H_2O)_6]^{2+}$和$[CoCl_4]^{2-}$的 d-d 谱带，它们的 ε 值分别为 14 和约 700。

（2）谱带的宽度

在吸收光谱中，由基态到激发态的电子跃迁理想的情况是出现一条尖锐的吸收线，但是，通常观察的却是半峰宽在 2000～500cm^{-1} 的吸收带。许多因素对谱带的宽度有影响。

① 姜-泰勒效应（the Jahn-Teller effect）　按照姜-泰勒理论：当对称的非线型分子中，处于轨道简并状态的体系是不稳定的，分子将发生畸变，消除简并态，电子进入较低的能级中，从而获得额外的稳定化能。姜-泰勒效应使高对称性的分子产生形变，引起了简并能级分裂，谱带加宽。例如，图 2-7 为$[Ti(H_2O)_6]^{3+}$的吸收光谱，在 20400cm^{-1} 处有一宽谱带。

Ti^{3+}，d^1 体系，在八面体场中分裂为 T_{2g} 和 E_g，其吸收光谱相当于 $T_{2g} \rightarrow E_g$ 的激发。但八面体配合物有畸变为正方形或三角形的倾向，如果 d 电子进入变形后的 B_{2g} 轨道，则对体系有一定的稳定化作用（如图 2-8 所示）。虽然姜-泰勒分裂一般比配位场分裂小，但 $B_{2g} \rightarrow A_{1g}$ 和 $B_{2g} \rightarrow B_{1g}$ 这两种跃迁可能在吸收光谱中出现，导致它们的吸收谱带位置相近而出现部分重叠，以致在$[Ti(H_2O)_6]^{3+}$的谱图中，可以看到一个肩峰。因此，影响$[Ti(H_2O)_6]^{3+}$吸收带宽度的重要因素是姜-泰勒效应。

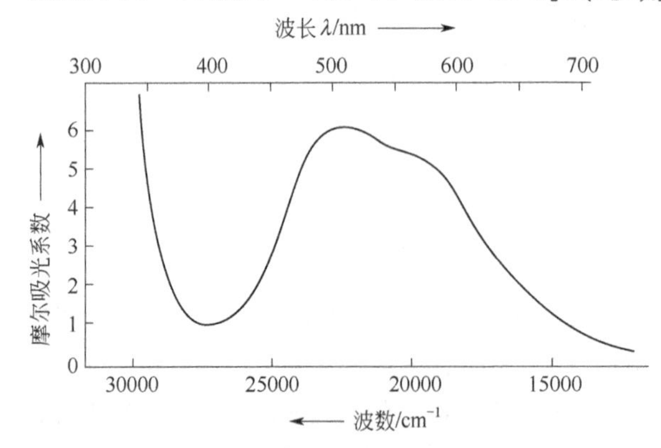

图 2-7　$[Ti(H_2O)_6]^{3+}$的吸收光谱

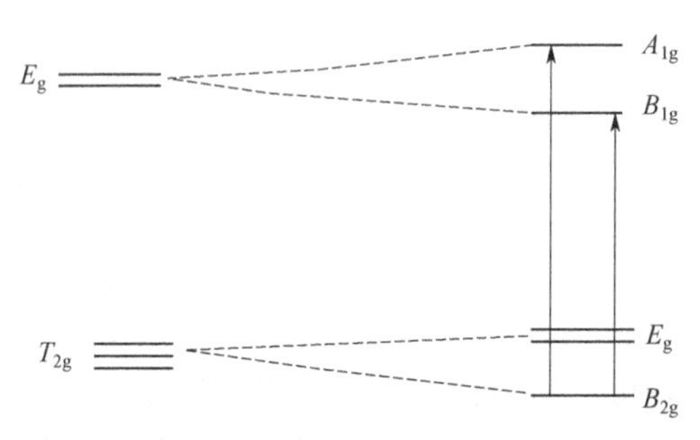

图 2-8　八面体场 d^1 体系和正方形姜-泰勒分裂

表 2-9 列出 d^n 组态在八面体场中基谱项的分裂状况，借此可以帮助我们预言哪些组态容易发生 Jahn-Teller 变形。

表 2-9　d^n组态基谱项在八面体场中的分裂

组态	例子	基谱项在 O_h 场分裂	组态	例子	基谱项在 O_h 场分裂
d^1	Ti^{3+}	D^2 ——^2E_g ——$^2T_{2g}$	d^9	Cu^{2+}	D^2 ——$^2T_{2g}$ ——^2E_g
d^2	V^{2-}	F^3 ——$^3A_{2g}$ ——$^3T_{2g}$ ——$^3T_{1g}$	d^8	Ni^{2+}	F^3 ——$^3T_{1g}$ ——$^3T_{2g}$ ——$^3A_{2g}$
d^3	Cr^{3+} V^{2+}	F^4 ——$^4T_{1g}$ ——$^4T_{2g}$ ——$^4A_{2g}$	d^7	Co^{2+}	F^4 ——$^4A_{2g}$ ——$^4T_{2g}$ ——$^4T_{1g}$
d^4	Mn^{3+} Cr^{2+}	D^5 ——$^4T_{2g}$ ——^5E_g	d^6	Co^{3+} Fe^{2+}	D^5 ——^5E_g ——$^5T_{2g}$
d^5	Fe^3 Mn^{2+}	S^5 ——$^6A_{1g}$			

只有当基谱项不是轨道简并态时，六个配体的完全对称排列才是稳定的，d^3、d^4 和 d^5 离子属于这种情况。而 T_{2g}、T_{1g} 或 E_g 的基谱项，在发生 Jahn-Teller 变形之前，都是简并的。按照 Jahn-Teller 理论，配体排列的对称性应当降低到消除这种简并性。所以 d^1、d^2、d^4、d^6、d^7 和 d^9 离子的八面体配合物易发生 Jahn-Teller 效应。但是，Jahn-Teller 原理既没有指出变形的方向，也没有指出变形的数量。最常观察到的是正方形变形，如 Cu^{2+}的配合物，经常表现出正方形变形，具有 D_{4h} 对称性。

② 自旋-轨道（旋轨）耦合（spin-orbit coupling）　在较高的对称群中，存在轨道的简并态，旋轨耦合可以把这些简并态分开而引起谱带增宽，甚至也能使一个吸收峰产生分裂。在第一过渡金属配合物中，旋轨耦合的系数较小［如 Cu(Ⅱ)中的情况］，这种作用引起谱带加宽 $1000cm^{-1}$ 以上。在重金属过渡系列和镧系中，旋轨作用系数大，引起谱带产生明显的分裂。

③ 晶体场中低对称成分　绝大多数六配位的配合物具有近似的八面体构型，经常以 O_h 群为基础来指定吸收光谱。但往往配体不全是等价的，此时分子的实际对称性低于 O_h，E 和 T 谱项的简并性将有部分或整个发生分裂。如果这种分裂很小，分裂峰重叠以致峰宽增大，如果分裂较大，就可能生成若干条吸收峰。

④ 振动耦合（vibrational coupling）　配位场强度与金属-配体距离有关，振动耦合会使状态数增多，增加了谱带的宽度。

⑤ 海森堡测不准原理（Heisenberg uncertainty principle）　涉及能量和时间的测不准关系式为：

$$\Delta E\tau \geqslant \frac{1}{2}h$$

式中，ΔE 是寿命为 τ 的某个状态的能量不确定性。这个关系式表明，具有有限寿命的状态并不具有准确的、恒定的能量，其能量具有一定的分布范围或不确定性。此不确定性随寿命的减少而增加。除基态外，所有的状态都表现出自发发射，所以激发态并无单一的确定能量。而激发态的有限寿命及由此带来的能量不确定性就使谱峰产生了一定的宽度，测不准引起的加宽属于正常自然宽度，其他因素对线宽的贡献大大超过了测不准关系的影响。

（3）能级图、多电子能级

历史上，采用弱场和强场的两种处理方法来讨论电子光谱。在弱场中，电子间的耦合作用比起外部的配位场的作用对光谱项的贡献显得更重要。所以，可以用配位场对自由离子的光谱项的微扰来推导分子的能级。在强场中，配位场比电子的耦合作用更大，应优先给予考虑，d 轨道中的电子间的相互作用只作为对配位场的微扰来处理。

用配位场理论对配合物 d-d 跃迁谱等特性的研究，主要是把轨道分裂能 Δ 作为由光谱实验决定的参数来处理。此外，配合物的能级还和 d 电子间的互斥参数 B 有关。依据 d^{5+n} 与 d^n 组态在相同构型的配位场作用下具有完全相同的能级分裂模式，d^{10-n} 与 d^n 组态亦有相同的光谱项和能级分裂，只是次序颠倒；以及依据四面体场和八面体场分裂的能级次序相反等原则，可以导出图 2-9 和图 2-10 的能级图。

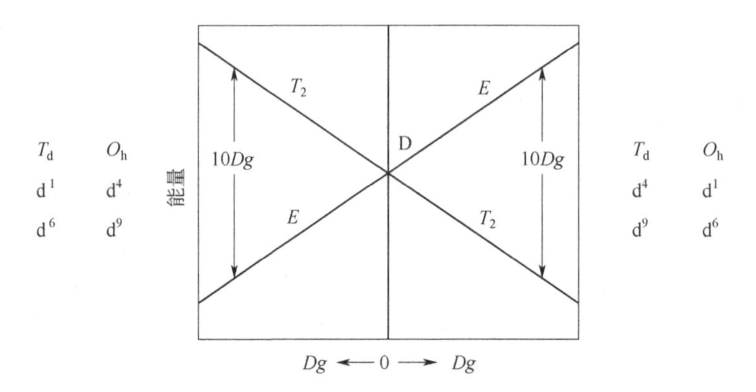

图 2-9 d^1,d^4,d^6,d^9 四面体场和八面体场分裂的能级图

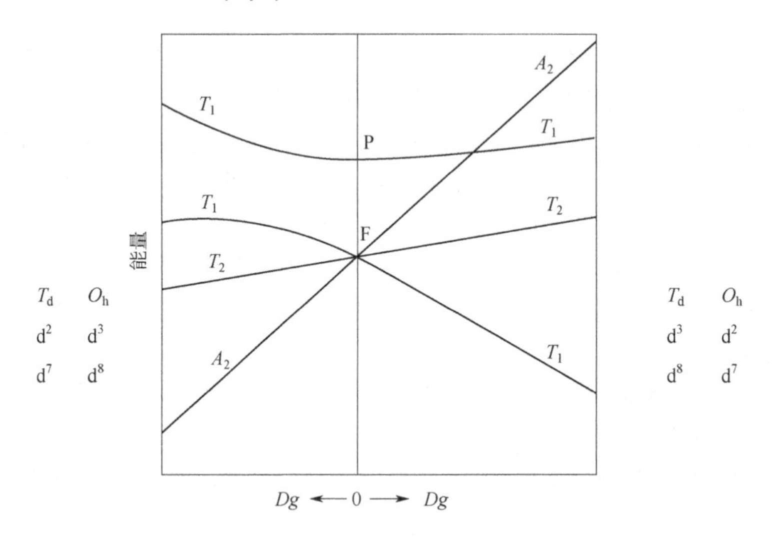

图 2-10 d^2,d^3,d^7,d^8 四面体场和八面体场分裂能级图

这种能级图可用于初步了解 d^n 组态在 O_h 场或 T_d 场中可能出现的光谱跃迁，但这种图不能用于定量分析。有一种称为 Orgel 的能级图（如图 2-11 所示），其横坐标为量度配位场强度的参量，纵坐标为能量。$\Delta=0$ 处，是自由离子的拉塞尔-桑德斯谱项。随着配位场强度越大，谱项分裂越大。

例如$[Ni(H_2O)_6]^{2+}$，实验测得三个较明确的谱带：8500cm^{-1}、13500cm^{-1}、25300cm^{-1}。因为只有多重性相同的谱项（不考虑旋轨耦合）跃迁才是允许的，由图 2-11 可知，其谱带对应于：

ν_1　　　　${}^3A_{2g}\rightarrow{}^3T_{2g}(F)$

ν_2　　　　${}^3A_{2g}\rightarrow{}^3T_{1g}(F)$

ν_3　　　　${}^3A_{2g}\rightarrow{}^3T_{1g}(P)$

在图 2-11 中，可先找出 ${}^3A_{2g}\rightarrow{}^3T_{2g}(F)$正好适于 8500cm^{-1} 的 Δ 位置，然后在此作一垂线，可得 $\tilde{\nu}_2=14000\text{cm}^{-1}$ 和 $\tilde{\nu}_3=27000\text{cm}^{-1}$，这和实验值较靠近。

这种 Orgel 图只能用同一金属离子组态的 Orgel 图来解释其定量结果，但对于不同离子同一个 d^n 组态，只能借用其 Orgel 图来定性解释跃迁类型，不能给出定量结果，使用不便。Tanabe-Sugano 图可以解决此矛盾。

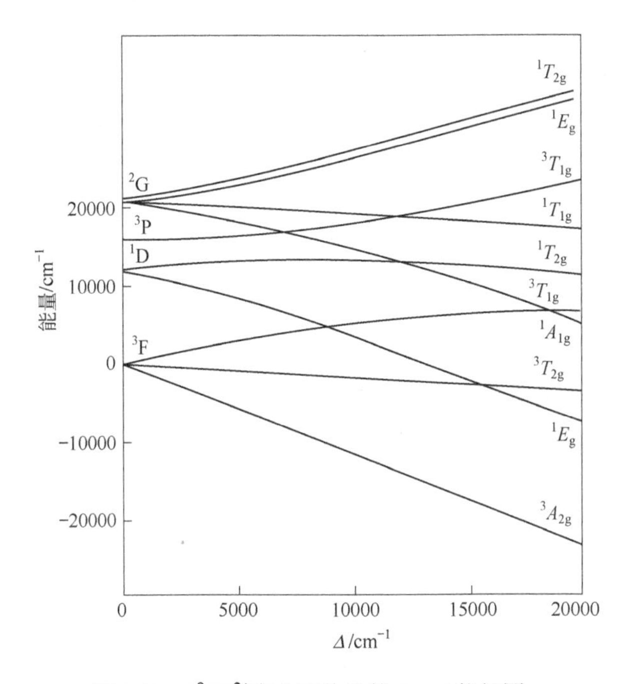

图 2-11　d^8 Ni^{2+}在八面体场的 Orgel 能级图

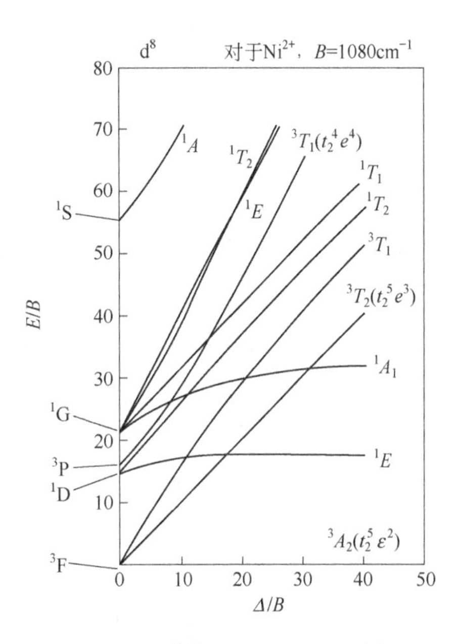

图 2-12　d^8 的 Tanabe-Sugano 图

图 2-12 是 d^8 的 Tanabe-Sugano 图。Tanabe-Sugano 图与 Orgel 图稍有不同，其纵坐标和横坐标不用能量的绝对单位（cm^{-1}），而是用相对于电子间的互斥参数 B 作单位，即用 E/B 对 Δ/B 作图。该图把水平基线作为基态。这种能级图适用于同一组态 d^n 的各种金属离子，使用方便，能求出给定的 Δ 和 B 值下的各跃迁能，也能从实验光谱谱带数值求得 Δ 和 B 值。但这种图的标度太小，量度的数值往往不够精确，所以也有采用解析法的。

例如：八面体的 d^8 离子配合物和 d^3 离子配合物

$$10Dg=\tilde{\nu}_1$$

$$B=(\tilde{\nu}_2+\tilde{\nu}_3-3\tilde{\nu}_1)/15$$

在 $\tilde{\nu}_1$ 或 $\tilde{\nu}_2$ 观察不到时，还可以采用以下解析式：

$$10Dg=\tilde{\nu}_1$$

$$\tilde{\nu}_2=15Dg+7.5B-Q$$

$$\tilde{\nu}_3=15Dg+7.5B+Q$$

$$Q=\frac{1}{2}[100Dg^2-180B\cdot Dg+225B^2]^{\frac{1}{2}}$$

上述的解析式对于四面体的 d^2 和 d^7 配合物也适用。

对于 d^7、d^2 八面体配合物和 d^3、d^8 的四面体配合物，其 B 和 Dg 为：

$$10Dg = 2\tilde{\nu}_1 + \tilde{\nu}_2 + 15B$$

$$B = \frac{1}{30}[-(2\tilde{\nu}_1 - \tilde{\nu}_3) \pm (-\tilde{\nu}_1^{\,2} + \tilde{\nu}_3^{\,2} + \tilde{\nu}_1\tilde{\nu}_3)^{\frac{1}{2}}]$$

对于 D_{4h} 高自旋的 d^3 和 d^8 组态，基谱项是 B_{1g}(F)，其能级跃迁为：

$$\tilde{\nu}_1 = B_{1g} \to E_g^{\,a};\quad \tilde{\nu}_2 = B_{1g} \to B_{2g};\quad \tilde{\nu}_3 - B_{1g} \to A_{2g}^{\,a};$$

$$\tilde{\nu}_4 = B_{1g} \to E_g^{\,b};\quad \tilde{\nu}_5 = B_{1g} \to A_{2g}^{\,b};\quad \tilde{\nu}_6 = B_{1g} \to E_g^{\,c}$$

则

$$Ds = -\frac{1}{14}[\tilde{\nu}_2 + 5(\tilde{\nu}_3 + \tilde{\nu}_5) - 4(\tilde{\nu}_1 + \tilde{\nu}_2 + \tilde{\nu}_6) - 15B]$$

$$Dt = -\frac{1}{140}[11\tilde{\nu}_2 - (\tilde{\nu}_3 + \tilde{\nu}_5) - 2(\tilde{\nu}_1 + \tilde{\nu}_4 + \tilde{\nu}_6) + 45B]$$

$$Dg = \frac{1}{10}\tilde{\nu}_2$$

$$B = \frac{1}{990}\{-(36\tilde{\nu}_1 - 54\tilde{\nu}_3 + 36\tilde{\nu}_4 - 54\tilde{\nu}_5 + 36\tilde{\nu}_6)$$
$$\pm\{(36\tilde{\nu}_1 - 54\tilde{\nu}_3 + 36\tilde{\nu}_4 - 54\tilde{\nu}_5 + 36\tilde{\nu}_6)^2 - 1980[\tilde{\nu}_2^{\,2} + 3(\tilde{\nu}_3 + \tilde{\nu}_5)^2 +$$
$$4(-\tilde{\nu}_1\tilde{\nu}_3 + \tilde{\nu}_1\tilde{\nu}_4 - \tilde{\nu}_1\tilde{\nu}_5 + \tilde{\nu}_1\tilde{\nu}_6 - \tilde{\nu}_3\tilde{\nu}_4 - \tilde{\nu}_3\tilde{\nu}_6 - \tilde{\nu}_4\tilde{\nu}_5 + \tilde{\nu}_4\tilde{\nu}_6 - \tilde{\nu}_5\tilde{\nu}_6)]^{1/2}\}\}$$

对于 D_{4h} 高自旋的 d^2 和 d^7 组态，其基谱项有两种可能性。当基谱项为 A_{2g} 时，其能级跃迁为：

$$\tilde{\nu}_1 = A_{2g}^{\,a} \to E_g^{\,a};\quad \tilde{\nu}_2 = A_{2g}^{\,a} \to E_g^{\,b};\quad \tilde{\nu}_3 = A_{2g}^{\,a} \to B_{2g}^{\,a};$$

$$\tilde{\nu}_4 = A_{2g}^{\,a} \to B_{1g};\quad \tilde{\nu}_5 = A_{2g}^{\,a} \to A_{2g}^{\,b};\quad \tilde{\nu}_6 = A_{2g}^{\,a} \to E_g^{\,c}$$

则：

$$Ds = \frac{1}{14}[(\tilde{\nu}_3 + \tilde{\nu}_4) + 5\tilde{\nu}_5 - 4(\tilde{\nu}_1 + \tilde{\nu}_2 + \tilde{\nu}_6) - 15B]$$

$$Dt = -\frac{1}{70}[11\tilde{\nu}_3 - 3\tilde{\nu}_4 - \tilde{\nu}_5 - 2(\tilde{\nu}_1 + \tilde{\nu}_4 + \tilde{\nu}_6) + 45B]$$

$$Dg = \frac{1}{10}(\tilde{\nu}_4 - \tilde{\nu}_3)$$

当基谱项是 E_g，其能级跃迁为：

$$\tilde{\nu}_1 = E_g^{\,a} \to A_{2g}^{\,a};\quad \tilde{\nu}_2 = E_g^{\,a} \to E_g^{\,b};\quad \tilde{\nu}_3 = E_g^{\,a} \to B_{2g};$$

$$\tilde{\nu}_4 = E_g^{\,a} \to B_{1g};\quad \tilde{\nu}_5 = E_g^{\,a} \to A_{2g}^{\,b};\quad \tilde{\nu}_6 = E_b^{\,a} \to E_g^{\,c}$$

则：

$$Ds = \frac{1}{14}[5(\tilde{\nu}_1 + \tilde{\nu}_5) - 4(\tilde{\nu}_2 + \tilde{\nu}_6) + (\tilde{\nu}_3 + \tilde{\nu}_4) - 15B]$$

$$Dt = -\frac{1}{70}[11\tilde{\nu}_3 - 3\tilde{\nu}_4 - (\tilde{\nu}_1 + \tilde{\nu}_5) - 2(\tilde{\nu}_2 + \tilde{\nu}_6) + 45B]$$

$$Dg = \frac{1}{10}(\tilde{\nu}_4 - \tilde{\nu}_3)$$

（4）光谱化学序列和电子云扩展序列

从前面的能级图分析中可以看到，配合物的能级主要和配位场分裂能 Dg 及 d 电子间的互

斥参数 *B* 有关，在分析一系列配合物的电子光谱中，人们发现了与这两个参数（*Dg* 和 *B*）有关的变化规律，这就是所谓的“光谱化学序列”和“电子云扩展序列”，用此可推出一些化学上有用的信息。

① 光谱化学序列　金属离子在一系列的配位环境中，其配位场参数 *Dg* 因配位体的不同而有差异，按 *Dg* 增大的顺序排列为一个序列。通常，如果改变中心金属离子，这个序列几乎不变，这种序列常称为“光谱化学序列”，下面列出一个 *Dg* 逐渐增长的系列：

I^-＜Br^-＜Cl^-＜CrO_2^-＜$desp^-$≈S^{2-}≈dtp^-＜N_3^-＜F^-＜dtc^-＜Urea＜OH^-≈IO_3^{2-}＜草酸根≈丙酸根≈O^{2-}＜H_2O＜NCS^-＜EDTA＜吡啶≈NH_3＜乙二胺≈SO_3^{2-}＜NH_2OH＜NO_2^-≈联吡啶＜邻菲罗啉＜H≈CH_3≈ph ＜CN^-≈CO＜$P(OR)_3$

配体在光谱化学系列中的顺序很难用静电模式来表示，因为诸如吡啶、氨和水这些中性配体却比负离子 Cl^-、OH^-等表现出更大的配位场。确切地说，光谱化学序列中的 *Δ*（或 *Dg*）的大小不仅受到静电效应的影响，而且还受到共价性的影响。由这个系列并结合能级图可以解释配合物的颜色。如 $CuSO_4 \cdot 5H_2O$ 和 Cu^{2+}的水溶液呈蓝色，而氨化了的 Cu^{2+}溶液和 Cu^{2+}的铵盐呈蓝紫色。图 2-13 是 Ni（Ⅱ）的一些配合物的可见吸收光谱，光谱的变化规律与光谱化学序列中的顺序相符。

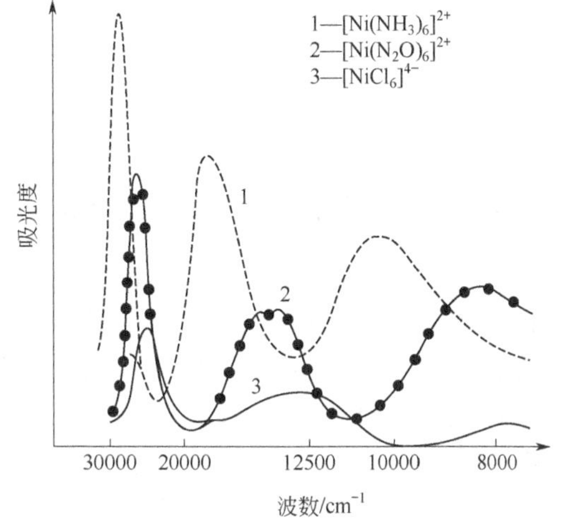

图 2-13　Ni（Ⅱ）的一些配合物的可见吸收光谱

对同一个配体，*Dg* 也因中心金属离子的不同而有差别，变化规律大体有：

Mn^{2+} ＜ Co^{2+} = Ni^{2+} ＜V^{2+} ＜Fe^{3+} ＜Cr^{3+} ＜V^{3+} ＜Co^{3+} ＜Mn^{4+} ＜Mo^{3+} ＜Rh^{3+}＜Ir^{3+} ＜Pt^{4+}

在同一个配体下，同一个过渡系列中的相同氧化态的金属配合物，*Dg* 的变化不显著。*Dg* 值随金属氧化态的增大而增大。对于高一级周期的过渡金属离子的配合物，*Dg* 增大 25%～50%。

从上述的结果可以看出，影响配合物颜色的 d 轨道分裂能 *Δ*（或 10*Dg*）与配体和中心离子都有关，其变化规律是：

$$\Delta = fg \times 10^3$$

其中，*f* 和 *g* 分别是配体和中心金属离子影响参数。一些 *f* 和 *g* 值列于表 2-10。

表 2-10　在八面体型配合物中配体和中心离子的 *f* 和 *g* 值

金属离子	g/cm^{-1}	配体	f	金属离子	g/cm^{-1}	配体	f
V^{2+}	12.3	F^-	0.9	Ni^{2+}	8.9	$C_2O_4^{2-}$	0.98
Cr^{3+}	17.4	H_2O	1.00	Mo^{3+}	24.0	Cl^-	0.80
Mn^{2+}	8.0	尿素	0.91	Rh^{3+}	27.0	CN^-	1.70
Fe^{3+}	14.0	NH_3	1.25	Pt^{4+}	36.0	Br^-	0.76
Co^{2+}	19.0	乙二胺	1.28				

② 电子云扩展序列　在金属配合物中，金属原子中的 d 电子间的排斥作用很大程度上受到配体的影响。研究发现，由于配位作用，反映电子间排斥作用的互斥参数 *B* 值总是小于自由

离子的 B 值（下面用 B_0 表示，在文献中可查到），这种现象称为“电子云扩展”。通常用比率 β 来衡量 B 值的变化大小。

β 定义为：

$\beta=B$（配合物）$/B$（自由离子）$=B/B_0$

在金属离子一定时，各种配体按 β 减小的次序排成一个系列，称为“电子云扩展序列”，如：

自由离子＞F^-＞H_2O＞$CO(NH_2)_2$＞NH_3＞乙二胺=草酸盐$=CO_3^{2-}$＞NCS^-＞$Cl^-=CN^-$＞Br^-＞N_2^-＞I^-＞$S^{2-}=(C_2H_5O)_2PS^{2-}$＞$(C_2H_5O)_2PSe^{2-}$＞联肼

如果按配位原子的极性大小排列，即：

F＞O＞N＞Cl＞Br＞I＞S＞Se＞As

如果配体保持不变，金属原子的电子云扩展序列按照金属离子的极性排列：

$Mn^{2+}\approx V^{2+}$＞$Ni^{2+}\approx Co^{2+}$＞Mo^{2+}＞$Ru^{2+}\approx Cr^{3+}$＞Fe^{3+}＞$Rh^{3+}\approx Ir^{3+}$＞Tc^{4+}＞Co^{3+}＞Au^{3+}＞$Cu^{2+}\approx Mn^{4+}$＞Pt^{4+}＞Pd^{4+}＞Ni^{4+}

2.3.2 过渡金属配合物的荷移光谱

在过渡金属配合物中，由于 d-d 电子跃迁通常落于可见区，所以可以看到颜色。随配体不同，配位场分裂的大小有差别，其吸收光谱的位置也不一样，呈现了不同的颜色。例如：$[Cu(NH_3)_4]^{2+}$（深蓝色）、$[Cu(H_2O)_4]^{2+}$（浅蓝色）、$[CuCl_4]^{2-}$（绿色），其颜色主要源自 d-d 电子跃迁。然而，有一些具有 d^0 和 d^{10} 组态的配合物，也显示了很深的颜色，如碘化汞（Hg^{2+}，d^{10}，砖红色）、碘化铅（Pb^{2+}，d^{10}，黄色）、碘化锰（Mn^{7+}，d^0，橘红色）。这些配合物的颜色来源至少是由于电子从配体轨道向金属轨道或是从金属轨道向配体轨道跃迁的结果。这种形式的跃迁称为“荷移跃迁”，它不仅仅限于 d^0 或 d^{10} 类型的配合物，而是过渡金属配合物经常出现的情况。“荷移跃迁”可按荷移的方向划分为两种形式。一种称之为“配体到金属的电荷转移”，用 LMCT 表示，其形式为：

$$\overset{e^-\ (L\to M)}{M^{n+}\text{—}L^-}\xrightarrow{h\nu}M^{(n-1)+}\text{—}L^0$$

金属离子得到电子被还原，而配体失去电子被氧化，它经常发生在金属离子易被还原、配体（一般为阴离子）易被氧化的配合物中。例如：

$$\overset{e^-\ (Cl\to Fe)}{Fe^{3+}\text{—}Cl^-}\xrightarrow{h\nu}Fe^{2+}\text{—}Cl^0$$

$[FeCl]^{2+}$黄色

另一种过程是“金属到配体的电荷转移”，称为 MLCT，跃迁形式为：

$$\overset{e^-\ (M\to L)}{M^{n+}\text{—}L}\xrightarrow{h\nu}M^{(n+1)+}\text{—}L^-$$

它常发生在金属离子易被氧化、配体易被还原的配合物中。

上面讲到的 LMCT 和 MLCT 两种荷移过程都是吸收光子引起的“氧化还原”过程，但它和通常的氧化还原化学反应有所不同，这种荷移过程的产物立即相互作用又恢复到原体系，所吸收的能量变为热能放出。

通常，如果易被氧化的离子或配体的 HOMO 轨道的能级和易被还原的配体或离子的 LUMO 轨道的能级间隔适当，就可观察到相应的荷移吸收带，如果能级间隔太小，如小于 $10000cm^{-1}$，就容易发生完全的电子转移，结果是金属离子或配体被氧化，配体或金属离子被还原。

荷移谱带经常出现在可见光区的蓝端或是紫外区。由于其摩尔吸光系数的数量级一般在10^4以上，所以容易和d-d跃迁区别开。

（1）LMCT

在由较高氧化态金属同易被氧化的配体组成的配合物中，可期望在可见光区域或其附近的区域看到这种LMCT的跃迁。例如在ML_6的六卤素金属配合物中，常可看到三个荷移吸收谱带。如果对这种荷移光谱过程作简单的处理，只考虑单个M—L键的情况，那么其简化的分子轨道能级如图2-14所示：

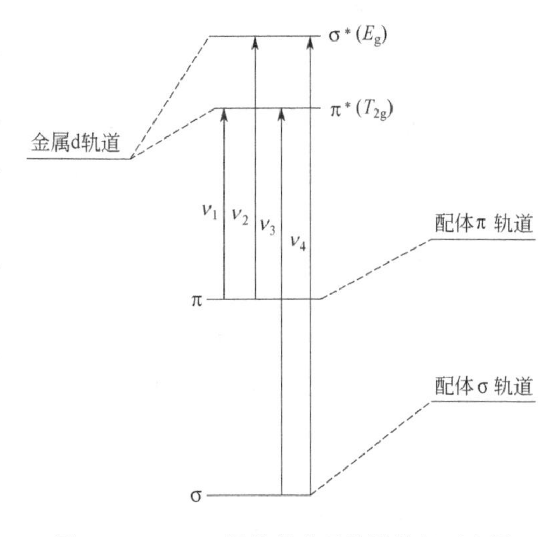

图2-14　LMCT简化的分子轨道能级示意图

金属接受电子的是T_{2g}和E_g轨道，可以期望有四种基本的L→M跃迁：

$\tilde{\nu}_1$　　L(π)→M　$T_{2g}(\pi^*)$

$\tilde{\nu}_2$　　L(π)→M　$E_g(\sigma^*)$

$\tilde{\nu}_3$　　L(σ)→M　$T_{2g}(\pi^*)$

$\tilde{\nu}_4$　　L(σ)→M　$E_g(\sigma^*)$

对于给定的金属原子，能量顺序为I<Br<Cl，这和离子的氧化难易程度有关。如果把送电子基团取代到有机配体上，则L→M能量降低；如果拉电子基团取代到有机配体上，则L→M能量升高。$\tilde{\nu}_1$一般落于30000～15000cm^{-1}，$\tilde{\nu}_1$峰狭窄，半峰宽为10000～400cm^{-1}，因为涉及非键特性的轨道跃迁，振动激发的概率很低。其余的三个跃迁分别含有一个成键或反键作为施主或受主轨道，所以吸收峰比较宽。对于nd^6低自旋配合物，T_{2g}能级已填满电子，所以$\tilde{\nu}_1$峰不存在。对于nd^6低自旋配合物，第一个吸收峰应为L(π)→M(E_g)跃迁，指定为$\tilde{\nu}_2$，这个吸收峰较强，峰较宽，能量类似$\tilde{\nu}_1$；$\tilde{\nu}_4$的跃迁能很高，而且非常强；$\tilde{\nu}_3$在nd^6低自旋配合物中看不到，在其他一些组态配合物中，吸收峰很弱，极少见到。对于只提供σ电子的配体，那就没有L(π)→M的跃迁。

由于讨论的配合物不是只有单个M—L键，对于八面体配合物，配体共有6个σ键，按对称性分裂为$A_{1g}+E_g+T_{1u}$；12个π键分裂为$T_{1g}+T_{2g}+T_{1u}+T_{2u}$。所以，荷移峰常出现带结构。

（2）MLCT

在易被氧化的过渡金属离子［如Fe(Ⅱ)和Cu(Ⅰ)等］的配合物中，如果配体（如乙醛、丙酮、吡啶、联吡啶、CO、R_3P等）有空的π^*轨道，就有可能通过π^*反键产生M→L的荷移跃迁。M→L荷移跃迁带一般比L→M带弱，很少超过10^4，这种跃迁也称为“反向荷移”。图2-15为d^7离子配合物的M→L荷移的简化分子轨道能级示意图。

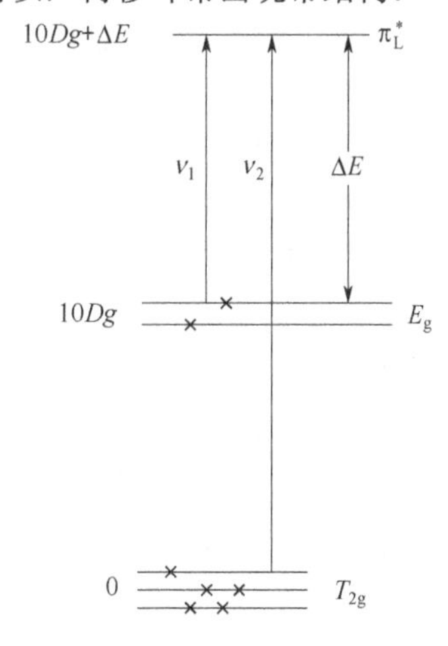

图2-15　d^7离子配合物的M→L荷移的简化分子轨道能级

因而，有两类M→L荷移，即：

$\tilde{\nu}_1$　　$M(E_g)\rightarrow L(\pi^*)$　　　　ΔE

$\tilde{\nu}_2$　　$M(T_{2g})\rightarrow L(\pi^*)$　　　　$10Dg+\Delta E-P$

P为电子配对能。如$P>10Dg$，即$\tilde{\nu}_2<\tilde{\nu}_1$。在$d^1$-$d^3$、低自旋$d^4$-$d^6$、高自旋$d^6$和$d^7$及$Dg$值小的$d^8$配合物，$\tilde{\nu}_2$跃迁能比$\tilde{\nu}_1$低。如$P<10Dg$，即$\tilde{\nu}_2>\tilde{\nu}_1$。

中心金属离子一定，配合物的 MLCT 能量随配体电负性增大、受体能力增强时而降低。例如，Co(Ⅱ)的一组配合物：

	Co(Ⅱ)组态	$T_{2g}\rightarrow L(\pi^*)$
$[Co(PyNO)_6]^{2+}$	$(T_{2g})^5(E_g)^2$	$25450cm^{-1}$
$[Co(4NO_2PyNO)_6]^{2+}$	$(T_{2g})^5(E_g)^2$	$21100cm^{-1}$
$[Co(2MePyNO)_6]^{2+}$	$(T_{2g})^5(E_g)^2$	$26600cm^{-1}$

当配体一定时，MLCT 能量随金属离子氧化态的降低而降低。

（3）配位数和立体化学对荷移能量的影响

MLCT 的跃迁能随配体的配位数降低而蓝移。但在 LMCT 中情况却相反，LMCT 的跃迁能随配体的配位数降低而红移。

（4）溶剂对荷移峰的影响

荷移峰受溶剂的影响程度主要与溶剂和配合物的偶极矩相互作用的大小有关。如果配合物分子是高对称的，又没有永久偶极矩，那么这种溶剂的作用相当小，甚至不存在，否则，溶剂效应就很大。通常，配合物的中心金属离子的周边由配体所环绕，因而 d-d 跃迁能对溶剂的影响不敏感。

（5）其他的荷移过程

在金属配合物中，除了前述的两种荷移过程（MLCT 和 LMCT）之外，还有可能发生分子内的金属-金属的电荷转移（MMCT）等。例如：

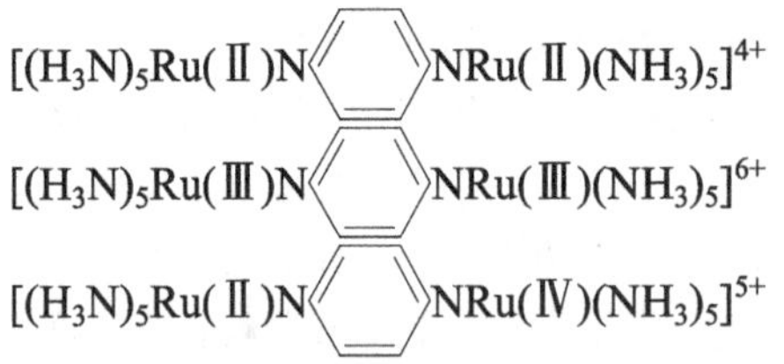

$[(H_3N)_5Ru(Ⅱ)N$ ⟨环⟩ $NRu(Ⅱ)(NH_3)_5]^{4+}$　　A

$[(H_3N)_5Ru(Ⅲ)N$ ⟨环⟩ $NRu(Ⅲ)(NH_3)_5]^{6+}$　　B

$[(H_3N)_5Ru(Ⅱ)N$ ⟨环⟩ $NRu(Ⅳ)(NH_3)_5]^{5+}$　　C

A、B 配合物在近红外区不发生任何吸收谱带，然而混合价配合物 C 在 $6370cm^{-1}$（1570nm，$\varepsilon\approx6000$）处发现一吸收峰，可认为是 MMCT 跃迁峰（也称价态跃迁）。此外，在一些电子供体和电子受体的有机化合物之间存在分子间的荷移，如在碘的苯溶液中。此外，还有其他形式的荷移现象（如配合物中的阴离子和阳离子间的电荷荷移等）。

（6）荷移光谱的应用

荷移光谱提供了一种描述金属和配体间的分子轨道相互作用的有效实验方法，从表征配合物、阐明配位作用等方面，该研究手段十分有用。由于荷移光谱的灵敏度高，在金属离子的定量分析、高灵敏度显色剂的寻找、生物中酶与有机体中金属活性中心的配位作用的探讨等方面获得广泛应用。此外，还涉及反应动力学、热力学和材料学等领域的应用。

习题

1. 下列化合物可能有哪些吸收带？估计其 λ_{max} 及 ε 值大小。

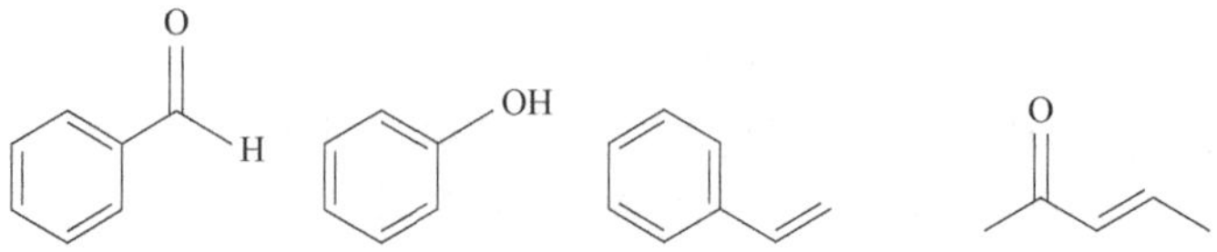

O　H　OH　O

2. 某化合物在正己烷和乙醇中的吸收波长分别为$\lambda_{max}^{正己烷}=305nm$和$\lambda_{max}^{EtOH}=307nm$，这是什么类型的跃迁？另一化合物在乙醇和二氧六环中的吸收波长分别为为$\lambda_{max}^{EtOH}=287nm$ 和$\lambda_{max}^{二氧六环}=295nm$，这是什么类型的跃迁？

3. 下列三种二烯的最大吸收波长λ_{max}分别是231nm、236nm和245nm。指出它们各属于哪种二烯？

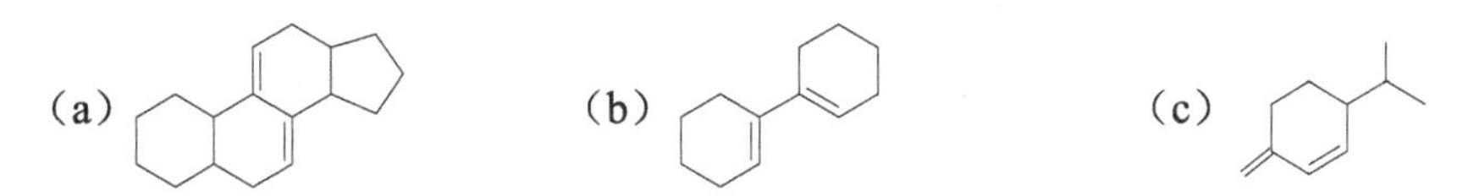

4. 计算下列化合物的λ_{max}。

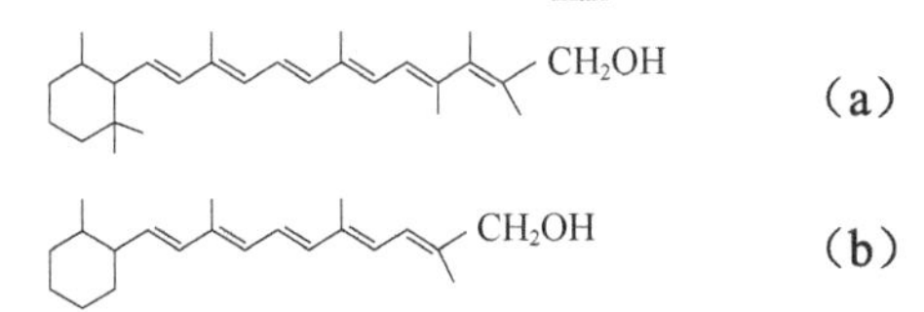

5. 计算下列化合物的λ_{max}，根据紫外光谱能否区分它们？

6. 下列三种不饱和酮的λ_{max}为222nm(ε 9750)、235nm(ε 14000)和253nm(ε 9550)。这些吸收波长分别属于哪个化合物？

（a） （b） （c）

7. 计算下列化合物的K吸收带波长。

（a） （b）

8. 实验测得溴代苯甲酸的一个吸收带$\lambda_{max}^{EtOH}=247nm$，试问该化合物的结构。

9. $(CH_3)_2C{=}CHCOCH_3$在各种溶剂中$n\rightarrow\pi^*$的吸收波长如下，如果波长位移是由氢键所引起的，计算在水中和乙醇中的氢键强度。

溶剂	环己烷	乙醇	水
λ_{max}	330nm	320nm	305nm

10. 解释下列各组化合物跃迁能量次序的合理性。

	配合物	电子光谱数值/(10^3cm^{-1})	指认
（a）	$FeCl_4^{2-}$	45.5	$L(\pi)\rightarrow M(E)$
	$FeBr_4^{2-}$	40.9	$L(\pi)\rightarrow M(E)$
（b）	$OsCl_6^{3-}$	35.4	$L(\pi)\rightarrow M(T_{2g})$
	$OsCl_6^{2-}$	27.0	$L(\pi)\rightarrow M(T_{2g})$

11. 试解释 d^2 组态的 $^3T_{1g}(F)$状态为何在弱场中能量为$-\frac{3}{5}\Delta$，而在强场中能量为$-\frac{4}{5}\Delta$。

12. 下面是 Ni(Ⅱ)配合物的电子光谱数值（cm^{-1}），试求出这些配合物的 β 和 Dg 近似值。

配离子	ν_1	ν_2	ν_3
$[Ni(H_2O)_6]^{2+}$	8500	15400	26000
$[Ni(NH_3)_6]^{2+}$	10750	17500	28200
$[Ni(dma)_6]^{2+}$	7576	12738	23809

3 核磁共振谱

核磁共振谱（nuclear magnetic resonance spectroscopy，NMR）是利用构成分子的原子核本身性质的差异进行分析。核磁共振是波谱学的重要分支学科。核磁共振的现象是由哈佛大学的珀塞尔（Purcell）和斯坦福大学的布洛赫（Bloch）在 1946 年分别在水中和石蜡中检测到质子的核磁共振信号发现的，他们二人因此荣获 1952 年诺贝尔物理学奖。1949～1951 年间，虞福春等人发现了化学位移和自旋耦合这两个 NMR 的重大现象，揭示了核磁共振的频率不仅取决于原子核本身的磁性，而且还取决于原子核周围的化学环境，和分子结构密切相关。从此，核磁共振技术成为了解决化学问题的一种有力工具。随着高科技成就的不断涌现，如超导磁体、电子计算机、脉冲 Fourier 变换、二维核磁共振理论等的相继采用，核磁共振在仪器、实验方法、理论等方面有着飞跃性的进步。在这一章中，我们重点讨论 NMR 的基本原理和一些应用。

3.1 核磁共振基本原理

3.1.1 原子核的自旋和磁矩

原子核由质子和中子组成，与核外电子一样，核也有自旋运动，因而具有一定的角动量。核自旋角动量和电子自旋角动量一样，是一个矢量，记作 $\vec{\boldsymbol{P}}_I$，$\vec{\boldsymbol{P}}_I$ 的绝对值由核自旋量子数决定。即为：

$$|\vec{\boldsymbol{P}}_I|=\sqrt{I(I+1)}\frac{h}{2\pi} \tag{3-1}$$

式中，h 为普朗克常数，等于 6.63×10^{-34}J·s。

描述核自旋运动的量子数 I 与原子核的质子数和中子数有关。有下列三种情况：

① 偶-偶核（质子数和中子数均为偶数） 自旋量子数 $I=0$。

例如，^{12}C、^{16}O、^{32}S……

② 奇-偶核（质子数和中子数一为奇数，一为偶数） 自旋量子数 I 为半整数。

例如，^{13}C、^{15}N、^{17}O、^{19}F、^{35}Cl……

其自旋量子数 I 分别为 1/2、1/2、5/2、1/2、3/2…

③ 奇-奇核（质子数和中子数都为奇数） 自旋量子数 I 为整数。

例如，^{2}H、^{14}N……

其自旋量子数 I 分别为 1、1…

原子核是带正电荷的粒子，从经典电磁学的角度看，这些电荷主要分布在原子核的表面上。由于原子核的自转，电荷的运动产生磁场，于是原子核便有了磁性，这种情况和通电的线圈产生磁场相似（如图 3-1 所示）。

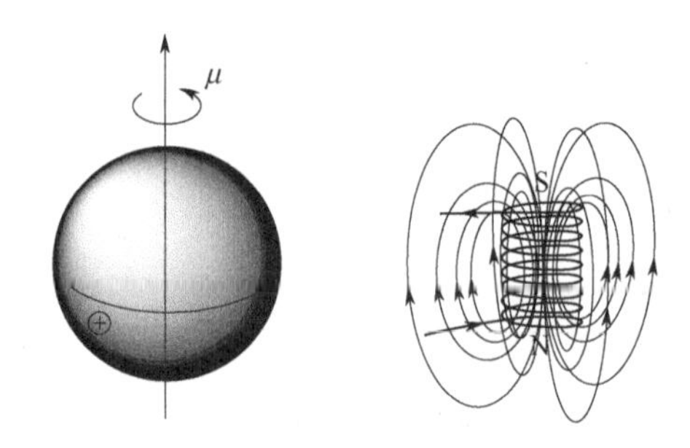

图 3-1　原子核磁矩的产生

原子核的磁性可用核磁矩 $\vec{\mu}$ 描述，它是矢量，和 $\vec{P}_I$ 的关系为：

$$\vec{\mu} = \gamma \vec{P}_I \tag{3-2}$$

式中，γ 称为旋磁比。

从量子力学知道，核自旋角动量 $\vec{P}_I$ 的三个分量 P_X、P_Y、P_Z 不可能同时具有完全确定的数值，但是其中之一的绝对值可以具有确定的数值，假定这个确定的值是自旋角动量在 Z 轴上的分量 P_{IZ}，P_{IZ} 只能取一些不连续的数值：

$$P_{IZ} = M_I \frac{h}{2\pi} \tag{3-3}$$

式中，M_I 是原子核的磁量子数，只能取 $M_I = I$、$I-1$、…、$-I$，有 $2I+1$ 个数值。因此，P_{IZ} 有 $2I+1$ 个数值。同样，核磁矩在外磁场方向上的投影 μ_Z 也只有 $2I+1$ 个数值，即：

$$\mu_Z = \gamma P_{IZ} = \gamma M_I \frac{h}{2\pi} \tag{3-4}$$

例如，质子（^1H），$I = 1/2$，$M_I = +1/2$、$-1/2$。核磁矩 $\vec{\mu}$ 在外磁场方向上的分量 μ_Z 为：

$$\mu_Z = \pm \frac{1}{2} \gamma \frac{h}{2\pi} \tag{3-5}$$

图 3-2 为质子磁矩在磁场中的两种取向的示意图。习惯上把 μ_Z 的最大值称为原子核的磁矩，此时：

$$M_I = I，\mu_Z = \gamma I \frac{h}{2\pi}$$

但核磁矩数值很小，所以，通常采用玻尔核磁矩 β_N 作单位，β_N 定义为：

$\beta_N = eh/(4\pi m_N C) = 5.05038 \times 10^{-24}$ erg/Gs（1 erg = 10^{-7}J, 1Gs = 10^{-4}T）

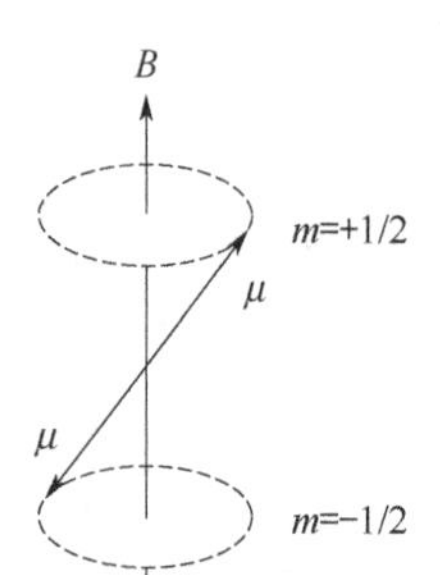

图 3-2　质子磁矩在磁场中的两种取向

由于　　$\gamma = g_N e/(2m_N C)$

所以　　$\mu_Z = \gamma M_I h/(2\pi) = g_N M_I \beta_N$

式中，g_N 是朗德因子，由实验获得，对 ^1H，$g_N = 5.5854$。由于质子 m_H 是电子 m_e 的 1830 倍，故 β_N 是电子磁矩 β 的 $\dfrac{1}{1830}$。

表 3-1 列出了一些核的物理常数。

表 3-1 一些核的物理常数

核	天然丰度/%	I	核磁矩/核磁子单位	旋磁比(γ)/[rad/（s·Gs）]	$\gamma/(2\pi)$/（兆周/10000Gs）	相对灵敏度（同一磁场）
^{1}H	99.9844	1/2	2.7927	26.753	42.577	1.000
^{13}C	1.069	1/2	0.70216	6.728	10.705	0.0159
^{15}N	0.380	1/2	−0.28304	−2.712	4.315	0.00104
^{19}F	100	1/2	2.6273	25.179	40.055	0.834
^{31}P	100	1/2	1.1305	10.840	17.235	0.064
^{35}Cl	75.4	3/2	0.82089	2.624	4.172	0.00471

某些原子核由于核表面电荷分布不均匀，除了有核磁矩外，还可能有电四极矩，用 Q 表示，Q 与核自旋 I 的关系如下：

$$Q = CI(2I-1) \tag{3-6}$$

C 为常数。由式（3-6）可知，当 $I=1/2$ 时，$Q=0$。只有 $I>1/2$ 的核才具有电四极矩。NMR 测定中常用的核如 ^{1}H、^{12}C、^{19}F、^{31}P 等，$I=1/2$，因而 $Q=0$，没有电四极矩。因此，这类核的 NMR 谱就不至于受四极矩的影响而使谱线变宽。

3.1.2 核磁能级和核磁共振

（1）核磁能级

一个具有自旋的核置于均匀的外磁场中，核磁矩在磁场中具有的能量为：

$$E = -\mu_Z B$$

式中，μ_Z 为核磁矩在 Z 轴的分量；B 为外磁场强度。由于 μ_Z 在外加磁场中的可能取向为 $2I+1$ 个，所以分别对应于 $2I+1$ 个能级。氢核的自旋量子数 I 为 1/2，则有 2 个自旋取向，即：一个与外磁场同向（$M_I=+1/2$，α 取向），能量较低，以 $E_1=-1/2\gamma h/(2\pi)B$ 表示，为稳定取向；另一个与外磁场反向（$M_I=-1/2$，β 取向），能量较高，以 $E_2=1/2\gamma h/(2\pi)B$ 表示，为不稳定取向。两能级间的能量差（ΔE）与外加磁场强度（B）成正比，也与核的旋磁比 γ 有关，即：

$$\Delta E=\frac{\gamma h}{2\pi}B \tag{3-7}$$

上式表明，对一定的原子核（γ 一定）核磁能级间的能级差只与外磁场 B 有关，磁场强度增大时，能级间的能量差也增大；若外加磁场消失，便不再有核磁能级的分裂。ΔE 与 B 的关系如图 3-3 所示。

（2）核的进动

在磁场中核的自旋运动，其自旋轴与外加磁场 B 成一定的夹角，故自旋核受到一定的扭力（外磁场的作用），扭力在自旋轴垂直方向有分量，有使这个角度减小的趋势。实际上这个夹角并不减小，而是自旋轴绕磁场作旋进运动［Lamor 进动，图 3-4（a）］。这个现象类似于在光滑的水平表面上旋转的陀螺［图 3-4（b）］。当磁矩矢量与外磁场方向相同时，核处于低能态，反之，核处于高能态。

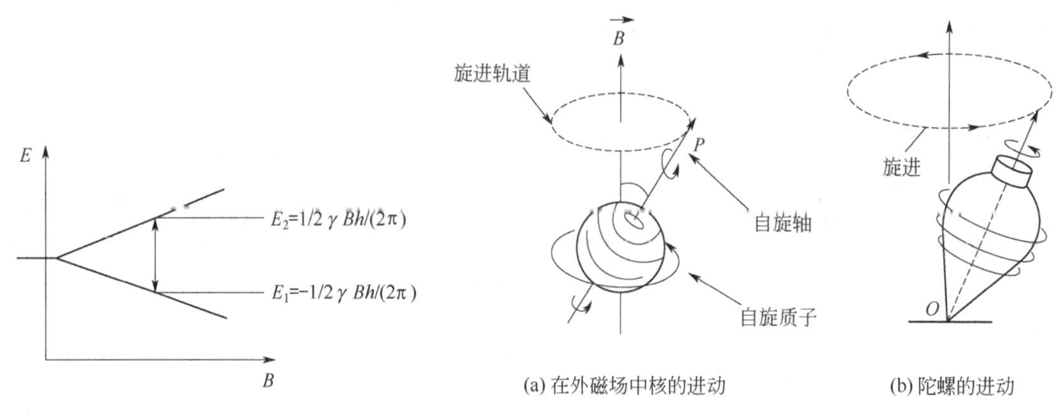

图 3-3　$I=1/2$ 的核的磁能级示意图　　图 3-4　核的进动

（3）核磁共振

由上述可知，处于低能级核要跃迁到高能级，需要 ΔE 能量，如果外界供给一定的能量，即以适当频率的电磁波辐照样品，当电磁波的能量 $h\nu$ 正好满足 $\Delta E=h\nu$ 时，处于基态的核就会吸收电磁波而跃迁到较高的能级上去，从而发生核磁共振吸收。外界辐射的电磁波频率应为：

$$\nu=\Delta E/h=\gamma B/(2\pi) \tag{3-8}$$

上述核绕回旋轴进动有一定的角频率 $\omega=2\pi\nu$，实验证明：回旋角频率与外加磁场强度成正比。

$$\omega=\gamma B \tag{3-9}$$

$$2\pi\nu=\gamma B \tag{3-10}$$

则

$$\nu=\gamma B/(2\pi) \tag{3-11}$$

即进动的频率 ν 与外磁场强度成正比。对于氢核，若磁场强度 B 是 14092Gs，则进动的频率是 60MHz。因为核带电，核的进动产生一个振荡的电场，其频率与进动频率相同。当有一外加振荡电场的频率与进动的核产生的电场频率相匹配时，则发生共振，能量被核吸收，使核由低能级跃迁到高能级，产生核磁共振信号。总而言之，当满足式（3-11）时，将产生核磁共振现象，ν 为共振频率，相当于无线电短波（射频）范围。

3.1.3　弛豫过程

在外加磁场中，处于较低能级(M_I=+1/2)的质子可以吸收 $h\nu$ 而跃迁到较高能级(M_I=−1/2)；反之，在较高能级的质子也可放出 $h\nu$ 而回到较低能级，如果两者的概率均等，就观察不到核共振吸收的现象，但按照玻尔兹曼分布定律，处于低能级的核子数 $N(+1/2)$ 多于处于较高能级的核子数 $N(-1/2)$。

若 B = 14092Gs(1.4092T)，温度为 300K 时，则两者比值为：

$$N(+1/2)/N(-1/2)=e^{\Delta E/(KT)}\approx 1+\Delta E/(KT)=1+[\gamma hB/(2\pi)]/(KT)=1.0000099$$

即每一百万个氢核中，低能级的氢核数仅比高能级的多十个左右。而跃迁概率则与该状态的粒子数成正比，所以吸收和发射 $h\nu$ 的跃迁概率的比值也等于 1.0000099。由于处于低能态的核比高能态的多这么一点，则能产生净的吸收现象。但若处于高能态的核不回到低能态，随着低能态的核的减少，吸收信号的强度就会减弱最后完全消失，这个现象叫“饱和”。辐射电磁波的强度太大或扫描时间过长，比较容易出现饱和现象。

在兆赫频率范围内，由高能级回到低能级的自发辐射的概率接近于零，但可通过非辐射的途径回到低能级，这种通过非辐射的途径由高能级回到低能级的过程叫做弛豫。

弛豫过程有两种：

① 自旋-晶格弛豫或纵向弛豫：处于高能级的质子把它的能量转移到周围的分子（固体的晶格、液体则为周围的同类分子或溶剂分子），变成热运动，从而跃迁回低能态，结果是高能级的质子数目有所减少。一个体系通过纵向弛豫过程又恢复到平衡状态。

② 自旋-自旋弛豫或横向弛豫：处于高能级的质子把它的能量传给周围低能级的其他核，而使自己回到低能级，其他核则升到高能级，所以各种取向的核的总数并未改变，磁性核总能量也未改变。

谱线的宽度与旋进核处在高能级的时间成反比，即时间越长，宽度越小。自旋-晶格弛豫和自旋-自旋弛豫都会影响宽度。固体及黏稠的液体分子的热运动受到限制，不能有效地产生自旋-晶格弛豫，结果自旋-晶格弛豫的时间非常长，有时可达几小时。但固体中各核的相对位置比较固定，有利于核间能量的转移，因此自旋-自旋弛豫的时间非常短。弛豫时间由较小者决定，所以后一种弛豫使固体和黏稠的液体的谱线都比较宽。

谱线的宽度还受另外两个因素影响：

① 在样品溶液中如混有顺磁性分子（如氧气）或顺磁性离子，由于顺磁性成分的强磁场作用，缩短了自旋-晶格弛豫时间，而使谱线变宽。

② 质子如果与具有四极矩的原子（如氮）连接，谱线也常常较宽。这种原子核电荷的分布不是球状，而具有非对称的局部静电场，这种静电场能较快地把能量传递到晶格，因此自旋-晶格弛豫的时间较短，而使质子信号的谱线变宽。

3.2 化学位移

3.2.1 化学位移与磁屏蔽

（1）化学位移

根据核磁共振条件：$\nu = \gamma B/(2\pi)$，某种原子核的核磁共振频率只与这种原子核的旋磁比 γ 及外加磁场 B 有关。也就是说，同一种类的原子核，在一定的外加磁场 B 下，其共振频率是一样的。但后来人们发现，同一种类原子核处在不同的化合物中，或是虽在同一种化合物中，但所处的化学环境不同，其共振频率也稍有不同，产生了所谓化学位移的现象。图 3-5 是 1951 年发现的乙醇低分辨率 NMR 谱分裂为三组峰的图示，所得的峰是三个而不是一个，整个峰宽仅 75mGs，这在当时很难得。此外，还发现各个峰的面积比为 3∶2∶1，这恰与 CH_3∶CH_2∶OH 中的质子数比一致。这一发现及随后的自旋耦合的发现，使得 NMR 与化学结构联系起来，成为解决化学及其他学科问题的有力工具。

（2）化学位移的来源

化学位移产生的原因是核外电子云对外加磁场起了屏蔽作用。假定有一孤立的原子，核外电子云分布是球形对称的（如氢原子的 s 电子），在外磁场 B 的作用下，核外电子便倾向于在垂直于磁场的平面上作环流运动，其结果产生了一个感应磁场 B'。根据楞次定律，磁场 B'的方向和外加磁场 B 的方向相反（如图 3-6 所示）。即：

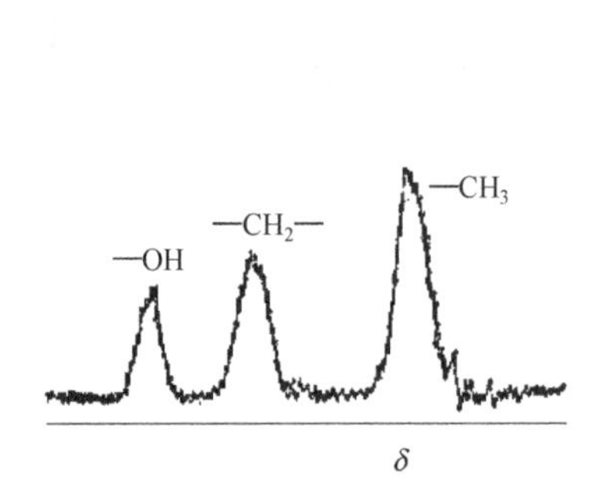

图 3-5　乙醇低分辨率 NMR 谱图

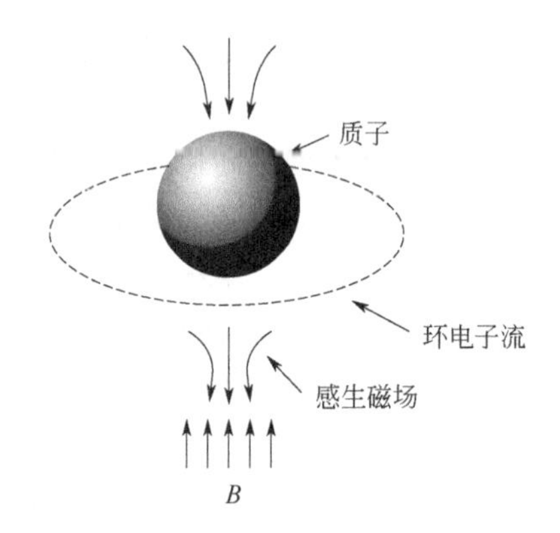

图 3-6　电子的屏蔽作用

$$B' = -\sigma B \tag{3-12}$$

σ 称为原子核的屏蔽系数。这样一来，原子核实际感受到的磁场强度 B_{eff} 是：

$$B_{eff} = B + B' = B - \sigma B = (1 - \sigma)B \tag{3-13}$$

因此，对式（3-11），核的共振条件应为：

$$\nu = \gamma B_{eff}/(2\pi) = \frac{\gamma}{2\pi}(1 - \sigma)B \tag{3-14}$$

实际的化合物不仅仅是单个孤立的核，而是由含有许多电子的原子组成，因此，化学位移的大小与所考察的核所处的化学环境密切相关，在不同的化学环境中，其 σ 值不同，共振频率 ν 也不同。换句话讲，这种屏蔽效应和化合物的结构有关，σ 值很小，为 10^{-5} 数量级，它随核外电子云密度增大而增大。从式（3-14）可以看出：

当外磁场 B 固定时

$\sigma\uparrow$，$\nu\downarrow$，NMR 吸收峰向低场方向移动。

$\sigma\downarrow$，$\nu\uparrow$，NMR 吸收峰向高场方向移动。

当 NMR 频率 ν 固定时

$\sigma\uparrow$，$B\uparrow$，NMR 吸收峰向高场方向移动。

$\sigma\downarrow$，$B\downarrow$，NMR 吸收峰向低场方向移动。

3.2.2　化学位移的表示方法和测量

前面讲到，屏蔽系数 σ 数值很小，大约只有 10^{-5} 数量级，所以化学位移量也是很小的数值。比如，用 60MHz 的射频使孤立的裸质子核共振所需要的磁场强度为 14092.1Gs，对于分子体系中的氢核，σB 不超过 0.1Gs，有的作用仅达到 0.025Gs，也就是说，磁场变化大约只有 $0.025/14092.1 \approx 2\times10^{-6}$。化学位移量这样小，却是结构分析中的重要信息，但是这个数值与外加磁场的值相比显得太小了，精确的绝对量表示比较麻烦。而且，从式（3-14）看出，在一定的化学环境中，当磁屏蔽系数 σ 一定时，化学位移（ppm）的大小与 B 成正比，位移量随磁场

强度 B 的增大而增大。换言之，同一化合物的同一基团中的自旋核的 NMR 的 ν 值会因谱仪的磁场强度不同而不同，不便于比较。所以，求它的化学位移的绝对量没有必要。为了提高化学位移数值的准确度和统一标定化学位移的数据，化学位移采用以某些化合物作标准，用其相对值 δ 表示。δ 是个无量纲的量，定义如下：

$$\delta \equiv (B_R - B_S)/B_R \times 10^6 \quad \text{(扫场式)}$$

$$\equiv (\nu_S - \nu_R)/\nu_R \times 10^6 \quad \text{(扫频式)}$$

$$\equiv (\sigma_R - \sigma_S) \times 10^6 \quad (3\text{-}15)$$

式中，ν_S、B_S 和 ν_R、B_R 分别为样品和参考物质的共振频率及共振磁场值。由于 ν_R 和所用仪器的频率 ν_0 相差仅约十万分之一，所以扫频式的分母项可用 ν_0 代替，比较简便。

除了用 δ 表示化学位移外，早期文献亦有用 τ 表示，它们的关系是：

$$\tau = 10.00 - \delta \quad (3\text{-}16)$$

1970 年国际纯粹与应用化学联合会（IUPAC）建议，化学位移一律采用 δ 值，并且确定标准物 TMS（四甲基硅）共振峰左边的 δ 值为正，右边的 δ 值为负。

核磁共振图谱横坐标的标度可用 δ 或 ν（Hz）表示。当仪器为 60MHz 时，δ 值为 1 相当于 60Hz；如用 100MHz 时，δ 值为 1 相当于 100Hz。

测定时将痕量的标准物加到样品溶液中，作为“内标”；也可以置于另一容器中，作为“外标”。

标准物质的条件如下：

① 高度的化学惰性；

② 易溶于溶剂；

③ 能给出一个简单的、尖锐的和易于识别的共振峰；

④ 必须是磁各向同性的或接近于各向同性。

对于核磁共振氢谱而言，适宜的标准物是四甲基硅。它在化学上是惰性的，它的十二个质子呈球形分布，因而是磁各向同性的，它的吸收信号是一个锐峰，而且与一般有机化合物比较，它的共振峰处在高场的位置，很容易识别，它与许多有机溶剂也易于混溶。

当用 D_2O 作溶剂时，四甲基硅不溶于 D_2O，这时常采用 DSS 为标准物，它的甲基的共振吸收峰的位置也规定为原点。DSS 即$(CH_3)_3SiCH_2CH_2CH_2SO_3Na$。

3.2.3 影响化学位移的因素

如前所述，核的化学位移问题可归结为核的磁屏蔽问题，那么，影响化学位移的因素当然亦归结为影响核的磁屏蔽的问题。磁屏蔽来自三个部分：原子的屏蔽、分子内部的屏蔽及分子间的屏蔽。它们涉及了电负性、杂化态、磁各向异性效应、氢键、旋转受阻、交换反应、溶剂、对称因素等影响因素。下面我们只对一些主要的影响因素进行讨论。

（1）诱导效应（inductive effect）

某核（或基团）如果与电负性较大的原子（或基团）连接，由于电负性较大的原子（或基团）的吸电子作用，使该核（或基团）周围的电子云密度降低。核的磁屏蔽降低，σ 减小，谱线向低场方向移动，化学位移 δ 增大。

例如，在 CH_3X 中，氢的化学位移 δ 随取代元素 X 的电负性增大而增大。

	$(CH_3)_4Si$	CH_4	CH_3I	CH_3Br	CH_3Cl	CH_3F
X	Si	H	I	Br	Cl	F
X 的电负性	1.8	2.1	2.5	2.8	3.1	4.0
δ	0	0.23	2.16	2.68	3.05	4.26

CH_3X 化合物中，X 的电负性增大，拉电子能力强，因而 C 原子周围的电子云密度下降，使得与 C 邻接的 H 原子周围的电子云密度下降，导致磁屏蔽减少，δ 值增加。如果质子直接与电负性强的原子直接相连，质子周围的电子云密度受影响更大。如：

NH_3	CH_4	CH_3Cl
N 的电负性 3.09	H 的电负性 2.1	Cl 的电负性 3.1
δ 约 4	δ 0.23	δ 3.05

（2）共轭效应（conjugate effect）

在具有多重键或共轭多重键的分子体系中，由于 π 电子的转移导致某核（或基团）的电子云密度和磁屏蔽的改变，此种效应称为共轭效应。共轭效应主要有两种类型：π-π 共轭和 p-π 共轭，这两种效应的电子转移方向是相反的，对化学位移的影响也不相同。

【例 1】

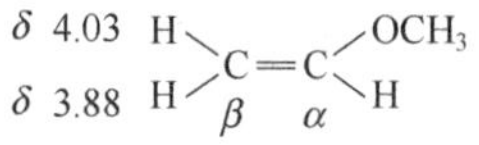

δ 4.03 H, δ 3.88 H; $H_2C_\beta{=}C_\alpha H(OCH_3)$

p-π共轭(推电子给 β 位)

δ 6.27 H, δ 5.9 H; $H_2C_\beta{=}C_\alpha H(COCH_3)$

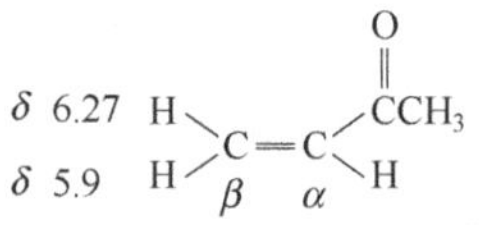

π-π共轭(从 β 位拉电子)

在前一例子中，O 原子具有孤对 p 电子，与乙烯构成 p-π 共轭，电子转移的结果使 β 位的 C 原子和 H 原子电子云密度增加，磁屏蔽增加（正屏蔽），δ 减小（乙烯的 δ 值为 5.25）。在后一例子中，恰好相反，δ 增加。

【例 2】在 ROH 中，由于 O 的诱导作用，使 δ(OH)处于 1.4～5.3。而在 RCOOH 中，由于诱导作用和强的 p-π 共轭，δ(OH)为 9.3～12.4。

（3）磁各向异性效应（magnetic anisotropic effect）

碳原子的杂化轨道的电负性大小有如下的顺序：

$$sp > sp^2 > sp^3$$

sp、sp^2、sp^3 中 s 所含分数分别为 50%、33%、25%，成键的电子愈不靠近 C 原子，愈增加了对质子的屏蔽作用。按此观点可以解释烷烃质子和烯烃质子的化学位移的差异，但不能解释炔烃质子和烯烃质子的化学位移顺序。

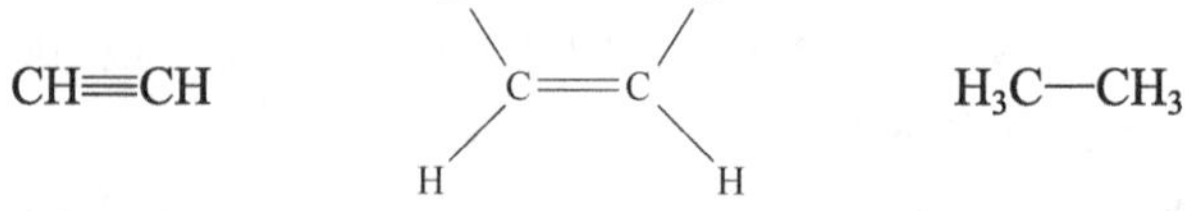

CH≡CH	$H_2C{=}CH_2$	$H_3C—CH_3$
δ 1.8	δ 5.25	δ 0.9

同样，苯环的碳原子也以 sp^2 杂化，其质子的化学位移也应与烯烃的质子的化学位移相近，但实际观察到苯环质子的 $\delta = 7.27$。产生这种异常现象的原因是：π 电子沿着分子的某一方向流动，形成次级磁场，从而影响分子的磁屏蔽。由于次级磁场具有方向性，对分子各部分的磁屏蔽亦不相同，因此称为磁各向异性效应。下面分几种情况进行讨论。

① 芳环的磁各向异性效应　以苯环为例（见图 3-7）。由于苯环 π 电子的离域性，在外加磁场 B 的作用下，将在苯环平面上产生感生的所谓“环电流”。电子流动的结果产生磁场，感应磁场在苯环平面上的上下方与外加磁场方向相反，属于屏蔽区。在苯环的侧面，感应磁场方向和外磁场方向相同，为去屏蔽区。与苯环相连的质子处在去屏蔽区，σ 小，δ 大（7.27），共振信号在较低场出现。由此可以理解，为什么芳烃与烯烃同样都具有 C═C，而苯环质子的 δ 值（7.27）却比乙烯质子的 δ 值（5.25）大很多。某些具有共轭体系的大环化合物，环电流效应更为明显，环内质子和环外质子的 δ 值相差很多，如轮烯（见图 3-8）。

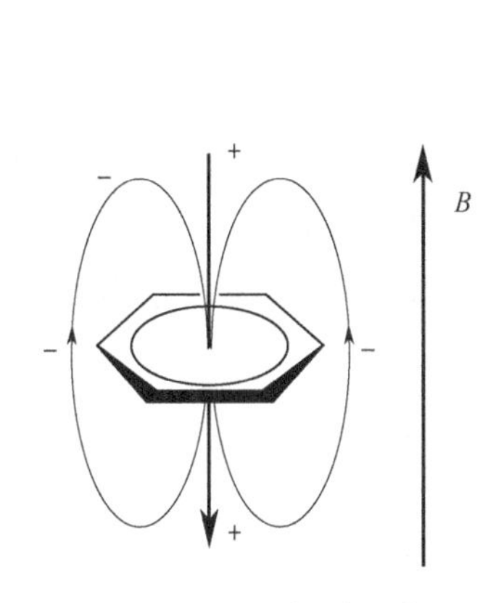

图 3-7　芳环的磁屏蔽

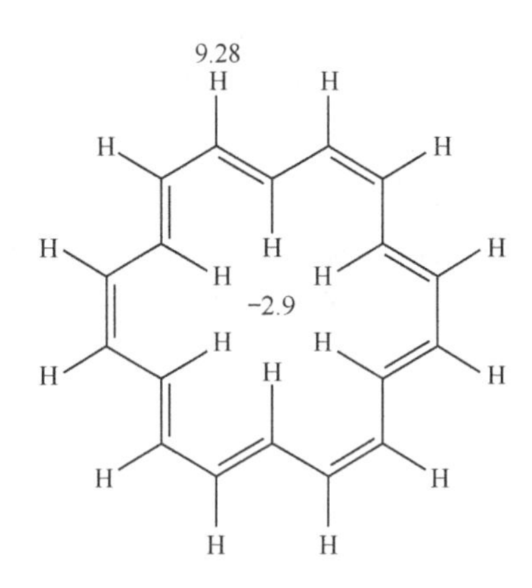

图 3-8　十八轮烯 ^1H NMR 化学位移

② 双键和羰基的屏蔽　与苯环的情况相似，双键和羰基的磁屏蔽如图 3-9 所示，在乙烯情况下，烯质子位于去屏蔽区，因此，其 δ 值（5.25）比饱和烃的 CH_2 的 δ 约大 4，但由于“环电流效应”的差异，其去屏蔽作用还不及芳烃。羰基的屏蔽作用和双键相似，由于醛基质子处于去屏蔽区，同时还受到电负性较强的氧原子的诱导作用，致使醛共振峰出现在低场（$\delta = 9.2 \sim 10.5$）位置。

③ 炔烃的屏蔽　炔烃的屏蔽与烯烃不一样（见图 3-10），在外磁场 B 的作用下，π 电子绕 C≡C 轴转动，结果在三重键两端出现于正屏蔽区，而两侧则为去屏蔽区，但由于质子位于正屏蔽区，σ 增大，因此，共振峰出现在高场区（$\delta = 1.8$）。

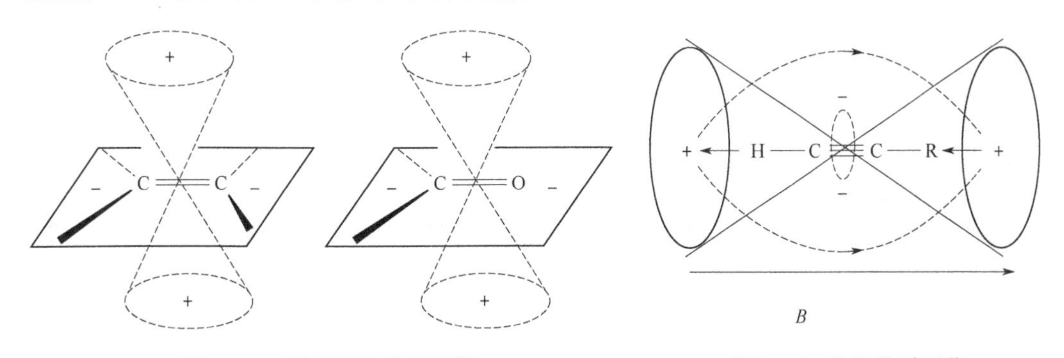

图 3-9　双键和羰基的磁屏蔽

图 3-10　炔烃的磁屏蔽

（4）范德华效应

当两个质子相互靠近进入其范德华半径区时，电子云相互排斥，导致氢核周围的电子云密度降低，屏蔽降低，σ 小，谱线向低场方向移动（δ 大），例如：

(A) δ：H_a 4.68，H_b 2.40，H_c 1.10

(B) δ：H_a 3.92，H_b 3.55，H_c 0.88

比较上面两个化合物的质子化学位移数据，可以看出，H_b 受到邻近的基团（H_a 或 OH）的范德华力的作用，而 H_c 没有受到这种作用，所以 H_b 的 δ 值比 H_c 大。化合物（A）的 H_a 受到 H_b 的作用，而化合物（B）的 H_a 则没有，所以（A）的 H_a 的 δ 值比（B）的 H_a 的 δ 值大。

（5）氢键效应（effect of hydrogen bond）

化学位移会受氢键的影响而变化。通常氢键导致 δ 移向低场（δ 大），这是由于分子形成氢键后，受静电场的作用，质子周围的电子云密度降低，产生了去屏蔽作用的缘故，形成氢键的趋势愈大，质子向低场移动愈显著。例如乙醇的 ^{1}H NMR 谱（图 3-11），98%乙醇和 7%乙醇相比，前者分子间的氢键强，其羟基质子的 ^{1}H NMR 位于低场，而后者的位于高场。

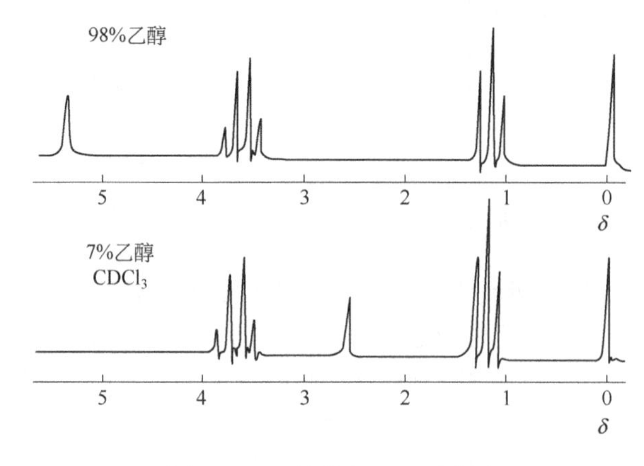

图 3-11　乙醇的 ^{1}H NMR 谱图

氢键使羟基和氨基质子的化学位移在一个广泛的范围内变化。如：

酸 RCOOH	δ 10.5～12.0
酚 ArOH	δ 4.0～7.0
醇 ROH	δ 0.5～5.0
胺 RNH_2	δ 0.5～5.0
酰胺 $RCONH_2$	δ 5.0～8.0

分子间生成氢键的程度，随着使用非极性溶剂的稀释和温度的升高而减弱。如在稀溶液中，羟基质子的化学位移 $\delta=0.5$～1.0，在浓溶液中的 $\delta=4$～5，分子内氢键的化学位移受周围环境影响比较小。

（6）溶剂效应（solvent effect）

目前在 NMR 测定中常常离不开溶剂。对于大部分固体样品，常用溶剂溶解，配成溶液。

对于液体样品，有时也需要用溶剂稀释，以减少溶质分子间的相互作用。由于溶剂的磁化率、溶剂溶质分子间的氢键缔合作用、溶剂分子的磁各向异性等因素对化学位移的影响大小不一，情况较复杂。

例如，$CHCl_3$ 质子的 δ 为 7.3，但在二甲亚砜中测定时，其 δ 可增加到 8.2，这可能是它在二甲亚砜中形成氢键的缘故。

对于溶剂效应，必须采取有效措施尽量克服。一般是：

① 尽可能使用同一种溶剂。作为 NMR 的溶剂，本身最好不含氢，以避免干扰。氘代氯仿（$CDCl_3$）是 NMR 测量中普遍使用的溶剂，如果标准谱图没有标明，一般均用此溶剂。

② 尽量使用浓度相同或相近的溶液。因为浓度不同，溶剂效应一般也不相同。在测定灵敏度许可的前提下，尽量使用稀溶液，以减少溶质间的相互作用。

③ 除非必要，尽量不使用具有多重键的溶剂，如苯、吡啶、丙酮和二甲亚砜等。

虽然溶剂效应给 NMR 测试带来一些不利的影响因素，但有时也可利用溶剂效应把谱图中重叠的或相距太近的谱线分开。例如，苯基甾体类化合物用 $CDCl_3$ 作溶剂时，5 个不同位置的甲基峰只出现两个峰，如改用吡啶作溶剂，这些甲基峰基本上能分开。

另外，固体样品的 NMR 谱一般所得的峰比较宽，使用还不普遍，但无溶剂效应。随着仪器磁场提高，测试手段的不断改进，信息处理的技术不断提高，NMR 谱的分辨率不断增大，用途不断扩大。

3.2.4 化学位移的计算

有关化学位移与结构的关系，人们已经积累了相当多的经验，并且整理了许多种化学位移的数据表格及经验计算公式，便于估算化学位移。在某些情况下，这种估算的准确度还比较高，具有实用价值。在另一些场合，虽然计算的误差较大，但仍然有一定的参考价值。化学位移计算的主要目的有两个：①对谱线进行归属；②为分子结构分析提供理论判据。

（1）化学位移与官能团类型

辨认一个有机化合物的 ^{1}H NMR 谱时，首先从分子中的不同类型官能团的质子的化学位移开始，这对应用 ^{1}H NMR 谱的化学工作者是很重要的。通过对化学位移的影响因素的分析，化学位移的近似分布如图 3-12 所示。

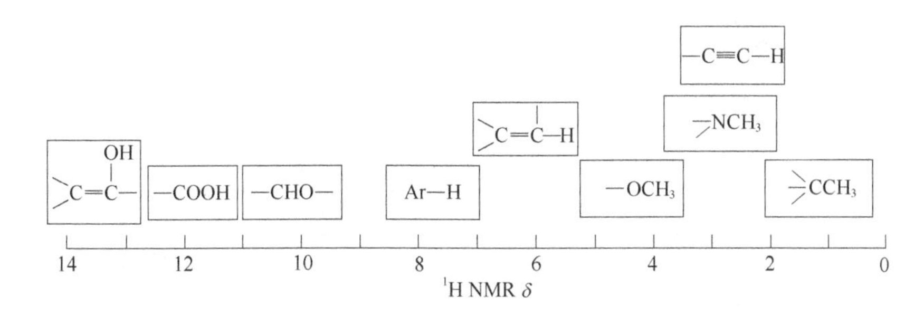

图 3-12 有机官能团 ^{1}H NMR 化学位移的近似分布图

（2）计算化学位移的经验公式

① 次甲基和亚甲基化学位移的计算 1959 年舒里（Shoolery）提出用下述的经验式计算次甲基和亚甲基的质子化学位移：

$$\delta = 0.23 + \sum\sigma \tag{3-17}$$

式中，0.23 是甲烷（CH_4）的化学位移值（10%CCl_4溶液，以 TMS 为标准）；$\sum\sigma$ 为各取代基的屏蔽常数（参见表 3-2）之和。

表 3-2　Shoolery 公式屏蔽常数（σ）

取代基	σ	取代基	σ	取代基	σ
$—CH_3$	0.47	—Br	2.33	$—CONR_2$	1.59
$>C=C<$	1.32	—I	1.83	$—NR_2$	1.57
$—C\equiv C—$	1.44	—OH	2.56	—NHCOR	2.27
$—C\equiv C—Ar$	1.65	—OR	2.36	—CN	1.70
$—C\equiv C—C\equiv C$	1.65	$—OC_2H_5$	3.23	$—N_3$	1.97
$—C_6H_5$	1.85	—OCOR	3.13	—SR	1.64
$—CF_3$	1.14	—COR	1.70	$—S—C\equiv N$	2.30
—Cl	2.53	$—CO_2R$	1.55	$—N=C=S$	2.86

【例 3】 $BrCH_2Cl$

$$\delta = 0.23 + 2.33 + 2.53 = 5.09 \quad (\delta_{obs}5.16)$$

【例 4】 $(C_6H_5)—CH_2CH_3$

$$\delta = 0.23 + 1.85 + 0.47 = 2.55 \quad (\delta_{obs}2.62)$$

【例 5】 $(C_6H_5)CHCl_2$

$$\delta = 0.23 + 1.85 + 2.53 \times 2 = 7.14 \quad (\delta_{obs}6.61)$$

一般来说，利用舒里公式计算两个取代基的亚甲基的质子化学位移 δ 的误差小于 0.1（很少大于 0.3）。而对于三取代基的次甲基的质子的化学位移 δ 的误差就比较大，最多可超过 1。

② 取代烯烃的化学位移　烯烃的一般形式为：

H　　　　R顺
C＝C
R同　　　　R反

化学位移计算公式为：

$$\delta = 5.25 + Z_{同} + Z_{顺} + Z_{反} \tag{3-18}$$

式中，5.25 为乙烯的化学位移 δ 值；$Z_{同}$、$Z_{顺}$、$Z_{反}$分别为相应的取代基的结构参数值（参见表 3-3）。用这个公式计算，94%的化合物的 δ_{cal} 与 δ_{obs} 误差在 0.3 以内。

表 3-3　取代基对烯氢化学位移的影响

取代基	$Z_{同}$	$Z_{顺}$	$Z_{反}$	取代基	$Z_{同}$	$Z_{顺}$	$Z_{反}$
—H	0	0	0	$—CO_2H$	0.97	1.41	0.71
—R	0.45	−0.22	−0.28	$—CO_2H$(共轭)	0.80	0.98	0.32
—R(环)①	0.69	−0.25	−0.28	$—CO_2R$	0.80	1.18	0.55
$>C=C<$	1.00	−0.09	−0.23	$—CO_2R$(共轭)	0.78	1.01	0.46
$>C=C<$(共轭)	1.24	0.02	−0.05	$—C(=O)Cl$	1.11	1.46	1.01
$—C\equiv C—$	0.47	0.38	0.12	$—C(=O)N<$	1.37	0.98	0.46
—Ar	1.38	0.36	−0.07	$—CH_2—OR$	0.64	−0.01	−0.02

续表

取代基	$Z_{同}$	$Z_{顺}$	$Z_{反}$	取代基	$Z_{同}$	$Z_{顺}$	$Z_{反}$
—Ar(固定)	1.60	—	−0.05				
—Ar(邻位有取代)	1.65	0.19	0.09	$—CH_2—C(X)=O$	0.69	−0.08	−0.06
$—CH_2Ar$	1.05	−0.29	−0.32	$>N—R$(R 饱和)	0.80	−1.26	−1.21
—F	1.54	−0.40	−1.02	$>N—R$(R 共轭)	1.17	−0.53	−0.99
—Cl	1.08	0.18	0.13				
—Br	1.07	0.45	0.55	$—CH_2—N(R_1)(R_2)$	0.58	−0.10	−0.08
—I[②]	1.14	0.81	0.88	—CN	0.27	0.75	0.55
$—CH_2CFClBr$	0.70	0.11	−0.04	$—CH_2CN$	0.69	−0.08	−0.06
$—CH_2I$	0.64	−0.01	−0.02				
$—CHF_2$	0.66	0.32	0.21	$>N—C(X)=O$	2.08	−0.57	−0.72
$—CF_3$	0.66	0.61	0.31	—SR	1.11	−0.29	−0.13
—OR(R 饱和)	1.22	−1.07	−1.21	$—SO_2$	1.55	1.16	0.93
—OR(R 共轭)	1.21	−0.60	−1.00	$—SCOCH_3$	1.41	0.06	0.02
—OCOR	2.11	−0.35	−0.64	$—CH_2—SR$	0.71	−0.13	−0.22
—CHO	1.02	0.95	1.17	—SCN	0.80	1.17	1.11
$>C=O$	1.10	1.12	0.87	$—SF_5$	1.68	0.61	0.49
$>C=O$(共轭)	1.06	0.91	0.74	$—PO(OEt)_2$	0.66	0.88	0.67

① 双键构成环的一部分。

② 仅有四种化合物的数据。

【例 6】

$$\delta_{C=CH_a} = 5.25 + 0 + (-0.22) + 0.12 = 5.15$$

$$(\delta_{obs}5.27)$$

$$\delta_{C=CH_b} = 5.25 + 0 + 0.38 + (-0.28) = 5.35$$

$$(\delta_{obs}5.37)$$

有些化合物由于分子中有环内张力、共轭的延伸、竞争性拉电子效应以及立体位阻等因素，使烯氢化学位移的计算值与实测值相差较大。例如，环张力越大，环内双键氢的 δ 值越与计算值偏差越大：

δ　7.01　5.95　5.60　5.95

③ 苯环氢的化学位移　取代基较少的苯环氢可按下面经验公式估算：

$$\delta = 7.27 - \sum S \tag{3-19}$$

式中，7.27 为苯环质子的 δ 值；S 为取代基对苯环氢化学位移的影响参数，列于表 3-4。

表 3-4 取代基对苯环氢化学位移的影响参数

取代基	$S_{邻}$	$S_{间}$	$S_{对}$	取代基	$S_{邻}$	$S_{间}$	$S_{对}$
$—CH_3$	0.15	0.10	0.10	—OTs①	0.2	0.05	—
$—CH_2—$	0.10	0.10	0.10	—CHO	−0.65	−0.25	−0.10
—CH<	0.00	0.00	0.00	—COR	−0.70	−0.25	−0.10
$—CMe_3$	0.02	0.13	0.27	COC_6H_5	−0.57	−0.15	—
—CH═CHR	−0.10	0.00	−0.10	$—CO_2H(R)$	−0.80	−0.25	−0.20
$—C_6H_5$	−0.15	0.03	0.11	—NO	−0.48	0.11	—
$—CH_2Cl$	0.03	0.02	0.03	$—NO_2$	−0.85	−0.10	−0.55
$—CHCl_2$	−0.07	−0.03	−0.07	$—NH_2$	0.55	0.15	0.55
$—CCl_3$	−0.8	−0.17	−0.17	$—NHCOCH_3$	−0.28	−0.03	—
$—CH_2OH$	0.13	0.13	0.13	$—N═NC_6H_5$	−0.75	−0.12	—
$—CH_2NH_2$	0.03	0.03	0.03	$—NHNH_2$	0.48	0.35	—
—F	0.33	0.05	0.23	—CN	−0.24	−0.08	−0.27
—Cl	−0.10	0.00	0.00	—NCO	0.10	0.07	—
—Br	−0.10	0.00	0.00	—SH	−0.01	0.10	—
—I	−0.37	0.29	0.06	$—SCH_3$	0.03	0.00	—
—OH	0.45	0.10	0.40	$—SO_3H$	−0.55	−0.21	—
—OR	0.45	0.10	0.40	$—SO_3Na$	−0.45	0.11	—
$—OC_6H_5$	0.26	0.03	—	$—SO_2Cl$	−0.83	−0.26	—
—OCOR	0.20	−0.10	0.20	$—SO_2NH_2$	−0.60	−0.22	—

①$—OSO_2—(C_6H_4)—CH_3$。

【例 7】

$\delta_3 = 7.27 + 0.83 + 0.10 = 8.20$

（实测值 8.25）

$\delta_2 = 7.27 + 0.26 + 0.85 = 8.38$

（实测值 8.45）

【例 8】

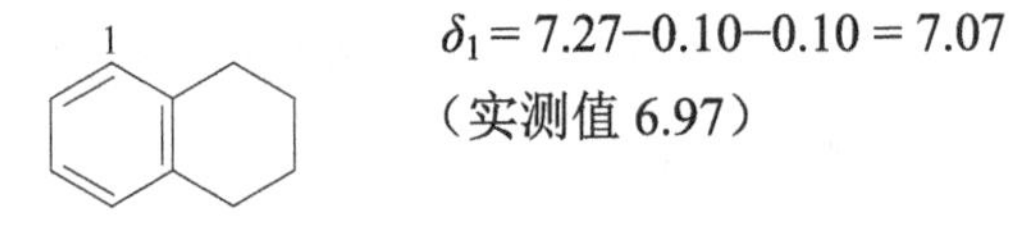

$\delta_1 = 7.27 - 0.10 - 0.10 = 7.07$

（实测值 6.97）

【例 9】

$\delta_{H_a} = 7.27 + 0.80 - 0.10 = 7.97$

（实测值 8.08）

$\delta_{H_b} = 7.27 - 0.45 + 0.25 = 7.07$

（实测值 6.98）

（3）甲基、亚甲基和次甲基的化学位移

在化合物中，甲基是经常碰到的，核磁共振氢谱中的甲基峰一般具有比较明显的特征，

表 3-5 列出了各种类型的甲基的化学位移。在化合物中，亚甲基和次甲基也经常碰到，但由于各种因素的影响，在核磁共振氢谱中，亚甲基和次甲基峰不像甲基峰那样具有比较明显的特征，往往出现复杂的峰形，有时甚至和别的峰重叠，不易辨认。表 3-6 列出了各种类型的亚甲基和次甲基的化学位移。

表 3-5　各种类型的甲基的化学位移

甲基类型	δ 值	甲基类型	δ 值
$CH_3-C\lesseqgtr$	0.77～0.88	$CH_3-\overset{O}{\overset{\Vert}{C}}-$	1.95～2.41
$CH_3-\overset{\vert}{\underset{\vert}{C}}-C\lesseqgtr$	0.79～1.10	$CH_3-\overset{\vert}{\underset{\vert}{C}}-\overset{\vert}{C}=\overset{\vert}{C}-$	2.06～2.31
$CH_3-\overset{\vert}{\underset{\vert}{C}}-N\lessdot$	0.95～1.23	CH_3COO-	2.45～2.68
$CH_3-\overset{\vert}{\underset{\vert}{C}}-\overset{\vert}{C}=O$	1.04～1.23	$CH_3-C\equiv$	1.83～2.12
$CH_3-\overset{\vert}{\underset{\vert}{C}}-Ar$	1.20～1.32	CH_3-S-	2.02～2.58
$CH_3-\overset{\vert}{\underset{\vert}{C}}-O$	0.98～1.44	CH_3-Ar	2.14～2.76
$CH_3-\overset{\vert}{\underset{\vert}{C}}-S-$	1.23～1.53	$CH_3-\overset{\vert}{N}-C$	2.12～2.30
$CH_3-\overset{\vert}{C}=C\lessdot$	1.49～1.88	$CH_3-\overset{\vert}{N}-Ar$	2.71～3.10
$CH_3-\overset{\vert}{\underset{\vert}{C}}-X$	1.59～2.14	$CH_3-\overset{\vert}{N}-\overset{\vert}{C}=O$	2.74～3.05
$CH_3-\overset{\vert}{C}=O$	1.95～2.68	$CH_3-O-C\lesseqgtr$	3.24～3.47
CH_3COO-	1.97～2.11	CH_3-O-	3.61～3.86
CH_3X①	2.16～4.26	$CH_3-O-\overset{\vert}{C}=O$	3.57～3.96

①X 代表卤素。

表 3-6　各种类型的亚甲基和次甲基的化学位移（±0.3）

取代基	$-\overset{\vert}{CH_2}$	$-\overset{\vert}{\underset{\vert}{CH}}$	$\gtreqless C-\overset{\vert}{CH_2}$	$\gtreqless C-\overset{\vert}{\underset{\vert}{CH}}$
$R-$	1.3	1.4	1.3	1.4
$\gtrdot C=C\lessdot$	1.9	2.2	1.3	1.5
$-C\equiv C-$	2.1	2.8	1.5	1.8
$R_2N(C=O)-$	2.2	2.4	1.5	1.8
$RO(C=O)-$	2.2	2.5	1.7	1.9

续表

取代基	$-\overset{\vert}{C}H_2$	$-\overset{\vert}{\underset{\vert}{C}}H$	$\geqslant C-\overset{\vert}{C}H_2$	$\geqslant C-\overset{\vert}{\underset{\vert}{C}}H$
R(C═O)—	2.4	2.6	1.5	2.0
H(C═O)—	2.2	2.4	1.6	
N≡C—	2.4	2.9	1.6	2.0
I—	3.1	4.2	1.8	2.1
R_2N—	2.5	2.9	1.4	1.7
R—S—	2.5	3.0	1.6	1.9
Ar—	2.9	2.9	1.5	1.8
Ar(C═O)—	2.7	3.4	1.6	1.9
Br—	3.3	3.6	1.8	1.9
R(C═O)—NH—	3.2	3.8	1.5	1.8
Ar—NH—	3.1	3.6	1.5	1.8
Cl—	3.6	4.0	1.8	2.0
R—O—	3.4	3.6	1.5	1.7
H—O—	3.5	3.9	1.5	1.7
R(C═O)—O—	4.2	5.1	1.6	1.8
Ar—O—	4.0	4.6	1.5	2.0
Ar(C═O)—O—	4.3	5.2	1.7	1.8
F—	4.4	4.8	1.8	1.9
NO_2^-	4.4	4.5	2.0	3.0

（4）活泼氢的化学位移

活泼氢有—OH、—NH、—SH 等基团上的氢。由于它们相互交换和形成氢键等因素的影响，δ 值与温度、浓度、溶剂都有很大的关系，数值很不固定，峰形也有变化。表 3-7 列出一些活泼氢的化学位移。

表 3-7　各类活泼氢的化学位移

活泼氢所在基团	各类化合物	δ 范围	备注
—OH	醇	5.2～约 0.5	尖峰
	酚	7.7～1.5	尖峰
	肟	10.2～8.8	极宽峰
	磺酸	12～11	
	羧酸	13.2～10.7	单峰
	酚（分子内缔合）	15.5～10.5	尖峰
	烯醇（β-二羰基）	16～15	极宽峰
$-NH_2$，$R\overset{\vert}{N}H$	脂肪胺	2.2～0.4	尖峰
	芳胺	4.3～3.3	尖峰，有时较宽
	酰胺	8.5～5.5	宽峰
R—SH	硫醇	1.5～1.1	单峰，交换极慢
Ar—SH	硫酚	4.0～3.0	单峰，交换极慢

（5）佐佐木的质子化学位移表

表 3-8 是一些类型化合物的质子化学位移表。

表 3-8　佐佐木的质子化学位移表

各种质子	δ 值	各种质子	δ 值
t-Bu—O—	1.00～1.40	H_3C—Ar	2.00～2.80
t-Bu—Ar	1.20～1.60	$\underline{H}_3C—\overset{\vert}{\underset{\vert}{C}}—O—$	0.90～1.40
t-Bu—CO—	1.00～1.50	$\underline{H}_3C—\overset{\vert}{\underset{\vert}{C}}—Ar$	0.90～1.50
$t\text{-Bu}—\overset{\vert}{C}{=}C\lt$	0.90～1.50	$\underline{H}_3C—\overset{\vert}{\underset{\vert}{C}}CO—$	0.80～1.50
t-Bu—C≡C—	0.90～1.50	$\underline{H}_3C—\overset{\vert}{\underset{\vert}{C}}—\overset{\vert}{C}{=}C\lt$	0.80～1.50
$t\text{-Bu}—C\leqq$	0.60～1.10	$\underline{H}_3C—\overset{\vert}{\underset{\vert}{C}}—C{\equiv}C—$	0.80～1.50
$(CH_3)_2\overset{\vert}{C}—O—$	0.80～1.40	$\underline{H}_3C—\overset{\vert}{\underset{\vert}{C}}—C\leqq$	0.50～1.40
$(CH_3)_2\overset{\vert}{C}—Ar$	1.10～1.40	$\underline{H}_3C—C\leqq$	0.50～1.50
$(CH_3)_2\overset{\vert}{C}—CO—$	0.90～1.50	H_3C—CO—CO—	1.80～2.50
$(CH_3)_2\overset{\vert}{C}—\overset{\vert}{C}{=}C\lt$	0.80～1.50	H_3C—CO—Ar	1.80～2.50
$(CH_3)_2\overset{\vert}{C}—C{\equiv}C—$	0.80～1.50	H_3C—CO—CO—	1.80～2.50
$(CH_3)_2\overset{\vert}{C}—C\leqq$	0.60～1.40	$H_3C—\overset{\vert}{C}{=}C\lt$	1.80～2.50
$H_3C\overset{\vert}{\underset{\vert}{C}}—O—$	0.80～1.50	H_3C—C≡C—	1.80～2.50
$H_3C\overset{\vert}{\underset{\vert}{C}}—Ar$	1.00～1.80	$H_3C—CO—\overset{\vert}{C}{=}C\lt$	1.80～2.50
$H_3C\overset{\vert}{\underset{\vert}{C}}—CO—$	0.70～1.40	H_3C—O—O—	3.10～3.50
$H_3C\overset{\vert}{\underset{\vert}{C}}—C{=}C\lt$	0.70～1.40	H_3C—O—Ar	3.50～4.10
$H_3C\overset{\vert}{\underset{\vert}{C}}—C{\equiv}C—$	0.70～1.40	H_3C—OOC—	3.66～4.10

续表

各种质子	δ值	各种质子	δ值
$H_3C-C\leqq$	0.50～1.50	$H_3C-O-\overset{\vert}{C}=C<$	3.50～4.10
$H_3C-C\equiv C-$	1.80～2.20	$H_3C-O-C\equiv C-$	3.50～4.10
$H_3C-\overset{\vert}{C}=C<$	1.50～2.40	$H_3C-O-C\leqq$	2.80～3.50
Et—O—	(CH_3)0.90～1.40 (CH_2)3.10～4.70	$H_3C\underset{\vert}{C}H-\underset{\vert}{C}=C<$	(CH_3)0.50～1.50 (CH)1.50～3.00
Et—Ar	(CH_3)0.90～1.50 (CH_2)2.40～3.70	$H_3C\underset{\vert}{C}H-C\equiv C-$	(CH_3)0.50～1.50 (CH)1.50～3.00
Et—CO—	(CH_3)0.80～1.50 (CH_2)1.80～2.80	$H_3C\underset{\vert}{C}H-C\leqq$	(CH_3)0.50～1.50 (CH)1.50～5.00
$Et-\underset{\vert}{C}=C<$	(CH_3)0.80～1.50 (CH_2)1.70～2.70	$\geqq CH$	0.00～5.00
$Et-C\equiv C-$	(CH_3)0.80～1.50 (CH_2)1.90～3.00	$>CH-OOC-$	4.60～7.00
$Et-C\leqq$	(CH_3)0.50～1.40 (CH_2)1.50～2.40	$>CH-(OOC-)_2$	6.50～7.80
iso-Pr—O—	(CH_3)0.90～1.40 (CH) 3.10～4.70	$-CH-(OOC-)_3$	6.50～8.00
iso-Pr—O—CO—	(CH_3)0.90～1.50 (CH) 3.10～4.70	$\geqq CCH_2-O-$	3.10～4.70
iso-Pr—Ar	(CH_3)0.80～1.50 (CH)1.50～2.80	$>CCH_2-Ar$	2.40～3.70
iso-Pr—CO—	(CH_3)0.80～1.50 (CH)1.50～5.00	$\geqq CCH_2-CO-$	1.80～2.80
iso-Pr—$\overset{\vert}{\underset{\vert}{C}}=C<$	(CH_3)0.80～1.50 (CH)1.70～2.70	$\geqq CCH_2-\underset{\vert}{C}=C<$	1.70～2.70
iso-Pr—$C\equiv C-$	(CH_3)0.80～1.50 (CH)1.90～3.00	$\geqq CCH_2-C\equiv C-$	1.90～3.00
iso-Pr—$C\leqq$	(CH_3)0.50～1.40 (CH)1.50～2.00	$\geqq CCH_2-C\leqq$	0.00～2.40
$H_3C\overset{\vert}{C}H-O-$	(CH_3)0.50～1.50 (CH)3.10～4.70	$-OCH_2-O-$	4.20～5.00
$H_3CCH_2-O-CO-$	(CH_3)0.50～1.50 (CH)3.10～4.70	$-OCH_2-Ar$	4.20～5.30
$H_3C\overset{\vert}{C}H-Ar$	(CH_3)0.50～1.50 (CH)1.50～2.80	$-OCH_2-CO-$	4.00～5.60
$H_3C\underset{\vert}{C}H-CO-$	(CH_3)0.50～1.50 (CH)1.50～2.80	$-OCH_2-\overset{\vert}{C}=C<$	4.00～5.30

续表

各种质子	δ值	各种质子	δ值
—OCH$_2$—C≡C—	3.80～5.20	—CO—CHO	9.00～10.20
ArCH$_2$—Ar	3.50～4.20	≧C—C(—)(—)—CHO	9.00～10.20
ArCH$_2$—CO—	3.20～4.20	—C≡C—CHO	9.00～10.20
ArCH$_2$—C(—)=C<	3.20～4.10	≧C—CHO	9.00～10.00
ArCH$_2$—C≡C—	3.20～4.10	>CH—C<u>H</u>O	9.00～10.00
—CO—CH$_2$—CO—	2.70～4.00	—CH$_2$—C<u>H</u>O	9.00～10.00
—OC—CH$_2$—C(—)=C<	2.50～4.00	≧C—COOH	10.00～13.20
—OC—CH$_2$—C≡C—	3.20～4.40	Ar—COOH	10.00～13.20
>C=C(—)—CH$_2$—C(—)=C<	2.50～3.60	—OC(—)(—)—COOH	10.00～13.20
>C=C(—)—CH$_2$—C≡C—	3.20～4.40	>C=C(—)—COOH	10.00～13.20
—C≡C—CH$_2$—C≡C—	3.20～4.40	—C≡C—COOH	10.00～13.20
Ar—H	6.60～9.00	≧C—COOH	10.00～13.20
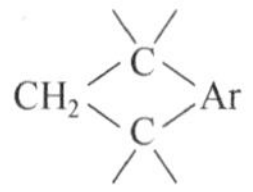 CH$_2$(C)(C)Ar	5.50～6.30	—O—O—CHO	7.80～8.60
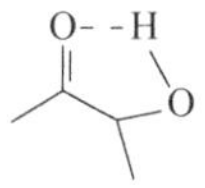 O- -H, O (intramolecular H-bonded structure)	6.50～8.00	ArO—CHO	7.80～8.60
CH$_2$=C<	4.40～6.60	—OC—O—CHO	7.80～8.60
—CH=C<	3.80～8.00	>C=C(—)—O—CHO	7.80～8.60
HC≡C—	2.00～3.20	—C≡C—O—CHO	7.80～8.60
ArCHO	9.00～10.20	≧C—O—CHO	7.80～8.60

3.2.5 由化学位移推断化合物结构

（1）峰的数目决定化学等价质子的类型

在 NMR 图谱中有多少个不同化学位移的吸收峰数目，对应于分子中有多少种不同类型的质子，即有多少种不同化学等价的质子。

核磁共振把具有相同化学环境下的质子，即相同化学位移的质子，称为化学等价质子。例如四甲基硅、苯、环戊烷、丙酮等化合物中的所有质子都是化学等价的，在 ^{1}H NMR 谱中只有一个单峰。相应地，分子中处于不同化学环境的质子在 NMR 谱的不同位置产生不同的吸收峰。例如对二甲苯、甲酸甲酯和 CH$_3$—OCH$_2$Cl 等化合物中有两种不同化学环境的质子，产生

两个 ^1H NMR 吸收峰。而在苯基丙酮中，则有三种类型的质子，因而有三个 ^1H NMR 吸收峰（见图 3-13）。

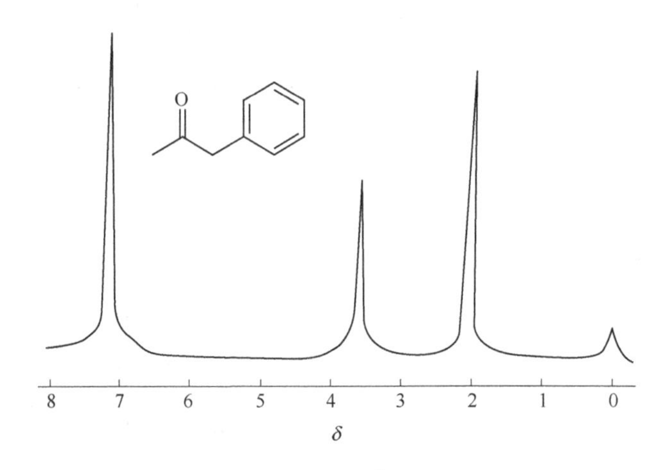

图 3-13 苯基丙酮的 ^1H NMR 谱图

（2）积分线的高度决定各类质子的数目

核磁能级跃迁的质子数目越多，吸收峰的面积越大，即在 ^1H NMR 谱中各峰的面积与各类质子数成正比。在核磁共振仪上把峰面积变成积分线的高度，在谱图上用阶梯曲线表示，每一阶梯的高度与相应的质子数成正比。用下述方法可以计算出分子中各类质子的数目。例如醋酸苄酯的 ^1H NMR 谱（图 3-14），三个化学位移峰表明有三类质子，积分线的高度比为 5∶2∶3，则分别代表 5 个质子、2 个质子和 3 个质子。

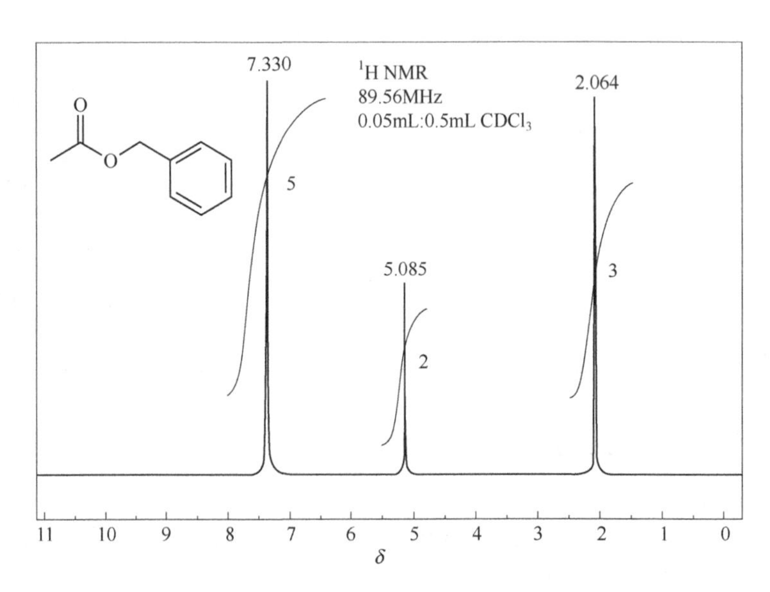

图 3-14 醋酸苄酯的 ^1H NMR 谱图

（3）由化学位移值推测化合物的结构

化学位移是核磁共振谱给出的一个重要信息，由各化学位移值可推测化合物的化学结构。

【例 10】图 3-15 是化合物 C_7H_8O 的 ^1H NMR 谱图。

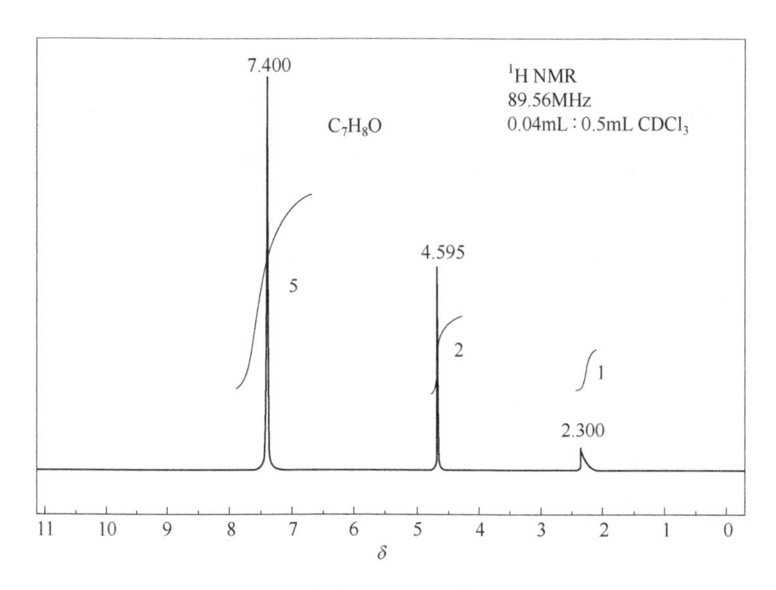

图 3-15　化合物 C_7H_8O 的 ^1H NMR 谱图

三组 ^1H NMR 峰表明有三类氢核，它们的相对强度为 1∶2∶5，化学位移分别为 2.300、4.595、7.400。由此可推断：

① $\delta = 7.400$（比值为 5），Ar—H，苯为单取代。

② 分子中含氧的可能结构有—O—H、—CHO、C—O—C 或 >C=O，但 δ 9～10 处无吸收峰，故不会有—CHO 的结构单元，而—O—H 的峰通常低而宽，故 δ 2.300 可能是化合物的—OH。

③ δ 4.595（比值为 2），Ar—CH_2—O—。

综上所述，分子结构可能是

OH

④ 将 D_2O 加入样品溶液中，—OH 峰由于 H 与 D 的交换而消失，则可证明化合物中有羟基质子。

3.3　自旋耦合和自旋裂分

分子中的 ^1H 由于所处化学环境不同，其 ^1H NMR 谱于相应的 δ 值处出现不同的共振峰，各峰的面积与氢原子数成正比，借此可鉴别各峰的归属。图 3-5 是低分辨率的乙醇的 ^1H NMR 谱，其中峰面积比为 1∶2∶3，这三个峰分别对应于—OH、—CH_2—和—CH_3。目前所用仪器的分辨率远比图 3-5 使用的高，可得到如图 3-11 所示的光谱，其中各组峰的面积比仍是 1∶2∶3。但—CH_2—和—CH_3，其对应的谱峰均分别分裂为四重峰和三重峰。

这种 ^1H NMR 谱峰的裂分是由于在分子内部邻近氢核（或其他自旋核）自旋的相互作用引引起的，这种相邻近的氢核（或其他自旋核）自旋之间的相互作用称为自旋耦合（spin-spin coupling)。由自旋耦合引起的谱线增多的现象叫做自旋裂分（spin-spin splitting）。

3.3.1 自旋耦合机理

先讨论一个氢核 H_A 对邻近氢核 H_B 自旋耦合的情况。如果 H_A 邻近没有其他质子（H_B），则 H_A 的共振条件 $\nu_A=\frac{\gamma}{2\pi}(1-\sigma_A)B$，就只有一个共振峰。现在 H_A 邻近有 H_B 存在，H_B 在外磁场作用下有两种自旋取向（分别用 α 及 β 表示），产生了两种方向的磁场，对 H_A 核有干扰。H_B 产生的一种磁场 ΔB_B 和 B 同向，作同于 H_A 的磁场为 $B_{A_1}=(B+\Delta B_B)(1-\sigma)$，另一种磁场 $-\Delta B_B$ 与 B 反方向，作用于 H_A 的磁场为 $B_{A_2}=(B-\Delta B_B)(1-\sigma)$，这样，$H_A$ 核的 ^1H NMR 频率由原来的 ν 变为：

$$\nu_{A_1}=\gamma/(2\pi)[(B+\Delta B_B)(1-\sigma)] \quad \text{在低场出峰}$$

$$\nu_{A_2}=\gamma/(2\pi)[(B-\Delta B_B)(1-\sigma)] \quad \text{在高场出峰}$$

所以，H_A 核受到邻近的 H_B 核自旋耦合作用后，其共振吸收即被分裂为二重峰。分裂峰的间距为：

$$\Delta\nu=\nu_{A_1}-\nu_{A_2}=\frac{\gamma}{\pi}(1-\sigma_A)\Delta B_B=J_{AB}$$

同样，H_B 核也受到邻近 H_A 核自旋耦合作用，分裂峰的间距也为 J_{AB}，J 称作耦合常数。

1952 年，Ramsey 等人理论研究表明，这种自旋核之间的相互作用不是直接进行的，而是间接地通过化学键中的成键电子传递的。设有两个不同的原子 A 和原子 B，由单键联结，一个成键电子靠近 A，一个成键电子靠近 B。假定核 A 的自旋取向朝上，那么靠近 A 的价电子自旋应该朝下，这是由于磁矩之间的排布倾向于反平行。根据泡利（Pauli）原理，另一成键的价电子自旋应该朝上。基于同样原因，核 B 的自旋应该朝下。如果核 A 的自旋取向改变了，核 B 自旋取向也随之改变，这样一来，核 A 的信息（磁性大小和空间量子化状态）便通过成键电子传递到核 B。同样，核 B 的信息也能通过成键电子传递到核 A，如果这种作用通过中间相隔的化学键比较多，那么这种作用就比较不明显，对于烷烃一般只能传递三个键（近程耦合），对于共轭键，往往在四个键以上也能观察到耦合作用（远程耦合）。

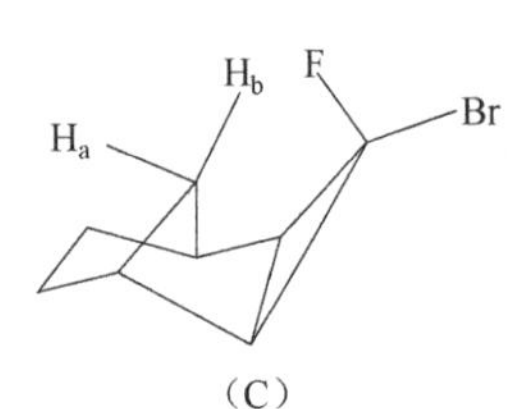

（C）

此外，1961 年，Roberts 等人提出另一种耦合机理：空间耦合。例如，在化合物（C）中，F 与 H_a、H_b 的耦合作用还较大（3.0～3.6Hz），据认为，这是通过空间耦合进行的作用。实际上，这两种耦合机理同时存在，问题是在具体化合物中哪种机理占优势。

3.3.2 耦合常数

图 3-16 是乙醛的 ^1H NMR 谱图。从谱图可见，—CH_3 的谱线由于—CH 质子的耦合作用，分裂为二重峰，而—CH 谱线由于—CH_3 质子的作用，分裂为四重峰，分裂峰的间距都是 2.85Hz。这种由于邻近核的自旋耦合而产生的谱线裂分的大小（核自旋耦合的程度）称作耦合常数，耦合常数 J 的大小反映了两类核之间相互作用的大小，是分子结构的一种属性，耦合常数 J 的数值一般不超过 20Hz。耦合常数和化学位移一样，对化合物的结构鉴定非常有用。

原子核之间通过成键电子传递自旋耦合的相互作用，和相隔的化学键的数目有关。在饱和烷烃化合物中，自旋耦合作用一般只能传递三个单键，例如乙基，—CH_2CH_3 中的不同类氢（—CH_2—和—CH_3）间的作用，相隔了三个单键（H—C—C—H），J≈6Hz。相隔四个（或四个以上）单键的氢，耦合作用基本上接近于零。但是，有时在相隔四个以上单键的质子之间还可以看到耦合，这种耦合称为远程耦合。此外，为了便于说明问题，在耦合常数 J 符号的左上角标上数字以表示耦合核之间键的数目，右下角则表示其他，如 $^2J_{H\text{-}C\text{-}H}$ 表示同碳耦合，$^3J_{H\text{-}C\text{-}C\text{-}H}$ 表示邻碳耦合。

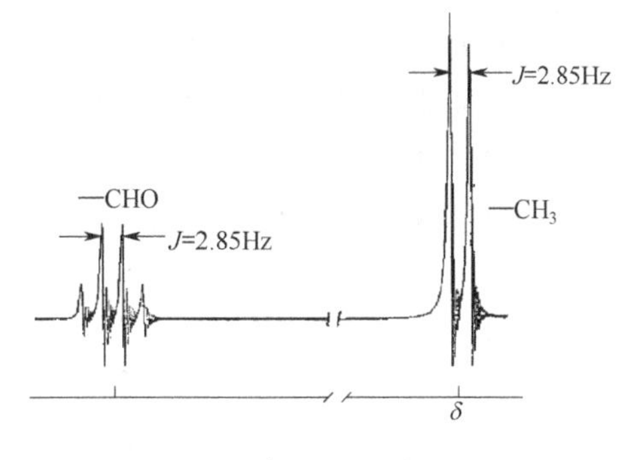

图 3-16 乙醛的 ^{1}H NMR 谱图（60 兆周）

3.3.3 一级耦合（n+1 规律）

图 3-17 为 1,1,2-三氯乙烷的 ^{1}H NMR 谱图，其谱线的分裂是由于邻近核的耦合作用的结果：—$C(H_A)_2$—质子分别受到—CH_B 质子的两种核自旋取向的作用，其取向和产生局部磁场情况如下所示：

—CH_B 质子自旋取向	质子产生局部磁场	—$C(H_A)_2$—质子实受磁场	谱线位置
↑[α（+1/2）]	ΔB	$B'+\Delta B$	低场出峰
↓[β（−1/2）]	$-\Delta B$	$B'-\Delta B$	高场出峰

结果，NMR 谱线分裂成二重峰，峰面积比 1∶1。

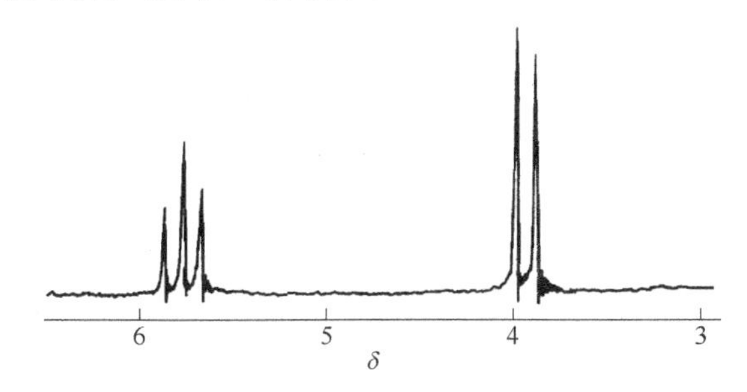

图 3-17 1,1,2-三氯乙烷的 ^{1}H NMR 谱图

同样，—$C(H_A)_2$—有两个质子，两个质子自旋取向有四种排列，其中有两种属于二重简并，这样，共有三种方式。

—$C(H_A)_2$—质子取向排列	氢核产生局部磁场	—CH_B 实受磁场	谱线位置
↑↑	$2\Delta B$	$B'+2\Delta B$	低场出峰
↑↓	0	B'	不变
↓↑	0	B'	不变
↓↓	$-2\Delta B$	$B'-2\Delta B$	高场出峰

—CH_B 实质上受到三种不同的磁场的作用，NMR 谱线分裂为三重峰，峰面积比 1∶2∶1。

再如，乙醛有两类质子—CH_3 和—CHO（^{1}H NMR 谱见图 3-16），—CH_3 的质子受到—CHO 质子的两种取向的作用，—CH_3 的 NMR 谱线分裂成峰面积为 1∶1 的谱线。同样，对于—CH_3 的三个质子，它们的核自旋取向有八种排列，归结起来有四种方式：

—CH_3 质子取向排列	氢核产生局部磁场	—C—H—CHO 质子实受磁场	谱线位置
↑ ↑ ↑	$3\Delta B$	$B' + 3\Delta B$	低场出峰
↑ ↑ ↓	ΔB	$B' + \Delta B$	低场出峰
↑ ↓ ↑	ΔB	$B' + \Delta B$	
↓ ↑ ↑	ΔB	$B' + \Delta B$	
↑ ↓ ↓	$-\Delta B$	$B' - \Delta B$	高场出峰
↓ ↑ ↓	$-\Delta B$	$B' - \Delta B$	
↓ ↓ ↑	$-\Delta B$	$B' - \Delta B$	
↓ ↓ ↓	$-3\Delta B$	$B' - 3\Delta B$	高场出峰

—CHO 的 ^1H 感受到四种不同磁场作用，NMR 谱线分裂为四重峰，峰面积比 1∶3∶3∶1。

从上述的两个例子分析中可以看出，自旋耦合使谱线的裂分有一定的规律：

（1）等价质子

如—CH_3 中的质子间，或 Cl—CH_2—CH_2—Cl 的亚甲基质子间或 CH_3—O—CH_3 的甲基质子间等，尽管有耦合，但没有分裂的现象，信号仍为单峰。

（2）峰的数目

质子 NMR 裂分峰的数目取决于邻近与之不等价氢的数目。若考虑与之不等价邻近自旋核的作用，裂分的数目普遍的公式是 $2nI + 1$，式中 I 是核自旋量子数。对于氢核，$I = 1/2$，故公式简化为 $n + 1$，这是解释氢谱的重要规则。

（3）裂分峰的强度之比

裂分峰的强度之比遵循二项式（$a + b$）^{n} 的展开式系数之比，可用杨辉三角形表示：

相邻质子数（n）	裂分峰数（$n+1$）	相对强度比（$a+b$）^{n} 系数	峰形
0	1	1	单峰
1	2	1　1	二重峰
2	3	1　2　1	三重峰
3	4	1　3　3　1	四重峰
4	5	1　4　6　4　1	五重峰

（4）自旋核的化学位移 δ

位于各组分裂峰的中心点。

（5）多于一种类型氢核的耦合作用

① 如果一种核同时受到不同的邻近基团核的耦合作用，如：

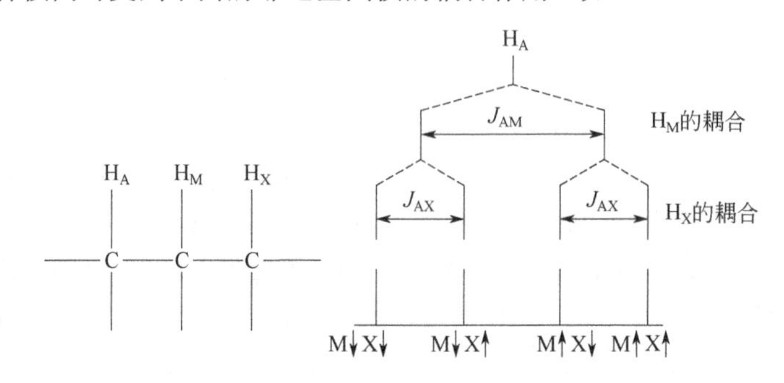

$J_{AM} \neq J_{XM}$，谱线的分裂数目等于各种耦合所引起的谱线数目的乘积，即：

$$N=(n+1)(n'+1) \tag{3-20}$$

式中，n、n'分别为邻近基团的质子数。

例如，当乙醇的纯度很高，不含水和痕量酸碱，这时不发生乙醇的OH和水的OH之间的快速交换，OH 和 CH_2之间的耦合作用便表现出来，CH_2的谱线不再是四重峰，而是八重峰，因为CH_2四重峰又受到OH的耦合，每个峰再分裂为两个峰，因而形成了两组重峰（图3-18的阴影和非阴影两部分），OH和CH_2之间的耦合常数大约为5Hz，而CH_3和CH_2的耦合常数约为7Hz。$J_{AM} \neq J_{XM}$时，AMX的谱线特征属于此类型：AMX 系统共有十二条谱线，有三种裂距，分别等于耦合常数 J_{AM}、J_{AX}和J_{MX}，A、M、X各占四条谱线，这四线强度相等。例如，醋酸乙烯酯的乙烯上的三个质子即属于AMX系统。由图3-19根据AMX型的NMR解析法，可得：

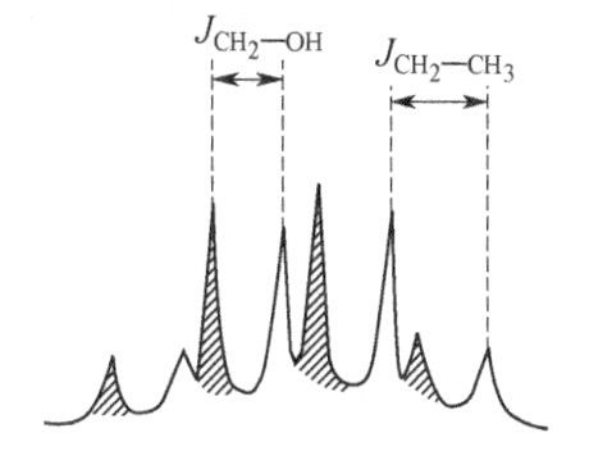

图3-18　乙醇的CH_2谱线

$$\delta_A=4.563、\delta_M=4.879、\delta_X=7.260$$

$$J_{AM}=1.8、J_{AX}=6.6、J_{MX}=13.8\text{Hz}$$

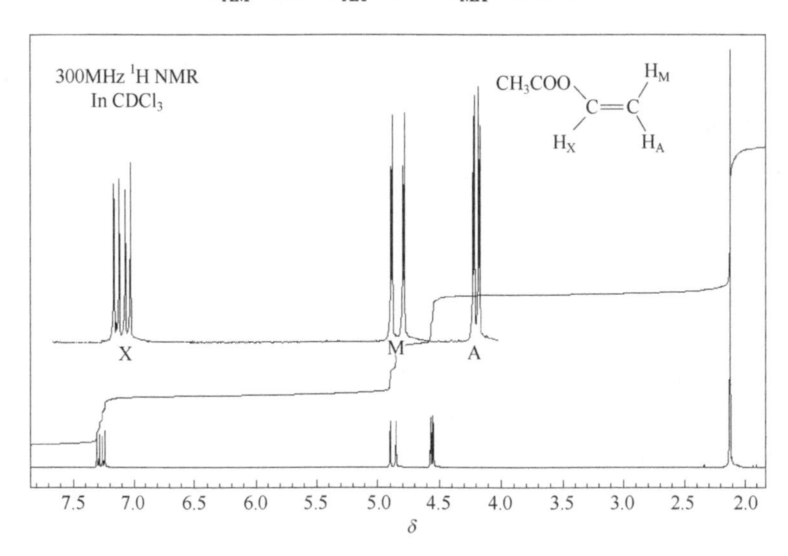

图3-19　醋酸乙烯酯的¹H NMR谱图

② 如果一种核受到不同的邻近基团的核的耦合作用，而且$J_{AM}=J_{XM}$时，谱线的分裂数目不再是（$n+1$）（$n'+1$），而是（$n+n'+1$），峰的强度比服从二项式系数比规则。

【例 11】$CH_3CH_2CH_2I$的^{1}H NMR谱见图3-20，中间亚甲基（—CH_2—）的化学位移为1.85，为六重峰的谱线，这是由于相邻的亚甲基（—CH_2I）和甲基（—CH_3）与之耦合常数大致相同，所以它的谱线数目$N=2+3+1=6$，峰的强度比为1∶5∶10∶10∶5∶1。

（6）$n+1$规律适用条件

$n+1$规律仅是近似规律，因为讨论某基团上氢核的NMR峰裂分时，把它当作一个孤立体系，然后再加上与其相邻基团上氢核的耦合作用。这种情况只适用于化学位移差 $\Delta\nu$与耦合常数J的比值$\Delta\nu/J \geqslant 6$时的情况。

图3-21表明$\Delta\nu/J$变化的趋向。如果$\Delta\nu$不断减小，这时两个不等价质子的吸收峰逐渐彼此靠近，结果内侧峰的强度增加而外侧峰的强度减小。只要化学位移的间距$\Delta\nu$（Hz）大大超

过耦合常数（如 $\Delta\nu/J=20$ 时），就出现简单耦合的两个双峰形式的谱。相反，若 $\Delta\nu=0$，即两个质子化学位移相等，则两个内侧峰重叠，两个外侧峰消失，这就是说它们彼此不再裂分。在 $\Delta\nu/J\geqslant6$ 时，适用 $n+1$ 规律，比值若比此小时，图谱变得复杂化，$n+1$ 规律不再适用。我们还可以看到，按 $n+1$ 规律裂分的多重峰的强度比，并不完全符合 $(a+b)^n$ 展开式的系数比，即各种多重峰并不完全显示应有的对称性。内侧峰（靠近其他耦合的多重峰）比外侧峰大。只有当多重峰与多重峰之间的距离 $\Delta\nu$ 比多重峰内各峰间隔大得多时（化学位移 $\Delta\nu$ 比耦合常数大很多），才能期望得到完全对称的多重峰。

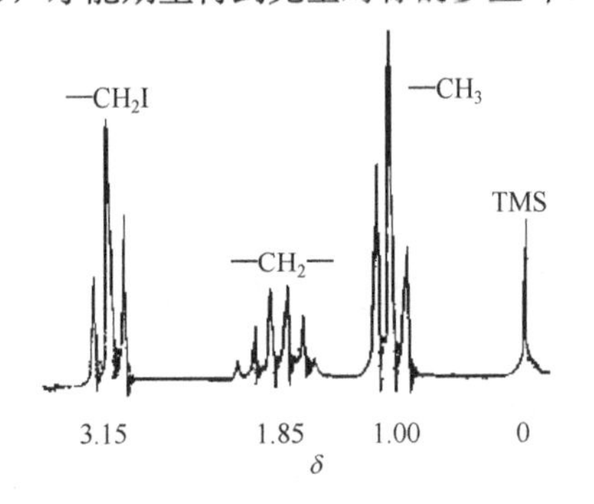

图 3-20　$CH_3CH_2CH_2I$ 的 ^1H NMR 谱图

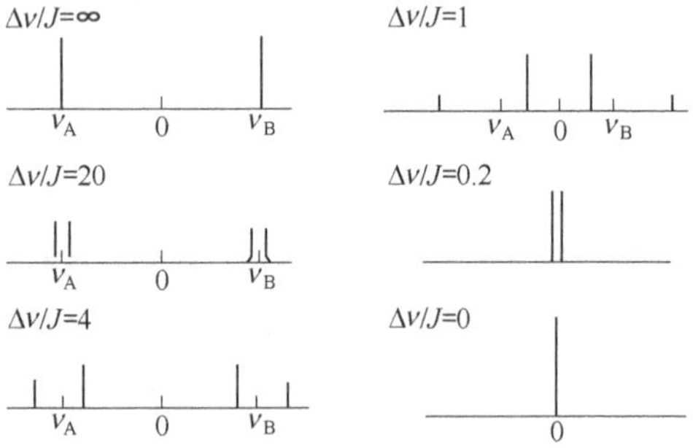

图 3-21　两个质子在不同 $\Delta\nu/J$ 下的理论谱图

比较氯乙烷、溴乙烷和碘乙烷的 ^1H NMR 谱图（图 3-22～图 3-24），可得到一些有趣的结果。氯乙烷由于氯的电负性强，使亚甲基的氢的化学位移向低场有较大的移动，因而—CH_2—和—CH_3 中氢核的化学位移差 $\Delta\nu$ 和耦合常数 J 的比值较大，所以，裂分峰的强度比和 $(a+b)^n$ 展开式的系数比很接近。而碘乙烷中碘的电负性比氯小，对—CH_2—的化学位移影响较小，致使—CH_2—和—CH_3 的 $\Delta\nu$ 值较小，从而 $\Delta\nu/J$ 的比值也小些，峰的强度比值和预期的比值差别较大，表现在碘乙烷谱图上两组峰的不对称性大些。溴的电负性介于氯和碘之间，因而 $\Delta\nu/J$ 比值以及相应的峰强分布的不对称性也介于两者之间。

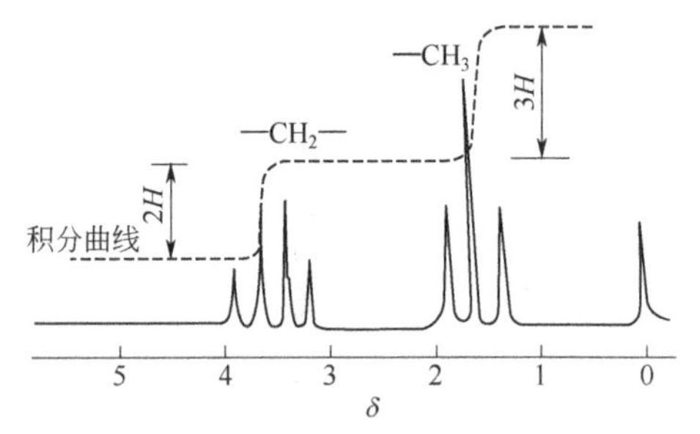

图 3-22　氯乙烷的 ^1H NMR 谱图

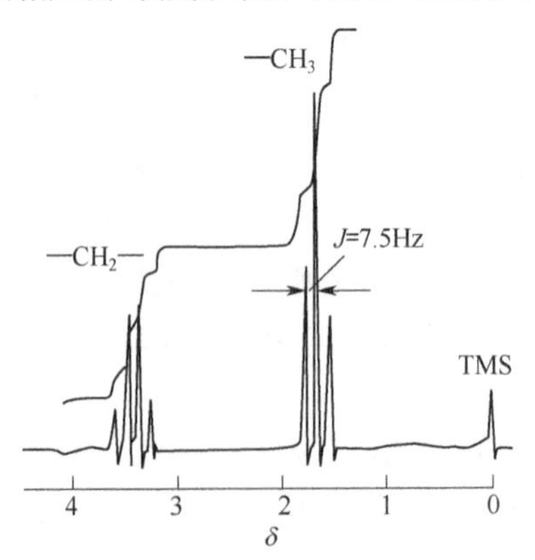

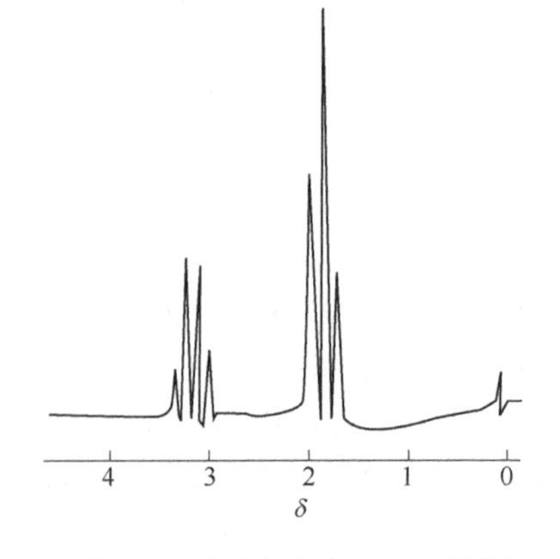

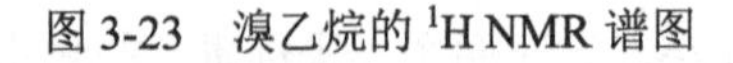

图 3-23　溴乙烷的 ^1H NMR 谱图

图 3-24　碘乙烷的 ^1H NMR 谱图

讨论 $\Delta\nu/J$ 比值与 NMR 谱（裂分峰形）变化的关系有实际意义。如上所述，当 $\Delta\nu/J\geqslant6$

时，谱图的裂分及关系符合 $n+1$ 规律，谱图较简单，称之为一级谱。

（7）一级谱的系统和举例

为了分析问题方便，将分子中化学位移相同且对外的耦合常数也一样的核，用同一个大写字母表示，如 A_1、A_2、A_3，下标为核的数目，化学位移不同的核用不同的英文字母表示。如果核之间的 $\Delta\nu/J \geqslant 6$，谱图简单，用 AX、AMX 或 AMPX 表示；如果 $\Delta\nu/J < 6$，谱图复杂，用 AB、ABC 或 ABCD 等表示，英文字母顺序靠近的，它们之间的化学位移相近。此外，还用 AA′或 BB′等表示那些化学位移相同但对外耦合常数不同的核。

① AX、A_mX_n、AMX、$A_mM_nX_n$ 等系统的图谱为一级谱。

② AX 系统　AX 系统的图谱特征：

a．有四条线，A 和 X 各占两条；各组峰的中心即化学位移。

b．裂分谱两谱线间距等于 J_{AX}。

c．A 及 X 的化学位移处于所属两谱线的中心。

d．图谱中四线高度相等。

例如 HC≡CF、$HCCl_2F$ 等都是 AX 系统。

③ AX_2 系统　AX_2 系统共有五个峰。A 呈三线谱，强度比为 1∶2∶1，X 呈双线谱，强度比为 4∶4（即 1∶1）。三重峰和二重峰的裂分峰距分别都等于耦合常数 J_{AX}，各组峰的中心即化学位移。如 1,1,2-三氯乙烷的 NMR（见图 3-17）：A（CH）三重峰，δ5.80；X(CH_2)双峰，δ3.96；$J_{AX}=6.5$Hz。

④ AX_6 系统　例如 $CH_3CHClCH_3$，X 是两个甲基中的六个等价质子，受 CH 质子的耦合，分裂为二重峰，而 CHCl 的质子受甲基中的六个等价质子的耦合，分裂为七重峰。

⑤ AMX 系统　这个系统的图谱特征：

a．在此系统，任何两类氢核之间的化学位移之差均远大于它们之间的耦合常数。

b．当 $J_{AM} \neq J_{XM}$ 时，AMX 系统共有十二条谱线，A、M、X 各占四条，四线强度相等。十二条谱线共有三种裂距，分别等于耦合常数 J_{AM}、J_{AX} 和 J_{MX}。每组四重峰的中心分别为 A、M 和 X 的化学位移。例如，醋酸乙烯酯的 ^{1}H NMR（图 3-19）。

c．当 $J_{AM}=J_{XM}$ 时，谱线的分裂数目不再是（$n+1$）（$n'+1$），而是（$n+n'+1$），峰的强度比仍服从二项式系数比规则。如 $CH_3CH_2CH_2I$ 的 ^{1}H NMR（图 3-20）。

3.3.4　耦合常数与分子结构的关系

影响耦合常数的因素大体上可分为两部分：原子核的磁性和分子结构。原子核磁性的大小或有无直接决定了耦合常数的大小或存在与否。一般来说，原子核的磁性大，耦合常数也大，反之亦然。核旋磁比实际上是核的磁性大小的度量，因此，耦合常数和核旋磁比直接有关。分子结构对耦合常数的影响有两个基本方面：几何构型和电子结构。上述诸影响因素可概括如下：

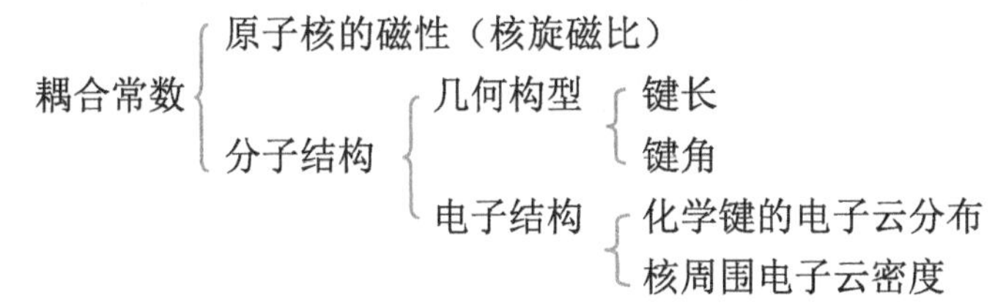

下面，对各种影响因素分别加以讨论。

（1）J 和核旋磁比 γ 的关系

现在，以核 A、核 B 之间的耦合来分析，假定两核的核自旋量子数 $I = 1/2$，两核的化学位移差值 $\Delta\nu_{AB}$ 比耦合常数 J_{AB} 大很多。当 $J_{AB}=0$ 时，不发生耦合。而当两核耦合时，$J_{AB}\neq 0$，上述谱线各分裂为两条，而且裂距（耦合常数）皆为 J_{AB}，四条谱线的共振频率分别为 $\nu_{A(1)}$、$\nu_{A(2)}$ 和 $\nu_{B(1)}$、$\nu_{B(2)}$。不管核 A 与核 B 之间的耦合机理如何，总可以认为导致谱线分裂的根本原因是核 A 或核 B 的核磁矩各在其对方所在位置产生局部磁场的效应。假定核 B 在核 A 处产生的局部磁场为 $\Delta B'_B$，而 $\Delta B'_B$ 与核 B 的旋磁比 γ_B 成正比，即：

$$\Delta B'_B = K_B\gamma_B \tag{3-21}$$

K_B 与两核相对位置（键距、键角）和耦合路径中所经过的原子及化学键性质有关。由于假定核 B 的自旋量子数 I 为 1/2，在外磁场 B 中有两种可能的取向，因而 B'_B 也有正负之分。因此，核 A 实际感受磁场 B_A 为：

$$B_A = (B \pm \Delta B'_B)(1 - \sigma_A) \tag{3-22}$$

σ_A 为核 A 的屏蔽常数。由式（3-21）和式（3-22）可以得到核 A 的两种共振频率：

$$\nu_{A(1)} = \gamma_A/(2\pi)(B + \Delta B'_B)(1 - \sigma_A)$$

$$\nu_{A(2)} = \gamma_A/(2\pi)(B - \Delta B'_B)(1 - \sigma_A)$$

耦合常数

$$J_{AB} = \nu_{A(1)} - \nu_{A(2)} = (\gamma_A/\pi)(\Delta B'_B)(1 - \sigma_A)$$

$$= K_B\gamma_A\gamma_B(1 - \sigma_A)/\pi \tag{3-23}$$

对于核 B 的 NMR 谱线，同理可得：

$$J_{AB} = \nu_{B(1)} - \nu_{B(2)} = K_A\gamma_A\gamma_B(1 - \sigma_B)/\pi \tag{3-24}$$

由式（3-23）和式（3-24）得到：

$$J_{AB} = K\gamma_A\gamma_B \tag{3-25}$$

由式（3-25）可以看到，耦合常数和相互作用的核的磁性有关，是由物质的本性所决定的，不随外加磁场强度而改变，而化学位移的绝对值 ν 却正好相反，若增大外加磁场强度，将使化学位移差值 $\Delta\nu$ 加大，而 J 值保持不变，因而 $\Delta\nu/J$ 亦增大。另外，磁场强度增大还会增大仪器的灵敏度。当核间化学位移绝对差值 $\Delta\nu$ 微小、耦合的裂分峰不易辨认时，可以改变磁场的强度，化学位移不同的核峰间距离 $\Delta\nu$ 会变化，而耦合裂分峰的间距不因磁场改变而改变。在一些小磁场的核磁共振仪上测得不符合 $n+1$ 规律的复杂图谱，在大磁场的核磁共振仪上可能变成简单的符合 $n+1$ 规律的图谱，这一事实对分析 NMR 谱图，剖析结构很有帮助。

（2）J 和相隔化学键的数目及键型的关系

① 一般来说，随着所观察的核之间相隔化学键数目的增加，核间距相应增大，核之间的耦合作用逐渐减弱，耦合常数也逐渐变小。

例如，在饱和链烃中，这个规律十分明显，$|^2J|>|^3J|>|^4J|$，隔四个 σ 键的耦合作用一般不易观察到。如：

分子	$^nJ_{H\text{-}H}$/Hz
CH_4	$^2J = 12.4$
$CH_3—CH_3$	$^3J = 8.0$
$CH_3—CH_2—CH_3$	$^4J < 0.5$

在下面例子中，$^{13}C—^{13}C$ 耦合随 C—C 键长的缩短，$^{1}J_{C\text{-}C}$ 显著增加：

键的类型	键长/Å	$^{1}J_{C\text{-}C}$/Hz
C—C	1.534	34.6
C═C	1.339	67.6
C≡C	1.205	171.5

对于取代苯，苯环上质子间的耦合常数的数值如下：

J_o≈6.0～9.4Hz

J_m≈0.8～3.2Hz

J_p≈0.2～0.7Hz

J_o、J_m 和 J_p 分别表示邻位、间位和对位质子之间的耦合常数，这些数值范围对于判别多取代苯的结构很有帮助。

② 化学键的性质　由于核之间的化学键的类型不同，它们传递耦合的能力亦不同。一般，多重键电子离域性大，传递耦合的能力比单键强，因而耦合常数的数值也较大。

a．饱和烃　通过 C—C 单键传递的耦合能力较弱，一般 $^{3}J_{H\text{-}H}=7～9$Hz，$^{4}J_{H\text{-}H}<0.5$Hz。

b．烯烃　烯烃中的 π 键传递耦合的能力比 σ 键强，因此，$^{3}J_{H\text{-}H}$ 值比饱和烃大，如乙烯的 $^{3}J_{顺(H\text{-}H)}=11.6$Hz，$^{3}J_{反(H\text{-}H)}=19.1$Hz。如果 C═C 双键被 C—C 单键隔开，传递耦合的能力迅速减弱。如：H—C═C—CH₂—R，$^{4}J_{H\text{-}H}=1.5$Hz，丁二烯基 H—C═C—C═C—H，$^{5}J_{H\text{-}H}≈0.7～1.3$Hz。隔四个键以上的耦合称为远程耦合。如果两个双键直接相连时，传递耦合的能力很强，如丙二烯 $H_2C═C═CH_2$，$^{4}J_{H\text{-}H}=7$Hz。

c．炔烃　炔烃 C≡C 键含有两个 π 键，一个 σ 键，按一般推理，可能认为传递耦合能力比 C═C 强，其 $^{3}J_{H\text{-}H}$ 应比烯烃大，但实验结果却相反，乙炔的 $^{3}J_{H\text{-}H}=9.6$Hz，只有乙烯 $^{3}J_{反(H\text{-}H)}$ 19.1Hz 的一半左右。一般认为 C 的 sp 杂化轨道中的 s 成分比 C 的 sp^2 轨道的 s 成分大，C—H 中的电子离域性大。杨文火等人采用化学键电子相对离域性的定义，经计算表明，乙炔的 C—H 和 C≡C 分别比乙烯的 C—H 和 C═C 的电子离域性小。它和 C═C 不同之处还在于，当它和 C—C 单键相连接时，传递耦合的效果比同样情况下 C═C 和 C—C 相连的效果大，如 HC≡C—CH_3，$^{4}J_{H\text{-}H}=2.9$Hz；H—C≡C—C≡C—H，$^{5}J_{H\text{-}H}=2.2$Hz；相隔九个化学键的耦合 $^{9}J_{H\text{-}H}≈0.4$Hz。

③ 键角　1959 年，Karplus 提出了烷烃的 $^{3}J_{H\text{-}H}$ 与 H—C—C—H 的二面角 Φ 关系的经验公式：

$$^{3}J_{H\text{-}H}=A+B\cos\Phi+C\cos(2\Phi) \tag{3-26}$$

式中，$A=4.22$Hz、$B=-0.5$Hz、$C=4.5$Hz 或 $A=7$Hz、$B=-1$Hz、$C=5$Hz。由式（3-26）可以看到，当 $\Phi=0$℃或 180℃时，$^{3}J_{H\text{-}H}$ 最大；而 $\Phi=90°$ 时，$^{3}J_{H\text{-}H}$ 最小。

【例 12】环己烷中的两个直立（H_a）或平躺（H_e）键中的质子间的耦合：

两个直立键间质子耦合　设 $\Phi=180°$，$^{3}J_{H\text{-}H}=9.2$Hz（观察值 8.14Hz）

直立和平躺键间质子耦合　设 $\Phi=60°$，$^{3}J_{H\text{-}H}=1.8$Hz（观察值 1.5Hz）

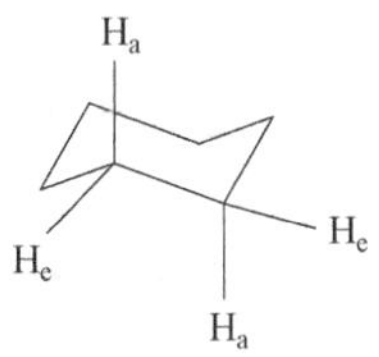

H_a

H_e　H_e

H_a

【例 13】麻黄碱（A）和假麻黄碱（B）的 $^3J_{H\text{-}H}$ 分别为 4Hz 和 10Hz。

(A)　　(B)

④ 取代基的影响和耦合常数经验计算　当烃类分子的氢原子被基团 X 或 Y 取代后，与基团相连接的碳原子的电子云分布会发生变化，分子的几何构型会受到影响，对耦合常数也会产生影响。

a．对 CH_3—CH_2X 化合物，X 的电负性愈大，$^3J_{H\text{-}H}$ 就愈小，其值可由下面经验公式计算：

$$^3J_{H\text{-}H}=7.9-n\times 0.7\Delta X(\text{Hz}) \tag{3-27}$$

式中，n 为被 X 取代的 H 数目；ΔX 为取代基 X 和 H 的电负性差值。

【例 14】求 CH_2Cl—$CHCl_2$ 的 $^3J_{H\text{-}H}$ 值。

解：$n=3$，$\Delta X=3-2.1=0.9$

$^3J_{H\text{-}H}=7.9-3\times 0.7\times 0.9=6.01(\text{Hz})$

$^3J_{H\text{-}Hobs}=6.0(\text{Hz})$

b．对 CH_2═CHX 化合物，J 的变化情况和取代烷烃变化类似，X 的电负性愈大，$^2J_{H\text{-}H}$、$^3J_{H\text{-}H(顺)}$和 $^3J_{H\text{-}H(反)}$就愈小。

【例 15】CH_2═CHX

X	X 电负性	化合物	$^3J_{H\text{-}H(顺)}$/Hz	$^3J_{H\text{-}H(反)}$/Hz	$^2J_{同}$/Hz
F	3.92	CH_2═CHF	4.65	12.75	−3.2
Cl	3.32	CH_2═CHCl	7.3	14.6	−1.4
Br	3.15	CH_2═CHBr	7.1	15.2	−1.8
R	2.55	CH_2═CHR	10.3	17.3	1.6

1,2-双取代乙烯的耦合常数 $^3J_{H\text{-}H}$ 计算可按如下公式：

$$^3J_{H\text{-}H(顺)}=\rho_{C_1(顺)}\rho_{C_2(顺)}$$

$$^3J_{H\text{-}H(反)}=\rho_{C_1(反)}\rho_{C_2(反)} \tag{3-28}$$

$\rho_{C_1(顺)}$、$\rho_{C_2(顺)}$和 $\rho_{C_1(反)}$、$\rho_{C_2(反)}$分别表示顺式和反式取代乙烯中的取代基 R^1、R^2 连接的 C_1 和 C_2 的电子云密度参数。表 3-9 列出一些取代基的参数。

表 3-9　一些取代基的 $\rho_{C(顺)}$和 $\rho_{C(反)}$值

取代基	$\rho_{C(顺)}$	$\rho_{C(反)}$	取代基	$\rho_{C(顺)}$	$\rho_{C(反)}$
—F	1.478	2.998	—CH═CH_2，—CH═C═CH_2	3.306	3.905
—Cl	2.220	3.422	—C(CH_3)═CH_2	3.447	3.999

续表

取代基	$\rho_{C(顺)}$	$\rho_{C(反)}$	取代基	$\rho_{C(顺)}$	$\rho_{C(反)}$
—Br	2.225	3.493	—C≡CH，—C≡CR	3.441	3.890
—I	2.298	3.667	—C≡C—C≡CH	3.366	4.033
—OR	1.958	3.108	—CHO	3.388	4.004
—OP(O)(OR)$_2$	1.834	3.263	—CO_2H	3.540	3.936
—NO_2	2.158	3.369	—CO_2R	3.497	3.956
—NH_2，—NR_2	2.863	3.190	—COR	3.558	4.058
—SCH_3	3.082	3.962	—COAr	3.371	3.934
—S$(CH_3)_2$	2.744	3.913	—$CONR_2$	3.520	3.858
—SPh	2.811	3.865	Ar—	3.527	4.065
—SOPh	2.879	3.845	*p*-$CH_3C_6H_4$—	3.553	4.054
—SO_2Ph	3.248	3.888	*o*-CNC_6H_4—，*p*-CNC_6H_4—	3.540	4.019
—PR_3	3.820	4.420	—C_6H_4Cl，—C_6H_4Br	3.481	4.075
—P$(Ar)_3$	—	4.164	—$C_6H_3Cl_2$	3.666	4.133
—CN	3.437	4.126	*m*-$NH_2C_6H_4$—，*p*-$NH_2C_6H_4$—	3.581	4.014
—CH_3	3.212	3.872	—C_6H_4OH，*p*-$NO_2C_6H_4$—	3.608	4.025
—CH_2R	3.256	3.933	2,3-二(OH)-C_6H_3—	3.582	4.092
—C$(CH_3)_3$	3.709	3.974	2,3-二(OR)-C_6H_3—	3.582	4.092
—C$(CH_3)_2$OH	3.670	3.946	α-呋喃基（α-C_4H_3O）	—	3.939
—CH_2Cl，—CH_2Br	3.185	3.897	—MgBr	4.588	5.119
—CH_2OH，—CH_2OR	3.311	3.941			

【例 16】已知某化合物的分子式为 Ar—CH═CHCOOH，NMR 谱中的质子耦合常数 $^3J_{H\text{-}H}$= 12.3Hz，确定其构型。

解：查表 3-9 得值如下：

取代基	$\rho_{C(顺)}$	$\rho_{C(反)}$
—Ar	3.527	4.065
—COOH	3.540	3.936

$^3J_{H\text{-}H(顺)}=3.527\times 3.540=12.49(Hz)$

$^3J_{H\text{-}H(反)}=4.065\times 3.936=16.00(Hz)$

$^3J_{H\text{-}H(顺)cal}$12.49Hz 与 $^3J_{H\text{-}H(顺)obs}$12.3Hz 相近，故化合物是顺式构型。

c．取代苯耦合常数计算　取代基对苯环质子间耦合常数的影响具有近似的加和性，基于这一性质，可得到如下计算公式：

$$J_o=7.54+\sum A+\Delta(Hz)$$
$$J_m=1.37+\sum A+\Delta(Hz)$$
$$J_p=0.69+\sum A+\Delta(Hz) \quad (3\text{-}29)$$

J_o、J_m 和 J_p 分别为取代苯上的邻位、间位和对位质子间的耦合常数，7.54Hz、1.37Hz 和 0.69Hz 分别是未取代苯的 J_o、J_m 和 J_p 值。Δ 是校正系数，在计算三、四取代苯时，需要一个修正值 Δ，别的取代方式 Δ 为零。修正值 Δ 列于表 3-10。A 是取代参数。根据取代基与所要计算的耦合氢的相对位置，将取代参数分为六个类型（参见表 3-11）。

表 3-10　计算三、四取代苯的修正值 Δ

耦合常数	取代类型	Δ/Hz
J_o	1,2,4-三取代	0
	其余	+0.2
J_m	1,2,4-和 1,3,5-三取代	0
	其余	+0.15
J_p	1,2,4-三取代	+0.12
	1,2,4,5-四取代	+0.40

表 3-11　取代基与耦合氢的相对位置及取代参数 A

耦合类型	J_o		J_m			J_p
A	A_{23}	A_{34}	A_{26}	A_{35}	A_{24}	A_{25}
取代基与耦合氢的相对位置	R 1 2H 3H 4 5 6	R 1 2 3H 4H 5 6	R 1 2H 3 4 5 H6	R 1 2 3H 4 H5 6	R 1 2H 3 4H 5 6	R 1 2H 3 4 H5 6

在着手计算取代苯某一对质子间的耦合常数时，总是把取代基 R 的位置编号定为 1，然后对耦合质子按表 3-11 所示进行编号。一些取代基的 A 值列于表 3-12。本方法的计算误差一般小于 0.2Hz，个别可超过 0.3Hz（占 4.4%），一般来说，二取代结果优于三、四取代结果。

表 3-12　一些取代基的 A 值

取代基	A_{23}	A_{34}	A_{26}	A_{35}	A_{24}	A_{25}
—F	0.84	−0.06	1.40	0.46	−0.27	−0.21
—Cl	0.54	−0.06	0.84	0.35	−0.21	−0.16
—Br	0.52	−0.07	0.78	0.36	−0.20	−0.19
—I	0.46	−0.09	0.56	0.34	−0.19	−0.19
—OH	0.72	−0.12	1.21	0.41	−0.21	−0.19
—OCH_3	0.82	−0.16	1.30	0.43	−0.31	−0.21
—OCH_2CO_2Na	0.76	−0.15	1.36	0.38	−0.27①	−0.20①
—NH_2	0.60	−0.18	0.96	0.32	−0.23	−0.15
—NHR	0.68	−0.20	1.10	0.36	−0.28①	−0.17
—NR_2	0.79	−0.25	1.06	0.38	−0.36	−0.19
—NO_2	0.74	−0.11	1.07	0.11	−0.15	−0.16
—CO_2H	0.30	−0.08	0.42	−0.03	−0.02	−0.13
—CHO	0.24	−0.09	0.34	−0.14	0.02	−0.13
—COCl	0.47	−0.11	0.60	0.01	−0.13①	−0.09
—COF	0.35	−0.04	0.44	−0.08	−0.11①	−0.10
—$COCH_3$	0.32	−0.09	0.54	−0.06	−0.03	−0.08
—CO_2CH_3	0.30	−0.08	0.41	−0.07	−0.03	−0.08
—CN	0.32	0.03	0.41	−0.08	−0.08	−0.10
—CH_3	0.19	−0.02	0.63	0.10	−0.06	−0.07
—$C(CH_3)_3$	0.23	−0.26	0.88	0.15	−0.06	−0.12
—CF_3	0.36	0.05	0.60	0.15	−0.05	−0.07①
—$CH{=}CH_2$	0.27	−0.12	0.53	−0.04	−0.15	−0.10①
—Ph	0.24	−0.07	0.59	0.06	−0.06	−0.10
—SH	0.33	−0.08	0.70	0.19	−0.18	−0.12
—MgBr	−0.63	−0.15	−0.63	−0.06	0.16①	0.01
—Li	−0.85	−0.12	−0.69	−0.12	0.17①	0.05

①数据可靠性稍差。

下面举几个计算例子。

【例 17】

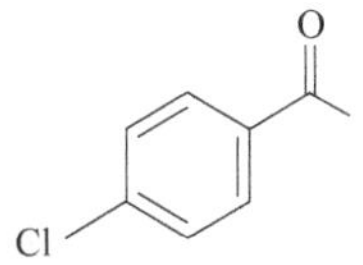

$$J_{23}=J_{56}=7.54+A_{23}(\mathrm{Cl})+A_{23}(\mathrm{COCH_3})$$
$$=7.54+0.54+0.32=8.40(\mathrm{Hz})(\mathrm{obs}\ 8.4\mathrm{Hz})$$
$$J_{26}=1.37+\mathrm{A}_{26}(\mathrm{Cl})+\mathrm{A}_{35}(\mathrm{COCH_3})$$
$$=1.37+0.84-0.06=2.15(\mathrm{Hz})(\mathrm{obs}\ 2.2\mathrm{Hz})$$
$$J_{35}=1.37+\mathrm{A}_{35}(\mathrm{Cl})+\mathrm{A}_{26}(\mathrm{COCH_3})$$
$$=1.37+0.35+0.54=2.26(\mathrm{Hz})\ (\mathrm{obs}\ 2.2\mathrm{Hz})$$
$$J_{25}=J_{36}=0.69+\mathrm{A}_{25}(\mathrm{Cl})+\mathrm{A}_{25}(\mathrm{COCH_3})$$
$$=0.69-0.16-0.08=0.45(\mathrm{Hz})(\mathrm{obs}\ 0.5\mathrm{Hz})$$

此例计算值与实验值偏差小于 0.1Hz。

【例 18】

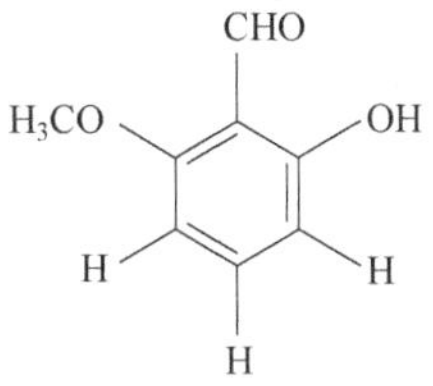

$$J_{45}=7.54+\mathrm{A}_{34}(\mathrm{CHO})+\mathrm{A}_{23}(\mathrm{OCH_3})+\mathrm{A}_{34}(\mathrm{OH})+\Delta$$
$$=7.54-0.09+0.82-0.12+0.20$$
$$=8.35(\mathrm{Hz})(\mathrm{obs}\ 8.55\mathrm{Hz})$$
$$J_{34}=7.54+\mathrm{A}_{34}(\mathrm{CHO})+\mathrm{A}_{34}(\mathrm{OCH_3})+\mathrm{A}_{23}(\mathrm{OH})+\Delta$$
$$=7.54-0.09-0.16+0.72+0.20$$
$$=8.21(\mathrm{Hz})(\mathrm{obs}\ 8.30\mathrm{Hz})$$
$$J_{35}=1.37+\mathrm{A}_{35}(\mathrm{CHO})+\mathrm{A}_{24}(\mathrm{OCH_3})+\mathrm{A}_{24}(\mathrm{OH})+\Delta$$
$$=1.37-0.14-0.31-0.21+0.15$$
$$=0.86(\mathrm{Hz})(\mathrm{obs}\ 0.82\mathrm{Hz})$$

注意：计算三、四取代苯时，一定要加修正值 Δ。

在环烯体系中，烯键氢的 J_0 随环的增大而递增，据此可以辨认四、五、六元环。例如：

环烯环的大小	$J_{0顺}$/Hz
三元环	0.5～1.5
四元环	2.5～3.7
五元环	5.1～7.0
六元环	8.8～11.0
七元环	9.0～12.5
八元环	10～13

（3）远程耦合

超过三个键的耦合作用称为远程耦合。远程耦合常数一般较小（0～3Hz），但也有较大的，如芳烃、烯烃和炔烃等化合物。

① 芳环远程耦合　芳环及杂芳环上氢核的耦合有邻位、间位和对位三种。耦合常数均为正值，邻位耦合较大，间位次之，对位很小，一般为：$J_o=6\sim10\mathrm{Hz}$，$J_m=1\sim3\mathrm{Hz}$，$J_p=0\sim1\mathrm{Hz}$。

② 丙烯型远程耦合　跨越三个单键和一个双键的耦合作用为丙烯型远程耦合，如 H—C═C—C—H，耦合常数一般为 0～3Hz。耦合常数的大小与丙烯位的 C—H σ 键与 π 轨道的重叠程度有关，而其重叠程度与键的取向及二面夹角 θ 等因素相关。高丙烯体系的耦合，

即跨越四个单键与一个双键（H—C—C═C—C—H）的耦合作用，耦合常数一般为0～4Hz。

③ 炔基的远程耦合　通过三重键传递耦合是很有效的，以至多元炔烃化合物 ^9J 尚不为零。这是因为炔键的 π 电子通过共轭键传递耦合作用的能力大。例如：

$$H_3C—C\equiv C—C\equiv C—C\equiv C—CH_2—OH \quad ^9J=0.4Hz$$

④ 通过四个键的 W 形耦合和通过五个键的折线形耦合　由图 3-25（a）可见，在饱和烃体系中，当四个 σ 键共处于一个平面内并构成一个伸展的 W 形折线时，由于轨道重叠，两头的氢有远程耦合。在一些较大的脂环体系中，有时 W 形远程耦合显得更大，如图 3-25（b）化合物的 $J_{ac}\approx 7Hz$。在共轭体系中，当五个键构成一个延伸的折线时，有一定的远程耦合，耦合常数约为 0.4～2.0Hz，如图 3-25（c）所列化合物。

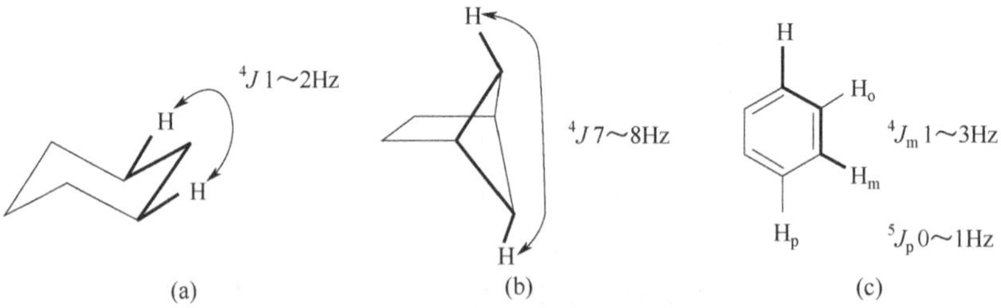

图 3-25　三个化合物的耦合常数

⑤ 虚假远程耦合　在 ABX 系统中，X 与 A 虽不耦合，但与 B 耦合，而 B 与 A 有很强的耦合，这样，B 不能相对独立。必须把 ABX 看成一个整体，所以，由于 A 的存在而使 X 的信号复杂化，不再适用 $n+1$ 规律。

图 3-26（a）为 $BrCH_2CH_2CH_2CH_2CH_2Br$ 的谱图，2,3 位氢的化学位移有一定的差别，1 位氢按 $n+1$ 的规则呈现三重峰；而图 3-26（b）为 $BrCH_2CH_2CH_2CHBrCH_3$ 的谱图，2,3 位氢的化学位移接近，1 位氢虚假远程耦合，使图谱复杂化而呈现出多重峰。

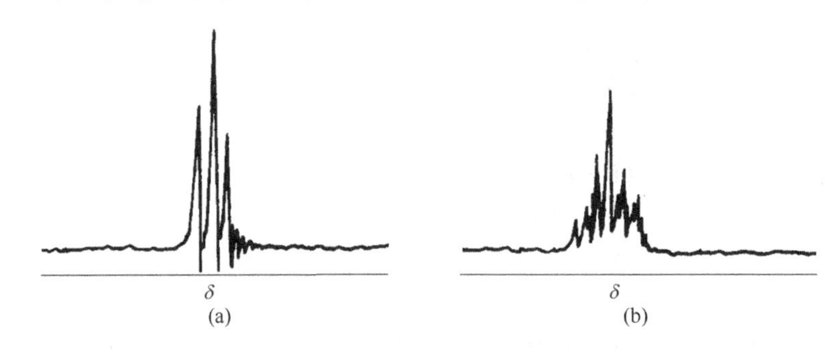

图 3-26　虚假远程耦合例子

（4）活泼氢的图谱

活泼氢的耦合规律与其交换速度有很大的关系，交换速度顺序为：

$$—OH > \rangle NH > —SH$$

① —OH 峰的特点

a．一般表现为尖峰，但有时由于氢键缔合，在交换速度中等时受到一些因素影响，也会出现钝峰。—OH 质子化学位移随着氢键强度的变化而移动，氢键越强，δ 值越大。温度、溶剂和浓度对氢键强度也有很大影响。

图 3-27 表示在各种温度下甲醇质子的化学位移和耦合裂分情况。在−40℃，—OH 的 δ 值较大，表示氢键较强，随着温度升高，氢键减弱，信号往高场移动，在−40℃和−14℃时，—OH 为四重峰，而—CH_3 为二重峰，这表示羟基质子与甲基质子之间有耦合作用。但在−4℃时就看不出这种耦合裂分。这是因为温度较高时，—OH 质子在不同分子间的交换很频繁，而—CH_3 质子产生的不同局部磁场对—OH 质子的影响被抵消的缘故。

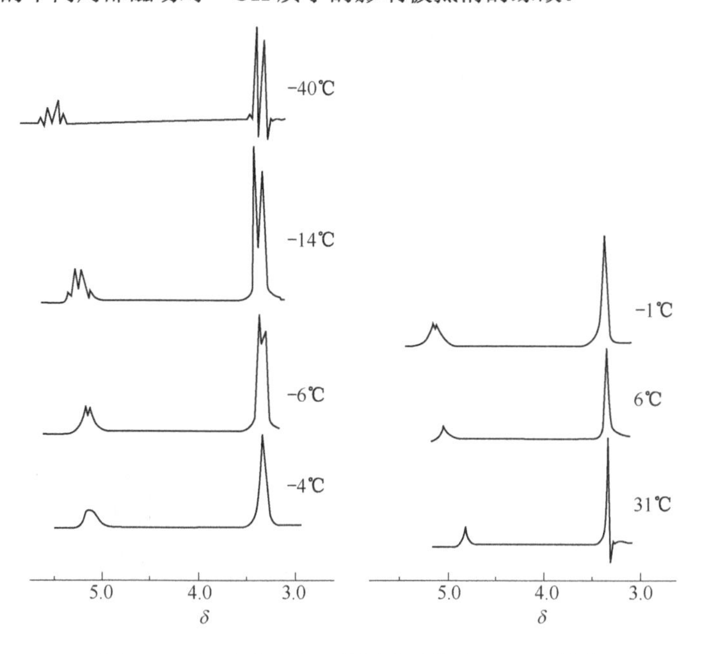

图 3-27　甲醇质子在各种温度下的 ^1H NMR 谱图

b．含—OH 的样品，若纯度很高，由于氢交换速度很慢，能观测到它与邻位氢所发生的耦合。例如乙醇的—OH 可表现为邻位—CH_2—的耦合而裂分成三重峰。若加入痕量的酸或碱，加快了交换速度，三峰变为单峰。如图 3-28 所示。

② >NH 峰的特点

a．脂肪族和芳香族伯胺的—NH_2 的 ^1H NMR 信号，及环状仲胺的>NH 的 ^1H NMR 信号，都是较尖锐的单峰。例如 C_6H_5—CH_2NH_2（—NH_2 质子的信号为较尖的单峰，δ 1.52），C_6H_5—NH_2（—NH_2 质子的信号为较尖的单峰，δ 3.85）。

b．酰胺的>NH 的 ^1H NMR 信号一般为宽峰。例如 $(CH_3)_2CHCH_2CH_2CONH_2$ 中—NH_2 的两个质子，在 NMR 谱图（如图 3-29 所示）中出现两个宽峰（δ 6.05 和 δ 6.33）。

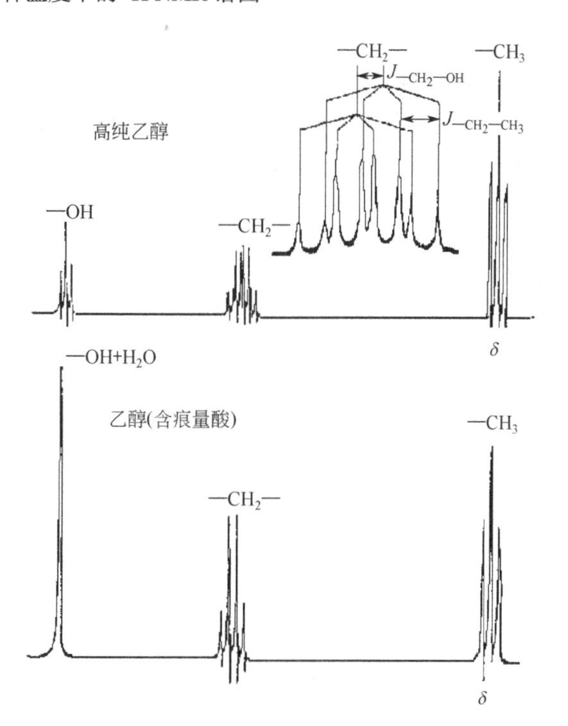

图 3-28　乙醇的 ^1H NMR 谱图（100MHz）

若$\gt$NH 质子发生中等速度的交换，一般出现一宽峰。如 NH_4Cl-H_2O 体系。

c．在酸性溶液中，—NH_2 的 ^{1}H NMR 信号变为三个很宽的峰。这是由于$\gt$NH 质子交换速度比较慢，质子与 ^{14}N 发生耦合，裂分峰的数目为 $2nI+1=2\times1\times1+1=3$，得到强度比近似为 1∶1∶1 的三重宽峰，$J_{N-H}=50\sim60Hz$。例如图 3-30 所示的 ^{1}H NMR 图谱，$\gt$NH 为三个宽峰，耦合常数 $J_{N-H}\approx53Hz$。而每一个宽峰又进一步被甲基耦合裂分为四重峰，$J_{NH-CH}\approx6Hz$；甲基也因耦合裂分为四重峰。

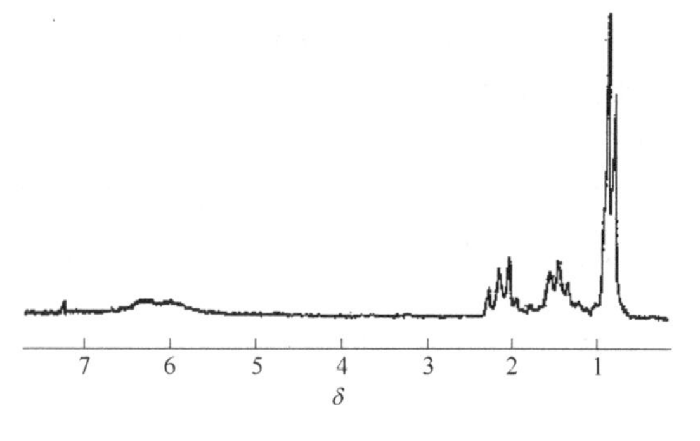

图 3-29 $(CH_3)_2CHCH_2CH_2CONH_2$ 的 ^{1}H NMR

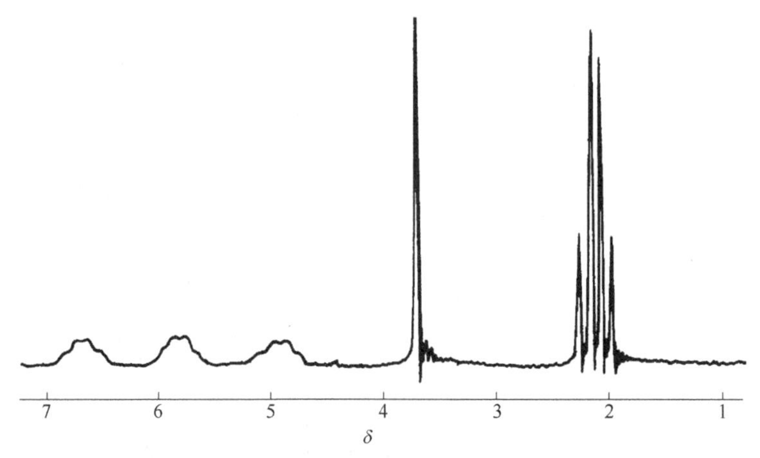

图 3-30 CH_3NH_2 在 pH = 1.0 的 ^{1}H NMR 谱图

③ —SH 峰的特点

一般情况下，由于—SH 中的质子交换速度较慢，其耦合规律和其他一般质子相同。如图 3-31 所示，$^3J_{H-C-S-H}$ 耦合在图谱中能够明显地显现出来，$^3J_{a,b}=7.6Hz$。

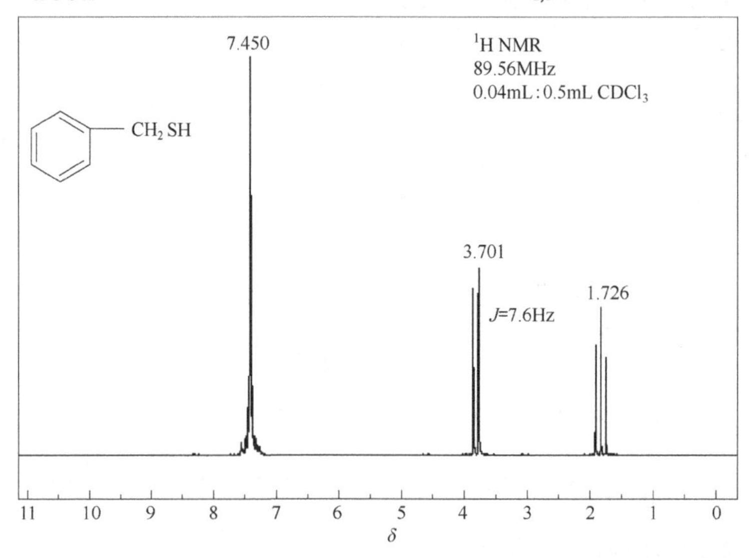

图 3-31 苯甲硫醇的 ^{1}H NMR 谱图

3.3.5 核的不等价性

在 NMR 谱中经常要讨论核的等价性质，区分化学等价的核和磁等价的核，以便正确解释图谱。

（1）化学等价

分子中同种类的核，其化学位移彼此相等者，称为化学等价的核。例如，CH_3CH_2I 分子中，CH_3 的三个质子的化学位移相同，这三个质子是化学等价的，同理，CH_2 中的两个质子也是化学等价的。

（2）磁等价

分子中同种类的核，除其化学位移相等外，还要求它们对任意一个有耦合作用的邻近核具有完全相同的耦合作用（即有相同的耦合常数），这类核称为磁等价的核。磁等价的核往往是化学等价的核，但化学等价的核却不一定是磁等价的核，如：

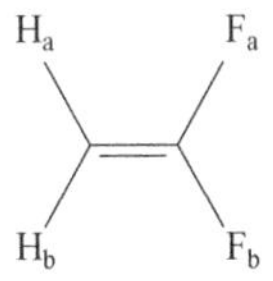

H_a F_a H_b F_b

$J_{H_aF_a} \neq J_{H_bF_a}$ ， $J_{H_aF_b} \neq J_{H_bF_b}$

两个 ^1H 和两个 ^{19}F 都分别是化学等价的核，但由于 $J_{H_aF_a} \neq J_{H_bF_a}$，$J_{H_aF_b} \neq J_{H_bF_b}$，所以，两个 ^1H 和两个 ^{19}F 都分别为磁不等价的核。下述的几种情况，易于产生核的磁不等价性。

① 双键会产生不等价质子。如上例的情况。

② 单键带有双键性，会产生不等价质子，如：

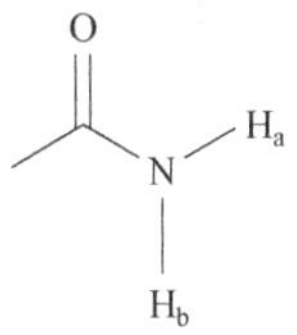

O N H_a H_b

由于 CN 键具有双键性质，H_a 和 H_b 是磁不等价的。再如：

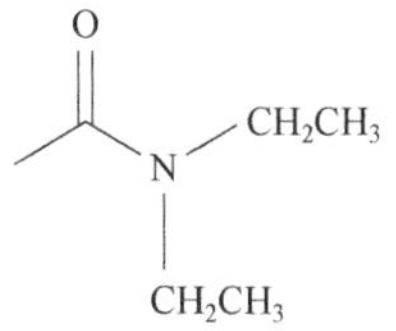

O N CH_2CH_3 CH_2CH_3

由于 CN 键具有双键性质，使两个乙基出现不等价，^1H NMR 谱图上将出现两组三重峰（CH_3）和两组四重峰（CH_2）。

③ 单键不能自由旋转时也会产生不等价质子。

例如，$BrCH_2CH(CH_3)_2$ 有三种不同的构象：

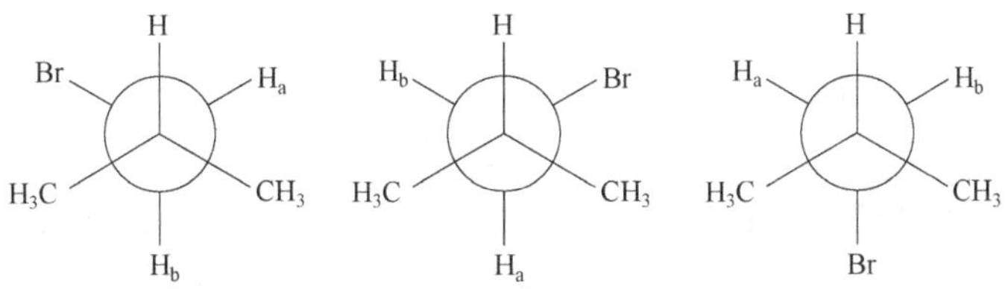

H Br H_a H_3C CH_3 H_b

(a)

H H_b Br H_3C CH_3 H_a

(b)

H H_a H_b H_3C CH_3 Br

(c)

从构象图看，H_a 和 H_b 处于不同化学环境，应该是不等价的。在低温下，大部分是（a）、（b）构象，构成 ABX 系统，少量为（c）构象，构成 A_2X 系统。但在室温或较高温度下，分子基团绕 CC 轴快速旋转，使 H_a 和 H_b 核处于平均环境中，此时，这两个质子是等价的。

④ 与不对称碳原子连接的 CH_2 质子是不等价的。

例如：

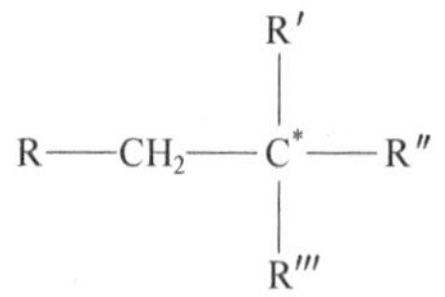

$$R—CH_2—C^*(R')(R''')—R''$$

C^*为不对称原子，这种化合物有三个构象：

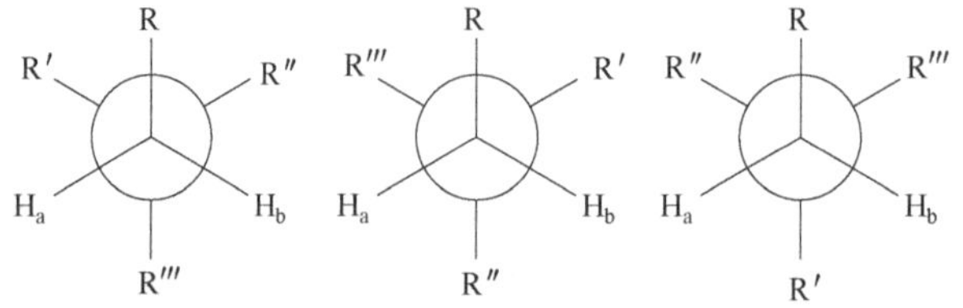

(a)　　(b)　　(c)

分子基团绕 CC 轴快速旋转，这三个构象出现的概率几乎相等。但在构象（a）中，H_a 在 R′和 R‴之间时，R 在 R′和 R″之间时，H_b 在 R″和 R‴之间；（b）、（c）中，不管 R—CH_2—的旋转速度有多快，H_b 和 H_a 的环境仍然不一样，还是不等价质子。

距离—CH_3 较远的碳原子不对称时，也会产生不等价质子。

例如 C_6H_5—CH(CH_3)—O—$(CH_2)_n$—$CHMe_2$，由于不对称碳原子的存在，两个甲基质子是不等价的，$\Delta\nu\neq0$。如：

n	两个甲基质子的 $\Delta\nu$/Hz
0	0.8
1	0.5
2	1.8

必须指出的是，在这里对于这种不对称碳的要求与旋光异构现象中的要求不完全一致。例如，1, 2, 3-三溴丙烷（CH_2Br—*CHBr—CH_2Br），在分子中有对称面，标有“*”的碳原子并非不对称碳，但是对于每一个 CH_2 而言，它的近邻 C 上的三个取代基是不同的：H、Br、CH_2Br，因此仍是“不对称的”，CH_2 上的两个质子的化学位移也因此不同。为了有别于旋光异构中所指的不对称碳原子，而称此碳原子为“手性”（chiral）碳。由于这个手性碳的存在，使 CH_2 上的两个质子产生差别，这种 CH_2 可称为原手性（prochiral）基团。

⑤ 构象固定的环上 CH_2 质子是不等价的。

在室温下，环己烷的两种构象转化速度很快，因此竖键氢和平键氢的化学位移被平均化。结果环己烷的信号为单峰，$\delta=1.43$。而甾类化合物的稠环构象是固定的，因此竖键氢和平键氢的化学位移不相同，因此甾类化合物在 $\delta=0.8$～2.5 之间有复杂的信号。环己烷当温度降低时，围绕单键的旋转速度降低，在某个温度下 ^{1}H NMR 谱将反映出每一构象的瞬间环境，即在某一瞬间观察到平键氢的信号，另一瞬间又是竖键氢的信号。例如在约−70℃时环己烷质子信号的尖峰开始裂分成两个峰；而在−100℃时，两个峰明显分开，一个峰代表平键氢，另一个峰代表竖键氢。

⑥ 苯环上的质子也可能是不等价的。例如：

虽然 H_a、H_a' 化学位移相同，但耦合常数 $J_{ab}\neq J_{a'b'}$，所以是磁不等价的。

3.4 高级谱的分析

当化学位移的差值 $\Delta\nu$ 和耦合常数 J 相差不大，即 $\Delta\nu/J<6$ 时，由于二者的相互干扰，谱线会出现复杂化，此时不具有一级谱图的特点（如峰的分裂、裂分峰的强度分布规则等），一级谱的解析方法在此不适用，这种谱称为高级谱或复杂谱。高级谱的系统包括 AB、AB_2、ABX、A_2B_2、AA′BB′等。每一类型的 ^{1}H NMR 谱都有其独特的解释步骤，现举几种简单的类型说明如下。

3.4.1 AB 型 ^{1}H NMR 谱的分析

由图 3-32 可以看到，随 $\Delta\nu/J$ 变小，一级谱（AX）逐步变为高级谱（AB），对 AB 系统，内侧耦合峰强度增大，峰的位置亦发生变化。

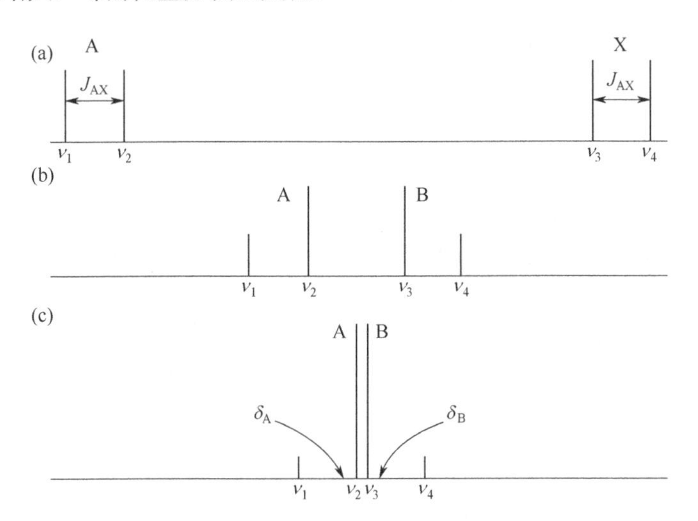

图 3-32　AB 系统理论裂分谱图

由图 3-32 的 AB 谱图，我们可以得到如下关系式：

$$J_{AB}=\nu_1-\nu_2=\nu_3-\nu_4 \tag{3-30}$$

$$\nu_A-\nu_B=[(\nu_1-\nu_4)(\nu_2-\nu_3)]^{1/2}=\Delta\nu_{AB} \tag{3-31}$$

因为这组峰的中点（S）的数值为 $1/2(\nu_1+\nu_4)$ 或 $1/2(\nu_2+\nu_3)$，所以 A、B 的化学位移为：

$$\nu_A=1/2(\nu_1+\nu_4)+1/2\Delta\nu_{AB}$$

$$\nu_B=1/2(\nu_1+\nu_4)-1/2\Delta\nu_{AB}$$

谱线的强度比符合重心规则，即：

$$I_{\nu_1}=I_{\nu_4}，\quad I_{\nu_2}=I_{\nu_3}，\quad \frac{I_{\nu_1}}{I_{\nu_2}}=\frac{I_{\nu_4}}{I_{\nu_3}}=\frac{\nu_2-\nu_3}{\nu_1-\nu_4}$$

【**例 19**】肉桂酸 ^{1}H NMR 谱图如图 3-33 所示，试确定其分子构型。

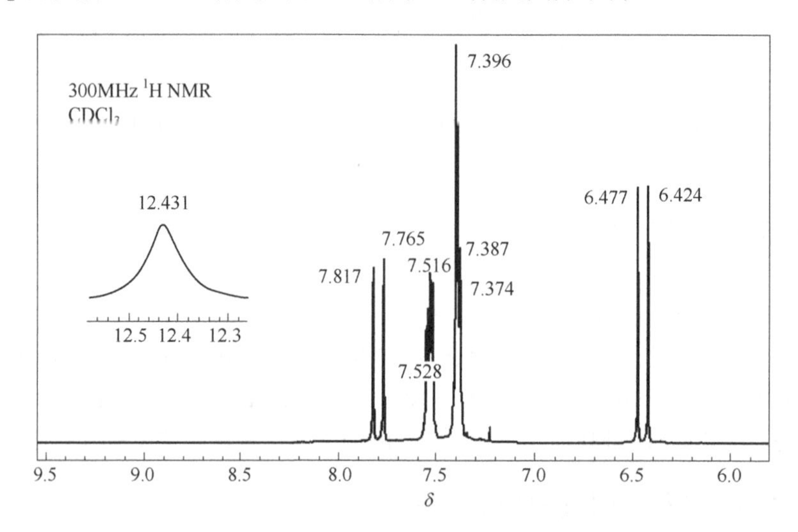

图 3-33 肉桂酸的 ^{1}H NMR 谱图

解：δ12.431 的单峰属—COO<u>H</u>，δ7.374～7.528 多峰属 Ar—<u>H</u>。

剩下的四条谱线为烯质子的吸收峰，这四条谱线是典型的 AB 型四重峰，谱线位置为：

δ_{A_1} =7.817，δ_{A_2} =7.765，δ_{B_2} =6.477，δ_{B_1} =6.424

计算得：

$J'_{AB}=\delta_{A_1}-\delta_{A_2}=7.817-7.765=0.052$

$J_{AB}=0.052\times300=15.6(\text{Hz})$

$\Delta\nu_{AB}=[(7.817-6.424)\times(7.765-6.477)]^{1/2}=(1.393\times1.288)^{1/2}=1.339$

$\delta_A=1/2\times(7.817+6.424)+1/2\times1.339=1/2\times14.241+0.670=7.790$

$\delta_B=7.141-0.670=6.451$

采用化学位移理论计算来判定其构型，肉桂酸可能有两种构型：

(顺)　　　　(反)

（顺）$\delta_{HA}=5.25+1.38+0.71=7.34$

（顺）$\delta_{HB}=5.25+0.97-0.07=6.15$

（反）$\delta_{HA}=5.25+1.38+1.41=8.04$

（反）$\delta_{HB}=5.25+0.97+0.36=6.58$

$\Delta\delta_{顺}=7.34-6.15=1.19$　　　$\Delta\delta_{反}=8.04-6.58=1.46$

实测 $\Delta\delta_{obs}=7.817-6.451=1.366$，可能是反式结构。

采用耦合常数理论计算公式（3-28）来验证构型。

$^3J_{顺}=3.527\times3.540=12.49(\mathrm{Hz})$

$^3J_{反}=4.065\times3.936=16.00(\mathrm{Hz})$

实验值：$^3J_{AB}=15.6\mathrm{Hz}$。实验值和 $^3J_{反}$计算值相近。由化学位移值及耦合常数值，可以确定肉桂酸是反式构型。

常见的 AB 系统是：

（1）接在不对称碳上的亚甲基

（2）烯氢键

3.4.2 AB_2型 ^1H NMR 谱的分析

（1）一级谱 AX_2 的变换

在一级谱 AX_2 中，假定 A 和 X 的ν值很靠近时（即 $\Delta\nu/J<6$），将由 AX_2 变为 AB_2（高级谱）（见图 3-34），AB_2 型系统也是高级谱中较常见的一种。

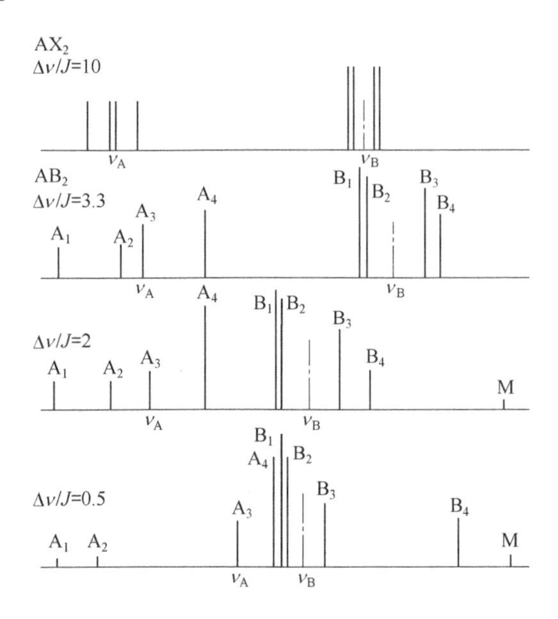

图 3-34　AB_2 系统理论裂分谱图

AB_2 型 ^{1}H NMR 谱图共有 9 条谱线：A 部分有 4 条，B 部分有 4 条谱线，还有 1 条较弱的综合线，A 谱线强度较弱些且分布较稀，B 谱线较强且分布较密集，在许多情况下，B_1 和 B_2 往往重叠，形成一条特强的谱线。各谱线的间隔有如下规律：

$$[\delta_{A_1}-\delta_{A_2}]=[\delta_{A_3}-\delta_{A_4}]=[\delta_{B_2}-\delta_{B_3}]$$
$$[\delta_{A_1}-\delta_{A_3}]=[\delta_{A_2}-\delta_{A_4}]=[\delta_{B_1}-\delta_{B_4}] \quad (3\text{-}32)$$
$$[\delta_{A_3}-\delta_{B_2}]=[\delta_{A_4}-\delta_{B_3}]=[\delta_{B_4}-M]$$

这些关系有助于核对各谱线位置，当 B_1 和 B_2 重叠时，借这些关系式可以把 B_1 和 B_2 的位置估算出来。化学位移和耦合常数可根据下面公式求出：

$$\nu_A=\nu_{A_3} \text{ 或 } \delta_A=\delta_{A_3}$$
$$\nu_B=1/2[\nu_{B_1}+\nu_{B_3}] \text{或} \delta_B=1/2[\delta_{B_1}+\delta_{B_3}]$$
$$J_{AB}=1/3[|(\nu_{A_1}-\nu_{A_4})|+|(\nu_{B_2}-\nu_{B_4})|] \quad (3\text{-}33)$$

常见的 AB_2 型系统有：

（2）分析实例

【例 20】二氯吡啶共有六种异构体，其中一种异构体的 ^{1}H NMR 谱图如图 3-35 所示，试通过 ^{1}H NMR 谱图分析确定其分子结构。

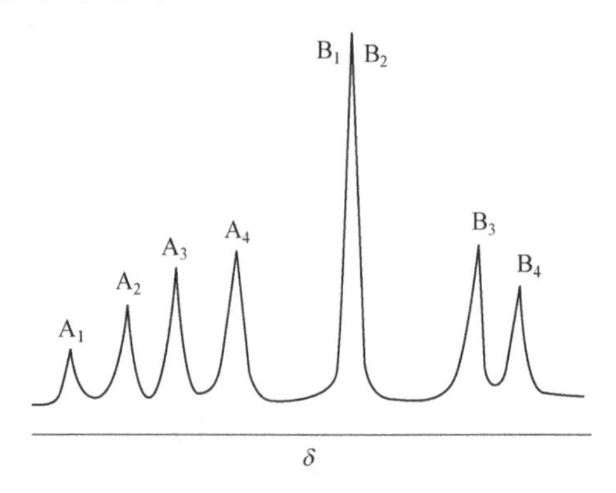

图 3-35　二氯吡啶的一种异构体的 ^{1}H NMR 谱图（60MHz）

解：谱线的形状属于 AB_2 型，其中 B_1 和 B_2 重叠。测量所得的各谱线位置如下：

	A_1	A_2	A_3	A_4	B_3	B_4
δ	7.56	7.47	7.40	7.32	7.02	6.96

由式（3-32）得到 δ_{B_1} 和 δ_{B_2} 分别为 7.12 和 7.10。

$\delta_A=\delta_{A_3}=7.40$

$\delta_B=1/2(\delta_{B_1}+\delta_{B_3})=7.07$

$J'_{AB}=1/3[(\delta_{A_1}-\delta_{A_4})+(\delta_{B_2}-\delta_{B_4})]=0.127$

$J_{AB} = 0.127 \times 60 = 7.62(Hz)$

在二氯吡啶的异构体中，三个 H 构成 AB_2 自旋体系的只有 1,5-二氯吡啶和 2,4-二氯吡啶两种。根据 J_{AB} 值（7.62Hz），说明这三个 H 处于邻位，该化合物为 1,5-二氯吡啶。

【例 21】已知某取代苯的三个取代基为—Cl、—Cl 和—OH，^{1}H NMR 谱图如图 3-36 所示，试通过 ^{1}H NMR 谱图分析确定三个取代基的位置。

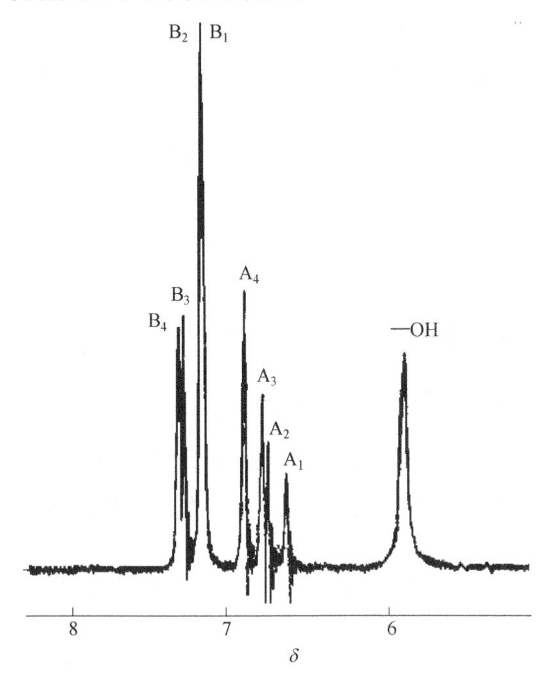

图 3-36 某三取代苯的 ^{1}H NMR 谱图（60MHz ^{1}H NMR）

解：① 5.89 处的宽单峰对应于—OH，其余属苯环上的 H，谱线形状和前例相似，也属 AB_2 型，所不同的是谱线顺序相反，解析法和前例雷同。谱线位置如下：

	A_1	A_2	A_3	A_4	B_3	B_4
δ	6.597	6.708	6.744	6.857	7.250	7.282

由式（3-32）得到 δ_{B_1} 和 δ_{B_2} 分别为 7.134 和 7.137

② $\delta_A = \delta_{A_3} = 6.744$

$\delta_B = 1/2(\delta_{B_1} + \delta_{B_3}) = 1/2(7.134 + 7.250) = 7.192$

$J'_{AB} = 1/3[|(\delta_{A_4} - \delta_{A_1})| + |(\delta_{B_4} - \delta_{B_2})|] = 1/3[(6.857 - 6.597) + (7.282 - 7.137)] = 0.135(Hz)$

$J_{AB} = 0.135 \times 60 = 8.10(Hz)$

③ 属于 AB_2 的该苯环三取代物有下列两种情况：

OH, Cl, Cl, H_b, H_b, H_a

(A)

OH, H_b, H_b, Cl, Cl, H_a

(B)

J_{AB}=8.10Hz 说明耦合质子 H_a 和 H_b 处于邻位，因此是构型（A）。分别由式（3-29）和式（3-18）计算耦合常数和化学位移进一步验证：

$$J_o(H_a-H_b)=7.54+A_{34}(OH)+A_{23}(Cl)+A_{34}(Cl)+\Delta$$
$$=7.54-0.12+0.54-0.06+0.2=8.10(Hz)$$
$$J_m(H_a-H_b)=1.37+A_{24}(OH)+A_{24}(Cl)+A_{26}(Cl)$$
$$=1.37-0.21+0.86-0.21+0=1.81(Hz)$$

显然，$J_o(H_a-H_b)=8.10Hz$ 和实验值一致，结构（A）是正确的。

由化学位移验证：

构型（A）：$\delta_{H_a}=7.27-\sum S=7.27-0.40+2\times0=6.87$

$\delta_{H_b}=7.27-\sum S=7.27-0.10+0.10+0=7.27$

构型（B）：$\delta_{H_a}=7.27-\sum S=7.27-0.40+2\times0.10=7.07$

$\delta_{H_b}=7.27-\sum S=7.27-0.45+2\times0.10=7.02$

由耦合常数和化学位移计算确证应是结构（A）。

3.4.3 ABX 型的 ¹H NMR 谱分析

在 AMX 的一级谱中，有三种化学位移和三种耦合常数（J_{AM}、J_{MX} 和 J_{AX}），¹H NMR 谱线有三组共十二条谱线，如果（$\Delta\nu/J$）<6，AMX 自旋系统可变为 ABX 自旋系统，它是由 AB 和 X 两部分峰群组成（如图 3-36 所示）。

由图 3-37 可见，在 ABX 系统中，AB 体系受到 X 的耦合，分裂为两套 AB 体系，即图 3-38 的 P 和 Q 两部分，各为四个分裂峰。

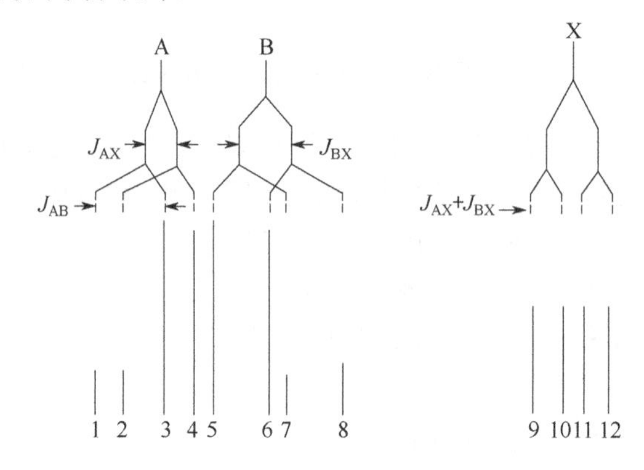

图 3-37 理想的 ABX 系统

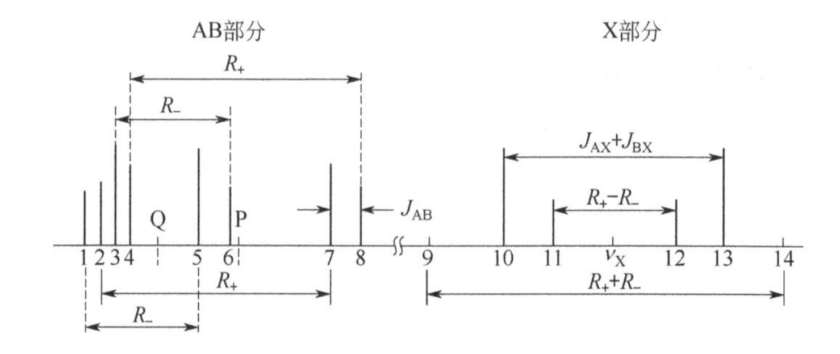

图 3-38 ABX 自旋的分析体系

在 AB 部分，有 8 条谱线，分成两组，每组都构成 AB 四重峰，谱线的位置和相对强度完全符合 AB 谱的规律，由谱线裂分间隔可立即求出 J_{AB} 值。X 部分一般有 6 条谱线，其中两条是综合峰，强度较弱，这 6 条谱线的中心为 ν_X 值，有时仅出现 4 条强度几乎相同的谱线。AB 部分的两组四重峰的 1、3 谱线的间隔分别为 R_+ 和 R_-，间隔较大（R_+）的一组称为 P 四重峰，间隔较小（R_-）的一组称为 Q 四重峰，P 和 Q 四重峰的中心分别称为 p 和 q，两者与（$J_{AX}+J_{BX}$）有如下关系：

$$p-q = 1/2\,(J_{AX}+J_{BX}) \tag{3-34}$$

ABX 型 ^{1}H NMR 谱图的解析步骤：

① 确认 X 和 AB 两部分的各谱线，读出相应 ν 值。

② 由 X 部分的六条谱线（或四条谱线）的中心读出 ν_X。

③ 按 AB 系统解析方法，定出两组 AB 型四重峰的 J_{AB} 值（这两个值应基本一致），然后取平均值。

④ 求出 p、q 值，定出 $J_{AX}+J_{BX}$ 值。

$$p = 1/4(\delta_{A_1}+\delta_{A_2}+\delta_{B_1}+\delta_{B_2})$$

$$q = 1/4(\delta'_{A_1}+\delta'_{A_2}+\delta'_{B_1}+\delta'_{B_2})$$

$$J_{AX}+J_{BX} = 2(p-q) \tag{3-35}$$

⑤ 分别求出两组 AB 四重峰的 1、3 线距离 R_+ 和 R_-。

⑥ 求 $\Delta\nu_{AB}$ 和 $J_{AX}-J_{BX}$ 值。如果 X 部分是 4 条强度几乎相同的谱线，则按图 3-39（a）的三角形关系求 $\Delta\nu_{AB}$ 和 $J_{AX}-J_{BX}$ 值。如果 X 部分是 6 条谱线，则按图 3-39（b）的三角形关系求 $\Delta\nu_{AB}$ 和 $J_{AX}-J_{BX}$ 值。

⑦ 由 $J_{AX}+J_{BX}$ 和 $J_{AX}-J_{BX}$ 的值，求出 J_{AX} 和 J_{BX}。

⑧ 求 ν_A 和 ν_B。由 $p+q=\nu_A+\nu_B$ 和⑥中求得的 $\Delta\nu_{AB}=\nu_A-\nu_B$ 值，解出 ν_A 和 ν_B。

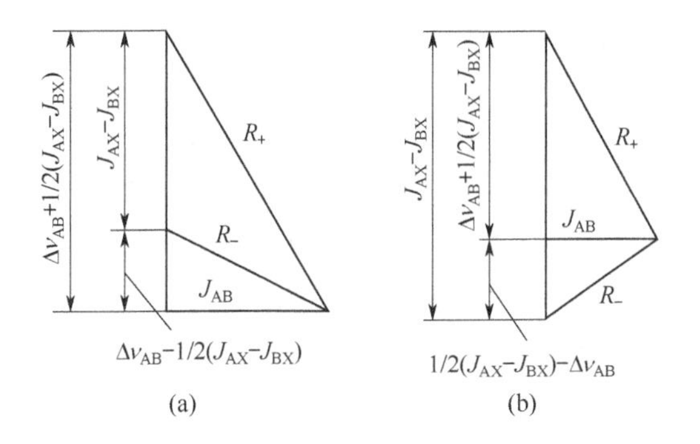

图 3-39　ABX 型参数图解

【例 22】 图 3-40 为环氧乙烷基苯的 ^{1}H NMR 谱图（300MHz），在 δ2.0～4.0 范围的各谱线的精确位置分别为：3.837、3.829、3.824、3.815、3.122、3.109、3.104、3.090、2.779、2.770、2.761 和 2.752，试求 J_{AX}、J_{BX}、J_{AB} 及 δ_X、δ_A、δ_B。

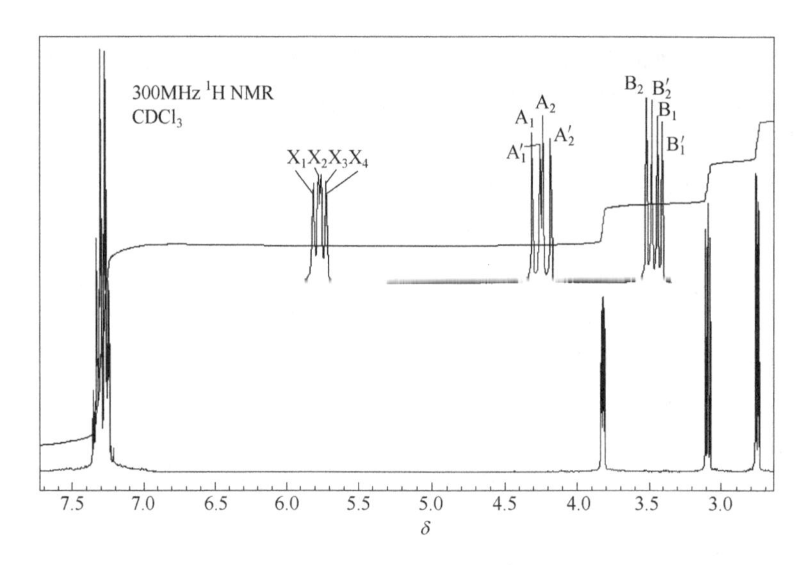

图 3-40　环氧乙烷基苯的 ^{1}H NMR 谱图

解：

① X 部分是 4 个强度几乎相等的峰：

$\delta_1=3.837$，$\delta_2=3.829$，$\delta_3=3.824$，$\delta_4=3.815$

$\nu_1=1151.1\text{Hz}$，$\nu_2=1148.7\text{Hz}$，$\nu_3=1147.2\text{Hz}$，$\nu_4=1144.5\text{Hz}$

AB 部分有 8 个峰，分成两组：

第一组：$\delta_a=3.122$，$\delta_b=3.104$，$\delta_e=2.779$，$\delta_f=2.761$

$\nu_a=936.6\text{Hz}$，$\nu_b=931.2\text{Hz}$，$\nu_e=833.7\text{Hz}$，$\nu_f=828.3\text{Hz}$

第二组：$\delta_c=3.109$，$\delta_d=3.090$，$\delta_g=2.770$，$\delta_h=2.752$

$\nu_c=932.7\text{Hz}$，$\nu_d=927.0\text{Hz}$，$\nu_g=831.0\text{Hz}$，$\nu_h=825.6\text{Hz}$

② 求 δ_X（或 ν_X）

$\delta_X=1/4(3.837+3.829+3.824+3.815)=3.826$

$\nu_X=3.826\times300=1147.8(\text{Hz})$

③ $J_{AB}=(\nu_a-\nu_b)=(\nu_c-\nu_d)=\cdots=936.6-931.2=5.4\ (\text{Hz})$

④ $p=1/4\ (\nu_a+\nu_b+\nu_e+\nu_f)=1/4\ (936.6+931.2+833.7+828.3)=882.5\ (\text{Hz})$

$q=1/4\ (\nu_c+\nu_d+\nu_g+\nu_h)=1/4\ (932.7+927.0+831.0+825.6)=879.1\ (\text{Hz})$

$J_{AX}+J_{BX}=2\ (p-q)=2\times(882.5-879.1)=6.8\ (\text{Hz})$

⑤ $R_+=\nu_a-\nu_e=936.6-833.7=102.9\ (\text{Hz})$

$R_-=\nu_c-\nu_g=932.7-831.0=101.7\ (\text{Hz})$

⑥ X 部分是四个强度相近的峰，所以：

$\Delta\nu_{AB}-1/2(J_{AX}-J_{BX})=[(R_-)^2-(J_{AB})^2]^{1/2}=(101.7^2-5.4^2)^{1/2}=101.6(\text{Hz})$

$\Delta\nu_{AB}+1/2(J_{AX}-J_{BX})=[(R_+)^2-(J_{AB})^2]^{1/2}=(102.9^2-5.4^2)^{1/2}=102.8(\text{Hz})$

解方程组，得：$J_{AX}-J_{BX}=1.2\text{Hz}$，$\Delta\nu_{AB}=102.2\text{Hz}$

⑦ 因为 $J_{AX}+J_{BX}=6.8\text{Hz}$，$J_{AX}-J_{BX}=1.2\text{Hz}$

所以 $J_{AX}=4.0\text{Hz}$，$J_{BX}=2.8\text{Hz}$

⑧ 求 ν_A 和 ν_B

因为 $\nu_A+\nu_B=p+q$　　$\nu_A+\nu_B=882.5+879.1=1761.6(\text{Hz})$

$\nu_A - \nu_B = \Delta\nu_{AB}$　　　$\nu_A - \nu_B = \Delta\nu_{AB} = 102.2Hz$

所以　$\nu_A = 931.9Hz$　　　$\delta_A = 931.9/300 = 3.106$

$\nu_B = 829.7Hz$　　　$\delta_B = 829.7/300 = 2.766$

因此，我们得到了环氧乙烷基苯（苯环—CH—CH_2，O 成环）的 H_A、H_B 和 H_X 的三种质子的化学位移分别为：$\delta_A = 3.106$、$\delta_B = 2.766$、$\delta_X = 3.826$。耦合常数为：$J_{AX} = 4.0Hz$、$J_{BX} = 2.8Hz$、$J_{AB} = 5.4Hz$。

3.4.4 ABC 系统

ABC 系统是比较复杂的一个系统，最多可出现十五条谱线，其中三条为综合峰（由于强度太弱，有时看不到，有时只看到部分）。1,2,4-三氯苯的 ^1H NMR（图 3-41）属于 ABC 系统，图中可找到三组四重峰。ABC 系统的解析比较困难，从图谱中不能直接读出化学位移和耦合常数，需要进行较复杂的计算。有时，可将 ABC 系统近似地按照 AMX 系统进行解析。

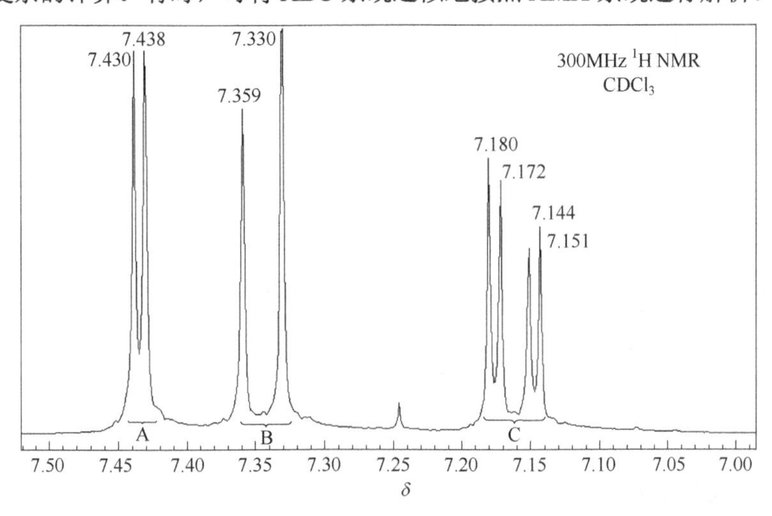

图 3-41　1,2,4-三氯苯的 ^1H NMR 谱图

3.4.5 谱形小结和对照

从上面对一些 ^1H 自旋系统的 NMR 分析，可归结为表 3-13。

表 3-13　一些自旋系统的谱形

级别	自旋系统	化合物示例	谱线数目	谱形
一级谱	AX	CH≡CF H—F	4	两组双重峰，四峰强度相等，双峰间距为 J 值，化学位移各处于所属两谱线中心
	AX_2	$ClCH_2CHCl_2$	5	A：三重峰，强度比 1∶2∶1 X：双重峰，强度比 1∶1 各组峰中心即 δ，其间距即 J 值
	AMX	CH_2═CH—$OOCCH_3$	12	三组四重峰，每组均为强度相等的四条谱线，其中点即相应的化学位移，各组峰间距即 J 值
高级谱	AB	顺-β-乙氧基苯乙烯的烯基质子	4	四峰左右对称，外侧两峰较弱 $J_{AB} = \nu_1 - \nu_2 = \nu_3 - \nu_4$

续表

级别	自旋系统	化合物示例	谱线数目	谱形
高级谱	AB_2	Cl N Cl	8 + 1	A：四个峰，强度由里向外递降，第三线位置即 δ_A B：四个峰，两组双峰，第五、七线中点即 δ_B $J_{AB} = 1/3[(\nu_1 - \nu_4) + (\nu_6 - \nu_8)]$ 可能出现极弱的第九条综合峰
	ABX	环氧乙烷基苯	12 + 2	AB：两组 AB 谱线，共八条， $J_{AB} = \nu_1 - \nu_2$ X：四个强度几乎相等的峰，有时外部出现两个极弱的峰
	ABC	CH_2═CH—CN	15	谱形复杂，无一般形式
	A_2B_2	$O(CH_2CH_2Br)_2$	14	复杂，谱形左右对称，离中心越近的峰强度越大
	AA′BB′	$ClCH_2CH_2Br$	24 + 4	复杂，左右必对称
	AA′XX′	CH_2═CF_2	20 + 4	复杂，左右必对称
	AB_3	CH_3SH	14	A：六个峰，谱形复杂 B：四个峰

3.5 解析复杂谱图的特殊技术

高级 ^{1}H NMR 谱图十分复杂，有时难于解析，可采取一些简化图谱的手段，使谱图易于分析。

3.5.1 加大磁场强度

磁场强度增大，自旋核的共振频率ν随之增大（化学位移 δ 不变），自旋核间的化学位移差$\Delta\nu$加大，但耦合常数 J 不变，则 $\Delta\nu/J$ 增大。当 $\Delta\nu/J$ >6 时，高级谱就可以变成低级谱，可用一级谱处理。例如图 3-42，原为 ABC 系统，当在 220MHz 时，就变为 AMX 系统。

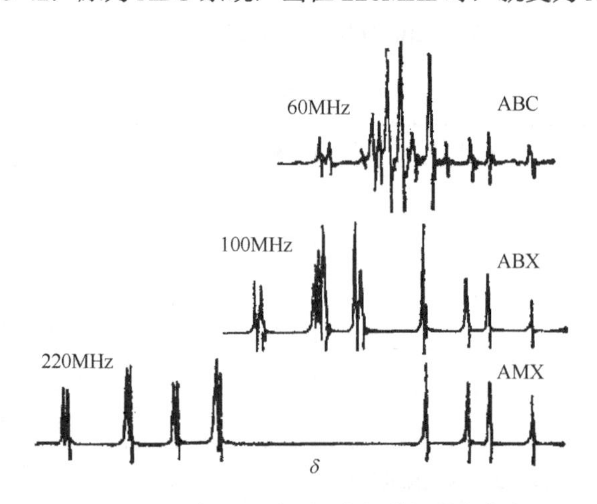

图 3-42　H_2C═CHCN 在不同磁场强度的谱仪测定的 ^{1}H NMR 谱图

3.5.2 双照射去耦

两个核发生耦合需要一定的条件，即相互耦合的核在某一自旋态（如 ^{1}H 在 $+\frac{1}{2}$ 或 $-\frac{1}{2}$）的时间必须大于耦合常数的倒数。如果用一种方法使之不能满足上述条件，则可去耦。图 3-43 表明，H_A 和 H_X 耦合，若以第二个射频照射 H_A 其频率恰等于 ν_A。由于 H_A 核自旋磁场因 ν_A 射频照射的缘故，高速地往返其自旋态间，到一定时候则出现“磁饱和”，H_A 核的共振信号消失，同时 H_X 也不能分辨出 H_A 的方向是↑还是↓，因而与 H_A 耦合裂分的现象消失，因此 H_X 核的 NMR 谱为单峰。

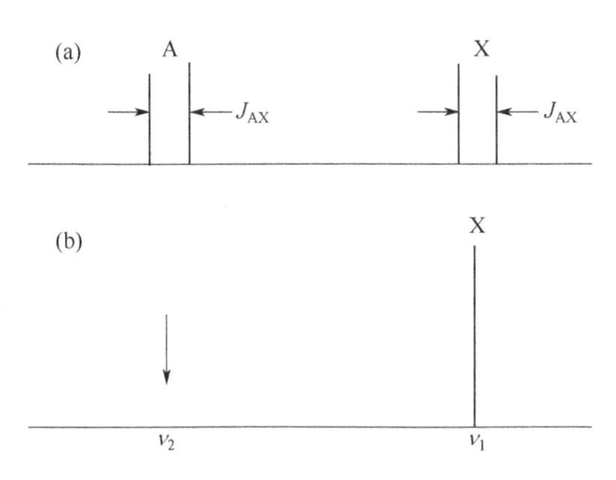

图 3-43 正常 H_A 与 H_X 耦合的信号（a）及双照射于 ν_A 时，H_X 的信号（b）

下面以 2,3,4-三-*O*-苯酰基-*β*-L-吡喃来苏甲基苷为例（图 3-44），说明如何应用去耦法来决定各质子的化学位移。

图 3-44（a）是其氘代氯仿溶液的 ^{1}H NMR（100MHz）。

图 3-44（b）是用双照射去耦法测定的，照射 H_2 和 H_3。

图 3-44（c）是用双照射去耦法测定的，照射 H_4。

在图 3-44（a）中，从高场到低场，各谱峰相当于 3H、1H、1H、1H、1H、2H。δ3.53 的单峰为甲氧基的质子信号。1 位的碳原子与两个氧原子连接，而 5 位的碳原子只与一个氧原子连接。因此 H_1 的 δ 值应该比 H_5 的大。另外 2、3、4 位的碳原子都与 OBz(Bz = C_6H_5CO) 连接，所以 H_5 的 δ 值应该比 H_2、H_3 和 H_4 的小。在图 3-44（b）中照射 δ5.75 时，谱图得到简化：δ5.45 的多重峰变为四重峰，同时 δ5.00 的二重峰变为单峰，H_4 质子 NMR 信号从多重峰变为四重峰，因此去耦的 δ5.75 多重峰应为 H_2 和 H_3 的 NMR 信号，剩下的 δ5.00 二重峰变为单峰的是 H_1 的信号。从图 3-44（b）可以看出 δ3.77 和 δ4.45 的信号是 AMX 的 AM 部分，而 δ5.45 的四重峰是 AMX 的 X 部分。比较图 3-44（a）与（c）可以看出，在双照射 H_4 时，H_1 和 H_2 的峰也略有变化，这是由于 H_4 与 H_1 或 H_3 都有远程耦合($J\approx$1Hz)的缘故，而对邻近氢 H_5 的耦合消失了，δ3.77 和 δ4.45 的裂分变得清晰，从中看出耦合的关系。

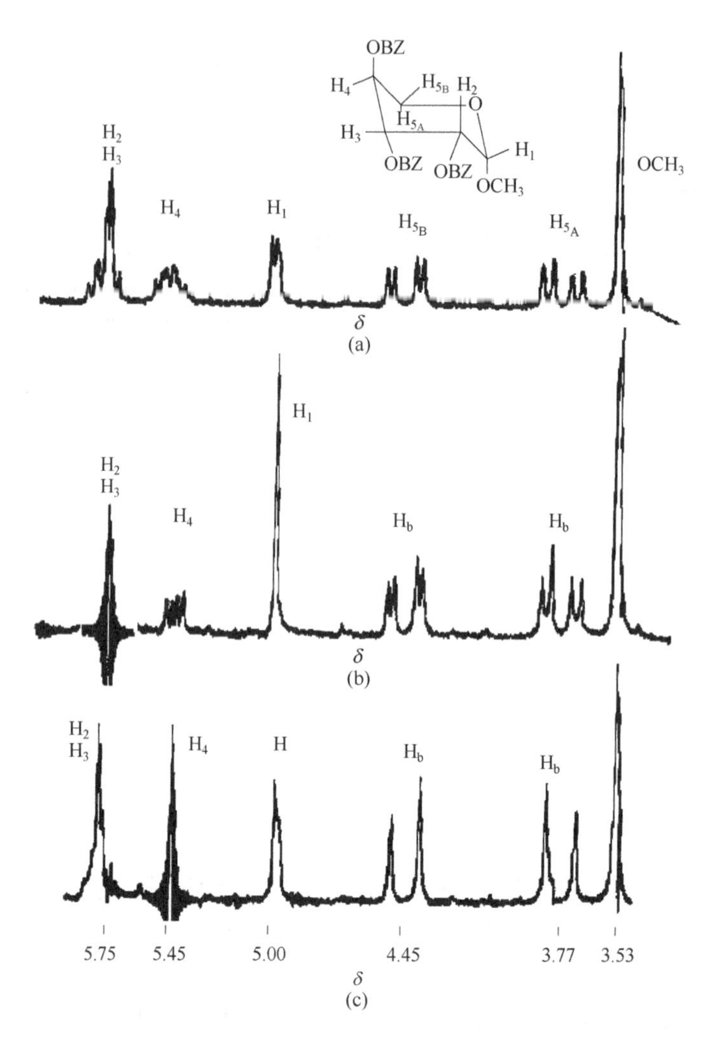

图 3-44　2,3,4-三-*O*-苯甲酰基-*β*-L-吡喃来苏甲基苷 ^{1}H NMR（100MHz）谱图

3.5.3 核 Overhauser 效应

1965 年发现，在核磁共振中，分子内有空间距离比较近的两个质子，即使没有耦合，但当用双照射法照射其中一个质子，则另一个质子的吸收峰面积就会发生变化，这一现象叫做“核 Overhauser 效应”（NOE）。这种效应是由于通过空间传递的偶极-偶极相互作用，如果某一核被照射达到“磁饱和”，就会引起原来被作用的核的自旋态的能级重新分布，影响到自旋核在低能态的数目，结果使 NMR 信号的强弱发生变化。NOE 效应的大小和相互作用的自旋核间的距离的六次方成反比，一般作用距离在 0.2～0.4nm 之间。NOE 不但可以找出互相耦合的两个核的关系，而且还可以找出互不耦合但距离相近的两个核的关系。

3.5.4 化学位移试剂

在样品溶液中，加入含有顺磁性（或抗磁性）的金属配合物，会使各种质子共振峰发生不同程度的顺磁性或反磁性位移，这样的配合物叫做化学位移试剂。

图 3-45 为正己醇在 CCl_4 溶液中的 100MHz ^{1}H NMR 谱图。由图 3-45（a）可见，—CH_3 在高场出现变形的三重峰，—OH 在低场出现共振峰，与之相连的—CH_2—也在低场出现较宽的

共振峰，此外，剩下的四个—CH_2—由于化学位移十分相近，挤在 δ1.2～1.8，不可分辨。图 3-45（b）表明，当加入 δ= 1 的 Eu(dpm)$_3$ 配合物后，整个 ^{1}H NMR 谱向低场移动，但移动的大小有很大的差异，原来重叠的那四个—CH_2—的 ^{1}H NMR 信号被分开，整个谱图出现较清晰的一级谱耦合的形式。

Eu(dpm)$_3$ 是常用的化学位移试剂之一。它是一种顺磁性的稀土配合物，具有温和的 Lewis 酸的性质，它能和具有醇、酮、胺等含有未成键的孤对电子基团的化合物形成配位键，试样中的各种 ^{1}H 受到化学位移试剂的强的磁矩作用，其作用的大小和加入试剂的浓度成正比，与配位原子的距离和取向有关，由于这些 ^{1}H 感受到不相同的附加磁场的影响，致使原来化学位移相近的 ^{1}H 核间的 $\Delta\nu/J$ 增大，从而使复杂的 NMR 得到简化。

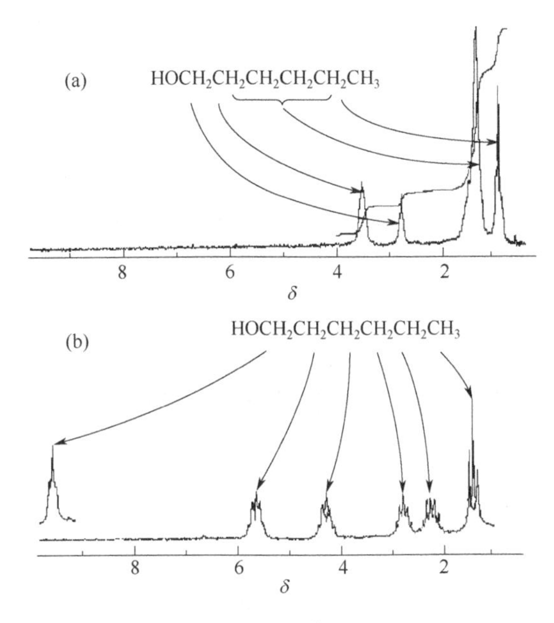

图 3-45　正己醇的 ^{1}H NMR 谱图

常用的化学位移试剂有：Eu(dpm)$_3$、Eu(fod)$_3$ 和 Pr(fod)$_3$。

$$\mathrm{Eu}\left[\mathrm{O{=}C(Bu){-}CH{=}C(Bu){-}O}\right]_3 \qquad \mathrm{M}\left[\mathrm{O{=}C(Bu){-}CH{=}C(C_3F_7){-}O}\right]_3$$

M=Eu，Pr

顺磁性的金属配合物可使邻近的 ^{1}H 核向低场位移，而抗磁场的金属配合物可使邻近的 ^{1}H 核向高场位移。例如，在戊醇中加入 Pr(fod)$_3$，^{1}H NMR 位移到 TMS 的右边，出现了负的 δ 值。

通常质子的化学位移 δ 在 0～10，但在顺磁性物质中其化学位移的变化尺度相当大，有时达到 200。从相关的化学位移能得到共振核的没有配对的自旋密度，它对于有机基团或配位体在有机金属配合物中的自旋分布特别有用。卢嘉锡等对双立方烷簇$[Mo_2Fe_7S_8(SR)_{12}]^{4-}$（图 3-46）的 ^{1}H NMR 的研究中，得到了 ^{1}H NMR 各向同性位移：

R	(SR)桥基(δ) p-H(CH_3)	m-H(CH_3)	o-H(CH_3)	(SR)端基(δ) p-H(CH_3)	m-H(CH_3)	o-H(CH_3)
Ph	31.0	−14.2	—	11.0	−6.5	—
o-$CH_3C_6H_4S$	30.6	−16.3	−25.4	10.1	−5.9	−12.3
m-$CH_3C_6H_4S$	30.4	−14.2(9.4)	—	10.1	−6.9(2.9)	—
p-$CH_3C_6H_4S$	−31.2	−13.9	—	−10.9	−5.4	—

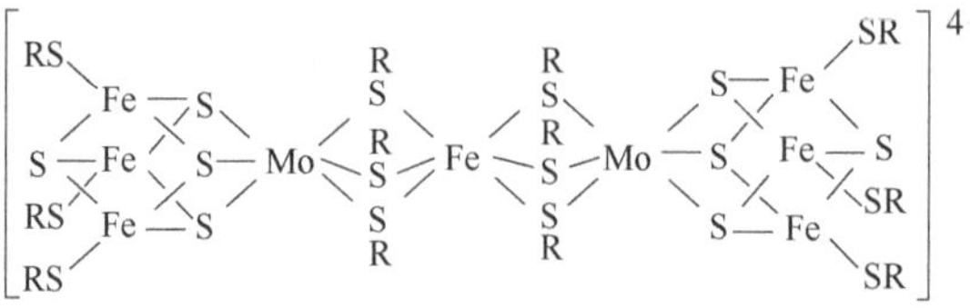

图 3-46　双立方烷簇$[Mo_2Fe_7S_8(SR)_{12}]^{4-}$的结构示意图

这个簇合物的磁化率 $\mu_{total\ obs}$ 为 7.3～7.7μB，计算值 $\mu_{total\ cal}$ 为 7.35μB。在这个簇合物体系中，配体被包含在一个共轭体系中，所以不成对电子离域作用将出现在整个分子碎片中，因此对配体的 ^{1}H NMR 各向同性位移的作用产生明显的影响，与核心相同的立方烷簇的协同作用结果相同。

3.6　核磁共振谱的解析和应用

3.6.1　核磁共振谱的解析

① 检查 TMS 的信号是否尖锐和对称以及是否在零点。样品中若含有顺磁性物质（Fe^{3+}、Cu^{2+}、Mn^{2+}等），将会使谱线显著加宽，须事先除去。

② 识别杂质峰、^{13}C 卫星线以及旋转边带。

杂质峰：在使用氘代溶剂时，溶剂中往往含有少量未氘代的溶剂，在谱图上会出现相关的 ^{1}H 的小峰（用 $CDCl_3$ 作溶剂时，由于溶剂中有少量的 $CHCl_3$，而在 δ7.25 出现 $CHCl_3$ ^{1}H NMR）。

^{13}C 卫星线：在含氢溶剂如 $CHCl_3$ 中有 1.1%的 $^{13}CHCl_3$。这种分子中的 ^{1}H 与 ^{13}C 耦合而产生裂分，于是在 $CHCl_3$ 主峰的两边会出现这种卫星线，其强度为主信号的 1.1%。

旋转边带：指主峰两边出现的两组对称的弱谱带，这是由于旋转的样品管中产生了不均一磁场所致。当改变样品管的旋转速度时，旋转边带的位置也会改变，这一点可用来确认旋转边带。

③ 利用积分线决定各信号峰所代表的质子数。

④ 先解析 CH_3O—、CH_3N<、Ar—CH_3、CH_3—CO、CH_3C=C<、RO—CH_2CN、RCO—CH_2C<、CH_3CR_3 等孤立的甲基信号，然后解析耦合的甲基或亚甲基质子信号。

⑤ 解析在低场出现的—COOH、—CHO 及具有分子内氢键缔合的—OH 信号。

⑥ 如分子中可能有—OH、>NH 和—COOH 等，应对滴加重水前后的谱图进行比较。若加 D_2O 后相应信号消失，则可确证此类活泼氢质子的存在。要注意有些如—C(=O)—NH—或

具有内氢键的羟基信号不消失。相反，有些活泼 CH 质子信号会消失。

⑦ 解析简单的一级谱，读出 δ 和 J，辨认和解析高级谱。

⑧ 结合元素分析、IR、UV 和 MS 等信息推测结构式，必要时可找出类似化合物的 NMR 谱图进行比较。

3.6.2 ^{1}H NMR 的应用

（1）结构分析

核磁共振波谱目前主要用来测定有机化合物的结构。例如，判断和鉴别二硝基苯的异构体。二硝基苯的三种异构体有完全不同的 ^{1}H NMR 谱图。邻二硝基苯的四个芳环氢为 AA′BB′系统，峰形左右对称。间二硝基苯的 4、5、6 位 ^{1}H 构成 AB_2 系统，再受 2 位氢的裂分，谱图复杂。对二硝基苯只有一种氢，仅出现一个单峰。因此，从谱图可直接迅速鉴别它的异构形式。

（2）定量分析

比较同一样品不同谱图的同一信号强度，可以测定物质的浓度。选择一物质的质子峰为内标，测得待测组分中某一指定基团的峰面积，按下式计算试样中待测组分的浓度。

$$m_x = m_s \frac{A_x}{A_s} \times \frac{E_{m_x}}{E_{m_s}} \tag{3-36}$$

式中　m_x——待测组分的质量；

m_s——内标物的质量；

A_x，A_s——待测组分和内标物的峰面积；

E_{m_x}——待测组分在该化学位移处的质子当量，

质子当量 = 待测组分分子量/产生该共振峰的某基团中的质子数；

E_{m_s}——内标物在该化学位移处的质子当量，

质子当量 = 内标物分子量/产生该共振峰的某基团中的质子数。

若试样质量为 m，则待测组分的含量为：

$$含量 = m_x/m \times 100\%$$

3.7 ^{13}C 核磁共振

3.7.1 ^{13}C NMR 谱的特点

由于每种有机物都必含碳，因此 ^{13}C 谱在测定有机分子中的 C 骨架以及判断对称性方面具有很大的优点。而且其化学位移分布在一个很宽的范围，最大可达 600，并且几乎每一种化学环境稍有不同的 ^{13}C 核都有不同的 δ 值。

但 ^{13}C 的天然丰度低，仅占碳原子的 1.1%，且核磁矩约只有 ^{1}H 的 1/4。因此 ^{13}C 核的共振信号的灵敏度大约只有 ^{1}H 的 1/6000。另一个不利的因素是 ^{13}C 核和周围 ^{1}H 核的耦合分裂（$^1J_{CH}$、$^2J_{CH}$、$^3J_{CH}$ 等）。在观察 ^{1}H NMR 谱图时，由于 ^{13}C 含量太少，可不必考虑 ^{1}H 与 ^{13}C 的自旋耦合，但反过来，^{13}C 核却会被相连的 ^{1}H 核、邻碳的以及较远的碳原子上的 ^{1}H 核耦合而使谱图复杂化。

不过由于仪器技术上的突破使 ^{13}C 和许多其他的自旋核的核磁共振谱的测定变为可能。

（1）宽带去耦

质子宽带去耦是双共振去耦技术的拓展，实验方法是：用涵盖样品中所有质子核的共振频率（宽的频率）照射样品，消除 ^{13}C-^{1}H 之间的耦合，使每种碳原子只给出一条谱线。

图 3-47 是苯乙酸乙酯的 ^{13}C NMR 谱图。图 3-47（b）是苯乙酸乙酯的宽带去耦 ^{13}C NMR 谱图。由于消除了质子的耦合，谱图变得简单而容易解析，一般每一个单峰代表不同的 C 原子。将宽带去耦的图 3-47（b）和图 3-47（a）的 ^{13}C NMR 谱图对照，可以看到 ^{13}C 受到 ^{1}H 耦合的情况。由图 3-47（a）观察到，第一个四重线（δ14.2）是甲基碳被三个相连的氢裂分成的四重线，$J_{^{13}C\text{-}H}$ 在 100～200Hz 范围。与甲基相邻的—CH_2—上的 2 个质子也会引起 ^{13}C 精细裂分（$J_{H\text{-}C}$ 约 2Hz），而使每一个四重线再裂分成三重线，只是在图 3-47（a）看不到。在苯乙酸乙酯中有两个—CH_2—，一个是乙基的—CH_2—，由于氧的屏蔽出现在较低场（δ60.6），因与两个氢相连，被裂分成三重线，如果放大谱图，可以看到每一个峰再被甲基碳上的三个 ^{1}H 裂分为四重线的精细结构。化学位移的三重线是苄基 CH_2 碳。处于最低场的是羰基碳（δ171.1），是一单峰，没有相连的氢，但受到相邻的苄基 $ArCH_2$—上两个 ^{1}H 的耦合，这一单峰的精细结构为三重峰。芳环上 ^{13}C 共振峰出现在 δ127～136 范围内。

在作有机化合物的 ^{13}C NMR 谱图分析时，一般需要一张常规的不去耦的碳谱，用于了解 ^{13}C 受到质子耦合的情况。此外，还需要一张宽带去耦 ^{13}C NMR 谱图，用于判断化合物中的碳原子。

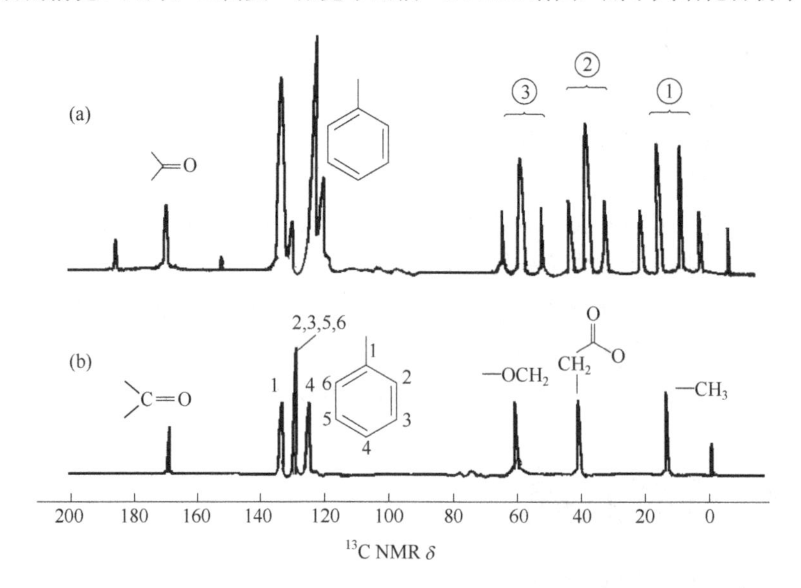

图 3-47　苯乙酸乙酯的 ^{13}C NMR 谱图

（2）偏共振去耦

偏共振去耦也称不完全去耦。这种去耦技术的实验方法是：采用一个频率范围很小、比质子宽带去耦功率弱很多的射频场（B_2），其频率略高于待测样品中所有氢核的共振吸收频率，使 ^{1}H 与 ^{13}C 之间在一定程度上去耦，不仅消除 ^{2}J 和 ^{4}J 的弱耦合，而且使 ^{1}J 减小到 J^{r}（表观耦合常数）。J^{r} 和 ^{1}J 之间的关系如下：

$$J^{r} = {}^{1}J\frac{\Delta\nu}{\lambda B_2/(2\pi)} \tag{3-37}$$

根据 $n+1$ 规律，在偏共振去耦谱中，伯碳裂分为四重峰（用 q 表示），仲碳为三重峰（t），叔碳为两重峰（d），季碳以及不与氢相连的碳为单峰（s）。

（3）选择性去耦

选择性地对某一特定官能团的 ^{1}H 进行照射，则会使此官能团中 ^{13}C 核信号成为单峰。使用此法依次对 ^{1}H 核的化学位移位置照射，可使相应的 ^{13}C 核信号得到准确归属。

3.7.2 ^{13}C 化学位移

（1）^{13}C 化学位移与结构的关系

对 ^{13}C 核磁共振谱而言，化学位移是最重要的信息。^{13}C 的化学位移 δ 对核所处的化学环境很敏感，直接反映了核周围的基团和电子分布的情况，对于结构的判断很有用。^{13}C 谱同样采用 TMS 作内标，但这时的标准是 TMS 中的 ^{13}C。^{13}C 谱的化学位移如图 3-48 所示。结构因素对 ^{13}C 谱的化学位移的影响规律和 ^{1}H 谱类似。^{13}C 谱和 ^{1}H 谱化学位移范围不同，^{13}C NMR 和 ^{1}H NMR 的化学位移 δ 相比，它处在−10～220 较宽的范围内；另外一个显著差别在于分子中的 ^{1}H 核具有几乎相同的弛豫速度，所以其共振峰面积的大小和官能团的 ^{1}H 数目成正比，但是，分子中处于不同的化学环境的 ^{13}C，弛豫速度不相同。没有和 ^{1}H 成键的羰基（C═O）弛豫速度很慢，^{13}C NMR 信号通常较弱，而醛基的 ^{13}C NMR 信号就强些。和 ^{1}H 成键的 ^{13}C 随 ^{1}H 数目增多，弛豫速度增大，^{13}C NMR 信号增强。因此，^{13}C NMR 共振峰面积的大小和官能团的 ^{13}C 核数目不成正比，通常不能从峰面积来判断 ^{13}C 个数的多少，而只能由峰的个数来判断最少有几种不同的碳。

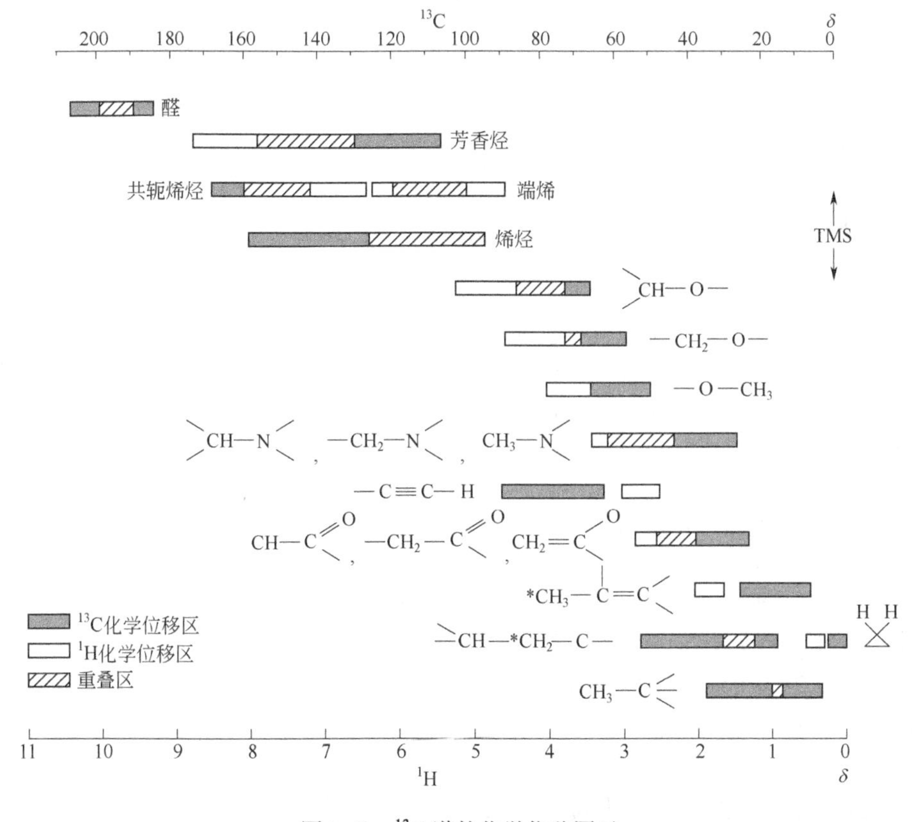

图 3-48 ^{13}C 谱的化学位移图示

为便于分析各类化合物的 ^{13}C NMR 谱图，下面分类列出 ^{13}C 化学位移经验公式。

① 饱和烷烃化合物　饱和烷烃 ^{13}C 化学位移 δ 一般在 0～70，以甲烷碳的屏蔽最大，其 δ_C 为−2.3；甲基或烷基会使 α 或 β 碳原子化学位移增加约 9，而 γ 碳原子则减少 2.5。Grant 和 Paul 总结了大量烷烃的化学位移，发现取代基对化学位移的影响具有加和性，提出了相应的化学位移计算公式。

$$\delta_{C_i} = -2.3 + \sum n_{ij} A_j + \sum S \qquad (3\text{-}38)$$

式中　−2.3——CH_4 的 δ_C 值；

n_{ij}——相对于 C_i 的 j 位取代基的数目，$j = \alpha, \beta, \gamma, \delta$；

A_j——相对于 C_i 的 j 位取代基的位移参数；

S——修正值，对 C_i 处于 1（3）、1（4）、2（3）、2（4）位（含义见表 3-14 的注）要加修正值。

A_j 和 S 值列于表 3-14 中。

表 3-14　烷烃 δ_{C_i} 的位移参数 A_j 和修正值 S

C_i	A_j	C_i	S
α	9.1	1(3)	−1.1
β	9.4	1(4)	−3.4
γ	−2.5	2(3)	−2.5
δ	0.3	2(4)	−7.2
ε	0.1	3(2)	−3.7
		3(3)	−9.5
		4(1)	−1.5
		4(2)	−8.4

注：表中 1(3)、1(4)、2(3)、2(4)、3(2)、3(3)、4(1)、4(2)分别代表 CH_3 与 CH、CH_3 与季 C、CH_2 与 CH、CH_2 与季 C、CH 与 CH_2、CH 与 CH、季 C 与 CH_3、季 C 与 CH_2 相连。表中未列出项，表明值近于 0，可忽略不计。

【例 23】

计算 $\overset{1}{C}H_3\overset{2}{C}H_2\overset{3}{C}H_2CH_2CH_2CH_3$ 的 ^{13}C 化学位移

C_1，$\delta = -2.3 + 9.1 + 9.4 - 2.5 + 0.3 + 0.1 = 14.1(13.7)$

C_2，$\delta = -2.3 + 18.2 + 9.4 - 2.5 + 0.3 = 23.1(22.8)$

C_3，$\delta = -2.3 + 18.2 + 18.8 - 2.5 = 32.2(31.9)$

【例 24】

$\overset{1}{C}H_3-\overset{2}{C}H(CH_3)-\overset{3}{C}H_2\overset{4}{C}H_3$ 的 ^{13}C 化学位移

C_1，$\delta = -2.3 + 9.1 + 9.4 \times 2 + (-2.5) + (-1.1) = 22.0(21.9)$

C_2，$\delta = -2.3 + 9.1 \times 3 + 9.4 + (-3.7) = 30.7(29.7)$

C_3，$\delta = -2.3 + 9.1 \times 2 + 9.4 \times 2 + (-2.5) = 32.2(31.9)$

C_4，$\delta = -2.3 + 9.1 + 9.4 + (-2.5) \times 2 = 11.2(11.4)$

② 取代烷烃碳　对于取代烷烃，取代基 X 对邻近位置的 ^{13}C 化学位移的影响见表 3-15。取代烷烃化学位移 δ 值的计算，先利用式（3-38）计算相应烷烃 C_i 的 δ 值，再加上表 3-15 中相应的取代参数值。

表 3-15 取代烷烃中官能团的位移参数

官能团	$\alpha(1)$	$\alpha(2)$	$\beta(1)$	$\beta(2)$	γ	δ
—F	70	63	8	6	7	0
—Cl	31	32	10	10	−5	−0.5
—Br	20	26	10	10	−4	−0.5
—I	−7	4	11	12	−1.5	−1
—OR	57	51	7	5	−5	−0.5
—O—CO—R	52	45	6.5	5	−4	0
—OH	49	41	10	8	−6	0
—SR	20.5	15	6.5	4	−2.5	0
—SH	10.5	11	11.5	11	−3.5	0
$—NH_2$	28.5	24	11.5	10	−5	0
—NHR	36.5	30	8	7	−4.5	−0.5
$—NR_2$	40.5	34	5	3	−4.5	−0.5
$—NO_2$	61.5	57	3	4	−4.5	−1
—CN	3	1	2.5	3	−3	0.5
—CHO	30	26	−0.5	0	−2.5	0
—NH—CO—R	20.6	14	6.5	5	−2.5	0
—CO—R	29	23	3	1	−3.5	0
—CO—Cl	33	28	2	2	−3.5	0
—COOR	22.5	17	2.5	2	−3	0
$—CO—NH_2$	22	17	2.5	2	−3	−0.5
—COOH	20	16	2	2	−3	0
—Ar	23	17	9	7	−2	0
$—CH═CH_2$	20	16	6	4	−0.5	0
—C≡CH	4.53	5.5	4	0.5	0	0

注：α（1）表示取代基在 1 位碳（端基）上，α（2）表示取代基在仲（或叔）碳上（非端基）。β 位亦如此，γ 位以上则不分。

【例 25】

$\overset{3}{C}H_3\overset{2}{C}H_2\overset{1}{C}H_2OH$

C_1，$\delta = -2.3 + 9.1 + 9.4 + 49 = 65.2(64.33)$

C_2，$\delta = -2.3 + 18.2 + 10 = 25.9(24.87)$

C_3，$\delta = -2.3 + 9.1 + 9.4 - 6 = 10.2(10.29)$

环烷烃：环烷烃除环丙烷的吸收峰出现在高场（−2.3）外，化学位移 δ_C 均在 23～28 范围内。当环有张力时（如环丁烷等），吸收峰在较高场，大于六元环的环烷烃 δ_C 均在 26 左右，数值相差很小，且与环的大小无明显的内在关系。当环上有烷基取代时，吸收峰向低场位移。

③ 烯碳　烯碳的 ^{13}C 谱化学位移范围大，在 90～170，烯烃和取代基的烯碳原子化学位移以乙烯碳的化学位移 123.5 为基本值，可用经验公式［式（3-39）］计算，表 3-16 列出取代基及取代基参数，各基团的标示为：

$$\mathrm{C{-}C{-}C{=}C{-}C{-}C}$$
$$\beta' \quad \alpha' \quad \kappa' \quad \kappa \quad \alpha \quad \beta$$

$$\delta_{C(\kappa)} = 123.5 + \sum_i A_i(R_i) + \sum_i A_i'(R_i') + \sum S \qquad (3\text{-}39)$$

式中，$A_i(R_i)$和$A_i'(R_i')$分别为κ原子同侧及异侧的取代基参数。

表 3-16　烯碳取代基参数 A_i

基团	β'	α'	α	β	取代位	S
烷基 C	−1.8	−7.9	10.6	7.2	$\alpha\alpha'$（反）	0
—Ar	0	−11	12	0	$\alpha\alpha'$（顺）	−1.1
—Cl	2	−6	3	1	$\alpha\alpha$	−4.8
—Br	2	−1	−8	0	$\alpha'\alpha'$	2.5
—OH(烯醇)	−1	−37	24	6	$\beta\beta$	2.3
—OR	−1	−39	29	2		
—OCOR	0	−27	18	0		
—CHO	0	13	13	0		
—COR	0	6	15	0		
—COOH	0	9	4	0		
—COOR	0	7	6	0		
—CN	0	15	−16	0		

【例 26】 计算肉桂酸烯基 ^{13}C 化学位移：

$$\mathrm{Ar{-}\overset{H}{C_1}{=}\overset{H}{C_2}{-}COOH}$$

	C_1	C_2
基本值	123.5	123.5
—COOH	9	4
—Ar	12	−11
校正值 S	0	0
计算值	144.5	116.5
实验值	147.1	117.5

④ 芳香碳　芳烃化合物的 ^{13}C 化学位移在 110～170 范围内，以苯的化学位移 128.5 为基本值，可用经验公式（3-40）计算芳环碳原子的化学位移，表 3-17 列出取代基及取代基参数 Z_i。

$$\delta_C = 128.5 + \Sigma Z_i \qquad (3\text{-}40)$$

【例 27】 计算 4-甲氧基硝基苯 ^{13}C 化学位移

(NO_2 位于 1 位，OCH_3 位于 4 位的苯环结构，碳原子编号 1、2、3、4)

C_1，$\delta = 128.5 - 7.8 + 20.6 = 141.3\ (141.5)$

$C_{2,6}$，$\delta = 128.5 + 1.0 - 4.3 = 125.2\ (125.9)$

$C_{3,5}$，$\delta = 128.5 - 14.4 + 1.3 = 115.4$（114）

C_4，$\delta = 128.5 + 31.4 + 6.2 = 166.1$（实际 164.6）

表 3-17　取代基对苯环碳原子化学位移的影响 Z_i

基团	C_1 本位	C_2 邻	C_3 间	C_4 对
—CH_3	9.3	0.7	−0.1	−3
—CH_2CH_3	14.9	−1.3	−0.7	−3.3
异丙基	20.3	−2	−0.1	−2.6
—$CH=CH_2$	9.1	−2.4	−0.2	−0.9
—Ar	13.0	−1.1	0.5	−1
—CH_2Cl	9.4	0.3	0.4	0.2
—CH_2OH	13.3	−0.8	0.6	−9.4
—Cl	6.4	0.2	1	−2
—Br	−5.9	3	1.5	−1.5
—OH	26.6	−12.8	1.6	−7.1
—OCH_3	31.4	−14.4	1	−7.8
—OCOR	23.0	−6.4	1.3	−2.3
—NH_2	20.2	−14.1	0.6	−9.6
—NHCOR	11.0	−9.9	0.2	−5.6
—NO_2	20.6	−4.3	1.3	6.2
—COO—	10.3	2.8	2.2	5.1
—COOH	2.9	1.3	0.4	4.6
—COOR	2.1	1.2	0	4.4
—$CONH_2$	5.8	−1.1	−0.3	2.7
—CHO	8.2	1.2	0.5	5.8
—CO—R	8.9	0.1	−0.1	4.5
—CN	−15.5	4.1	1.4	5

通过 ChemWindow、ChemOffice、RMIT Software、Gaussian 等软件可计算或拟合计算出分子构型下的 ^1H 和 ^{13}C NMR 化学位移。

（2）^{13}C NMR 分析结构

应用 ^{13}C NMR 分析结构时，可将其分成三个区来考虑。

① 0～100，sp^3 杂化的碳原子。

② 100～160，sp^2 杂化的碳原子（羰基碳除外）。

③ 160～220，各类羰基碳：

醛、酮　190～220；羧酸、酯、酰胺　160～190。

此外，—C≡N　105～120；—C≡C—　65～90。

【例 28】 分子式为 C_5H_{10} 的 A、B 分子，^{13}C NMR 为：

A：13(q), 17(q), 26(q), 118(d), 132(s)

B：13(q), 22(q), 31(t), 108(t), 147(s)

解：C_5H_{10}的不饱和度$S_I=1$，化合物A在0～100有三个峰13(q)、17(q)、26(q)，都是四重峰，为三个CH_3；在100～160有两个峰，为烯烃碳；118(d)为双重峰，此碳与一氢原子相连，因此化合物A的结构为2-甲基-2-丁烯；化合物B在0～100有三个峰13(q)、22(q)、31(t)，为两个甲基和一个亚甲基；在100～160有两个峰，为烯烃碳；108(d)为三重峰，此碳与两个氢原子相连，因此化合物B的结构为2-甲基-1-丁烯。

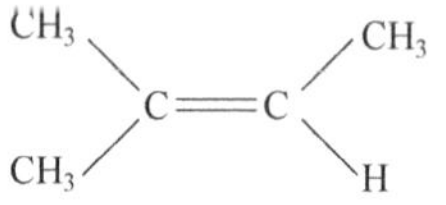

CH_3 CH_3 C═C CH_3 H

A

CH_3 C═CH_2 CH_3CH_2

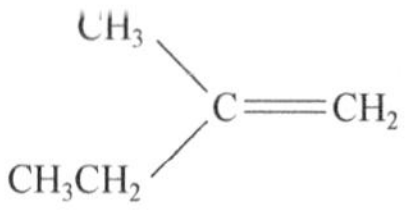

B

3.7.3 耦合常数

因为 ^{13}C 的天然丰度仅为 1.1%，^{13}C-^{13}C 的耦合可以忽略。另一方面，^1H 的天然丰度为 99.98%，因此，若不对 ^1H 去耦，^{13}C 谱线总会被 ^1H 分裂。这种情况同氢谱中难以观察到 ^{13}C 引起 ^1H 的分裂（^{13}C 的卫星峰）是不同的。

^{13}C 与 ^1H 最重要的耦合作用是 $^1J_{^{13}C-^1H}$。决定它的重要因素是 C—H 键的 s 电子成分，近似有：

$$^1J_{^{13}C-^1H}=5\times s\%(Hz)$$

式中，s%为 C—H 键 s 电子所占的百分数。可用下列数据加以说明：

CH_4(sp^3，s% = 25%)　　^1J = 125Hz

CH_2 ═ CH_2(sp^2，s% = 33%)　　^1J = 157Hz

C_6H_6(sp^2，s% = 33%)　　^1J = 159Hz

CH≡CH(sp，s% = 50%)　　^1J = 249Hz

除了 s 电子成分以外，取代基电负性对 ^1J 也有所影响。随取代基电负性的增强，^1J 相应增加，以取代甲烷为例，^1J 可增大 41Hz。

$^2J_{CH}$ 的变化范围为−5～60Hz。$^3J_{CH}$ 在十几赫兹之内，这和取代基有关，也和空间位置有关。

有趣的是，在芳香环中，$|^3J|>|^2J|$。

除少数情况外，^4J 一般小于 1Hz。

由于上述原因，在记录碳谱时，若不对 ^1H 进行去耦，碳谱将出现严重的谱峰重叠现象。常规碳谱为对 ^1H 进行全去耦的碳谱，每种 δ 值的碳原子仅出一条谱线。其他去耦方法请参阅 3.7.1 小节。需补充指出的是：在去耦时，由于 NOE 效应，碳谱线的强度视不同的去耦方法而有不同程度的增强。

3.7.4 ^{13}C 二维核磁（2D NMR）

二维核磁共振谱的出现和发展，是核磁共振波谱学的里程碑。核磁共振的最重要用途为鉴定有机化合物结构，二维核磁共振谱的应用使鉴定结构更客观、可靠，而且大大地提高了所能解决问题的难度和增加了解决问题的途径。

二维核磁共振谱的种类很多，限于篇幅，在此仅讨论最重要的几种。

（1）2D NMR 谱的表现形式

① 堆积图是一假三维立体图［图 3-49（a)］。这种图能直观地显示谱峰的强度信息，具有立体感，但这种堆积谱致使位于大峰后面的小峰被遮盖而不能被观察，而且不便于量度，因此一般不采用这种谱图。

② 平面等高线图，一般二维 NMR 谱都以等高线图表示［图 3-49（b)］。等高线图所保留的信息量取决于平切平面最低位置的选择，如果选得太低，噪声信号被选入会干扰真实信号；如果选得太高，一些弱小的真实信号又被漏掉。平面等高线图的信号易于指认。

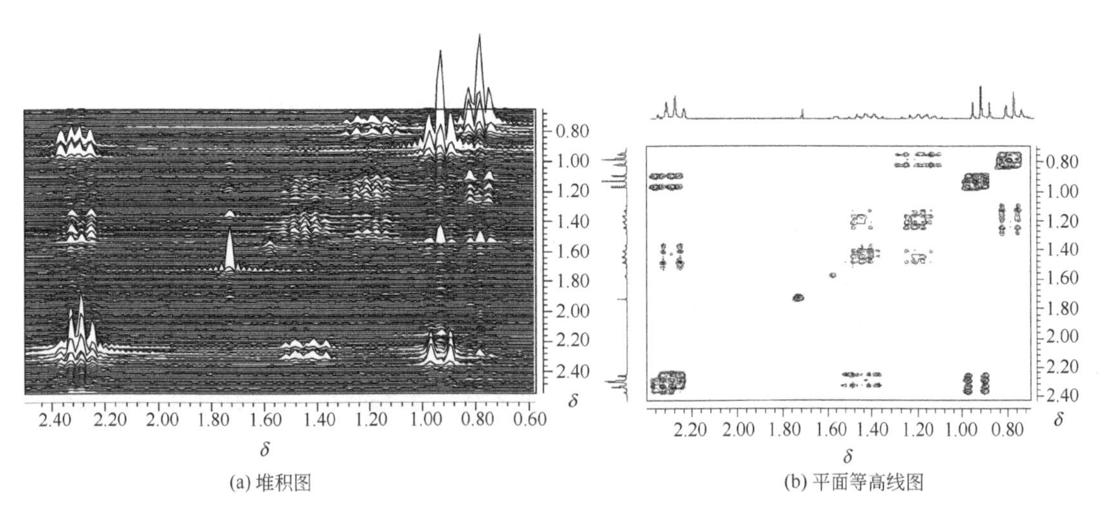

(a) 堆积图　　(b) 平面等高线图

图 3-49　$CH_3CH_2COCH_2CH_2CH_2CH_3$ ^1H-^1H COSY 谱

③ 单一行或一列图，它是从 2D 方阵图中取出某一个谱峰（F2 域或 F1 域）所对应相关峰的断面图的显示形式，对检测一些弱小的相关峰十分有用。

（2）2D NMR 谱的分类

2D NMR 谱分为 J 分解谱、化学位移相关谱和多量子谱三大类。

① J 分解谱。J 分解谱分为同核氢-氢 2D-J-分解谱和异核 ^{13}C-氢 2D-J-分解谱，分别可得到同核耦合常数 $J_{H\text{-}H}$ 和异核耦合常数 $J_{C\text{-}H}$。

② 化学位移相关谱。该谱是 2D NMR 的核心，它表明共振信号的相关性。有以下几种位移相关谱：同核、异核、NOE 和化学交换等相关谱。

a. ^1H-^1H COSY 谱（同核化学位移相关谱）　如图 3-49 所示，谱图特征是对角线上的峰对应一维 ^1H 谱，对角线外的交叉峰在 F1 域和 F2 域的 δ 值对应相互耦合核的化学位移，它反映两峰组之间的耦合关系。通过任一交叉峰组作垂线和水平线，得到两个相互耦合核的化学位移。通过交叉峰可以建立各相互耦合 ^1H 的关联。交叉峰是沿对角线对称分布的，因而只分析对角线一侧的交叉峰即可。COSY 主要反映相距三个键的氢（邻碳氢）的耦合关系，跨越两个键的氢（同碳氢）或耦合常数较大的长程耦合也可能被反映出来。图 3-50 是 $CH_3CH_2COCH_2CH_2CH_2CH_3$ 的 ^1H-^1H COSY 谱。

b. 异核位移相关谱　异核位移相关谱把氢核和与其直接相连的其他自旋核关联起来。有机化合物以碳原子为骨架，因此异核位移相关谱主要就是 ^1H-^{13}C COSY。

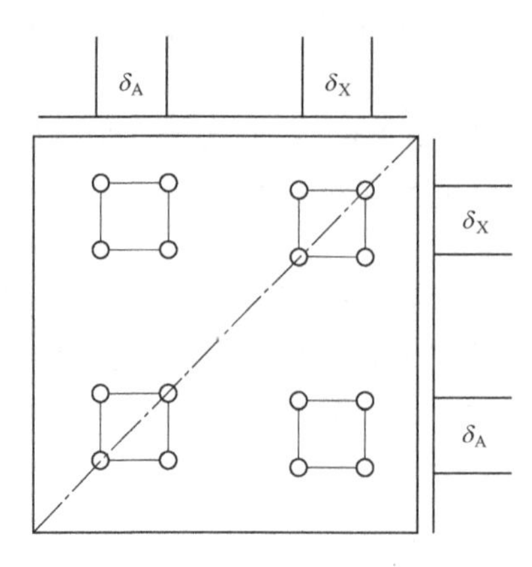

图 3-50　$CH_3CH_2COCH_2CH_2CH_2CH_3$ 的 ^1H-^1H COSY 谱图

$H_3C—CH═CH—COO—CH_2—CH_3$ 的 ^1H-^{13}C COSY 的谱图呈矩形（如图 3-51 所示）。水平方向刻度 F2 为碳谱的化学位移，该化合物的碳谱置于此矩形的上方。垂直方向刻度 F1 为氢谱的化学位移，该化合物的氢谱置于此矩形的左侧。矩形中出现的峰称为交叉相关峰。每个相关峰把直接相连的碳谱谱线和氢谱峰组关联起来。季碳原子因其不连氢因而没有相关峰。如一碳原子上连有两个化学位移值不等的氢核，则该碳谱谱线对应着两个相关峰，因此，这样的碳一定是 CH_2。从一般情况来看，^1H-^{13}C COSY 结合氢谱的积分值，每个碳原子的级数都能确定。

由于碳谱的分辨率高，若有几个氢谱峰组化学位移值相近，有一定的重叠，它们在 ^1H-^{13}C COSY 中可分开。

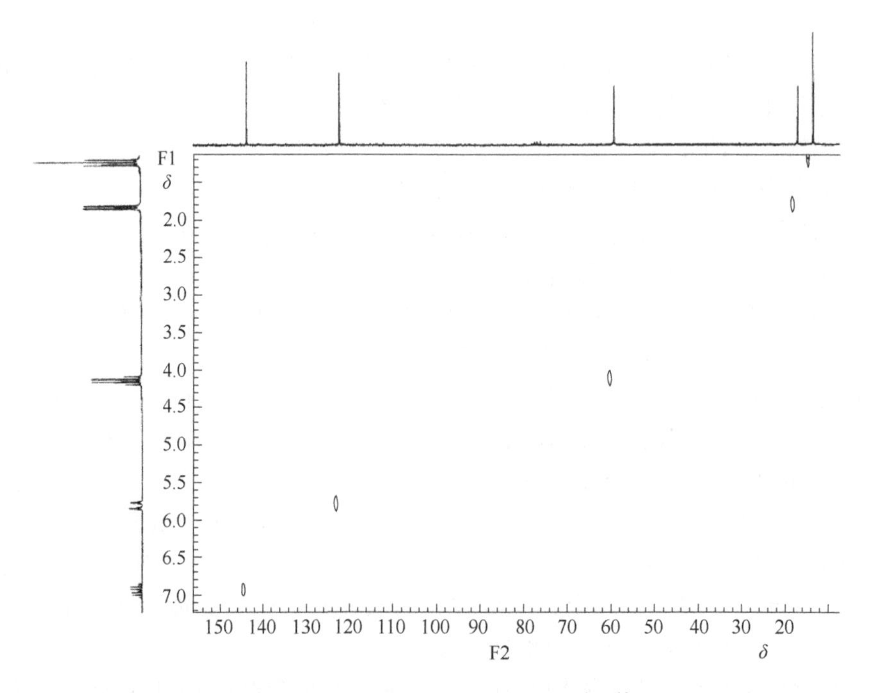

图 3-51　$CH_3—CH═CH—COO—CH_2—CH_3$ 的 ^1H-^{13}C COSY 谱图

③ 多量子谱　为了提高检测灵敏度，发展了多量子谱。多量子谱分 HMQC(heteronuclear multiple quantum correlation)和 HMBC(heteronuclear multiple bond correlation)两种，HMQC 称为 ^{1}H 检测的直接的异核多量子相关谱。F2 维代表 ^{1}H 的化学位移，F1 维代表 ^{13}C 的化学位移，所给出的信息与直接检测的 ^{13}C-^{1}H ^{13}COSY 谱基本相同。HMBC 谱称为 ^{1}H 检测的远程的异核多键相关谱。

习题

1. 在乙酸乙酯中，三种类型的 ^{1}H 核在发生 NMR 时，共振峰的位置是否相同？应当如何排列？

$C\underline{H}_3COOC\underline{H}_2C\underline{H}_3$

a　　　b　c

2. 当采用 60MHz 的 NMR 仪时，测得某个 ^{1}H 核的共振峰与 TMS 之间的频率差为 60Hz，试问该 ^{1}H 核的化学位移是多少？

3. 在下列化合物中，^{1}H 核在 a、b 发生 NMR 时，化学位移哪个大，哪个小？为什么？

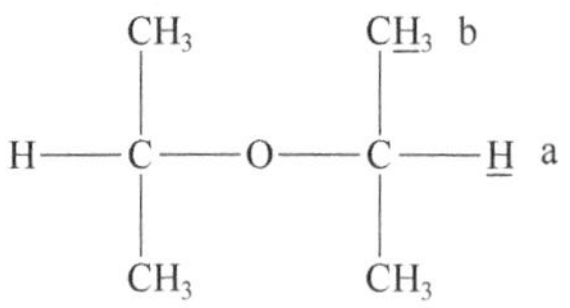

$(CH_3)_2CH—O—C\underline{H}(CH_3)_2$（CH 上的 $\underline{H}$ 为 a，$C\underline{H}_3$ 为 b）

4. 试解释（邻羟基苯甲醛，含 H、O、OH）中—OH 的质子（$\delta = 9.0$）比一般酚质子（$\delta = 4.0 \sim 7.7$）处于较低场的原因。

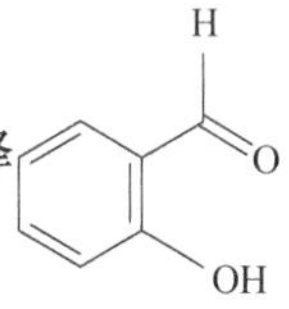

5. 下列六个化合物中画圈标定的质子的 6 个化学位移 δ 值列于下面，请分别正确地指定。

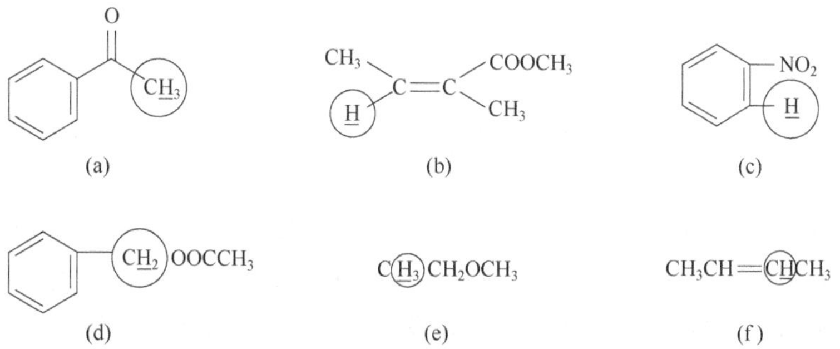

(a) $C_6H_5COC\underline{H}_3$　(b) $CH_3(\underline{H})C=C(COOCH_3)CH_3$　(c) 硝基苯中 NO_2 邻位的 $\underline{H}$

(d) $C_6H_5C\underline{H}_2OOCCH_3$　(e) $C\underline{H}_3CH_2OCH_3$　(f) $CH_3CH=C\underline{H}CH_3$

化学位移 δ 值：（　）1.20、（　）2.40、（　）5.45、（　）8.15、（　）5.20、（　）6.13。

6. 下列①和②两组化合物中带下划线的 ^{1}H 核发生 NMR 时，何者的共振谱将出现在较低场处？

①

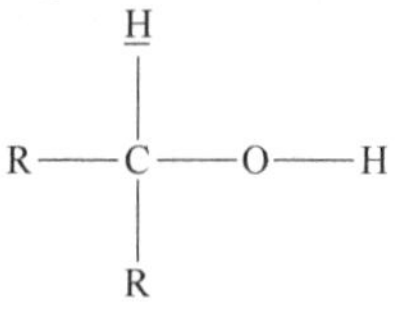

和

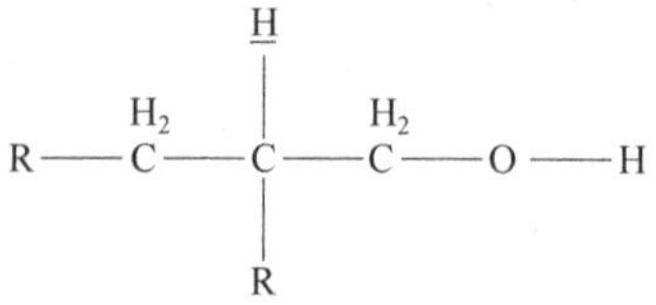

②

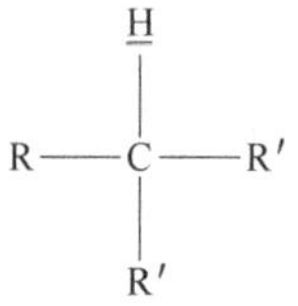

和

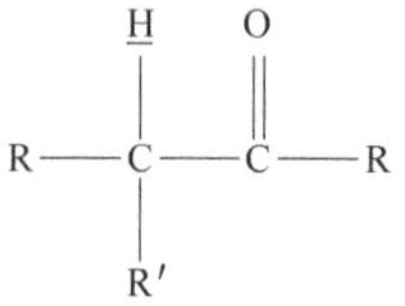

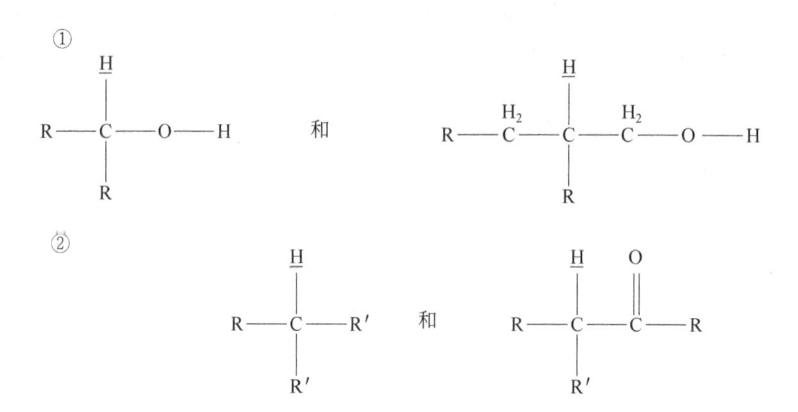

7. 计算化合物 $CH\equiv CCH_2—C(CH_3)═CH_2$ 及 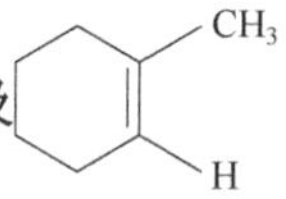 烯氢的化学位移 δ 值（实测值分别为 5.26 与 5.30）。

8. 下图是 $CH_3CH_2CH_2I$ 的 ^1H NMR 谱图，试鉴别各吸收峰，并提出依据。

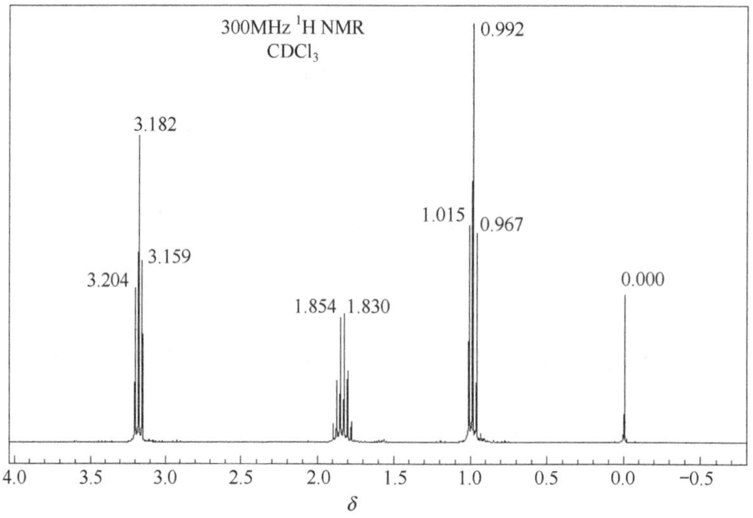

9. 假定下列分子的 ^1H NMR 符合一级谱的规律，请画出它们的 ^1H NMR 精细结构及强度分布的示意谱图。

① $Cl—CH_2—O—CH_3$　② $CH_3—O—CH_2—CH_3$　③ $CH_3—CH_2—CH_2—NO_2$

④ $CH_3—CH_2—CH_2—CO—CH_3$　⑤ $CH_3COOCH_2CH_3$　⑥ $ClCH_2CHO$

10. $CH_3CH_2CH_2—CO—CH_3$ 的 ^1H NMR 谱图如下所示，试确定各峰归属。

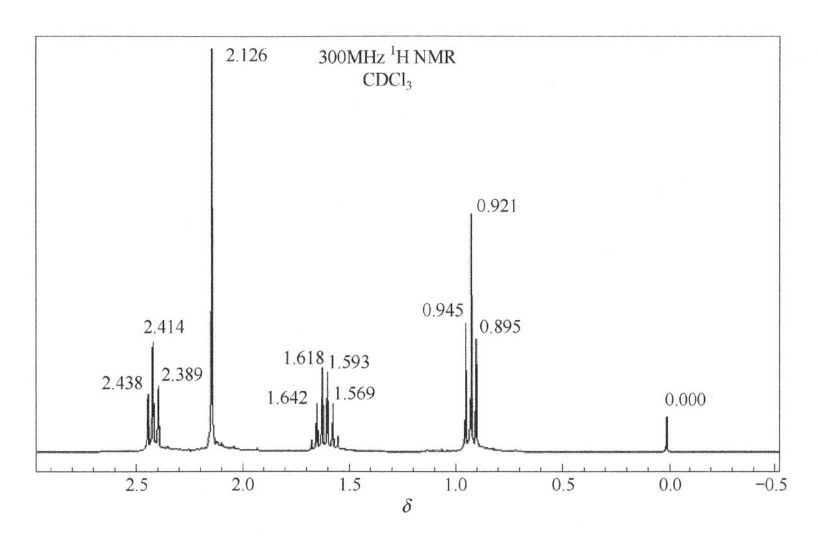

11. 化合物 C_4H_8O 的 ^1H NMR 谱图如下所示，请推测其结构，并说明各峰归属。

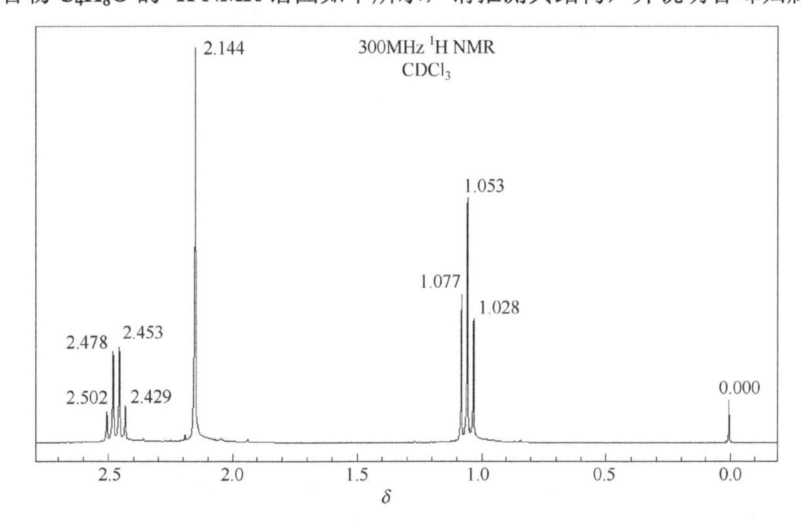

12. 化合物 $C_4H_8O_2$ 的 ^1H NMR 谱图如下所示，试确定其结构。

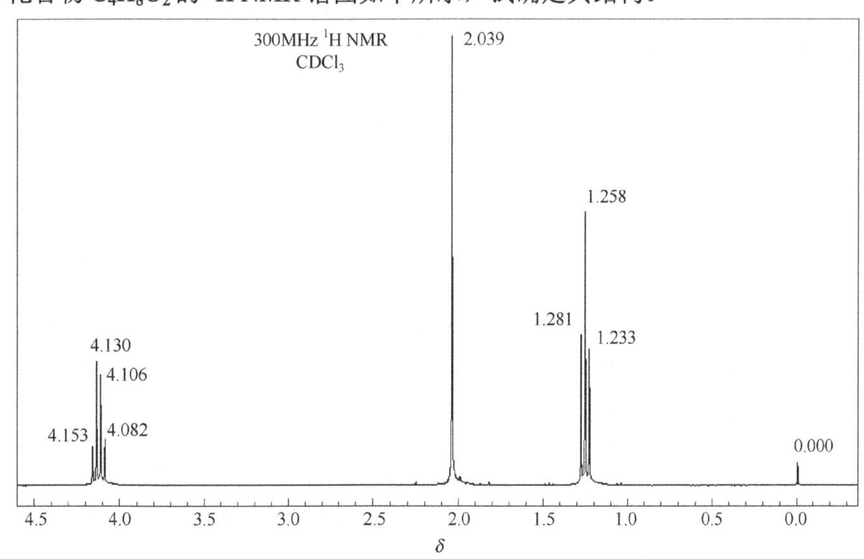

13. $C_3H_6O_3$ 的 ^{1}H NMR 谱图如下所示，推测其分子结构。（峰面积比 3∶2∶1）

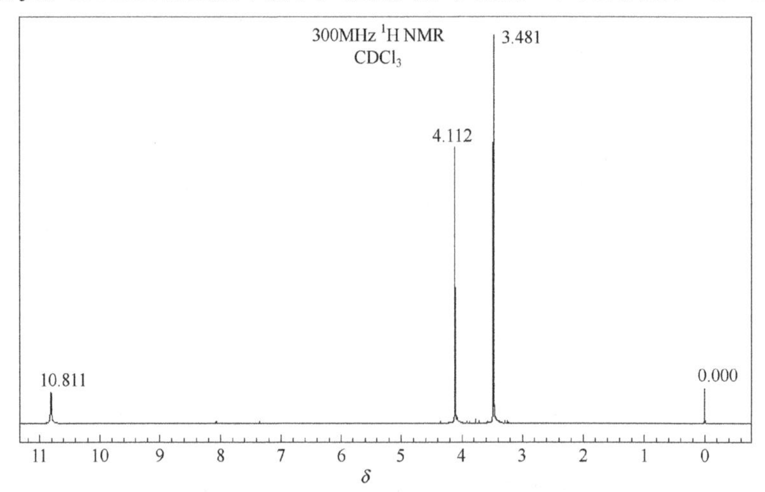

14. C_9H_{12} 的 ^{1}H NMR 谱图如下所示，峰面积比 1∶3，请确定其结构。

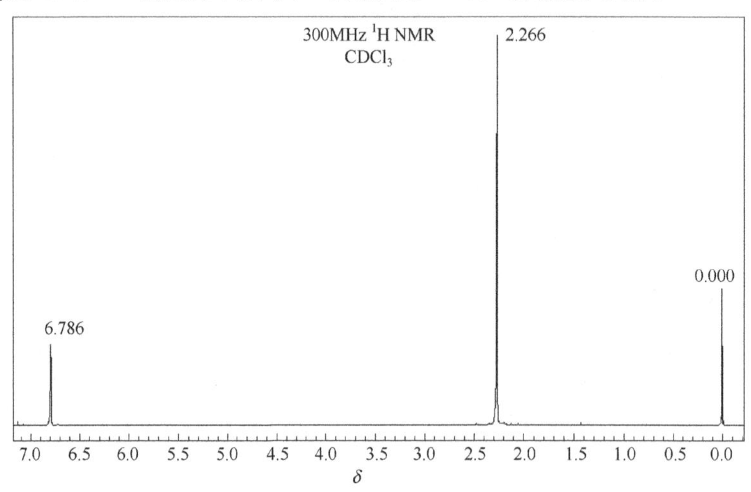

15. 某种液体分子式为 $C_6H_{10}O_2$，在 IR 光谱上于 1715cm^{-1} 处有强烈吸收，^{1}H NMR 谱图如下所示，试解析并推断其结构。

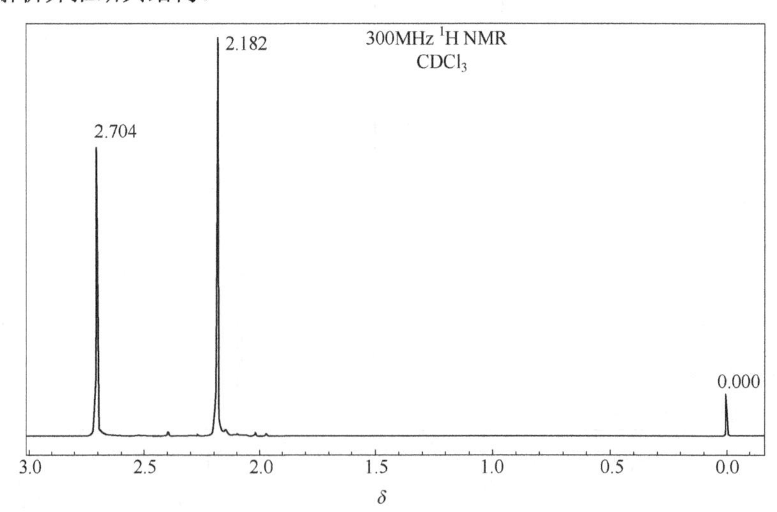

16. 由 ^{1}H NMR 谱图，推测 $C_8H_{12}O_4$ 的结构。

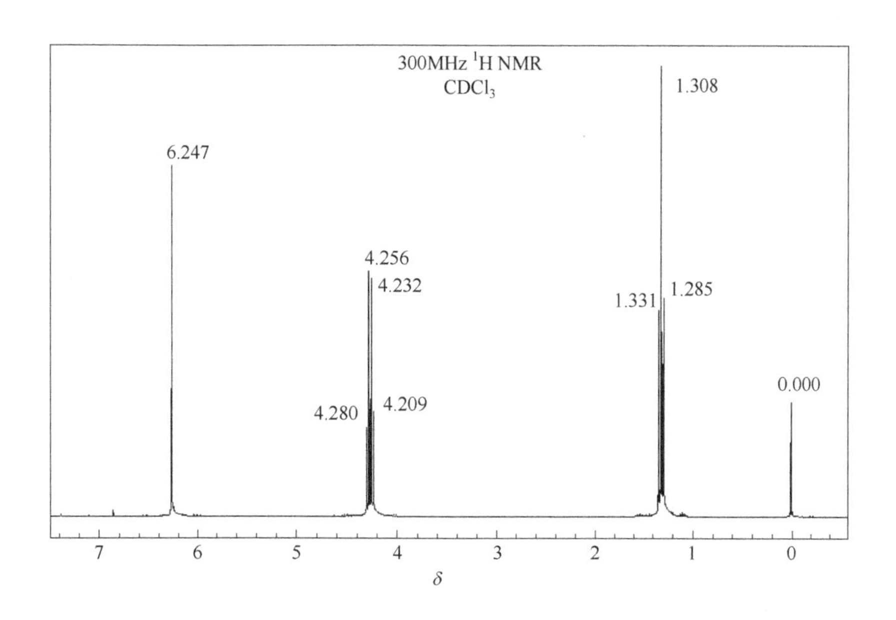

17. 计算下列各化合物下划线碳及芳碳的 ^{13}C 化学位移。

（1）$\underline{C}H_3\underline{C}H_2\underline{C}H_2\underline{C}H(\underline{C}H_3)_2$　（2）$HO\underline{C}H_2CH_2Cl$

（3）$(Cl)(H)\underline{C}{=}\underline{C}(COOH)(H)$　（4）$(H)(H)\underline{C}{=}\underline{C}(COOH)(Cl)$　（5）$C_6H_5{-}\underline{C}H{=}\underline{C}H_2$

18. 已知分子式为 $C_8H_{14}O_3$ 的 ^{1}H NMR 和 ^{13}C NMR 谱图如下，请推导其可能的结构并指认各峰的归属。

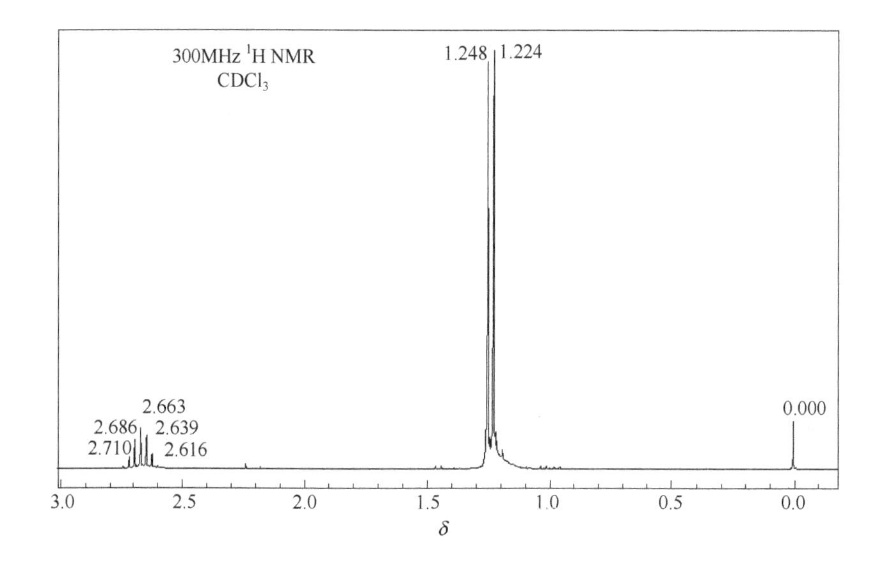

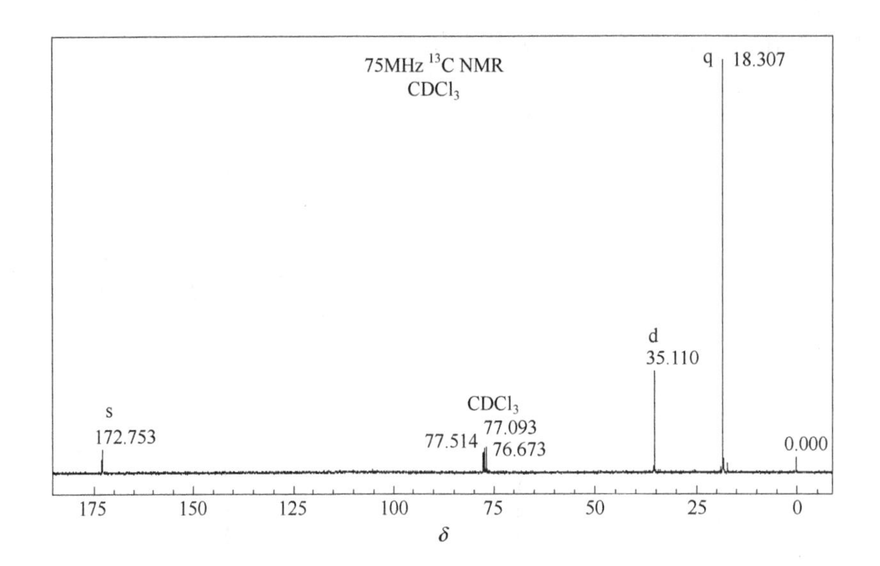
75MHz ¹³C NMR
CDCl₃
q
18.307
d
35.110
s
172.753
CDCl₃
77.514
77.093
76.673
0.000
175
150
125
100
75
50
25
0
δ

4
质谱

质谱法（mass spectrometry，MS）是用电场和磁场将运动的离子按它们的质荷比（m/z）大小进行分离和检测的一种分析方法。1906 年，英国学者 J.J.汤姆森在实验中发现带电荷离子在电磁场中的运动轨迹与它的质荷比（m/z）有关，接着在 1912 年制造出了世界第一台质谱仪，之后关于质谱理论、测试技术及应用研究得到快速发展，在 20 世纪 60～80 年代，先后与各种色谱联用。气相色谱-质谱联用技术的出现使质谱技术开始进入生物与医学领域，液相色谱-质谱联用技术拓展了质谱技术在生物与医学领域的应用。随后快原子轰击、电喷雾和激光辅助解吸等“软电离”技术的发展使蛋白质、酶、核酸和糖类等生物大分子聚合物能够被电离分析，生物质谱技术蓬勃发展，在基因组学、蛋白质组学、代谢组学等生命科学的一系列前沿领域发挥出难以替代的作用。根据质谱图提供的信息可以进行多种有机物及无机物的定性和定量分析、复杂化合物的结构分析、固体表面的结构和组成分析等。

由于质谱分析具有灵敏度高、样品用量少、分析速度快、分离和鉴定同时进行等优点，因此，质谱法特别是它与色谱仪及计算机联用的方法，已广泛应用在有机化学、生物化学、药物代谢、毒物学、农药测定、环境保护、石油化学、地球化学、食品化学、植物化学、宇宙化学和国防化学等领域。

4.1 质谱的基本原理

4.1.1 质谱的基本过程

（1）基本原理

图 4-1 是质谱原理示意图。气体分子或固体、液体的蒸气在进样系统气化后进入电离室（真空度 10^{-6}～10^{-5}Torr，1Torr = 133.322Pa），受到一定能量（8～100eV）的电子束（或其他电离源）轰击后，可能丢失一个价电子而形成带一个正电荷的分子离子，在较高能量的电子轰击下，分子离子还可进一步裂解为碎片离子。如：

带正电荷的离子受到高压电场（数千伏）的加速，加速后动能等于其势能：

$$\frac{1}{2}mv^2 = zV \tag{4-1}$$

式中，m 为离子质量；v 为离子加速后的速度；z 为离子所带电荷；V 为加速电压。阴离子和中性分子不被电场加速进入质量分析器，被真空泵抽走。只有带正电荷的离子在电场作用下以 v 速度进入质量分析器，在垂直于正离子飞行方向的磁场 B 的作用下，结果使带电粒子的运动发生偏转，作圆弧形运动，此时的向心力——洛仑兹力（Bzv）和离心力（$\frac{mv^2}{R}$）

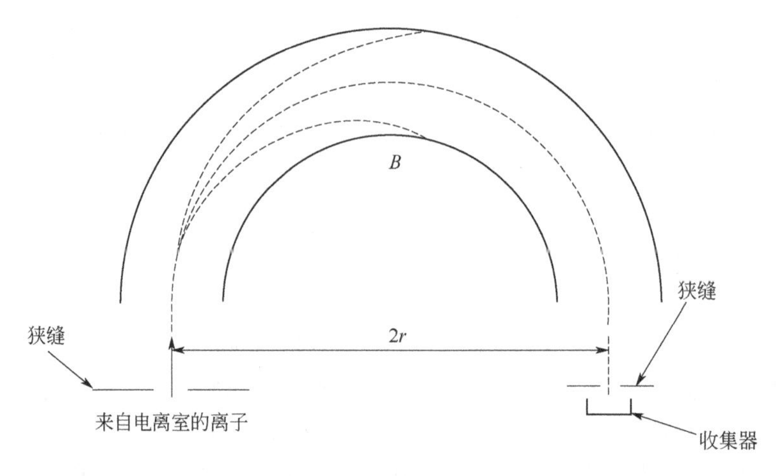

图 4-1　质谱原理示意图

$C_6H_5CONH_2 \xrightarrow{+e} [C_6H_5CONH_2]^{+\cdot}$ (m/z 121) $\longrightarrow C_6H_5-\overset{+}{C}=O$ (m/z 105) $\xrightarrow{-CO} C_6H_5^+$ (m/z 77)

$[C_6H_5CONH_2]^{+\cdot}$ (m/z 121) $\xrightarrow{-C_6H_5\cdot} [HCONH_2]^+$ (m/z 44)

相等，即：

$$\frac{mv^2}{R} = Bzv \tag{4-2}$$

式中，R 为粒子运动的曲率半径；m 为粒子质量；速度 v 是带电粒子在电场 V 下加速得到，即：

$$\frac{1}{2}mv^2 = zV，\ v = \sqrt{2zV/m} \tag{4-3}$$

把式（4-3）代入式（4-2），得：

$$\frac{2zV}{R} = Bz\sqrt{2zV/m}$$

上式整理得：

$$\frac{m}{z} = \frac{R^2B^2}{2V} \tag{4-4}$$

式（4-4）是质谱的基本方程。由式（4-4）可以看到：

① 在 B、V 固定时，离子的质荷比（$\frac{m}{z}$）与离子在磁场中运动的轨道半径 R 平方成正比。这一性质说明，磁场对于不同质荷比的离子具有质量聚焦作用。但在质谱仪的仪器条件下，由入口狭缝到出口狭缝的轨迹 R 是一定的，因此只能变更磁场或变更加速电压，才能使一定质荷比的离子在出口处被检测到。

② 在 R、B 固定时，质荷比（$\frac{m}{z}$）与加速电压成反比。

③ 在 R、V 固定时，质荷比（$\frac{m}{z}$）与磁场强度的平方成正比。通常，从仪器的分辨率和灵敏度及质荷比覆盖的范围考虑，确定加速电压，然后依次改变磁场强度 B，使其由小到大逐渐变化。因此，不同的正电荷离子也按 $\frac{m}{z}$ 由小到大的顺序通过狭缝到达收集器，将此检测信号经放大记录下来，便得到质谱图。

（2）质谱仪的基本结构

根据质量分析器的工作原理，可以将质谱仪分为动态仪器和静态仪器两大类。在静态仪器中用稳定的电磁场，按空间位置将 m/z 不同的离子分开，如单聚焦和双聚焦质谱仪。在动态仪器中采用变化的电磁场，按时间不同来区分 m/z 不同的离子，如飞行时间分析式的质谱仪和四极滤质器式的质谱仪。

① 进样系统　进样系统的目的是高效、重复地将样品引入到离子源中，并且不能造成真空度的降低。常用的进样装置有：间歇式进样系统、直接探针进样系统、色谱进样系统和高频电感耦合等离子体进样系统等。

② 离子源　离子源的功能是将进样系统引入的气态样品分子转化成离子。由于离子化所需要的能量随分子不同差异很大，因此，应根据不同分子的结构特点选择不同的离解方法，具体的内容将在本章 4.2 中介绍。

③ 质量分析器　质谱仪的质量分析器位于离子源和检测器之间，依据不同方式将样品离子按质荷比 m/z 大小分开。质量分析器的主要类型有：扇形磁分析器、飞行时间分析器、四极滤质器、离子阱检测器等。

a．扇形磁分析器　仅用一个扇形磁场进行质量分析的质谱仪称为单聚焦质谱仪，设计良好的单聚焦质谱仪分辨率可达 5000。若要求分辨率大于 5000，则需要双聚焦质谱仪（见图 4-2）。在单聚焦质谱仪中，影响分辨率提高的两个主要因素是离子束离开离子枪时的角分散和动能分散。为了校正这些分散，通常在磁场前加一个静电分析器。高分辨率的双聚焦质谱仪的分辨率可达 150000，质量测定准确度可达 0.03μg/g。

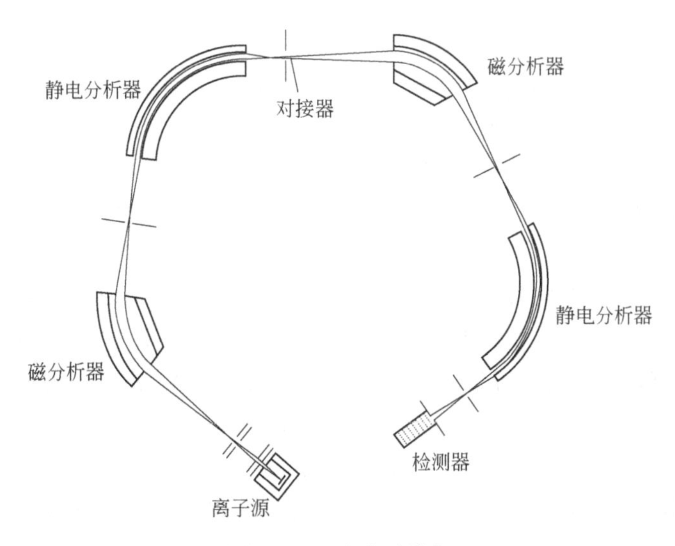

图 4-2　双聚焦质谱仪

b．飞行时间分析器　这种分析器的离子分离是用非磁方式达到的（图 4-3），因为从离子源飞出的离子动能基本一致，在飞出离子源后进入一长约 1m 的无场漂移管，离子加速后的速度为：

$$v=(\frac{2Vz}{m})^{1/2} \tag{4-5}$$

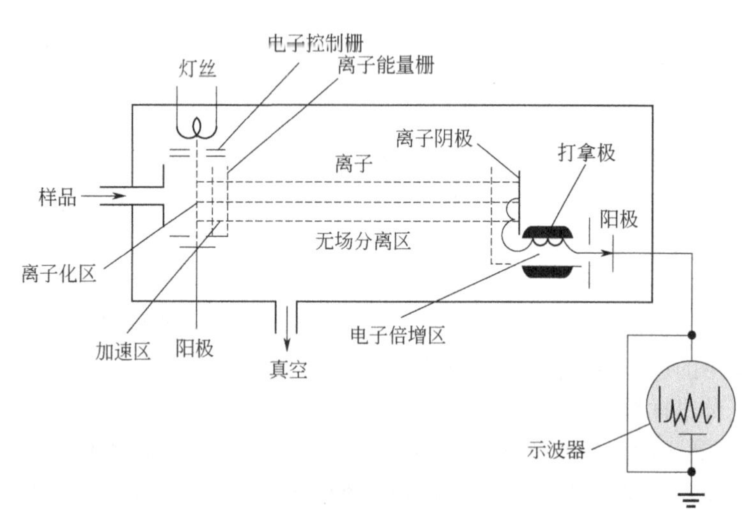

图 4-3　飞行时间分析器示意图

此离子达到无场漂移管另一端的时间为：

$$t=L/v \tag{4-6}$$

故对于具有不同 m/z 的离子，到达终点的时间差为：

$$\Delta t=L(\frac{1}{v_1}-\frac{1}{v_2}) \tag{4-7}$$

$$\Delta t=L\frac{\sqrt{(m/z)_1}-\sqrt{(m/z)_2}}{\sqrt{2V}} \tag{4-8}$$

由此可见，Δt 取决于 m/z 的平方根之差。

因为连续电离和加速将导致检测器的连续输出而无法获得有用信息，所以飞行时间分析器是以大约 10kHz 的频率进行电子脉冲轰击产生正离子，随即用一具有相同频率的脉冲加速电场加速，被加速的粒子按不同的 $\sqrt{(m/z)}$ 时间经无场漂移管到达收集极上，并嵌入一个水平扫描频率与电场脉冲频率一致的示波器上，从而得到质谱图。用这种仪器，每秒钟可以得到多达 1000 幅的质谱图。

c．四极滤质器　四极滤质器由四根平行的金属杆组成，被加速的离子束穿过对准四根极杆之间空间的准直小孔。通过在四极上加上直流电压 U 和射频电压 $V\cos\omega t$，在极间形成一个射频场，正电极电压为 $U+V\cos\omega t$，负电极电压为 $-(U+V\cos\omega t)$。离子进入此射频场后，会受到电场力作用，只有合适 m/z 的离子才会通过稳定的振荡进入检测器。只要改变 U 和 V 并保持 U/V 比值恒定时，可以实现不同 m/z 的检测。四极滤质器分辨率和 m/z 范围与磁分析器大体相同，其极限分辨率可达 2000，典型的约为 700。其主要优点是传输效率较高，入射离子的动能或角发散影响不大；另外，可以快速地进行全扫描，而且制作工艺简单，仪器紧凑，常用于需要快速扫描的 GC-MS 联用及空间卫星上进行分析。

d. 离子阱检测器　离子阱是一种通过电场或磁场将气相离子控制并储存一段时间的装置。常见的离子阱有两种形式：一种是离子回旋共振技术，另一种是较简单的离子阱。较简单的离子阱是由一个环形电极再加上下各一个的端罩电极构成。以端罩电极接地，在环形电极上施以变化的射频电压，此时处于阱中具有合适的 m/z 的离子将在环中指定的轨道上稳定旋转，若增加该电压，则较重离子转至指定稳定轨道，而轻些的离子将偏出轨道并与环形电极发生碰撞。当一组由电离源（化学电离源或电子轰击源）产生的离子由上端小孔进入阱中后，射频电压开始扫描，陷入阱中离子的轨道则会依次发生变化，从底端离开环形电极腔，从而被检测器检测。

4.1.2　质谱的几种重要的性能指标

（1）分辨率

分辨率就是区别邻近的两个质谱峰的能力。目前表达质谱仪分辨率的方法并不统一，国际上最常用的是所谓 10%峰谷定义。如图 4-4 所示，设两个相邻峰的相对质量数分别为 m_m 和 $m_n(m_n > m_m)$，规定两个峰的信号大小（峰高）相同，它们的峰谷相当于峰高 10%，此时仪器的分辨率（R）为;

$$R = \frac{m_n}{m_n - m_m} \tag{4-9}$$

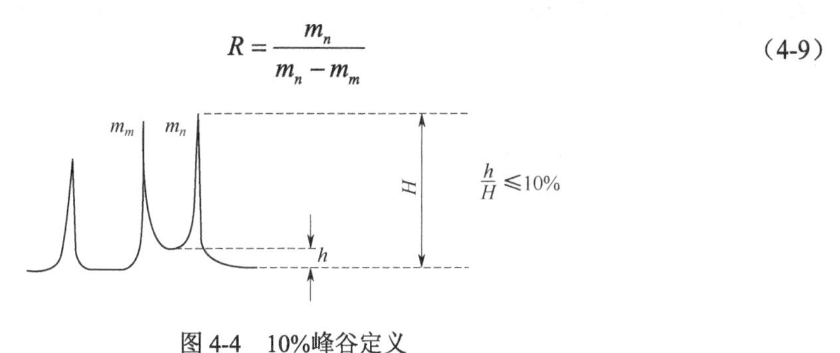

图 4-4　10%峰谷定义

例如：已知 $m(N_2^{+\cdot}) = 28.0062$，$m(CO^{+\cdot}) = 27.9949$，$m(C_2H_4^{+\cdot}) = 28.0313$。

若要分辨区分开 $N_2^{+\cdot}$ 和 $CO^{+\cdot}$，仪器的分辨率至少应为：

$$R = \frac{28.0062}{28.0062 - 27.9949} \approx 2500$$

若要区分开 $N_2^{+\cdot}$ 和 $C_2H_4^{+\cdot}$，仪器的分辨率至少应为：

$$R = \frac{28.0313}{28.0313 - 28.0062} \approx 1120$$

由此可见，要分辨的粒子质量愈大，要分辨的粒子间质量差愈小，所需的分辨率就愈高。

根据分辨率的不同，质谱仪可分为：

低分辨率质谱仪　　$R < 200$

中分辨率质谱仪　　$R \approx 2500 \sim 5000$

高分辨率质谱仪　　$R > 10000$

要将 $\Delta m = 1$ 的阳离子分辨开，只需用单聚焦质谱仪。若要区分开质量数的整数均为 28 的 CO、$H_2C{=}CH_2$、N_2，则需要双聚焦质谱仪等仪器。

离子源产生的离子在加速之前就有动能，而且各不相同，只是这个动能与加速后获得的动能相比甚小，但它对质谱是有影响的。质荷比相同的离子被加速后进入磁场时的动能有一个范围，表现为它们的速度不同。速度大的离子，运动的曲率半径大；速度小的离子，运动的曲率半径小，即 $\frac{m}{z}$ 相同的离子在磁场中的运动轨道就有差别，形成比较宽的谱带，致使分辨率降低。为了避免进入磁场的离子动能不同，提高分辨能力，双聚焦质谱仪在离子室和磁分析器之间加入一个静电分析器，使离子在进入磁场进行质荷比聚焦之前，先在静电分析器中进行“速度聚焦”（能量聚焦），使离子束在静电场和磁场经两次分离聚焦。

（2）灵敏度

质谱中，各种离子的数目及其对应的峰强差别很大。为了使强峰、弱峰（有时也起作用）都能记录到，质谱仪中常采用几种灵敏度不同（如灵敏度比为1∶10∶100或1∶5∶10∶50∶100等）的电流计同时记录。这样，很强的峰在灵敏度较小的记录图中就可看到，而很弱的峰也可以从高灵敏度的记录图中看到。

利用提高检测灵敏度的方法，就可以记录到强度虽小但有意义的离子峰。

（3）质谱图

文献上发表和应用的质谱图，一般都是原始记录谱图的简化，即采用“条图”（棒图）形式。首先选择图中最强的一个峰，把它的强度定为100%，这个峰通称为基峰（base peak）。其他离子峰的强度与基峰作相对比较，求出它们的相对强度（对基峰的相对百分值），简称丰度。以 $\frac{m}{z}$ 和丰度作图，即为通常的质谱图，如苯甲酰胺的MS图（见图4-5）。

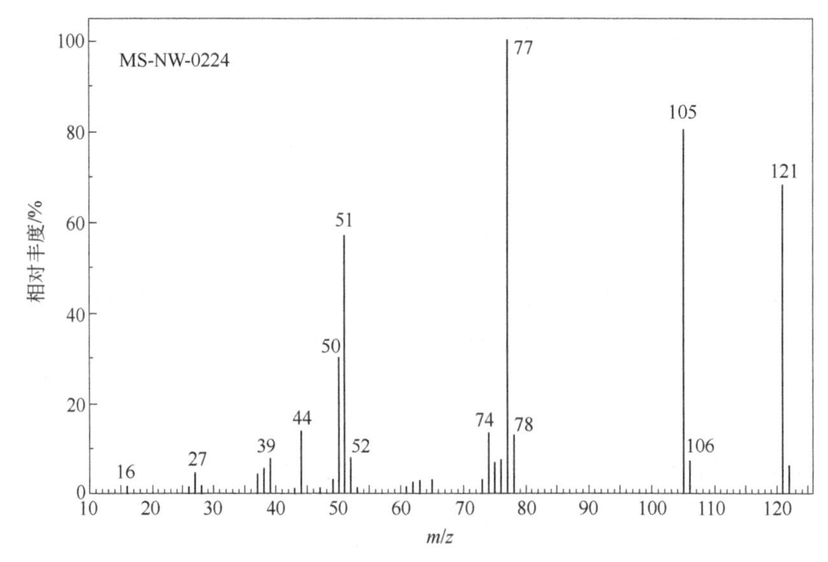

图4-5 苯甲酰胺质谱图

此外，还有用质谱表和元素图等表示方法，元素图中每一个离子的元素组成都很清楚，在推导结构时较方便。

4.1.3 质谱裂解表示法

（1）正电荷表示法

① 正电荷用“+”或“+·”表示，前者表明离子中有偶数个电子，后者表明有奇数个电子。

② 要把正电荷的位置尽可能写清楚。非键电子和不饱和键的电子自裂解时易失去，故正电荷一般都在杂原子或不饱和化合物（或芳香环）的π电子系统上。例如：

③ 如果正电荷的位置不十分明确，可以用[$]^{+}$、[$]^{+\cdot}$或$]^{+}$、$]^{+\cdot}$或⌉$^{+}$、⌉$^{+\cdot}$表示。如：

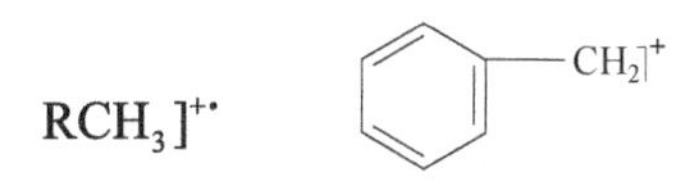

（2）判断裂片离子含电子数是偶数还是奇数的规则

① 由 C、H、O、N 组成的离子，其中 N 为偶数个（含零个）时：

m（质量数）为偶数，必含奇数个电子；

m（质量数）为奇数，必含偶数个电子。

【例 1】

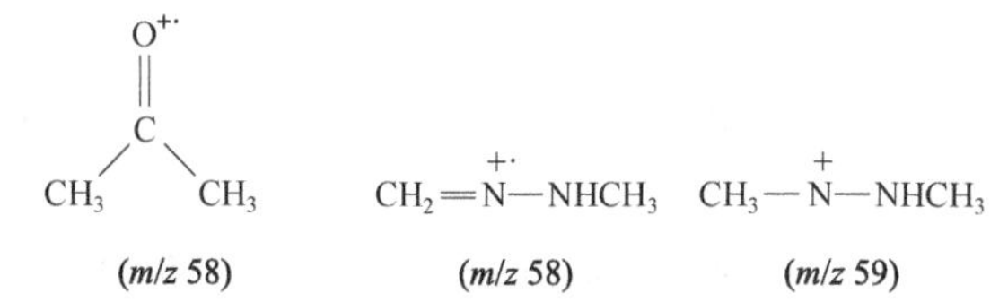

② 由 C、H、O、N 组成的离子，其中 N 为奇数个时：

m 为偶数，必含偶数个电子；

m 为奇数，必含奇数个电子。

【例 2】

$CH_3CH_2\overset{+\cdot}{N}(CH_3)_2$ （*m/z* 73）

（3）电子转移表示法

共价键或杂原子上的电子转移有两种方式表示：

“⌒”（鱼钩）表示一个电子的转移；

“⌒”（箭头）表示两个电子的转移。

从共价键断裂的电子的转移来看，常有如下断裂方式：

① 均裂：两个电子均构成 σ 键开裂后，每个碎片离子各留有一个电子。

$$X—Y \longrightarrow X\cdot + Y\cdot$$

② 异裂：两个电子的 σ 键开裂后，两个电子均留在其中一个碎片上。

$$X—Y \longrightarrow X^{+} + Y^{-}$$

③ 半异裂：已电离的 σ 键的开裂。

$$X—Y \xrightarrow{-e} X\,\cdot\,Y^{+} \longrightarrow X^{+} + Y\cdot$$

4.2 分子离子和分子离子簇

一般分子的电离能为7～15eV，在质谱仪中轰击分子的电子束的能量超过分子的电离能时，就可能产生分子离子（$M^{+\cdot}$）

$$M + e \longrightarrow M^{+\cdot} + 2e$$

为了提高分子离子或碎片离子的概率，一般采用能量比分子电离能大得多的电子束（约70eV），这时除形成分子离子外，还有多余的能量使化学键断裂形成许多离子和分子碎片，所有正离子碎片都可产生质谱峰，故一般质谱图中质谱峰的数目是很多的，如能从中辨认出分子离子峰，由其 *m/z* 值便可得到分子量。

4.2.1 分子离子和分子离子峰的判断

分子在离解时，失去电子通常发生在最易离子化的部位。最易失去的常常是杂原子上的未共用的电子对，其次是 π 电子，再次是 σ 电子。

例如：

$$R-C(=\ddot{O}:)-R' + e \longrightarrow R-C(=\dot{O}:^{+})-R' + 2e$$

乙烷 CH_3CH_3，它的键均为 σ 键，但 C—C 键能为 3.456×10^5J/mol，C—H 键能为 4.092×10^5J/mol，故离子化应发生在 C—C 键上。

应该注意，用电子束轰击时，并非所有化合物的质谱图都能出现分子离子峰，这是因为有些化合物的分子离子很不稳定，生存时间较短，生成后很快就又分解为碎片离子或有可能与其他的离子（或分子）碰撞生成质量更高的离子。分子离子愈稳定，分子离子峰的强度就愈大，而分子离子的稳定性与分子的结构密切相关。

（1）分子离子峰的判断

确认分子离子峰的四个必要条件：

① 一般是质谱中质量最高的离子（同位素峰除外），但不一定最强。

② 必须是含奇数个电子的离子。这是因为大部分有机化合物都含偶数个电子，失去一个电子形成的分子离子就含奇数个电子。

③ 在高质量区它能够符合逻辑地失去中性碎片或游离基，产生一个重要的碎片离子，即要判断最高质量峰与邻近峰之间的质量差是否合理。在质谱中，与分子离子峰紧邻的碎片离子峰，必定是由分子离子失去一个化学上适当的基团或小分子形成的。

a．不可能裂解出两个以上的氢原子和小于一个甲基的基团。因此，紧邻的碎片离子峰为$(M-4)$～$(M-13)$是不合理的，$M-3$ 和 $M-14$ 的情况也极少见。

b．质量差为 21～25 的情况（含氟化合物除外）也是极不可能的。

c．若出现 $M-14$ 的峰，大多数是由于同系物的分子离子峰引起的，特别是烃类和高级醇类。由于同系物的分离较困难，常常给出混合物的质谱。

d．当高质量区出现相差 3 个质量数的两个峰时，很可能是一个醇分子失去一个甲基和一个分子水，得到 $M-15$ 和 $M-18$ 两个碎片离子，而分子离子由于不稳定没有出现。

④ 氮素规则　有机化合物中常见的元素（C、H、O、N、S、F、Cl、Br、I 等），除氮原子外，其最大丰度的同位素的质量数和化合价之间有一个巧合：

凡质量数为偶数，化合价亦为偶数，如 C、O、S 等。

凡质量数为奇数，化合价亦为奇数，如 H、Cl、Br 等。

氮则不同，质量数为偶数，而化合价为奇数。

由此形成“氮素规则”：凡不含氮或含有偶数个氮原子的化合物，分子离子的质荷比应为偶数；凡含有奇数个氮的化合物，分子离子的质荷比应为奇数。

这样，如果已知分子中含有的氮原子是奇数或偶数时，可以由其质荷比是偶数或奇数来核对图谱中的最高质荷比峰是否是分子离子峰。反之，如果分子量已确定，也可判断分子中是否含有偶数还是奇数个氮原子。

（2）分子离子峰的丰度与结构的关系

分子离子峰的强度与推测的分子结构密切相关。分子离子峰的丰度主要取决于其稳定的分子电离所需的能量。分子离子峰的丰度与分子结构的关系如下。

① 分子中碳链长度的增加，会降低分子离子的稳定性，常出现弱的分子离子峰。

② 在分子内有支链，以及其他易裂解的侧链，分子离子峰弱。例如，正十六烷的分子离子峰较 5-甲基十五烷强（图 4-6）。

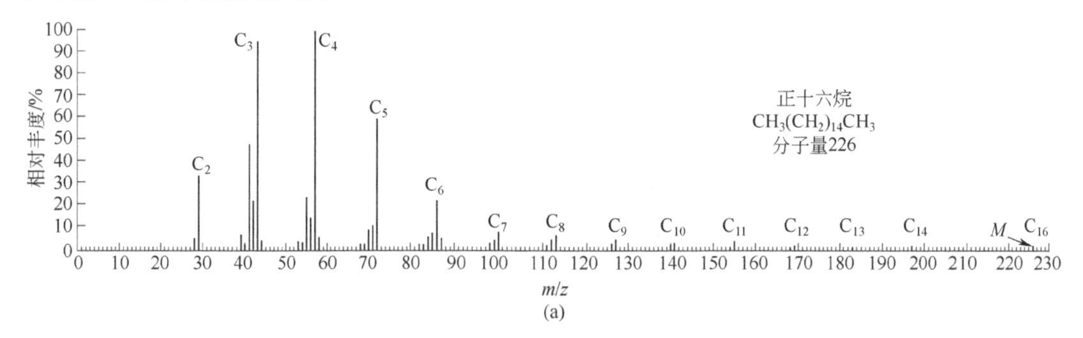

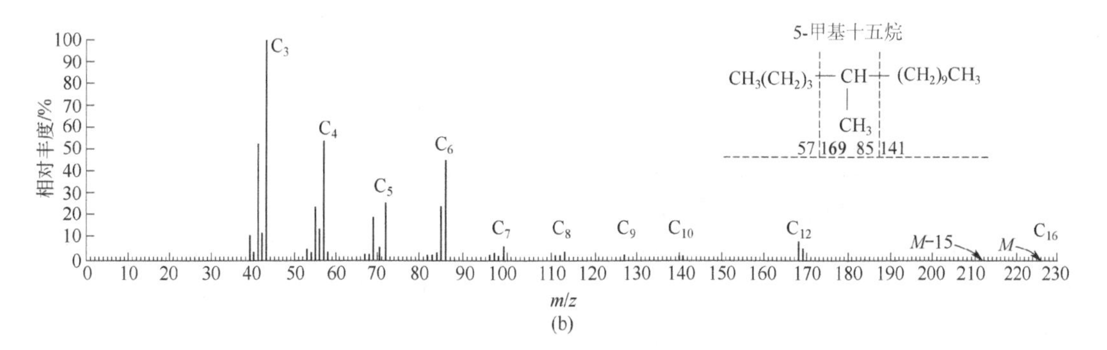

图 4-6 正十六烷质谱图（a）和 5-甲基十五烷质谱图（b）

③ 芳香族化合物和共轭链的分子离子峰一般较强，这是由于 π 电子系统的存在，有利于正电荷的分散，而且多重键的存在往往增加分子离子的稳定性。例如，二甲氧基苯的质谱，三种异构体有一共同特点：分子离子峰强度特别大，在间位和邻位取代的情况下，分子离子峰就是基峰。图 4-7 是二甲氧基苯的三种异构体的质谱图。

④ 分子离子峰的强度通常随着不饱和度和环的数目的增加而增大。

环状化合物一般有较强的分子离子峰，因为环状化合物必须同时断裂两个键才能裂解出质量较小的碎片离子。

⑤ 含有羟基、氨基和巯基的化合物易裂解，分子离子峰弱。

在质谱中，有机化合物的稳定性可按下列顺序排列：

芳香环＞共轭烯＞烯＞脂环＞酮＞直链烷烃＞醚＞酯＞胺＞酸＞支链烷烃＞醇＞高度分支的烃

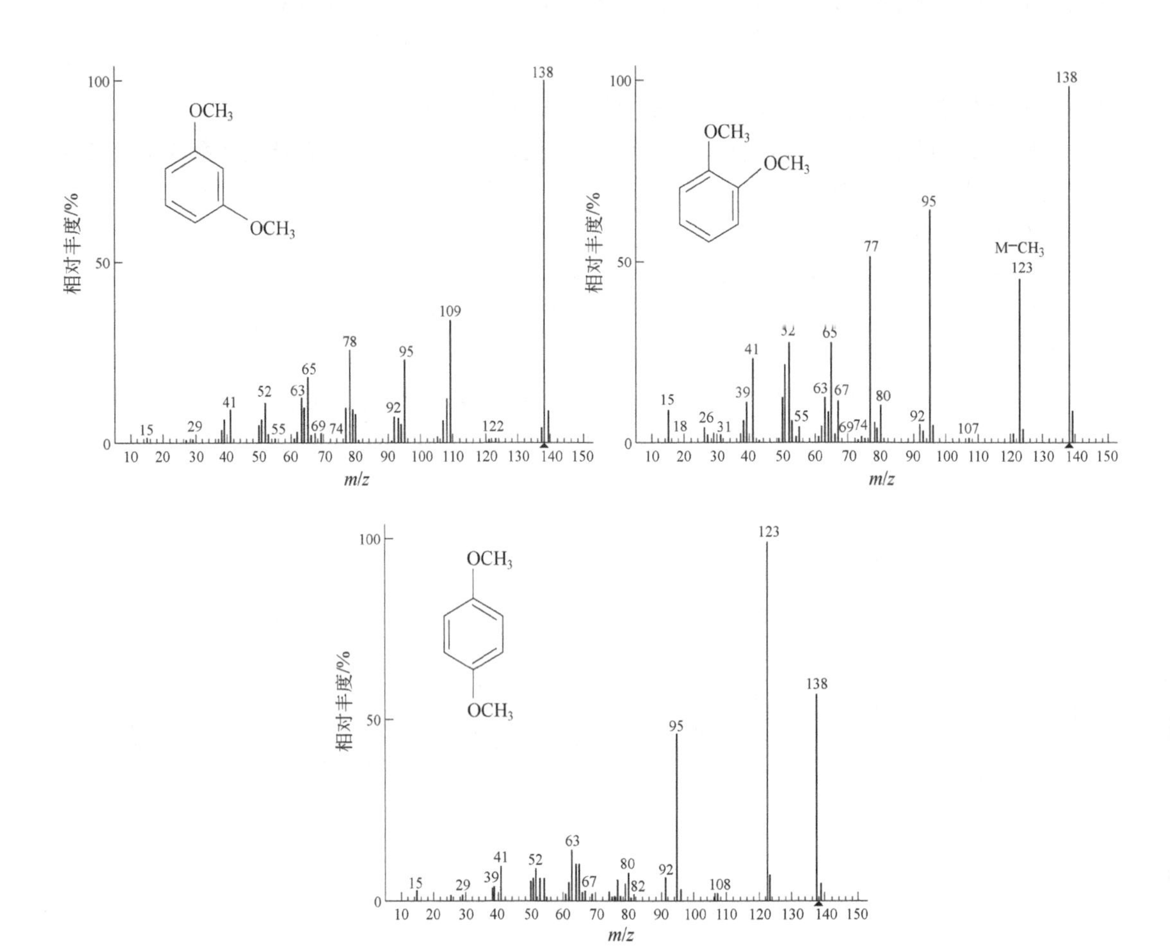

图 4-7　二甲氧基苯的三种异构体的质谱图

上述分子离子峰的强弱能给我们提供分子结构的信息。

（3）改变实验条件检验分子离子峰

用 50～70eV 能量的电子束轰击有机分子，有的分子极易分解，没有稳定的分子离子存在，观察不到分子离子峰。此外，有的分子由于分子量太大等原因，在进入离子化室时蒸气压很低，分子离子峰的信号很弱。为克服这些困难，可以采用如下几种实验方法。

① 降低电子束轰击的能量，减少分子离子的裂解，增加其丰度。

图 4-8 说明：电子束轰击的能量从 70eV 降到 8.5eV，*m/z* 339 的峰还相当大，但其他峰几乎消失了，这就说明 *m/z* 339 是分子离子峰。

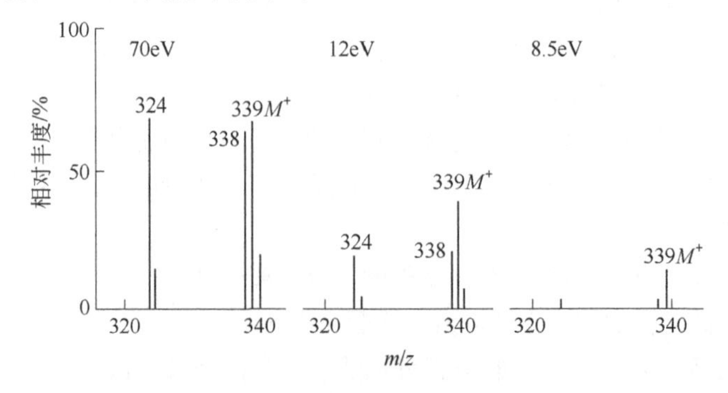

图 4-8　盐酸罂粟碱的质谱图

② 采用化学电离、场解吸、快原子轰击和电喷雾电离等代替电子轰击的方法，可使分子离子峰出现或增加其强度。

a. 化学电离　一些“试剂气体”（如甲烷、异丁烷或氨）在大约 10^2Pa 的压力下进入电离室，在 300eV 的电子束下电离，如：

$$CH_4 + e \longrightarrow CH_4^{+\cdot} + CH_3^+ + CH_2^{+\cdot} + \cdots$$

而且还会发生下述的离子-分子反应：

$$CH_4 + CH_4^{+\cdot} \longrightarrow CH_5^+ + CH_3\cdot$$

$$CH_4 + CH_3^+ \longrightarrow C_2H_5^+ + H_2$$

CH_5^+是很强的酸，它和中性的分子作用：

$$CH_5^+ + M \longrightarrow MH^+ + CH_4$$

而异丁烷和氨各自产生了 $C_4H_9^+$和 NH_4^+，也引起中性分子产生了 MH^+，这些离子是通过碰撞反应产生的，不易引起许多势垒较高的化学键裂解反应，所以 MH^+的峰（比分子离子峰 M 高一个质量单位）具有相当强度，容易被检测出来，这对于采用电子束轰击方法不易得到分子离子峰的醇、长链胺、酯等化合物，是一个较好的方法。

b. 场解吸　少量试样（大约 1μg）的溶液附在很细的导线上，线上有许多尖刺。在 10^8V/cm 强的电场中，试样分子中的电子将被“吸入”导线金属的价轨道，带正电荷的分子 $M^{+\cdot}$被外场排斥进入气相，除了 $M^{+\cdot}$分子离子外，还有 MH^+ 离子。这种方法适用于那些对热不稳定、不易挥发的有机化合物。但这种方法得到的其他碎片离子很少，在解析分子结构方面信息较少。

c. 快原子轰击　将几微克的试样分散于甘油、硫代甘油或二乙醇胺等高沸点极性溶剂中，然后涂布于金属靶上，直接插入快原子轰击源中，用加速到 6～9keV 的离子束（如快 Xe 原子）轰击，靶面的分子在快原子轰击下，在液面附近形成的离子被溅射进入气相。在快原子轰击质谱中，有 MH^+、$[MH + G_0]^+$或$[MH + 2G_0]^+$（G_0为分散剂分子）等，蛋氨酸在甘油中的快原子轰击质谱如图 4-9 所示。快原子轰击适用于挥发性低、强极性或离子型的化合物，或对热敏感、分子量较大的极性有机分子，如单糖、低聚糖、氨基酸等。

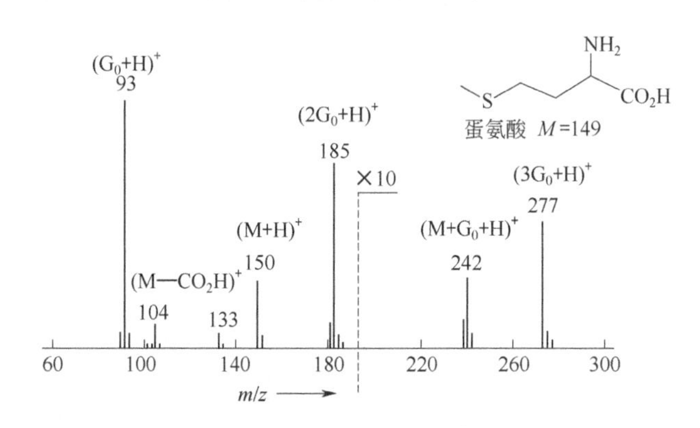

图 4-9　蛋氨酸在甘油中的快原子轰击质谱图

d. 电喷雾电离　电喷雾电离是利用位于一根毛细管和质谱仪进口间的电势差生成离子，在电场的作用下产生以喷雾形式存在的带电液滴。当使用干燥气体或加热时，溶剂蒸发，液体体积缩小，最终生成去溶剂化离子。电喷雾电离的特征之一是可生成高度带电的离子而不发生碎裂，这样可将质荷比降低到各种不同类型的质量分析仪都能检测的程度。通过检测带电状态，可计算离子的真实分子量。所以当带电液滴带上不同电荷时，就在最终的检测信号上形成不同的目标峰值。电喷雾电离质谱（ESI-MS）对于高分子化合物的测定由于可以产生多电荷峰，与传统的质谱相比，扩大了检测的范围，同时提高了仪器的灵敏度，在 pmol 数量级的水平或更少的样品检测中，当分辨率为 1000 时可达到 0.005%的精度。ESI-MS 是一种软的电离方式，在一定的电压下它不会使样品分子产生碎片，因此对于小分子的样品 ESI 谱图可确定样品组成的成分有几种。另外它还可与高效液相色谱分离方法相连接，扩大了质谱在生物领域中的应用。

e．激光解吸电离法　一种用于大分子离子化的方法，利用对使用的激光波长范围具有吸收并能提供质子的基质（一般常用小分子液体或结晶化合物），将样品与其混合溶解并形成混合体，在真空下用激光照射该混合体，基体吸收激光能量，并传递给样品，从而使样品解吸电离。激光解吸电离的特点是准分子离子峰很强。通常将激光解吸电离用于飞行时间质谱，特别适合分析蛋白质和 DNA。

③ 制备容易挥发的衍生物。如将酸变为酯，醇变为醚，再进行测定，其衍生物分子离子峰就容易出现。然后对比化合物转变前后的质谱，观察是否出现了相应的质量变化。例如，对氨基水杨酸的分子离子峰不出现（图 4-10），变为甲酯后，分子离子峰就很明显（图 4-11）。

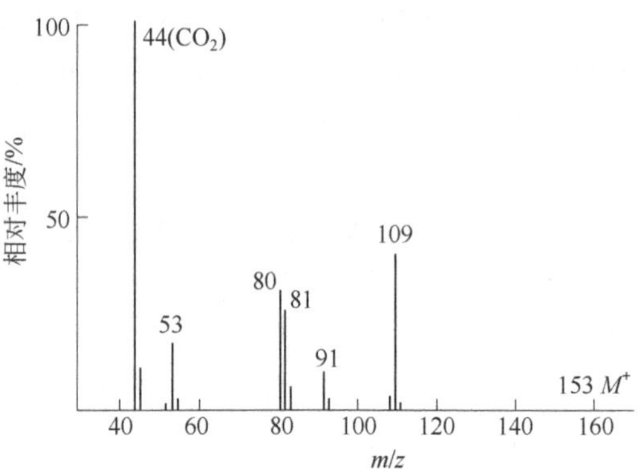

图 4-10　对氨基水杨酸（加热进样法）质谱图

④ 直接进样法　用加热气化进样测定时，分子量>800 或难挥发的化合物，分子离子峰一般很难出现，若改用直接进样法，分子离子峰可能会显著增强。比较图 4-10 和图 4-12，可明显地看出差异。

⑤ 降低样品气化温度　气化温度高，化合物就容易挥发，但分子离子峰的强度不一定增加，因为有些化合物在高温下容易开裂。对这样的化合物，若把气化温度降低，就可防止进一步开裂，而使分子离子峰的强度明显增加。例如，图 4-13 为在 340℃和 70℃时三十烷的质谱图。

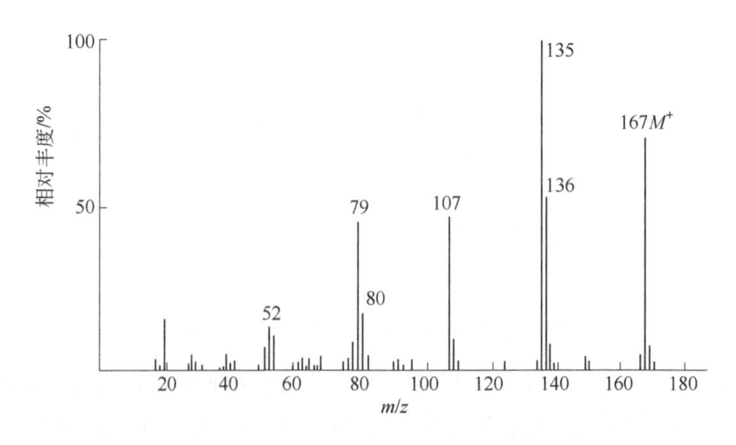

图 4-11　对氨基水杨酸甲酯质谱图

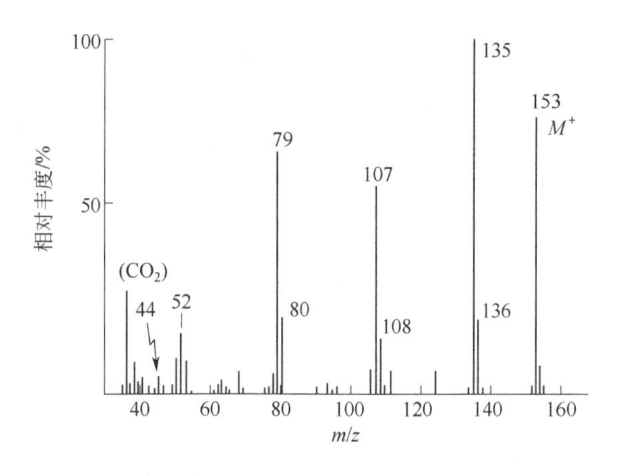

图 4-12　对氨基水杨酸（直接进样法）质谱图

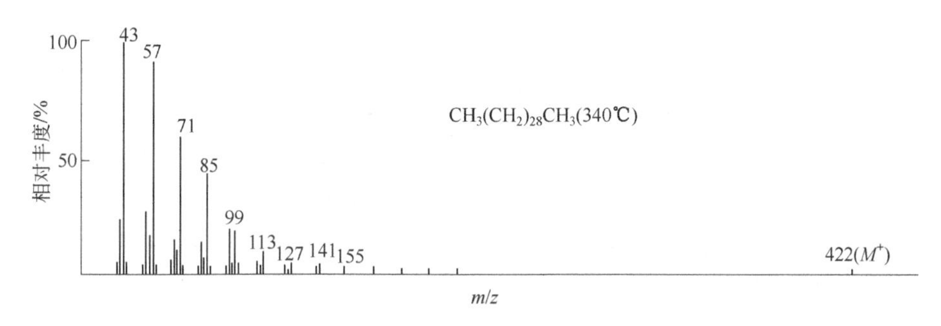

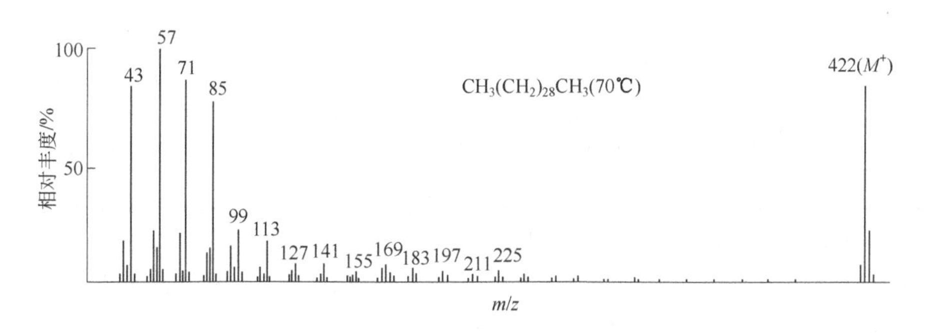

图 4-13　在 340℃和 70℃时三十烷的质谱图

4.2.2　利用质谱确定分子式

对分子离子峰的判断，可以使我们得到一个极为重要的数据：分子量，在此基础上，进一步利用质谱可确定化合物的分子式。利用质谱确定分子式有两种方法：同位素丰度法和高分辨质谱法。

（1）同位素丰度法

这种方法是应用一个分子离子同位素簇峰的相对强度来推测化合物的分子式。除 I、F、P 外，所有元素都有天然同位素，其相对丰度已经确定（见表 4-1）。所以在质谱里，分子离子不是单一的，通常都是成簇的，称为同位素簇（isotopic cluster）。不仅有分子离子簇峰，碎片离子峰也是有同位素簇峰的。从表 4-1 可以看到：在有机化合物中，构成有机物分子中原子数目多的元素是 C、H、O、N，它们重的同位素的丰度都很低，而对于原子数目少的元素，如 Cl、Br、S 等，它们重的同位素丰度都较大。经过分析，各元素的同位素的比例关系（丰度大小）在自然界中几乎不变，所以在分子中也是有一定的比例，即构成分子的各相应的同位素分子或离子有一定的比例关系。分子离子同位素簇或碎片离子同位素簇中的各质谱峰的相对丰度本质上就是离子的元素组成以及各元素的同位素的自然丰度的体现。

表 4-1　有机物中常见元素的同位素质量和丰度

同位素	质量	自然丰度/%	丰度比
^{1}H ^{2}H	1.007825 2.014102	99.985 0.0115	$^{2}H/^{1}H = 0.000115$
^{12}C ^{13}C	12.00000 13.003354	98.892 1.108	$^{13}C/^{12}C = 0.0112$
^{14}N ^{15}N	14.003074 15.000108	99.634 0.366	$^{15}N/^{14}N = 0.0037$
^{16}O ^{17}O ^{18}O	15.994915 16.999133 17.999160	99.756 0.039 0.205	$^{17}O/^{16}O = 0.00039$ $^{18}O/^{16}O = 0.00206$
^{19}F	18.998405	100.00	
^{28}Si ^{29}Si ^{30}Si	27.976927 28.976491 29.973761	92.23 4.67 3.10	$^{29}Si/^{28}Si = 0.0485$ $^{30}Si/^{28}Si = 0.0336$
^{31}P	30.973763	100.00	
^{32}S ^{33}S ^{34}S	31.972074 32.971461 33.967865	95.02 0.75 4.21	$^{33}S/^{32}S = 0.0080$ $^{34}S/^{32}S = 0.0443$
^{35}Cl ^{37}Cl	34.968855 36.965896	75.77 24.23	$^{37}Cl/^{35}Cl = 0.320$
^{79}Br ^{81}Br	78.918348 80.916344	50.69 49.31	$^{81}Br/^{79}Br = 0.972$
^{127}I	126.904352	100.00	

① 判断只含 C、H、O、N 的化合物的分子式

a．简单的烃类　例如 CH_4，分子离子存在 $^{12}C^{1}H_4$，其 m/z 为 16，在质谱图的丰度记作 M；$^{13}C^{1}H_4$，其 m/z 为 17，在质谱图的丰度记作 $M+1$。

由于 ^{13}C 的自然丰度为 1.108%，所以有 $M:(M+1)=100:1.12$，如果分子含有 n 个 C 原子，$M+1$ 出现的概率应为 $n\times1.12\%$，此时，M 和 $M+1$ 的丰度比为：

$$M:(M+1)=100:1.12n$$

即：

$$n=\frac{M+1}{M}\times\frac{100}{1.12} \tag{4-10}$$

如将 M 看作 100，则有：

$$n=\frac{M+1}{1.12} \tag{4-11}$$

如果知道了分子离子簇中的 M、$M+1$ 的丰度，可以利用式（4-10）或式（4-11）估算化合物中的碳原子的数目。当然，^{2}H 对 $M+1$ 的丰度也有贡献，但 ^{2}H 的丰度仅为 0.015%，数据太小，在氢原子数比较少的情况下，可以忽略不计。但是，如果烃类化合物的氢原子数目比较多，^{2}H 对 $M+1$ 丰度的贡献就不能忽略。

b. 复杂烃类　当分子式为 $C_wH_xN_yO_z$ 时（其中，w、x、y、z 分别为 C、H、N、O 的原子数目），C 原子有 ^{12}C 和 ^{13}C，N 原子有 ^{14}N 和 ^{15}N，O 原子有 ^{16}O、^{17}O 和 ^{18}O，H 原子有 ^{1}H、^{2}H 等，它们对 M、$M+1$ 和 $M+2$ 的分子离子簇的丰度都有贡献。根据各元素的同位素的丰度值，$M+1$、$M+2$ 相对丰度的计算公式如下，在计算公式中，假定 M 的相对丰度为 100。

$$M+1=100\left(\frac{M+1}{M}\right)=100\left(\frac{1.11w}{100-1.11}+\frac{0.015x}{100-0.015}+\frac{0.36y}{100-0.36}+\frac{0.037z}{100-0.037-0.204}\right)$$

$$=1.12w+0.02x+0.37y+0.04z \tag{4-12}$$

由于 ^{2}H 和 ^{17}O 的自然丰度很低，上式可简化为：

$$M+1\approx 1.12w+0.37y \tag{4-13}$$

计算 $M+2$ 的公式比较复杂，同样可简化为：

$$M+2\approx\frac{1.12^2C_w^2}{100}+0.20z$$

$$=\frac{1.12^2w(w-1)}{200}+0.20z \tag{4-14}$$

含有金属元素的化合物，也可以用同样的方法估计它的分子离子的同位素簇。

c. 贝农（Beynon）表　J.H.Beynon 等把分子量在 500 以下，只含 C、H、O、N 的化合物的 $\frac{M+1}{M}\times100$ 和 $\frac{M+2}{M}\times100$ 的相对强度都计算出来并列成表格供使用。从分子离子同位素簇的丰度比可推测得到可能的分子式，进一步排除那些不符合氮素规则和成键规则的“分子式”。

d. 实例

【例 3】由质谱测得某一化合物分子量为 150，它的 M、$M+1$、$M+2$ 峰的丰度如下：

m/z	丰度/%
$M(150)$	100
$M+1(151)$	9.9
$M+2(152)$	0.9

确定结构式。

解：

根据分子量，$(M+1)/M$ 以及$(M+2)/M$ 的百分比，查贝农表。

分子量为 150 的化合物共 29 个，其中$(M+1)/M$ 的百分比在 9～11 之间的共有如下 7 个：

分子式	$(M+1)/M$/%	$(M+2)/M$/%
$C_7H_{10}N_4$	9.25	0.38
$C_8H_8NO_2$	9.23	0.78
$C_8H_{10}N_2O$	9.61	0.61
$C_8H_{12}N_3$	9.98	0.45
$C_9H_{10}O_2$	9.96	0.84
$C_9H_{12}NO$	10.34	0.68
$C_9H_{14}N_2$	10.71	0.52

应用氮素规则，$C_8H_8NO_2$、$C_8H_{12}N_3$、$C_9H_{12}NO$ 均含奇数个氮，分子量不可能为偶数，故可排除。

余下的四个式子中，只有 $C_9H_{10}O_2$ 的 $M+1$ 和 $M+2$ 的相对丰度与实测值最接近，因此该化合物的分子式应是 $C_9H_{10}O_2$，化合物实为

CH_2OOCCH_3

② 确定分子中是否含有 Cl、Br、S 等杂原子　在有机化合物中，最基本的元素是 C、H，它们的含量最高，此外，还有 O、N 等，它们有个特点，重的同位素的丰度都比较小。从表 4-1 看到，Cl、Br、S 等杂原子的重的同位素丰度却很高，它们在化合物中的含量都很少，图 4-14 是含有不同数目的氯原子和溴原子的丰度比图形。

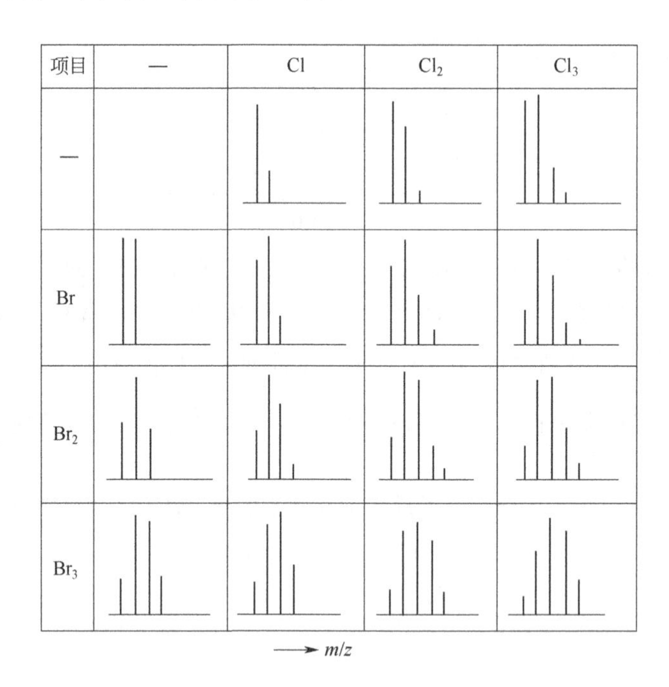

图 4-14　含有不同数目的氯原子和溴原子的丰度比图形

在 C、H、O、N 的化合物中，我们看到 $(M+2)/M\times100$ 的值都很小，但当含有 Cl、Br、S 等原子时，$(M+2)/M\times100$ 的值却相当大，非常特征，$(M+4)/M\times100$ 也不能忽略，借此，可以判断这些元素的存在。

【例 4】 CH_3Cl，有 $^{12}C\,^{1}H_3\,^{35}Cl$(m/z 50)和 $^{12}C\,^{1}H_3\,^{37}Cl$(m/z 52)等，其 $M+2$ 和 M 的丰度比约为 1∶3；如果是 CH_3Br，有 $^{12}C\,^{1}H_3\,^{79}Br$(m/z 94)和 $^{12}C\,^{1}H_3\,^{81}Br$(m/z 96)，$M+2$ 和 M 的丰度比约为 1∶1。

下面介绍其丰度比的计算方法。

a．含有单种卤原子，如 CH_2Cl_2，分子离子有如下几种：

	$^{12}C\,^{1}H_2\,^{35}Cl\,^{35}Cl$	$^{12}C\,^{1}H_2\,^{37}Cl\,^{35}Cl$，$^{12}C\,^{1}H_2\,^{35}Cl\,^{37}Cl$	$^{12}C\,^{1}H_2\,^{37}Cl\,^{37}Cl$
	M	$M+2$	$M+4$
相对丰度：	100×100	$100\times32.0+100\times32.0$	32.0×32.0
或	$3\times3=9$	$3\times1+3\times1=6$	$1\times1=1$

得 $M:(M+2):(M+4)=9:6:1$

[上例中的 100（或 3）和 32.0（或 1）分别是 ^{35}Cl 和 ^{37}Cl 的相对丰度]

由上例分析可得到：含有 n 个相同的卤原子，同位素的离子峰的相对丰度可用二项式$(a+b)^n$展开式的各项数值比来表示：

a——较轻卤素同位素的自然丰度；

b——较重同位素的自然丰度；

n——分子中卤素的原子数目。

【例 5】计算 $CHCl_3$ 的分子离子簇的相对丰度比。

^{35}Cl 和 ^{37}Cl 的丰度分别约为 3 和 1，n 为 3，$a=3$，$b=1$，即：

$$(a+b)^3 = a^3 + 3a^2b + 3ab^2 + b^3$$

对应于 M　　$M+2$　　$M+4$　　$M+6$

$a^3=27$　　$3a^2b=27$　　$3ab^2=9$　　$b^3=1$

因此　$M:(M+2):(M+4):(M+6)=27:27:9:1$

b．含有不同的卤素原子　比如两种卤素，其计算公式可用$(a+b)^m(c+d)^n$展开式的各相关项数值比表示，式中 a、b 符号的意义同前，而 c、d 为另一种卤素元素的同位素相对丰度，m、n 为各元素的原子的个数。

例如，求 CH_2ClBr 的相对丰度。

对 Cl 原子：^{35}Cl　$a=3$，^{37}Cl　$b=1$　$m=1$

对 Br 原子：^{79}Br　$b=1$，^{81}Br　$d=1$　$n=1$

那么，有$(a+b)^1(c+d)^1=ac+(ad+bc)+bd$

对应于　M　　$M+2$　　$M+4$

$ac=3$，$ad+bc=4$，$bd=1$

所以　$M:(M+2):(M+4)=3:4:1$

c．Beynon 表的应用　Beynon 表是按 C、H、O、N 的式子来构造的，含有 Cl、Br、S 等杂原子的分子式不能直接应用，须作校正。

【例 6】有一化合物经 MS 测定分子量为 104，分子离子区各峰的丰度如下：

m/z	丰度/%
M（104）	100
$M+1$（105）	6.45
$M+2$（106）	4.77

确定分子式。

解：

根据$(M+2)/M=4.77\%$，因 $^{34}S/^{32}S=4.43\%$，知该化合物含有一个硫。

从分子量 104 中减去硫的原子量 32，余下 72，另从 $M+1$ 和 $M+2$ 的丰度分别减去 ^{33}S 和 ^{34}S 的丰度，即：

$M+1$ 为　$6.45-0.80=5.65$

$M+2$ 为　$4.77-4.43=0.34$

查 Beynon 表，分子量为 72 的式子共有 11 个，其中$(M+1)/M$的百分比接近 5.65 的式子有 3 个，即：

分子式	$M+1$	$M+2$
C_5H_{12}	5.60	0.13

$C_4H_{10}N$	4.86	0.09
C_4H_8O	4.49	0.28

应用氮素规则，可排除 $C_4H_{10}N$。

C_5H_{12} 的 $(M+1)/M$ 的百分比与测得值 5.65 最接近，所以分子式应为 $C_5H_{12}S$。

③ 根据分子式推测分子离子簇的相对丰度

【例 7】求 $C_2H_4Cl_2S_2$ 分子离子簇的相对丰度。

首先查有关元素的同位素丰度。

^{35}Cl 100，^{37}Cl 32.0，^{32}S 100，^{33}S 0.80，^{34}S 4.43

$C_2H_4Cl_2S_2$ 中的 C_2H_4(m/z 28)对丰度贡献：$M+1$　2.23，$M+2$　0.01。

而 2 个 S 原子、2 个 Cl 原子对相应的丰度的贡献为：

	$M+1$	$M+2$	$M+4$
2S	0.80×2	$4.43\times2+\dfrac{0.80\times0.80}{100}$	$\dfrac{4.43\times4.43}{100}$
2Cl		32.0×2	$\dfrac{32.0\times32.0}{100}$
1S 和 1Cl			$\dfrac{4.43\times32.0}{100}$
	1.60	72.86	11.85

由 C_2H_4 和 2S 和 2Cl 的贡献总和得 $M:(M+1):(M+2):(M+4)=100:3.84:72.87:11.85$。

（2）高分辨质谱法

当以 $^{12}C=12.000000$ 为基准，其他原子质量严格讲不是整数。例如 ^{1}H 原子的精确质量数是 1.007825，^{16}O 的精确质量数是 15.994915，^{14}N 是 14.003074（见表 4-1）。

利用高分辨质谱仪测定的质量数可准确到小数点后 4～6 位，符合这种精确数值的分子式数目大大减少，若再配合其他信息就可最合理地判断分子式。

【例 8】用高分辨质谱仪测得分子离子的质量数为 150.1045，红外光谱发现它有羰基吸收峰，确定它的分子式。

① 假定质谱仪测定分子离子质量数的误差是±0.006，则小数部分可以是 0.1045±0.006，即在 0.0985～0.1105。

② 质量数为 150 的小数部分在这个范围中可能的分子式有 4 个：

$C_3H_{12}N_5O_2$	150.099093
$C_5H_{14}N_2O_3$	150.100435
$C_8H_{12}N_3$	150.103117
$C_{10}H_{14}O$	150.104459

③ 应用氮素规则，含奇数个氮的 $C_3H_{12}N_5O_2$ 和 $C_8H_{12}N_3$ 应排除。

④ $C_5H_{14}N_2O_3$ 的不饱和度等于 0（即为饱和化合物），与 IR 证明有羰基相矛盾，亦可排除。故分子式应为 $C_{10}H_{14}O$（不饱和度为 4）。

目前，高分辨质谱仪都与计算机联用，计算机可将质谱图中每一个离子峰的相对丰度及其所代表的元素组成打印一张元素图，由图中的分子离子的元素组成即可知分子式；或者得到高精度分子量后可以用 Molecular Fragment Calculator 软件直接计算得到，但得出的分子式是理论计算，也要根据氮素规则进行排除。

4.3 碎片离子及产生的规律

4.3.1 碎片离子及其断裂规律

分子离子在离子源中经高能电子束轰击，进一步发生化学键的断裂，产生碎片离子。碎片离子的形成有一定的规律，了解这些规律，有助于预测化学键的开裂过程；反之，又可根据碎片分析结果，推测化合物的分子结构。

（1）含杂原子的官能团的 α-裂解

在含有杂原子的分子中，由于杂原子的不成键电子的电离电压最低，因此最容易脱离。例如在酮中，σ 电子的电离能为 11.5eV，π 电子为 10.6eV，而羰基的不成键电子的电离能则为 9.8eV，因此在生成分子离子时是羰基的氧原子的不成键电子脱掉，即

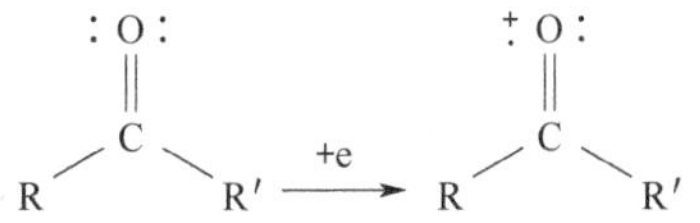

生成分子离子后，电子就要往缺少电子的氧原子方向移动，因而削弱了相应的化学键的键级，发生了 α 开裂。

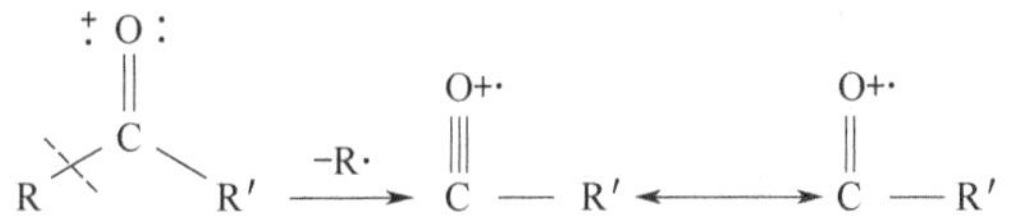

含有羰基的化合物都容易发生 α-裂解。例如：

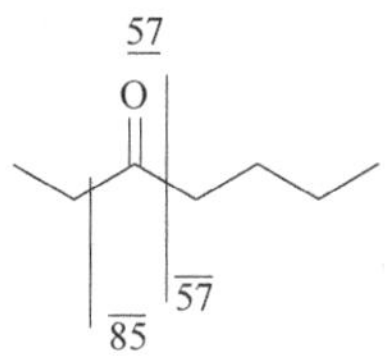

发生 α-裂解，产生 m/z 85 和 57 的离子。

（2）产生稳定离子的开裂

① 在芳香环上有取代基时，容易发生 β-开裂　下例中的$[C_7H_7]^+$ 很稳定，质谱中丰度很高，十分特征。此外，它还可继续裂解成$[C_5H_5]^+$（m/z 65）离子。

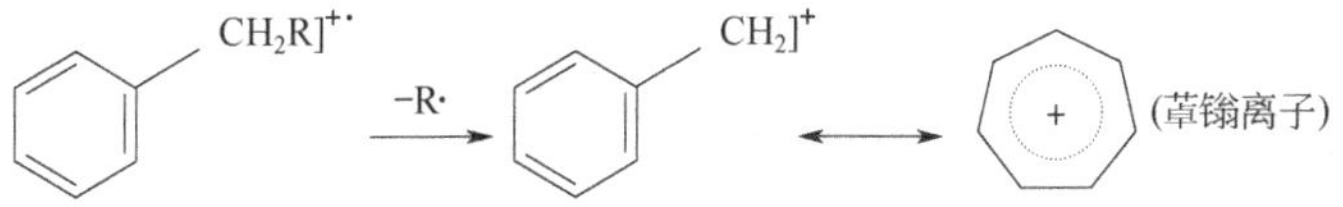

（䓬鎓离子）

② 产生稳定分支正碳离子的裂解　烷烃往往在链分支处断裂，形成稳定的正碳离子，正碳离子的稳定性有下列顺序：

$$R_3C^+ > R_2CH^+ > RCH_2^+ > CH_3^+$$

叔碳　仲碳　伯碳　甲基

例如，3,3-二甲基庚烷

$$CH_3CH_2-\underset{CH_3}{\overset{CH_3}{\underset{|}{\overset{|}{C}}}}-CH_2CH_2CH_2CH_3$$

容易在分支处断裂生成正叔碳离子：

$$H_5C_2-\underset{CH_3}{\overset{CH_3}{\underset{|}{\overset{|}{C^+}}}} \qquad {}^+\underset{CH_3}{\overset{CH_3}{\underset{|}{\overset{|}{C}}}}-C_4H_9 \qquad CH_3CH_2-\underset{CH_3}{\underset{|}{\overset{+}{C}}}-C_4H_9$$

$$m/z\ 71 \qquad m/z\ 99 \qquad m/z\ 113$$

由于任何一个侧链的脱离都能产生较稳定的正叔碳离子，所以这个化合物容易裂解，在质谱图上没有出现分子离子峰（参见图 4-15）。

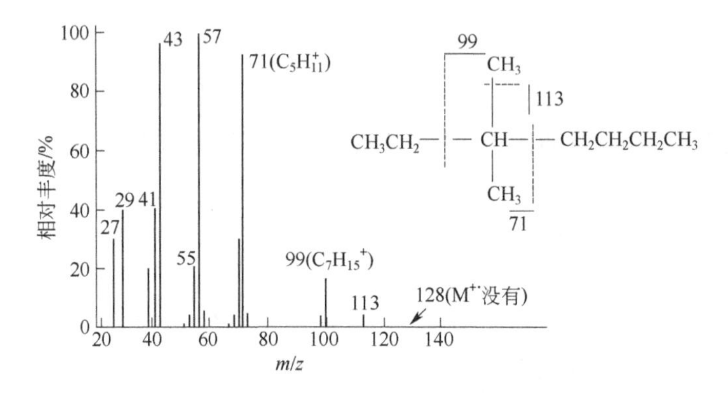

图 4-15　3,3-二甲基庚烷质谱图

③ 含有杂原子的化合物，容易发生 β-开裂和 α-裂解　因为杂原子的不成键电子能够使正碳离子稳定下来，由此可以预测醇、胺、酯、硫、醚、硫醇、卤化物等裂解。如：

$$R-\underset{X^{+\cdot}}{\overset{R'}{\underset{|}{\overset{|}{C}}}}-R'' \xrightarrow{-R\cdot} \underset{X^+}{\overset{R'}{\underset{\|}{\overset{|}{C}}}}-R'' \longleftrightarrow {}^+\underset{X}{\overset{R'}{\underset{|}{\overset{|}{C}}}}-R''$$

$$CH_3-CH_2-\overset{+\cdot}{Y}-R \xrightarrow{-CH_3\cdot} CH_2=\overset{+}{Y}-R \longleftrightarrow {}^+CH_2-Y-R$$

Y＝O，N，S

例如，在乙基异丁基醚中产生了 m/z 73 和 87 的离子，就是这种开裂：

$$CH_3CH_2-O-\underset{}{\overset{CH_3}{\overset{|}{CH}}}-CH_2CH_3$$

（断裂处标注：29、87、73、57）

仲胺和叔胺能发生 α-裂解，并有 β-H 的转移，如三乙基胺的裂解过程（见图 4-16 质谱图）：

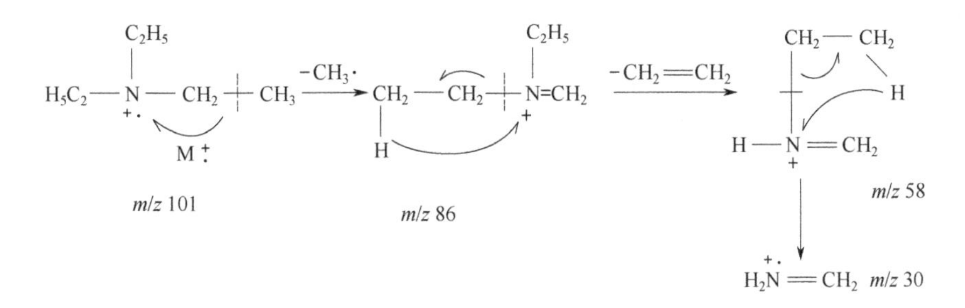

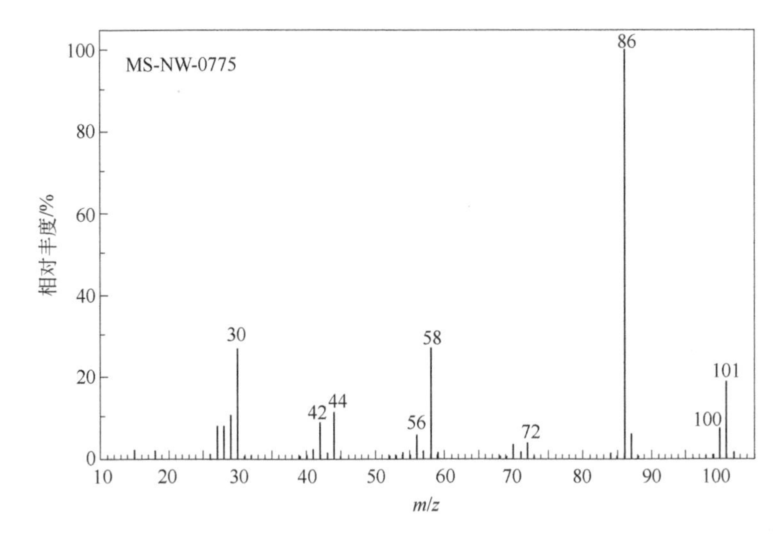

图 4-16 三乙基胺的质谱图

④ 带双键的化合物容易发生 β-开裂 这是由于所产生的正碳离子较稳定。如：

$$\left[R-\overset{|}{C}=\overset{|}{C}-\underset{|}{\overset{|}{C}}-R'\right]^{+\cdot}\xrightarrow{-R'}R-\overset{|}{C}=\underset{|}{\overset{|}{C}}-C^{+}\longleftrightarrow R-\underset{+}{\overset{|}{C}}-C=C\langle$$

⑤ 环烷、环烯产生稳定离子的开裂

a．有支链的饱和环烷烃，由于环较稳定，最易失去侧链。如：

$$\left[\text{环己基}-R\right]^{+}\xrightarrow{-R\cdot}\text{环己烷}^{+\cdot}$$

b．不饱和环易产生反 Diels-Alder 开裂，这种开裂的过程是以双键为起点的重排，但不需要氢原子的转移，一般会产生共轭二烯离子。如：

（a）

$$[\text{环己烯}]^{+\cdot}\longrightarrow[CH_2{=}CH{-}CH{=}CH_2]^{+\cdot}+CH_2{=}CH_2$$

m/z 54

（b）

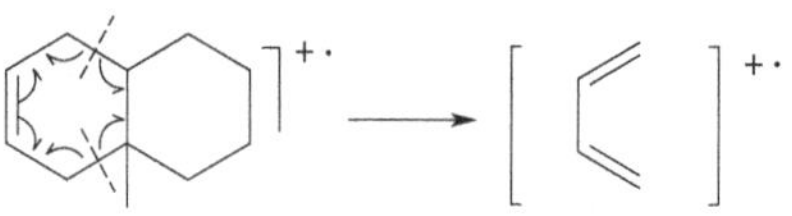

（c）

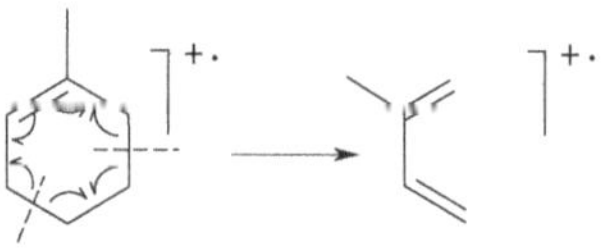

m/z 66

（d）

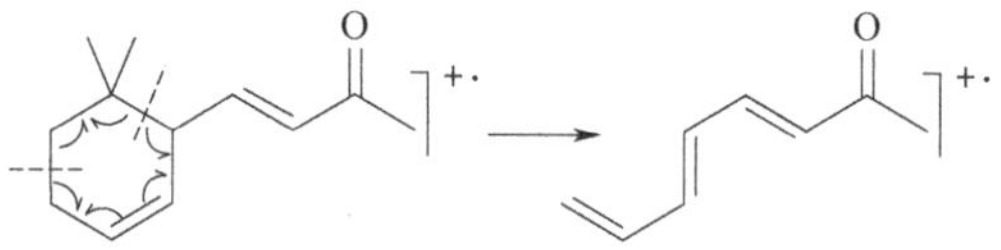

m/z 136

（e）

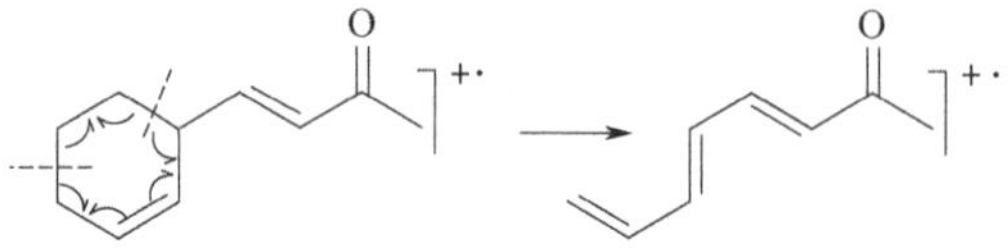

m/z 136

（3）烷烃

烷烃生成相当于 C_nH_{2n+1} 的一系列奇质量数的离子。烷烃容易脱离 CH_2，图谱上出现一系列质荷比差 14 的峰。质量大的碎片离子不稳定，会进一步裂解，因此离子峰小，而 $n=3$、4、S 的离子较稳定，这些峰较大。从图 4-6（a）的质谱还可以看到，比 C_nH_{2n+1} 的峰小两个质量单位的离子峰，是由于脱离一分子氢而生成的链烯离子峰。

此外，在烷烃、烯烃和一些芳烃中，常会发生 Random 重排。如下例中的$[C_3H_7]^+$离子，这个过程包括了两个碳链的断裂和一个氢原子的迁移。

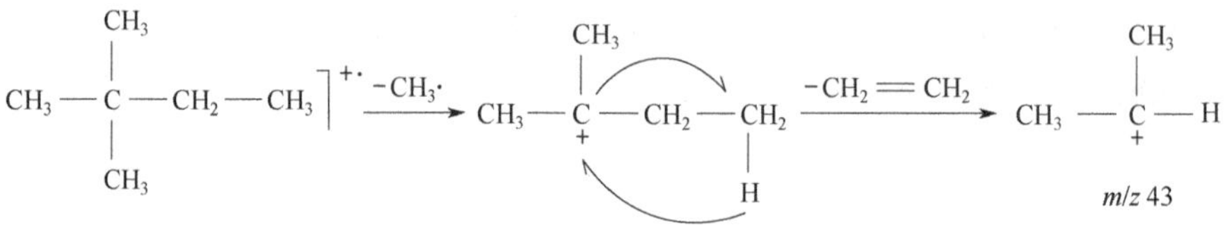

$$[CH_3-C(CH_3)_2-CH_2-CH_3]^{+\cdot} \xrightarrow{-CH_3\cdot} CH_3-\overset{+}{C}(CH_3)-CH_2-CH_2(H) \xrightarrow{-CH_2=CH_2} CH_3-\overset{+}{C}(CH_3)-H$$

m/z 43

（4）脱离小分子的开裂

脱离小分子（如 H_2O、H_2S、NH_3、CH_3COOH、CH_3OH、CH_2═C═O、CO、HCN 等）的裂解容易发生。表 4-2 列出了容易脱离的中性分子和游离基。

表 4-2　容易脱离的中性分子和游离基

质量差	中性分子和游离基	质量差	中性分子和游离基
1	H·	48	CH_3SH
2	H_2	49	$\cdot CH_2Cl$
15	$\cdot CH_3$	54	C_4H_6
16	O·	55	$\cdot C_4H_7$
17	·OH，NH_3	56	C_4H_8
18	H_2O	57	$\cdot C_4H_9$，$C_2H_5CO\cdot$

续表

质量差	中性分子和游离基	质量差	中性分子和游离基
19	$F\cdot$	58	C_4H_{10}，$\cdot SCN$
20	HF	59	$C_3H_7O\cdot$，$CH_3OCO\cdot$，$CH_3COO\cdot$，CH_3CONH_2
27	HCN，$\cdot C_2H_3$	60	CH_3COOH，C_3H_7OH
28	C_2H_4，CO	61	$C_2H_5S\cdot$，$\cdot C_3H_6F$
29	$\cdot C_2H_5$，$\cdot CHO$	62	$H_2S + C_2H_4$，C_2H_5SH
30	NO，C_2H_6，CH_2O，$H_2NCH_2\cdot$	63	$\cdot C_2H_4Cl$
31	CH_3NH_2，$HOCH_2\cdot$，$CH_3O\cdot$	67	$\cdot C_5H_7$
32	CH_3OH	68	$H_3CC(=CH_2)-CH_2-CH$
33	$HS\cdot$，$\cdot CH_2F$	69	$\cdot CF_3$，$\cdot C_5H_9$
34	H_2S	70	C_5H_{10}
35	$Cl\cdot$	71	$\cdot C_5H_{11}$，$C_3H_7CO\cdot$
36	HCl	72	C_5H_{12}
39	$\cdot C_3H_3$	73	$C_2H_5COO\cdot$，$C_2H_5OCO\cdot$，$C_4H_9O\cdot$
40	$\cdot C_3H_4$	74	C_4H_9OH，C_2H_5COOH
41	$\cdot C_3H_5$	75	$C_3H_7S\cdot$，$\cdot C_4H_8F$
42	$\cdot CH_2CO$，C_3H_6	76	$H_2S + C_3H_6$，C_3H_7SH
43	$\cdot C_3H_7$，$CH_3CO\cdot$，$\cdot CH_2CHO$，$HNCO$	77	$\cdot C_3H_6Cl$
44	CO_2，$H_2NCO\cdot$，CH_3CHO	79	$Br\cdot$
45	$C_2H_5O\cdot$，$\cdot COOH$	80	HBr
46	C_2H_5OH，$H_2O + C_2H_4$，$\cdot NO_2$	81	$\cdot C_6H_9$
47	CH_3S，$\cdot CH_2CH_2F$	83	$\cdot C_6H_{11}$
84	C_6H_{12}	105	$\cdot C_5H_{10}Cl$
85	$C_4H_9CO\cdot$，$ClCF_2\cdot$	109	$\cdot C_8H_{13}$
86	C_6H_{14}	111	$\cdot C_8H_{15}$
87	$C_3H_7COO\cdot$，$C_5H_{11}O\cdot$	112	C_8H_{16}
88	C_3H_7COOH，$C_5H_{11}OH$	113	$C_6H_{13}CO$，$\cdot C_8H_{17}$
89	$C_4H_9S\cdot$，$\cdot C_5H_{10}F$	114	C_8H_{18}
90	C_4H_9SH	115	$C_5H_{11}COO\cdot$，$C_7H_{15}O\cdot$
91	$\cdot C_4H_8Cl$	116	$C_5H_{11}COOH$，$C_7H_{15}OH$
95	$\cdot C_7H_{11}$	117	$C_6H_{13}S\cdot$，$\cdot C_7H_{14}F$
97	$\cdot C_7H_{13}$	118	$C_6H_{13}SH$
98	C_7H_{14}	119	$\cdot C_6H_{12}Cl$
99	$C_5H_{11}CO\cdot$，$\cdot C_7H_{15}$	122	C_6H_5COOH
100	C_7H_{16}	123	$\cdot C_9H_{15}$
101	$C_4H_9COO\cdot$，$C_6H_{13}O\cdot$	125	$\cdot C_9H_{17}$
102	C_4H_9COOH，$C_6H_{13}OH$	126	C_9H_{18}
103	$C_5H_{11}S\cdot$，$\cdot C_6H_{12}F$	127	$I\cdot$，$C_7H_{15}CO\cdot$，$\cdot C_9H_{19}$
104	$C_5H_{11}SH$	128	HI

① 脂肪醇脱水得到 M−18 峰；硫醇脱硫化氢得到 M−34 峰；胺脱去氨得到 M−17 峰。

a. $[ROH]^{+\cdot} \xrightarrow{-H_2O} [M-H_2O]^{+\cdot}$

M−18

【例 9】

$$RHC(CH_2)_n CH_2\overset{+\cdot}{O}H \ (\text{H 转移}) \xrightarrow{-H_2O} RHC(CH_2)_n\overset{+\cdot}{C}H_2 \longleftrightarrow \left[\begin{array}{c} RHC \text{——} CH_2 \\ (CH_2)_n \end{array}\right]^{+\cdot}$$

$$RHC(H)-H_2C-CH_2-CH_2-\overset{+\cdot}{O}H \xrightarrow[-CH_2CH_2]{-H_2O} \left[(CH_2)_{n-1}CHR\right]^{+\cdot}$$

【例 10】正戊醇的质谱见图 4-17。

b. $RSH]^{+\cdot} \xrightarrow{-H_2S} [M-H_2S]^{+\cdot}$

M−34

硫醇的裂解和醇类似。

c. $RNH_2]^{+\cdot} \xrightarrow{-NH_3} [M-NH_3]^{+\cdot}$

M−17

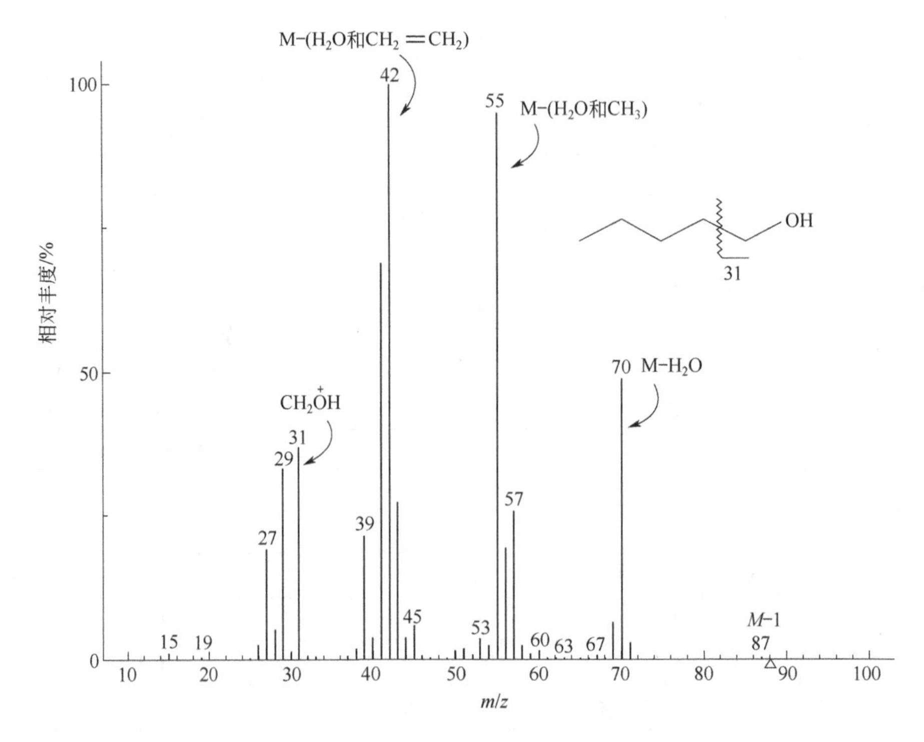

图 4-17　正戊醇的质谱图

② 乙酸酯容易脱离醋酸

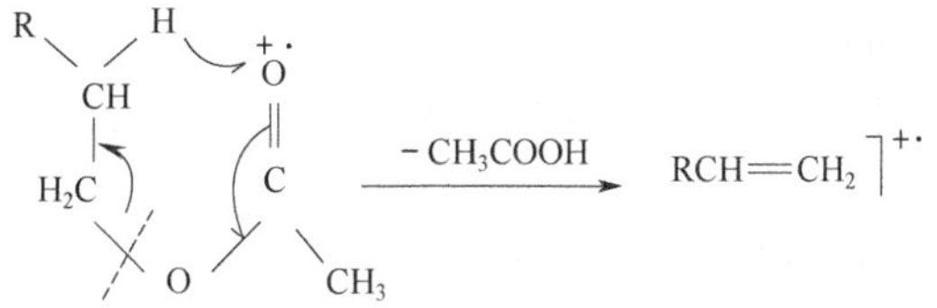

R　H　$\overset{+\cdot}{O}$

CH　C

H_2C　O　CH_3

$\xrightarrow{-\text{CH}_3\text{COOH}}$ $RCH{=}CH_2]^{+\cdot}$

③ 酰胺容易脱离乙烯酮

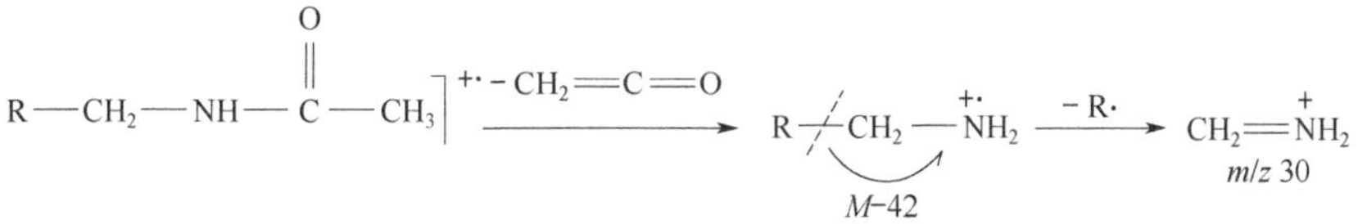

$$\text{R—CH}_2\text{—NH—}\overset{\text{O}}{\overset{\|}{\text{C}}}\text{—CH}_3]^{+\cdot} \xrightarrow{-\text{CH}_2\text{=C=O}} \text{R—CH}_2\text{—}\overset{+\cdot}{\text{N}}\text{H}_2 \xrightarrow{-\text{R}\cdot} \text{CH}_2\text{=}\overset{+}{\text{N}}\text{H}_2$$

M–42　　m/z 30

④ 酚容易脱离 CO（醌亦如此）和—CHO·

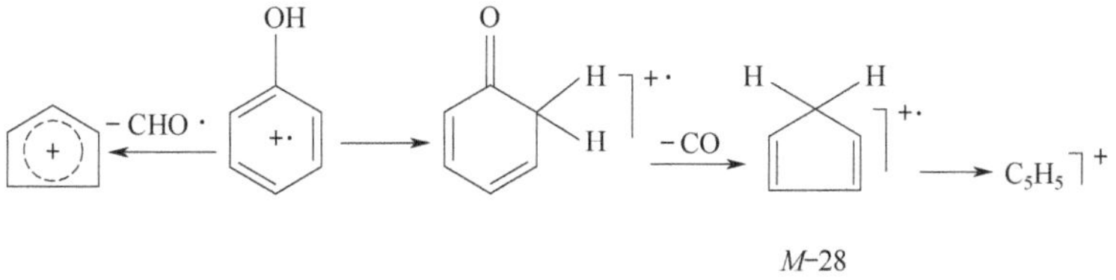

OH　O　H　H

$\xleftarrow{-\text{CHO}\cdot}$　+·　$\longrightarrow$　$H]^{+\cdot}$　$\xrightarrow{-\text{CO}}$　$]^{+\cdot}$　$\longrightarrow C_5H_5]^+$

H

M–28

⑤ 在邻位有适当取代基的芳香族化合物容易脱去 H_2O 和 NH_3 等。如：

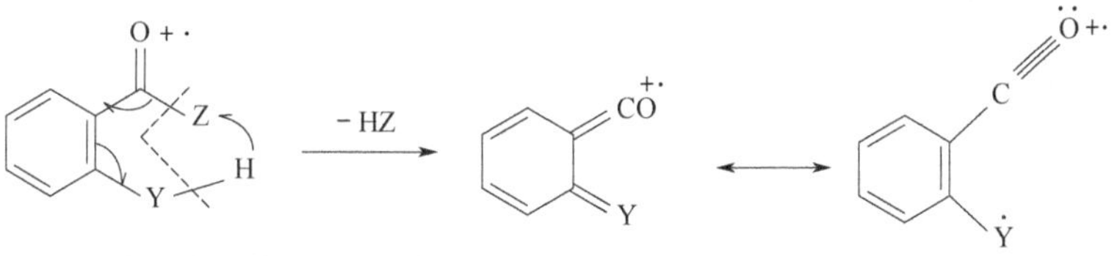

O +·　Z　H　Y　$\xrightarrow{-\text{HZ}}$　$\overset{+\cdot}{CO}$　Y　$\longleftrightarrow$　C≡$\ddot{O}$+·　$\dot{Y}$

(Z=OH, OR, NH_2；Y=CH_2, O, NH)

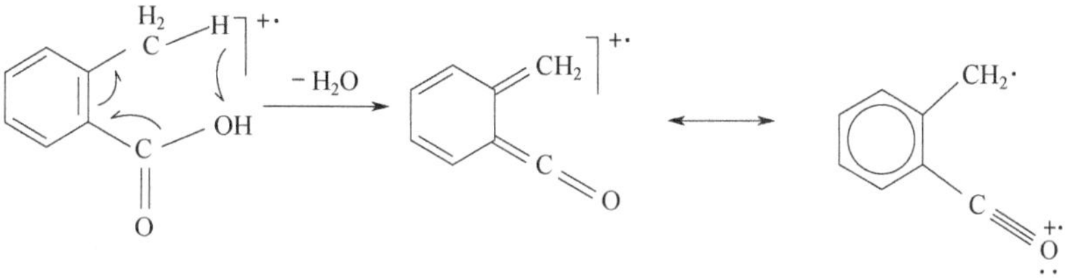

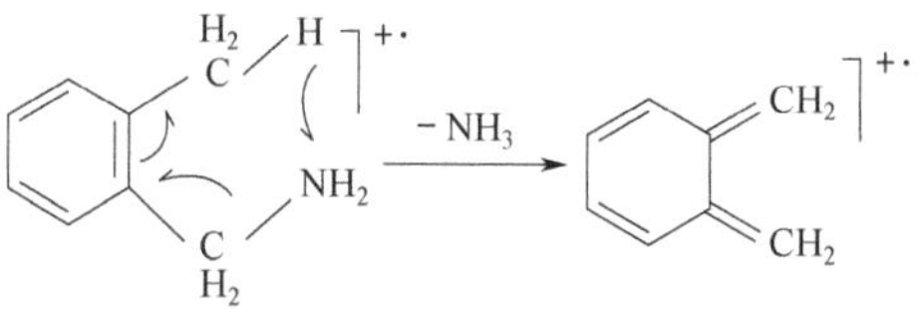

H_2　C　$H]^{+\cdot}$　OH　C　O　$\xrightarrow{-H_2O}$　$CH_2]^{+\cdot}$　C=O　$\longleftrightarrow$　$CH_2\cdot$　C≡$\overset{+\cdot}{\ddot{O}}$

H_2　C　$H]^{+\cdot}$　NH_2　C　H_2　$\xrightarrow{-NH_3}$　$CH_2]^{+\cdot}$　CH_2

⑥ 吡啶和喹啉的衍生物容易脱离 HCN

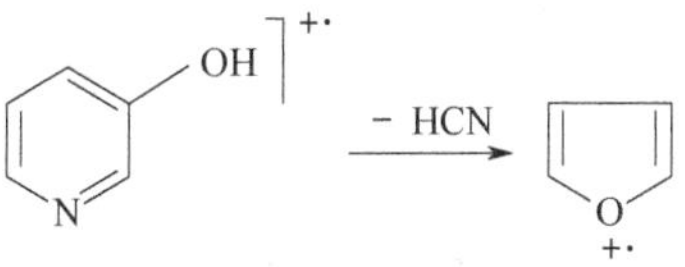

N　$OH]^{+\cdot}$　$\xrightarrow{-\text{HCN}}$　O +·

（5）经过六元环迁移状态的开裂

质谱解析的困难往往是因为出现重排离子，除了前述的 Random 重排和反 Diels-Alder 开裂重排之外，最常见的是麦氏重排，它是通过一个“六元环”中间状态，发生γ位上的—H向杂原子（或多重键）转移，同时往往要脱去一个不饱和中性化合物。

① 具有氢原子的酮、醛、酸、酯和酰胺都容易发生重排　如上述的乙酸酯和酰胺的重排脱掉中性分子。

② 链烯的重排　如上述的顺链烯化合物重排脱掉中性分子。

③ 烷基苯的重排

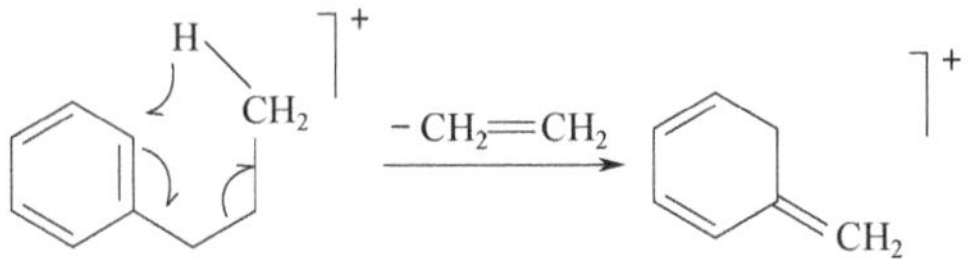

$-CH_2{=}CH_2$

m/z 92

④ 苯基乙醇的重排

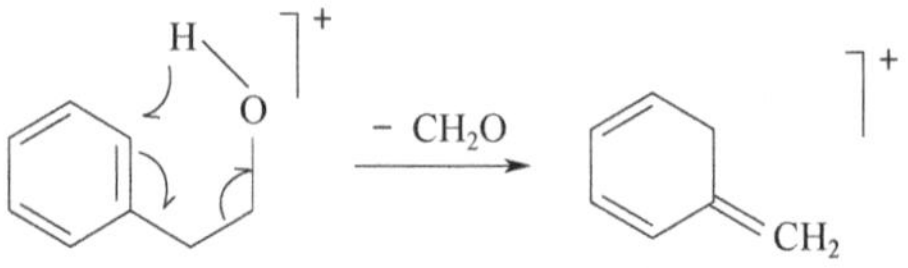

$-CH_2O$

m/z 92

⑤ 芳基醚的重排

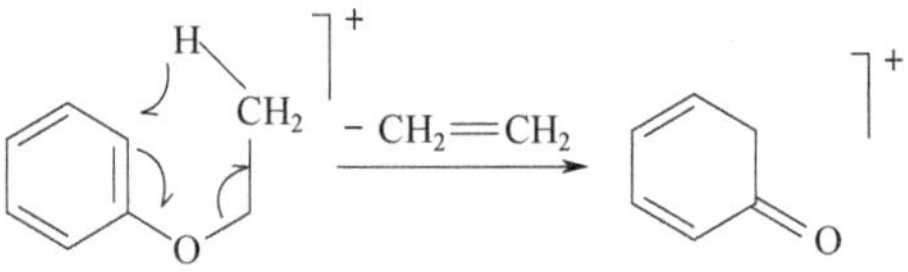

$-CH_2{=}CH_2$

⑥ 环氧化合物的重排

$-CH_2{=}CH_2$

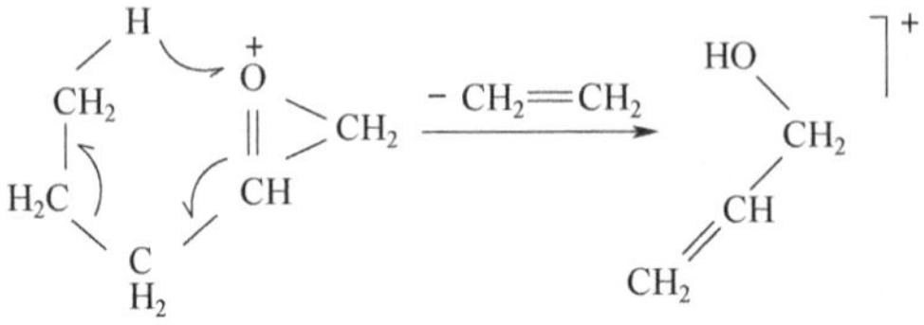

⑦ 碎片离子的重排　由单纯开裂或重排产生的碎片离子，如果含有羰基或双键，也能引起麦氏重排。下述例子中的两个烷基都有γ-H，发生了两次麦氏重排。

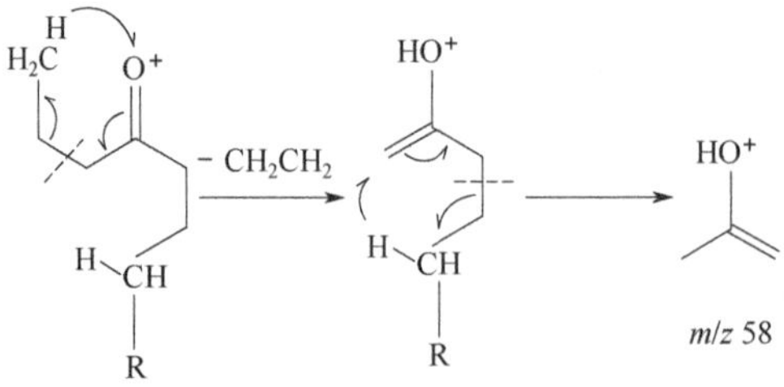

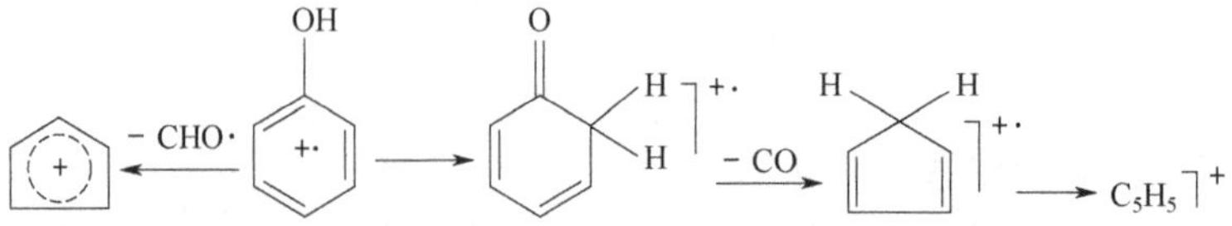

$-CH_2CH_2$

m/z 58

$-CHO\cdot$　　$-CO$　　$C_5H_5^{\,+}$

4.3.2 亚稳离子

（1）亚稳离子

设有一种碎片离子 M_1^+，可能有一部分继续在离子室中裂解成 M_2^+，质谱上出现正常的相应的 M_1^+峰和 M_2^+峰（形状尖锐）。如果另有一部分 $M_1{}^+$在离子室中未断裂，而是进入磁场偏转区断裂为 M_2^+，这样的离子称为亚稳离子。

（2）表观质量 m^*

亚稳离子裂解形成的离子的真实质量为 m_2，但在质谱图中其质荷比低于 m_1/z 和 m_2/z，一般位于非整数的位置上，以 m^*表示其“质量”，m^*称为表观质量。

出现非整数的表观质量 m^*的原因：离子 M_1^+被加速时所获得的速度是按 m_1 质量决定的。但由于加速后进入磁场裂解为 M_2^+，质量较轻的 M_2^+按质量较重 M_1^+的速度飞行进入检测器，导致所产生的离子 M_2^+不按真正质量被记录下来，而是按 m^*被记录。

M_1^+离子在电场作用下，被加速后的动能为：

$$\frac{1}{2}m_1v^2 = zV \tag{4-15}$$

少部分 $M_1{}^+$进入磁场裂解为 $M_2{}^+$，$M_2{}^+$在磁场中受到的力为：

$$BzV = \frac{m_2v^2}{R} \tag{4-16}$$

则由上两式可得：

$$\frac{m_2{}^2}{m_1z} = \frac{R^2B^2}{2V} \tag{4-17}$$

$$\frac{m^*}{z} = \frac{R^2B^2}{2V} \tag{4-18}$$

此式中，令 $$m^* = \frac{m_2{}^2}{m_1}$$

从上式可见，亚稳离子虽是离子 $M_2{}^+$，但其行为相当于质量为 $\frac{m_2{}^2}{m_1}$ 的离子。

（3）亚稳峰

亚稳离子的存在，在质谱中显示出弱而宽的峰，与一般尖锐的碎片离子峰不同。亚稳离子峰一般不出现在 *m/z* 为整数的位置，而且要跨 2～5 个质量单位。

亚稳离子峰对于判断和证实 $M_1{}^+ \rightarrow M_2{}^+$的裂解历程是很有用的，可以帮助我们确定各离子的亲缘关系，有利于分子结构的推测。

【例 11】针枞酚的质谱见图 4-18，亚稳离子峰 $m^*=71.5$，而 $\frac{93^2}{121} \approx 71.5$，说明 *m/z* 93 的碎片离子是来自 *m/z* 121 离子的裂解，从而证实 *m/z* 121→ *m/z* 93 的开裂过程。但要注意，没有亚稳离子峰的出现，并不意味着不存在某一开裂过程。

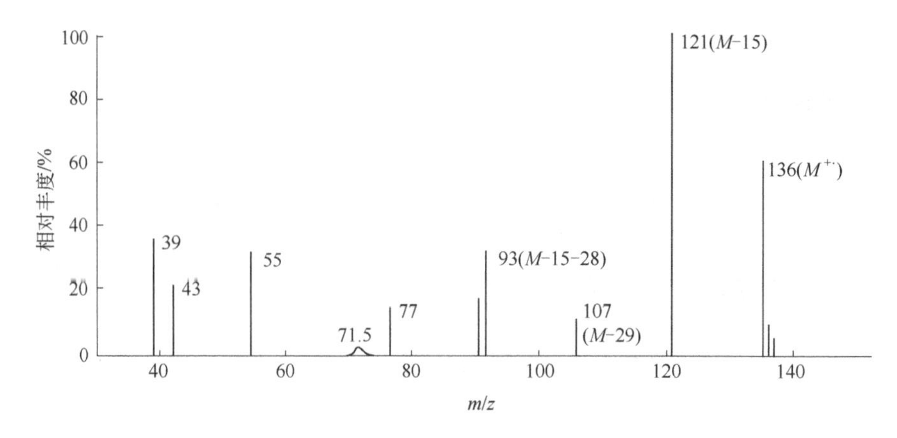

图 4-18　针枞酚的质谱图

针枞酚的 *m/z* 121→*m/z* 93 的开裂过程：

$\xrightarrow{-CH_3\cdot}$　　$\xrightarrow{-CO}$

m/z 136　　*m/z* 121　　*m/z* 93

（4）双电荷离子

如果有机分子受到电子流的轰击时失去两个电子，就成为双正电荷离子。质谱是按照离子的质荷比被记录下来的，因此这类离子在其质量数一半处出现。这种离子质量数如果是奇数，质荷比就不是整数。芳香族化合物较易产生双电荷或多电荷离子，但这类离子很少，在质谱中不常见。多电荷离子在金属的溅射中较常见。

4.4　质谱的解析

4.4.1　质谱的检索工具与利用

（1）质谱八峰值索引

质谱八峰值索引是较重要的手册，记载的项目有化合物名称、分子量、元素组成、八个主要峰的 *m/z* 和相对强度，并附有分子量索引、元素组成索引和最高峰索引。被鉴定的化合物的质谱的八个最强峰如果与手册上八个峰的质荷比（*m/z*）和相对强度基本一致，即可确认这个化合物。

（2）Wiley 质谱库

质谱库全面覆盖药品、违法药品、毒药、农药、类固醇、天然产物等。

（3）其他质谱谱库

① NIST 库。

② NIST 化学在线书　按照需要，可以通过分子式、英文名称、分子量等途径进行查找。

③ NIST/EPA/NIH 库。

④ 农药库。

⑤ 药物库　其中包括许多药物、杀虫剂、环境污染物及其代谢产物和它们的衍生化产物的标准质谱图。

⑥ 挥发油库　内有挥发油的标准质谱图。

这 6 个质谱谱库在不断更新中，其中前三个是通用质谱谱库，一般在 GC-MS 联用仪上配有其中一个或两个谱库。目前使用最广泛的是 NIST/EPA/NIH 库。后三个是专用质谱谱库，根据工作的需要可以选择使用。

4.4.2　利用质谱推测分子结构

通常采用以下几个步骤：

① 解析分子离子区。

a．确认分子离子簇峰，并根据同位素峰推算分子式。

b．根据高分辨质谱测得的分子离子的精密 m/z 值，推定分子式。

c．注意同位素峰的$(M+1)/M$ 及$(M+2)/M$ 数值的大小，判断分子中是否含有 Cl、Br、S。

d．根据分子式计算不饱和度。

② 分析碎片离子。

a．找出基峰和主要离子峰。

b．注意分子离子有何重要碎片脱掉。

c．根据各类化合物裂解的方式和碎片离子断裂的一般规律，判断基峰和其他主要离子峰是由哪一种裂解方式产生的。注意各类化合物的特征质谱，由此了解官能团、骨架及其他部分结构。

d．根据亚稳离子，推出 m_1 和 m_2，从而推导裂解过程。

③ 提出结构式。

a．先提出可能存在的部分结构单元。

b．列出剩余碎片。

c．按各种可能方式联结已知的结构碎片及剩余结构碎片，组成可能的结构式。

④ 配合红外光谱、紫外光谱、核磁波谱和化学方法确认结构式。

⑤ 用质谱裂解知识检查结构式。

4.4.3　推测分子结构实例

【例 12】某一化合物由高分辨质谱给出分子量为 136.0886，试根据质谱图（图 4-19）推测其最可能的结构。

解：

由分子离子簇峰，判断不含 Cl、Br、S 等

由精确分子量确定分子式为 $C_9H_{12}O$

$S_I=1+9-6=4$

m/z $136-118=18$，失去 H_2O，可能有—OH

m/z $136-107=29$，失去 C_2H_5，可能有—C_2H_5

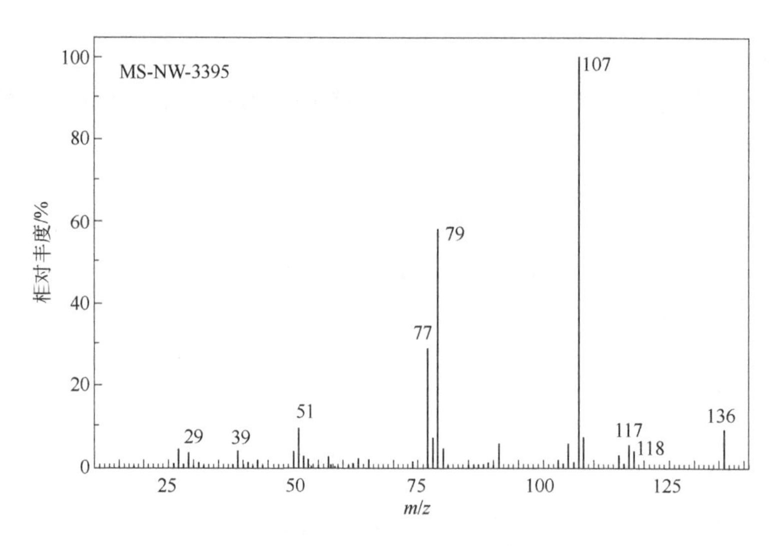

图 4-19　某一化合物的质谱图

m/z 77、51，$C_6H_5^+$、$C_4H_3^+$，有单取代苯

$C_9H_{12}O—OH—C_2H_5—C_6H_5$，剩—CH

故推测化合物的结构可能为：

$$\text{C}_6\text{H}_5-\text{CH(OH)}-\text{C}_2\text{H}_5$$

【例 13】一个只含 C、H、O、Cl 的有机化合物，高分辨质谱仪给出分子量为 154.0185，试按它的质谱图（图 4-20）推测其结构式。

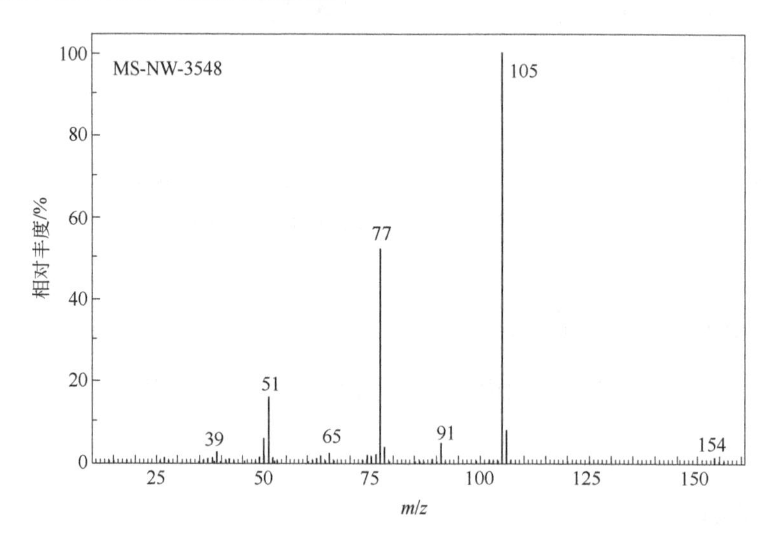

图 4-20　未知物质谱图

解：

由精确分子量且元素只含 C、H、O、Cl，确定分子式为 C_8H_7OCl

$S_I = 1 + 8 + [0-(7 + 1)]/2 = 5$

m/z 105，基峰，$C_6H_5CO^+$

m/z 77、51，$C_6H_5^+$、$C_4H_3^+$，有单取代苯

$C_8H_7OCl-C_6H_5CO$，剩—CH_2Cl

故推测化合物的结构可能为：

$C_6H_5-C(=O)-CH_2Cl$

主要碎裂途径：

$C_6H_5CO^+$ $\xrightarrow{-CO}$ $C_6H_5^+$ $\xrightarrow{-C_2H_2}$ $C_4H_3^+$

m/z 105　　*m/z* 77　　*m/z* 51

【例 14】未知物是一个不含氮和卤素的化合物，高分辨质谱仪测出 $M = 146.1125$，质谱见图 4-21，IR 在 $1380cm^{-1}$ 附近有双峰，试推测该化合物结构。（亚稳离子峰为 *m/z* 117.5、93.7 及 31.8）。

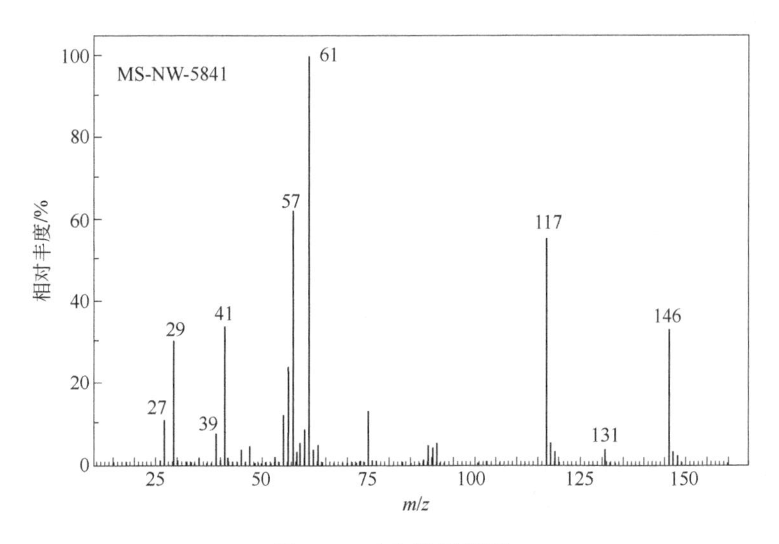

图 4-21　未知物质谱图

解：

根据 $M = 146.1125$，得分子式为 $C_8H_{18}S(S_I = 0)$，$M+2$ 峰表明含一个 S 原子

分析碎片离子峰归属为：

$M-15 = 131$　$C_7H_{15}S^+$（有甲基）；　$M-29 = 117$　$C_6H_{13}S^+$（有乙基）

m/z 61　$C_2H_5S^+$；　*m/z* 57　$C_4H_9^+$

m/z 56　$C_4H_8^+$；　*m/z* 41　$C_3H_5^+$

m/z 29　$C_2H_5^+$；　*m/z* 27　$C_2H_3^+$

亚稳离子峰证明有下列裂解：

$$m/z\ 146 \xrightarrow{m^*=93.8} m/z\ 117 \xrightarrow{m^*=31.8} m/z\ 61$$

$$m/z\ 146 \xrightarrow{m^*=117.5} m/z\ 131$$

无 M−34 峰，没有失去 H_2S，不是硫醇，可能是硫醚，无丙基

S 两端 C 原子数都为 4

可能有四种结构：

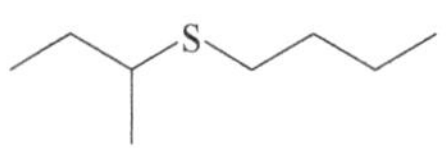

(A) 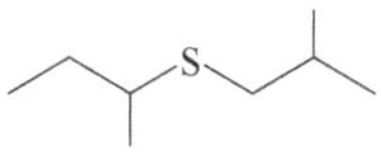　　(B)

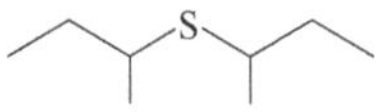

(C) 　　(D)

IR 1380cm^{-1} 附近有双峰，有偕二甲基

无 M−43 峰（m/z 103），故非（A）、（B）结构，而（C）无偕二甲基应予排除

综上结构可能为（D）

裂解过程验证

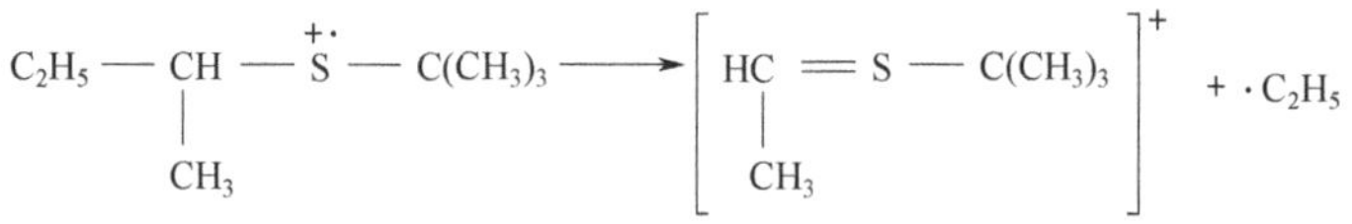

$$C_2H_5—\underset{\displaystyle CH_3}{\underset{|}{CH}}—\overset{+\cdot}{S}—C(CH_3)_3 \longrightarrow \left[\underset{\displaystyle CH_3}{\underset{|}{HC}}=S—C(CH_3)_3\right]^+ + \cdot C_2H_5$$

m/z 146　　m/z 117

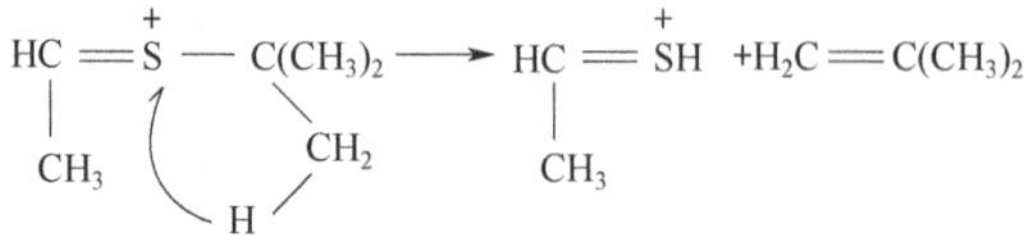

$$\underset{\displaystyle CH_3}{\underset{|}{HC}}=\overset{+}{S}—C(CH_3)_2(CH_2—H) \longrightarrow \underset{\displaystyle CH_3}{\underset{|}{HC}}=\overset{+}{S}H + H_2C=C(CH_3)_2$$

m/z 61

4.5 色谱-质谱联用

4.5.1 色谱-质谱联用的特点

分析仪器应具有灵敏度高、鉴别能力强、分析速度快、适应性广等特点，但现在还没有一种仪器能同时满足这些要求，往往是各有长短。两种或多种仪器的联用，充分发挥各种仪器的优势，是近代分析仪器发展的重要趋势之一。

色谱具有高分离效能、高灵敏度、高选择性以及分析速度快、应用范围广等长处，但定性能力较差。质谱的特点是鉴别能力强、灵敏度高、响应速度快，适于做单一组分的定性分析，但对复杂的多组分混合物的定性鉴定却有局限性。色谱-质谱联用技术，一方面利用色谱柱起到高效分离作用，分离了的纯物质送入质谱仪；另一方面利用质谱作为高分

辨定性鉴定手段，鉴别色谱柱流出物。色谱-质谱联用可以取长补短，为分析复杂混合物、鉴定混合物中微量或痕量物质提供了有力工具。近年来色谱-质谱联用发展极快，常用的联用技术有：气相色谱-质谱（GC-MS）、液相色谱-质谱（LC-MS）和毛细管电泳-质谱联用（CE/MS）等。

4.5.2 气相色谱-质谱联用

自 1957 年霍姆斯（J. C. Holmes）和莫雷尔（F. A. Morrell）首次实现气相色谱和质谱联用以后，这一技术得到长足的发展。在所有联用技术中，气质联用发展最完善，应用最广泛。由于从气相色谱柱分离后的样品呈气态，流动相也是气体，现已解决色谱-质谱接口的关键问题，使之与质谱的进样要求相匹配。最早实现商品化的色谱-质谱联用仪器是气相色谱-质谱联用仪。目前从事有机物分析的实验室几乎把 GC-MS 作为主要的定性分析手段之一，在很多情况下又用 GC-MS 进行定量分析。目前有机质谱仪，不论是磁质谱、四杆质谱、离子阱质谱还是飞行时间质谱、傅里叶变换质谱（FTMS）等均能和气相色谱联用。

（1）GC-MS 系统的组成

GC-MS 联用系统一般由图 4-22 所示的各部分组成。

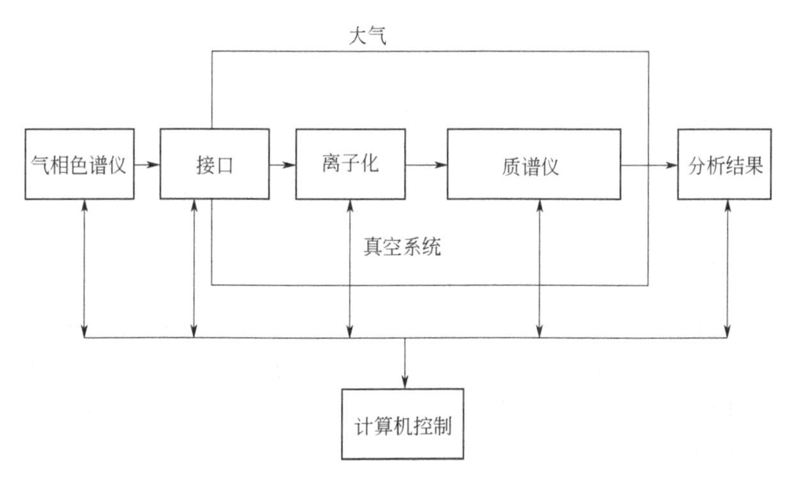

图 4-22 GC-MS 联用系统组成框图

气相色谱仪分离样品中各组分，起着样品制备的作用。接口把从气相色谱仪流出的各组分送入质谱仪进行检测，起着气相色谱和质谱之间适配器的作用，由于接口技术的不断发展，接口在形式上越来越小，也越来越简单。质谱仪对接口依次引入的各组分进行分析，成为气相色谱仪的检测器。另外，现在几乎所有的 GC-MS 联用仪上配有 NIST/EPA/NIH 库，可以对样品直接进行比对。计算机系统交互式地控制气相色谱、接口和质谱仪，进行数据采集和处理，是 GC-MS 的中央控制单元。

（2）气相色谱-质谱联用技术的应用

GC-MS 联用在分析检测和研究的许多领域中起着越来越重要的作用，特别是在许多有机化合物常规检测工作中成为一种必备的工具。如法庭科学中对燃烧、爆炸现场的调查，对案件现场的各种残留物的检验，如纤维、呕吐物、血迹等检验和鉴定，都要用到 GC-MS；在环保领域可检测许多有机污染物，特别是一些浓度较低的有机化合物，如检测二噁英等的标准方法中就规定用 GC-MS。图 4-23 为五组分的色谱图和第 151 号峰质谱图，通过质谱分析或与数据库比对确定其结构为 Cl，色谱分析其相对含量为 20.2%。

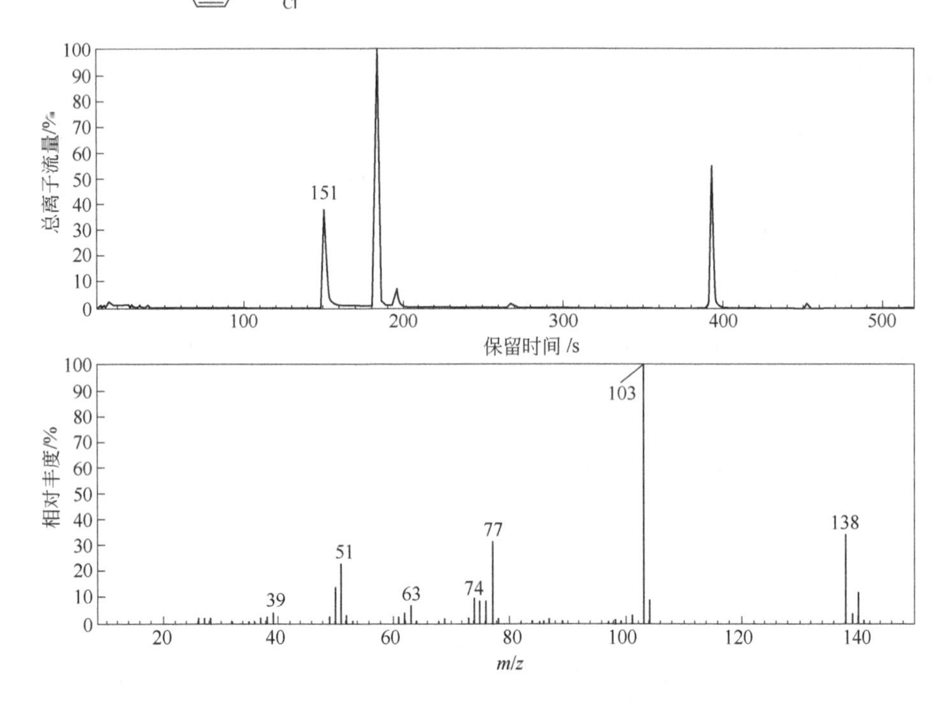

图 4-23　五组分的色谱图和第 151 号峰质谱图

4.5.3　液相色谱-质谱联用

液相色谱-质谱联用要比气相色谱-质谱联用困难得多，主要是因为液相色谱的流动相是液体，将干扰被测样品的质谱分析，因此液相色谱-质谱联用技术的发展比较慢。20 世纪 90 年代以来，由于大气压电离的成功应用以及质谱本身的发展，液相色谱与质谱的联用，特别是与串联质谱（MS/MS）的联用得到了较大发展。由于有机化合物中的 80%不能气化，只能用液相色谱分离，液相色谱大大拓宽了分离范围，生物大分子也能分离；LC 与高选择性、高灵敏度的 MS/MS 结合，可对复杂样品进行实时分析，即使在 LC 难分离的情况下，只要通过 MS1 及 MS2 对目标化合物进行中性碎片扫描，则可发现并突出混合物中的目标化合物，显著提高信噪比。它已在生命科学、环境科学、法医学、商检等领域得到了广泛应用。

此外，还有毛细管电泳（capillary electrophoresis，CE）-质谱联用等。毛细管电泳具有快速、高效、分辨率高、重复性好、易于自动化等优点。CE -MS 联用综合二者优点，已成为分析生物大分子物质的有力工具。

习题

1. 在固定狭缝位置和固定加速电压的质谱仪中，当慢慢增加磁场强度 B 时，首先通过狭缝的离子的 m/z 是大还是小？为什么？

2. 只含 C、H、O 化合物的分子离子峰，其 m/z 值是偶数还是奇数？

3. 某未知化合物的分子量为 67，试问下述分子式中哪一个可能是正确的：C_4H_3O，C_4H_5，

C_5H_7N。

4. 下述化学式的离子都是在质谱图的最高 *m/z* 处出现，判断哪些不是分子离子，哪些可能是分子离子。

（a）$C_{10}H_{15}O$；（b）$C_{10}H_{14}O$；（c）$C_9H_{12}O$；（d）$C_{10}H_{13}$；（e）$C_8H_{10}O$

5. 某化合物的质谱分子离子簇峰为：$M(150)$ 100%，$M+1(151)$ 9.9%，$M+2(152)$ 0.9%，请确定其分子式。

6. 下列化合物中，哪些能发生麦氏重排？写出重排过程与产物的 *m/z* 值。

(a) (b) (c) (d)

7. 在下述化合物质谱中，请推测由于 β-均裂而产生的主要碎片离子。

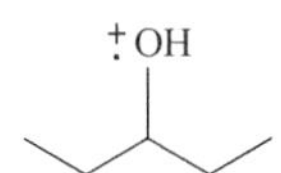

8. 某氟化含硅单体进行聚合，存在一结晶升华物副产品，由化学元素分析知道该化合物的分子式为 $C_{19}H_{20}F_4OSi_2$，所含元素的同位素丰度如下：

元素	同位素丰度/%		
碳	^{12}C 100	^{13}C 1.12	
氢	^{1}H 100	^{2}H 0.015	
氧	^{16}O 100	^{17}O 0.037	^{18}O 0.20
氟	^{19}F 100		
硅	^{28}Si 100	^{29}Si 3.10	^{30}Si 3.38

试计算 $M(m/z=434)$，$M+1(435)$和 $M+2(436)$的质谱峰的相对强度。

9. 两个同分异构体，都只含 C、H 元素，质谱图见下，请确定其结构式并对主要的离子峰进行解释。

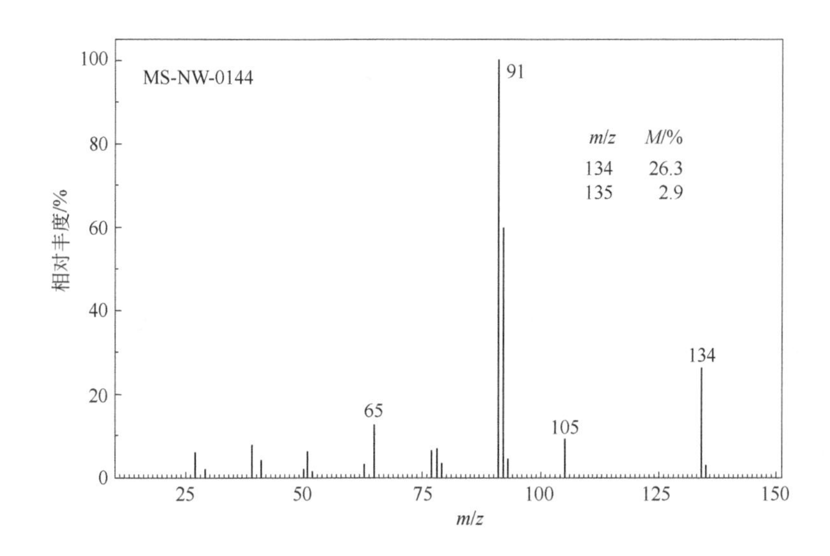

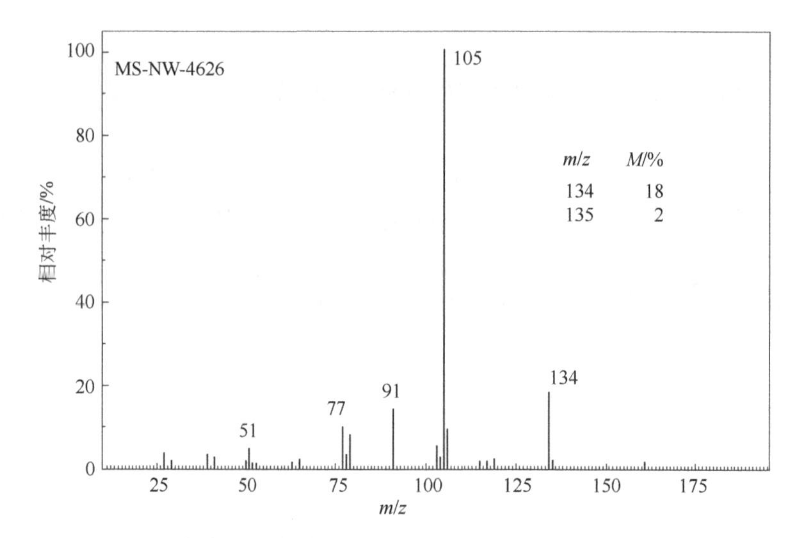

10. 一个只含 C、H、O 的有机化合物，IR 显示在 3700～3100cm^{-1} 无吸收，试按它的质谱图推测其结构式。

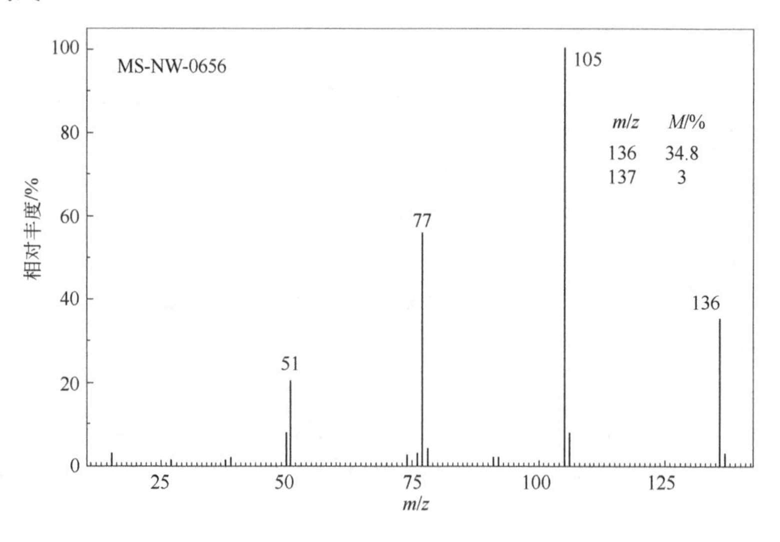

11. 某芳烃（$M=134$），在质谱图上的 $m/z=91$ 处显示一强峰，其结构可能为下列几种化合物中的哪一种？

(a)　　(b)　　(c)　　(d)

5
综合运用波谱法确定分子结构

5.1 波谱综合运用的一般过程

5.1.1 充分发挥各种波谱方法的功能

推测和鉴别化合物的结构，往往需要综合运用各种谱学方法，互相补充，互相印证，才能得到正确结论。各种谱学方法都有特定的功能。质谱最大的功能是测定化合物的分子量及其元素组成，利用它可以定出未知物的分子式，并且还能推出分子中具有哪些结构单元，为确定未知物的结构奠定基础。红外光谱和拉曼光谱能有效地提供分子中包含哪些官能团以及化学键的类型等信息。核磁共振波谱能有效地鉴定含 ^{1}H（或其他自旋核）官能团及其毗邻关系。紫外吸收光谱能鉴别分子结构中的共轭体系，估计共轭体系中取代基的位置、数目和种类。综合应用各种谱学方法剖析化合物的关键在于，熟悉和掌握各种波谱特点及其所提供的信息，灵活运用这些信息进行结构剖析。

5.1.2 运用波谱法确定分子结构的一般程序

① 根据质谱推定分子式；

② 由分子式计算不饱和度；

③ 根据红外光谱和拉曼光谱判定有哪些官能团；

④ 根据核磁共振谱推定含氢（或其他自旋核）的官能团及其连接方式；

⑤ 根据紫外光谱确定有没有共轭体系；

⑥ 综合所有资料提出结构式；

⑦ 根据质谱鉴别离子断裂过程或其他谱库信息等，印证所提结构是否正确。

上述只是一般分析过程，但在实际进行图谱分析时，不存在哪个谱先看哪个谱后看的问题，而是哪个谱的特征性强，就先入手分析。有时几个谱交替对比，互相印证某一官能团是否存在。必要时还要和其他化学以及物理方法相结合，如未知物实测的物理常数与从文献中查出所推测的结构式的物理常数是否相符，还可从谱库调阅标准光谱进行对照。

5.2 综合运用波谱法实例

下面列举几个综合运用波谱法分析、推测化合物结构的实例。

【例 1】某化合物为 0.85mg/mL 的乙醇溶液，测得 UV 吸收光谱 λ_{max} = 215nm 和 275nm。化合物由 C、H、O 组成，$M^{+\cdot}$为 176。化合物的 MS、IR、^{1}H NMR（使用 89.56MHz 仪器）和 ^{13}C NMR 谱图分别列于图 5-1，请根据这些光谱信息推出化合物的结构式。

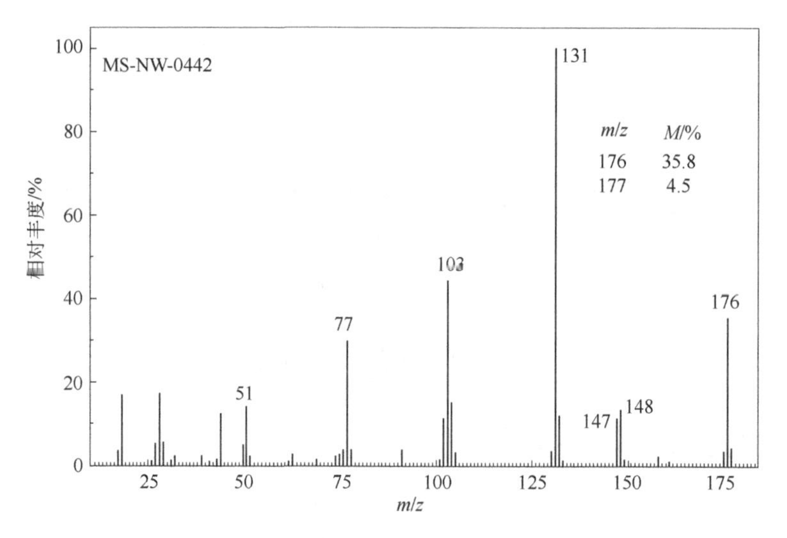
MS-NW-0442
相对丰度/%
m/z
m/z M/%
176 35.8
177 4.5
131
103
77
51
176
147
148

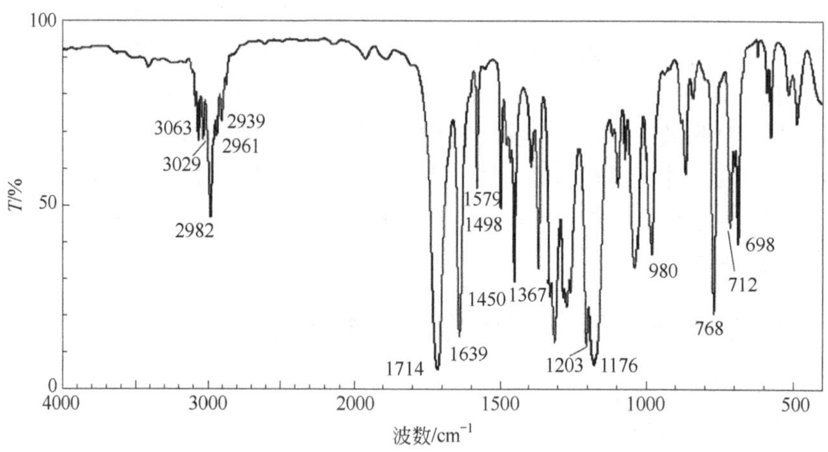
T/%
波数/cm⁻¹
3063
3029
2982
2939
2961
1579
1498
1450
1367
1714
1639
1203
1176
980
768
712
698

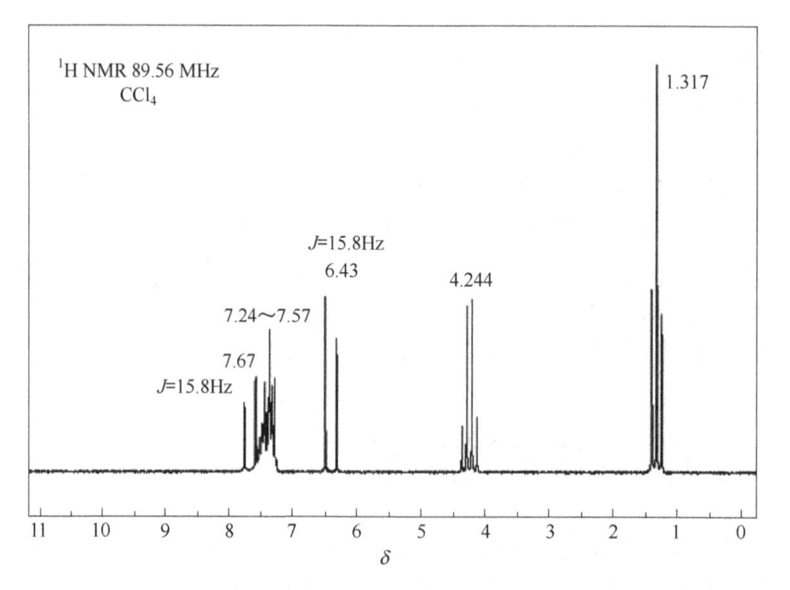
¹H NMR 89.56 MHz
CCl₄
1.317
J=15.8Hz
6.43
4.244
7.24～7.57
7.67
J=15.8Hz
δ

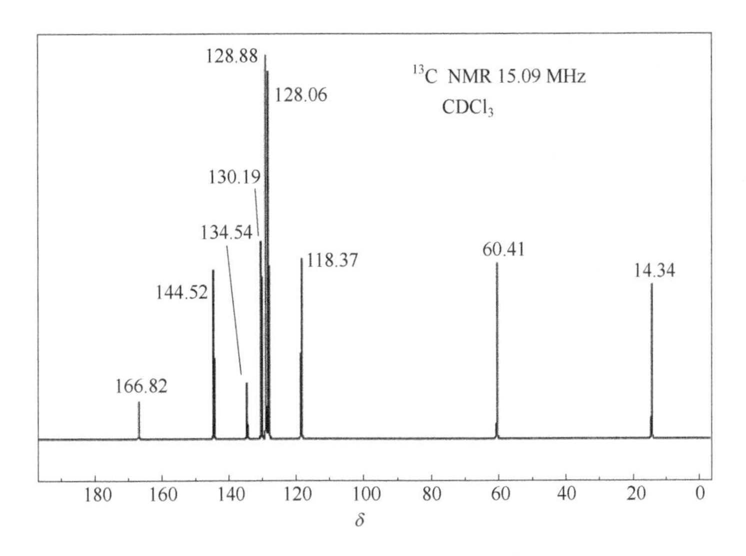

图 5-1　化合物的 MS、IR、^{1}H NMR 和 ^{13}C NMR 谱图

解：

MS：

m/z 176，分子离子峰，$M = 176$

$(M+1)/M = 12.57\%$，查 Beynon 可能分子式为 $C_{11}H_{12}O_2$

$S_I = 1 + 11 + (0 - 12)/2 = 6$

UV-Vis：

200nm 以上有吸收，有共轭

IR：

1714cm^{-1} ν(C═O)

1203cm^{-1}、1176cm^{-1} ν(C—O—C)

3063cm^{-1}、3029cm^{-1} ν(═C—H)

1579cm^{-1}、1498cm^{-1}、1450cm^{-1} 苯环骨架振动 ν(C┄C)

768cm^{-1}、698cm^{-1} γ(Ar—H)（邻接 5H）⇒ 单取代苯环

1639cm^{-1} ν(C═C)

980cm^{-1} γ(═C—H)（反式双键）

2982cm^{-1}、2961cm^{-1}、2939cm^{-1} ν(C—H)

1367cm^{-1} δ(C—H)

^{1}H NMR：

δ 7.67、6.43，AB 系统，$J = 15.8$Hz，2H，Ar—C<u>H</u>═C<u>H</u>—CO—O 由耦合常数看出是反式构型

δ7.24～7.57，m 峰，5H，Ar—<u>H</u> ⇒ 单取代苯环

δ 4.244，q 峰，2H，—CO—O—C<u>H</u>$_2$—CH$_3$

δ 1.317，t 峰，3H，—CO—O—CH$_2$—C<u>H</u>$_3$

^{13}C NMR：

δ 166.82，—$\underline{C}$O—

δ 128.06～134.54，Ar 上的 $\underline{C}$

δ 144.52，118.37，Ar—$\underline{C}$H═$\underline{C}$H—CO—O

δ 60.41，—CO—O—$\underline{C}H_2$—CH_3

δ 14.34，—CO—O—CH_2—$\underline{C}H_3$

综上所述，该化合物为 C_6H_5—CH═CH—$COOCH_2CH_3$

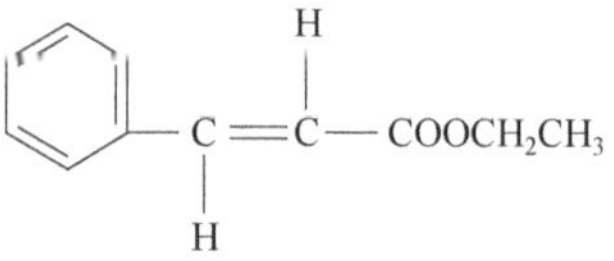

MS：

C_6H_5—CH═CH—C(═O^+)—O—CH_2—CH_2—H（m/z 176）→ C_6H_5—CH═CH—C(═O)—OH$]^+$（m/z 148）

m/z 176 → C_6H_5—CH═CH—C≡O^+（m/z 131）$\xrightarrow{-CO}$ C_6H_5—CH═CH$]^+$（m/z 103）→ $C_6H_5^+$（m/z 77）

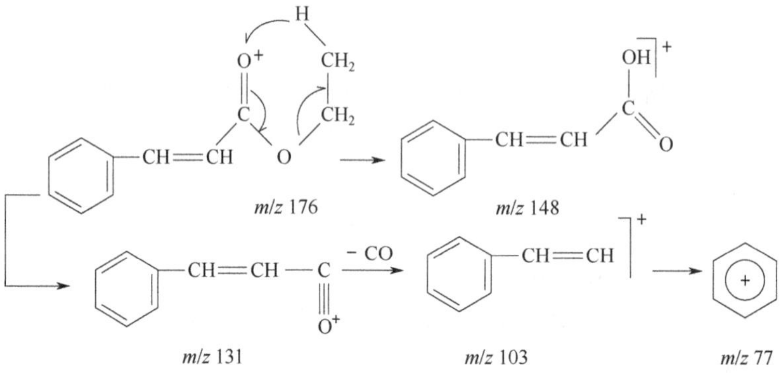

印证了上述的推理是正确的。

【例 2】某化合物，在 200nm 以上无 UV 吸收，MS、IR 和 ^{1}H NMR 谱图如图 5-2 所示，请据此推测该化合物结构。

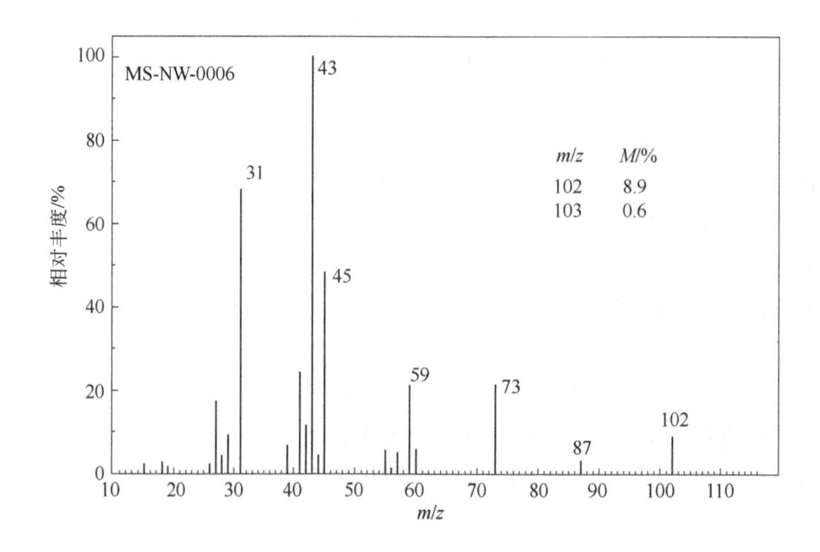

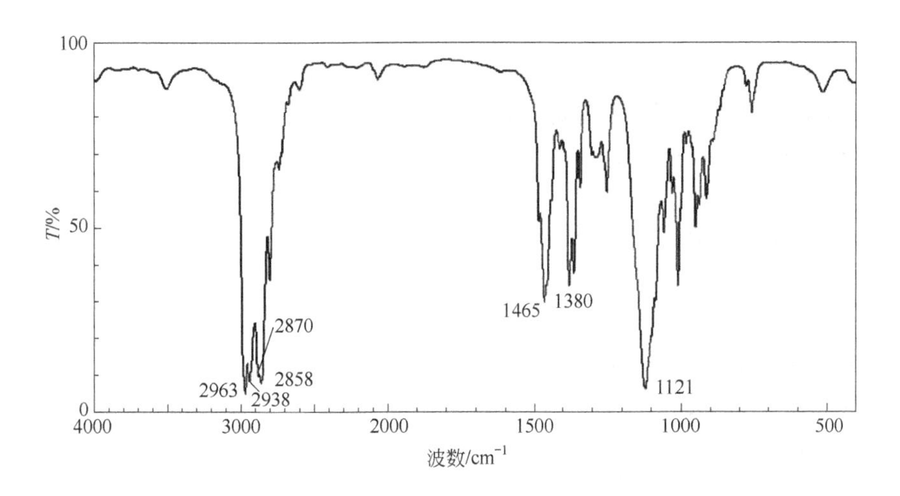

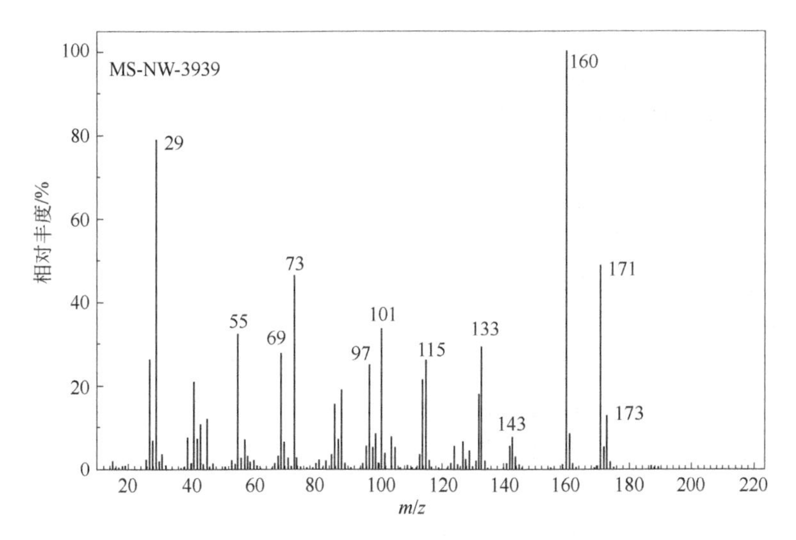

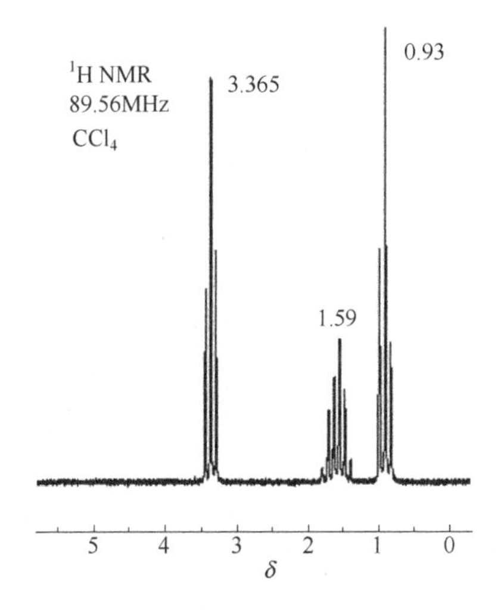

图 5-2　化合物的 MS、IR 和 ^{1}H NMR 谱图

解：

MS：

m/z 102，$M = 102$，分子离子峰，$(M+1)/M = 0.6/8.9 = 6.74\%$

查 Beynon 表，分子式可能是 $C_6H_{14}O$。

$S_I = 1 + 6 + (0-14)/2 = 0$

UV-Vis：

200nm 以上无吸收，没有共轭

IR：

$1465cm^{-1}$ δ(C—H)

$1380cm^{-1}$ δ(C—H),有—CH_3

$2963cm^{-1}$，$2858cm^{-1}$ ν(C—H)

$1121cm^{-1}$ ν(C—OD)

^{1}H NMR：

δ 3.365，t 峰，—$CH_2C\underline{H}_2$—O—

δ 1.59，六重峰，$CH_3C\underline{H}_2CH_2$—O—

δ 0.93，t 峰，$C\underline{H}_3CH_2CH_2$—O—

MS：

m/z 43，基峰，$[CH_3CH_2CH_2]^+$

m/z 102−87 = 15，失去·CH_3

m/z 102−73 = 29，失去·CH_2CH_3

m/z 102 = 59 = 43，失去·$CH_2CH_2CH_3$

m/z 45，$[C_2H_5O]^+$，由带有一个氢原子重排的双分裂峰产生

综上所述，该化合物为 $CH_3CH_2CH_2$—O—$CH_2CH_2CH_3$

【例 3】某化合物的紫外吸收光谱数据：

λ_{max}/nm　268、264、262、257、252、248、243

ε_{max}　101、158、147、194、153、109、78

质谱、红外光谱和 ^{1}H NMR 谱图参见图 5-3，请根据这些信息推测未知化合物的分子结构。

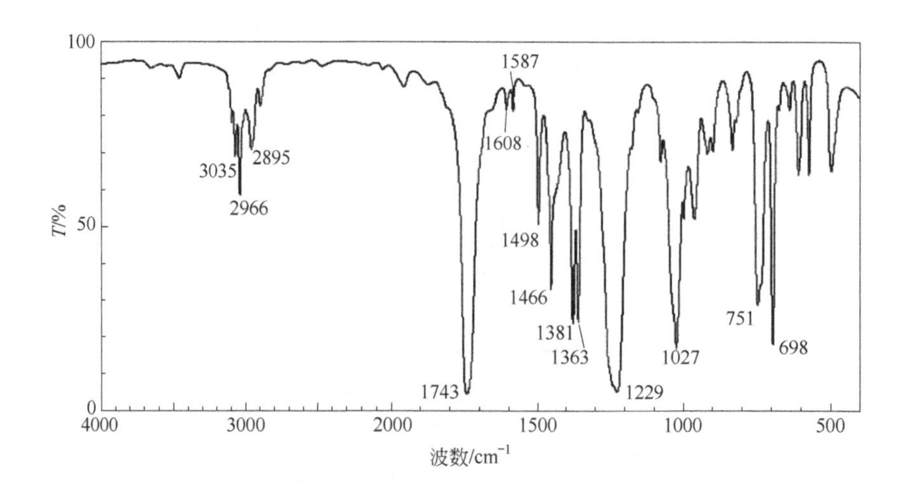

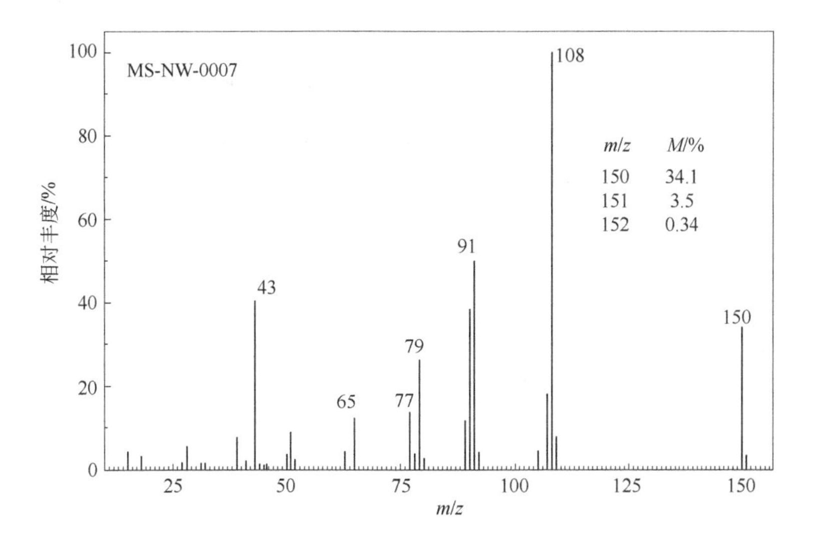

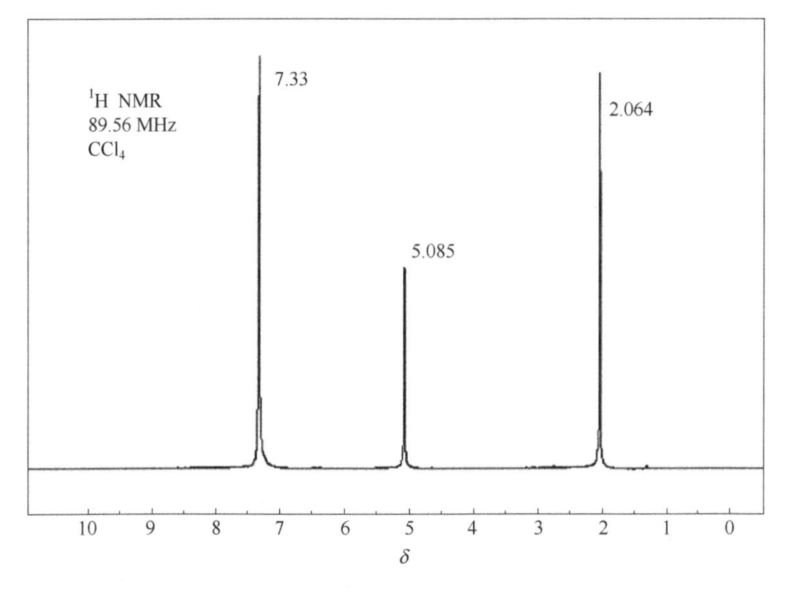

图 5-3 某化合物的 IR、MS 和 ^{1}H NMR 谱图

解：

MS：

m/z 150，分子离子峰

$M = 117$，$(M+1)/M = 3.5/34.1 = 10.26\%$，$(M+2)/M = 0.34/34.1 = 0.99\%$

查 Beynon 可能分子式为 $C_9H_{10}O_2$

$S_I = 1 + 9 + (0 - 10)/2 = 5$

UV-Vis：

200nm 以上有吸收，有共轭

IR：

$1743cm^{-1}$ ν(C═O)

$1229cm^{-1}$、$1027cm^{-1}$ ν(C—O—C)

3035cm^{-1} ν(═C—H)

1608cm^{-1}、1587cm^{-1}、1498cm^{-1}、1466cm^{-1} 苯环骨架振动 ν(C┅C)

751cm^{-1}、698cm^{-1} γ(Ar—H)（邻接 5H）⇒ 单取代苯环

2966cm^{-1}、2895cm^{-1} ν(C—H)

1381cm^{-1}、1363cm^{-1} δ(C—H) —CH_3

^{1}H NMR：

δ 7.33，s 峰，Ar—H

δ 5.085，s 峰，Ar—CH_2—O—CO—

δ 2.064，s 峰，—O—CO—CH_3

综上所述，该化合物为

MS：

m/z 150　m/z 108　-H　m/z 107　- CO　m/z 79　m/z 91　m/z 77

印证了上述的推理是正确的。

【例 4】化合物的分子式为 $C_{11}H_{20}O_4$，在 200nm 以上没有 UV 光谱吸收峰，其 MS、IR 和 ^{1}H NMR 如图 5-4 所示，请推出其结构式。

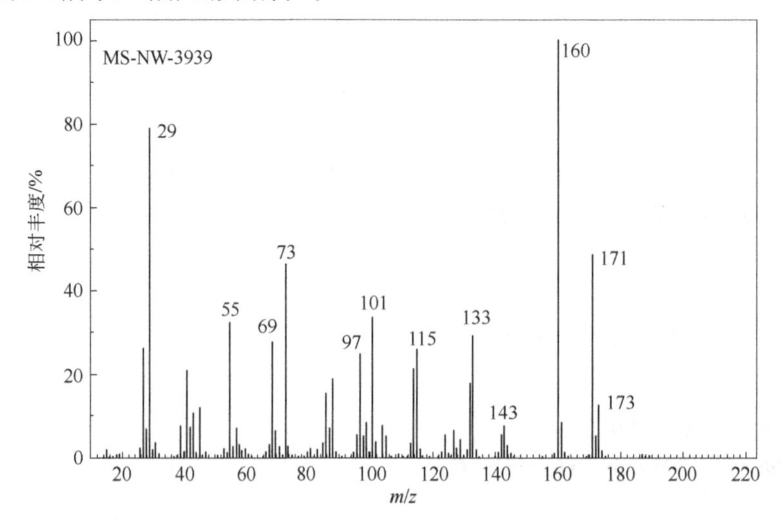

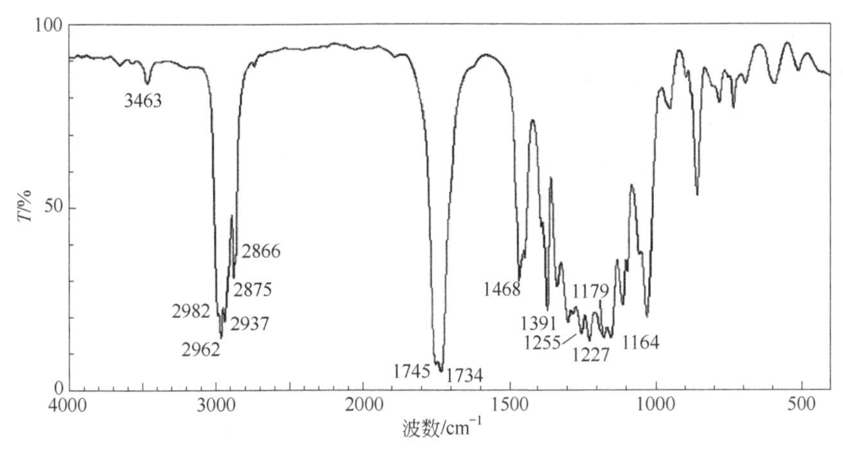

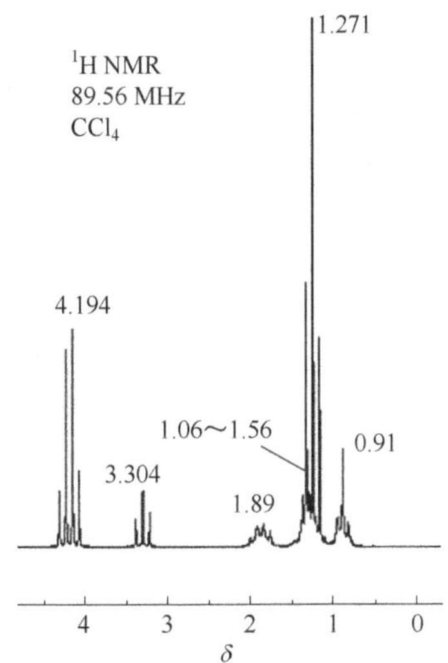

图 5-4　化合物的 MS、IR 和 ^{1}H NMR 谱图

解：

$S_I = 1 + 11 - 10 = 2$

UV-Vis：

200nm 以上无吸收，没有共轭

IR：

1745cm^{-1}、1734cm^{-1} ν(C═O)，3463cm^{-1} 2ν(C═O)

1255cm^{-1}、1227cm^{-1}、1179cm^{-1}、1164cm^{-1} ν(C—O—C)　—CO—O—

2982cm^{-1}、2962cm^{-1}、2937cm^{-1}、2875cm^{-1}、2866cm^{-1} ν(C—H)

1468cm^{-1}、1391cm^{-1} δ(C—H)　—CH_3

^{1}H NMR：

δ 4.194，q 峰，4H，$CH_3C\underline{H}_2$—O—

δ 1.271，t 峰，6H，$C\underline{H}_3CH_2$—O—

δ 3.304，t 峰，1H，—CH_2—$C\underline{H}$—$(CO)_2$

δ 1.89，q 峰，2H，—CH_2—$C\underline{H}_2$—CH—$(CO)_2$

δ 1.56～1.06，m 峰，4H，$CH_3—C\underline{H}_2—C\underline{H}_2—CH_2—CH—(CO)_2$

因分辨率较低，两组 CH_2 信号没区分开

δ 0.91，t 峰，3H，$C\underline{H}_3—CH_2—CH_2—CH_2—$

综上所述，该化合物为 $CH_3CH_2\ CH_2CH_2CH(COOCH_2CH_3)_2$

MS：

$O^{+\cdot}$ 173 171 143 OEt CO_2Et —— H $O^{+\cdot}$ OEt CO_2Et $\xrightarrow{-C_2H_5CH=CH_2}$ [OH OEt CO_2Et]$^{+\cdot}$ m/z 160 $\xrightarrow{-OEt}$ m/z 115；$\xrightarrow{-C_2H_3}$ m/z 133

裂解过程印证了上述的推理是正确的。

【例 5】根据未知化合物的 MS、IR 和 ^{1}H NMR 谱图（图 5-5）推测其结构式。

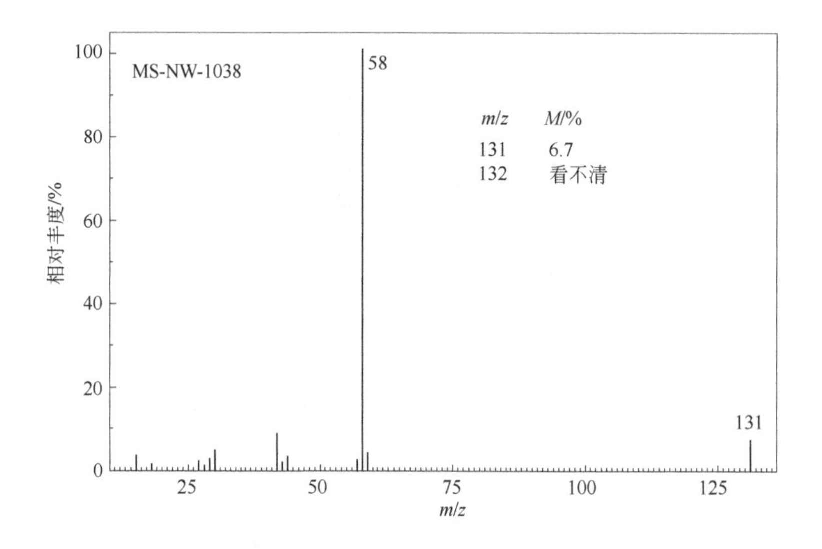

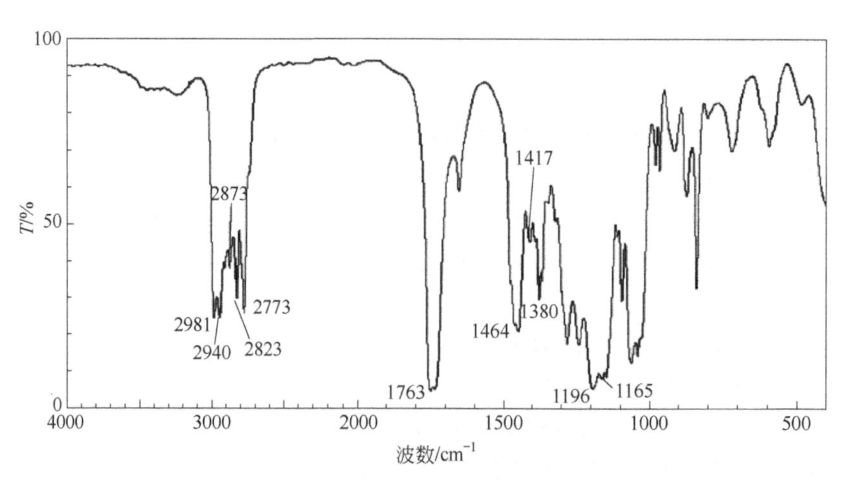

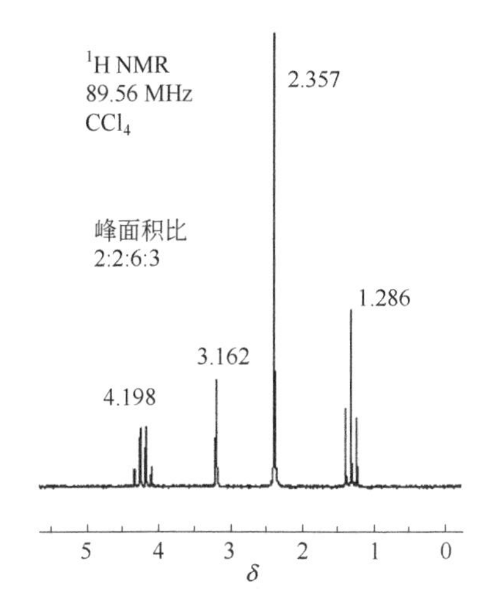

图 5-5　化合物的 MS、IR 和 ^1H NMR 谱图

解：

MS：

m/z 131 假设为分子离子峰，则有奇数个 N 原子，由于 NMR 各峰的峰面积比为 2∶2∶6∶3，因此化合物中氢原子的个数为 13 的倍数，查 Beynon 表，*M* 为 131 符合的分子式为 $C_6H_{13}NO_2$

$S_I = 1 + 6 + 1/2(1-13) = 1$

IR：

1763cm^{-1} ν(C═O)—CO—O—

1196cm^{-1}、1165cm^{-1} ν(C—O—C)

2981cm^{-1}、2940cm^{-1}、2873cm^{-1}、2823cm^{-1}、2773cm^{-1} ν(C—H)

1464cm^{-1}、1417cm^{-1}、1380cm^{-1} δ(C—H)　—CH_3

没有 N—H 的特征谱带，可能为叔胺

^1H NMR：

δ 4.198，q 峰，2H，$CH_3C\underline{H}_2$—O—CO—

δ 3.162，s 峰，2H，—O—CO—$C\underline{H}_2$—N

δ 2.357，s 峰，6H，—CH_2—$N(C\underline{H}_3)_2$

δ1.286，t 峰，3H，$C\underline{H}_3CH_2$—O—CO—

综上所述，该化合物为 $CH_3CH_2OOCCH_2N(CH_3)_2$

MS：

m/z 58 $[CH_2N(CH_3)_2]^+$

58

CH_3CH_2——O——C(═O)—┆—CH_2——N(CH_3)(CH_3)

印证了上述的推理是正确的。

【例 6】未知化合物的 MS、IR 和 ^1H NMR 的谱图如图 5-6 所示。请推测该化合物的结构。

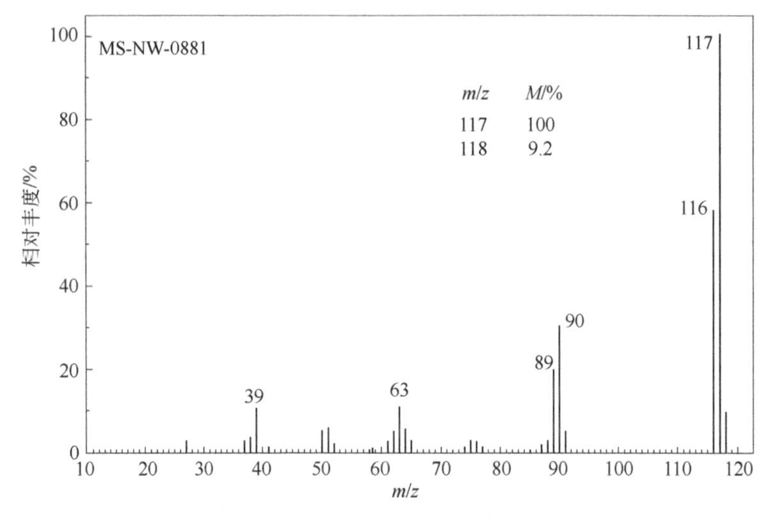

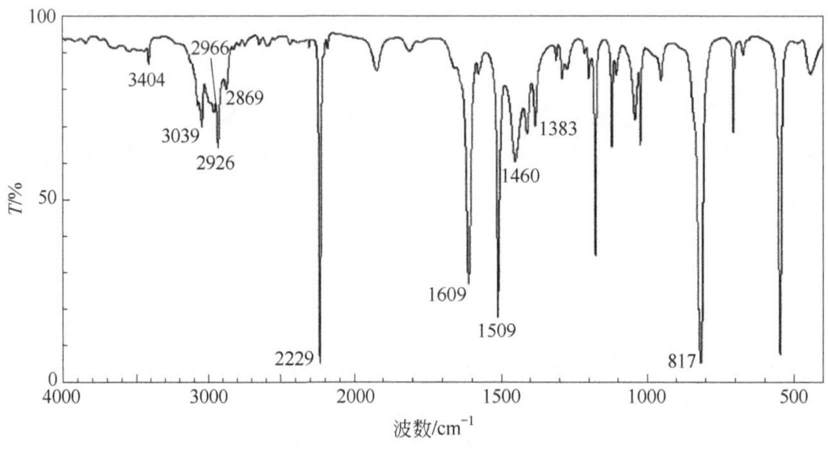

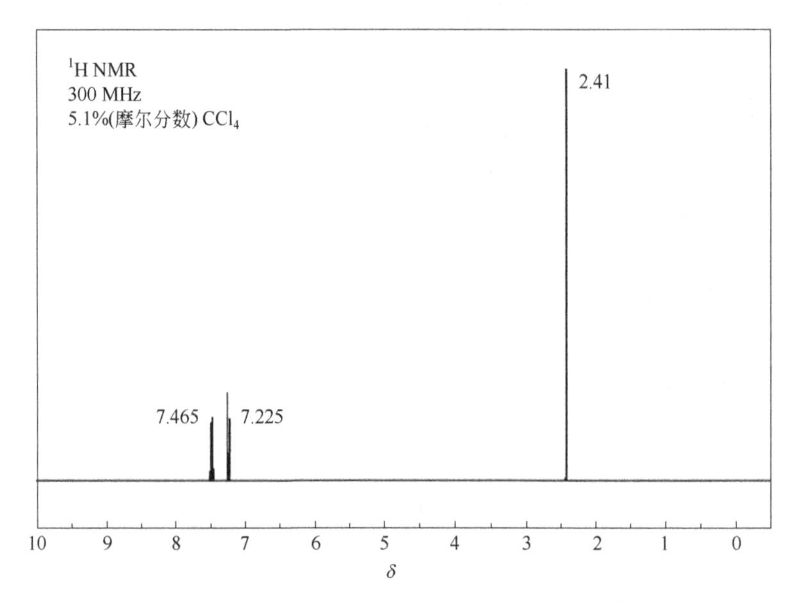

图 5-6　未知化合物的 MS、IR 和 ^1H NMR 的谱图

解：

MS：

m/z 117，分子离子峰，有奇数个 N 原子

$M = 117$，$(M+1)/M = 9.2\%$，查 Beynon 可能分子式为 C_8H_7N

$S_I = 1 + 8 + (1-7)/2 = 6$

IR：

$2229cm^{-1}$ $\nu(C{\equiv}N)$

$3039cm^{-1}$ $\nu({=}C{-}H)$

$1609cm^{-1}$、$1509cm^{-1}$、$1460cm^{-1}$ 苯环骨架振动 $\nu(C{\cdots}C)$

$817cm^{-1}$ $\gamma(Ar{-}H)$ （邻接 2H）

$2926cm^{-1}$、$2966cm^{-1}$、$2869cm^{-1}$ $\nu(C{-}H)$

$1383cm^{-1}$ $\delta(C{-}H)$　　$-CH_3$

^1H NMR：

δ 7.465，d 峰，Ar—$\underline{H}$ ⎫

δ 7.225，d 峰，Ar—$\underline{H}$，⎭ 图形为 AB 谱形，对位取代

δ 2.41，s 峰，Ar—C$\underline{H}_3$

综上所述，该化合物为对苯甲腈 $H_3C-C_6H_4-CN$

MS：

m/z 116，$M-1$，失去 H

$117-90 = 27$，失去 HCN　　腈类质谱特征峰

印证了上述的推理是正确的。

【例 7】请根据下列某化合物的谱图（图 5-7），推测该化合物的分子结构式。

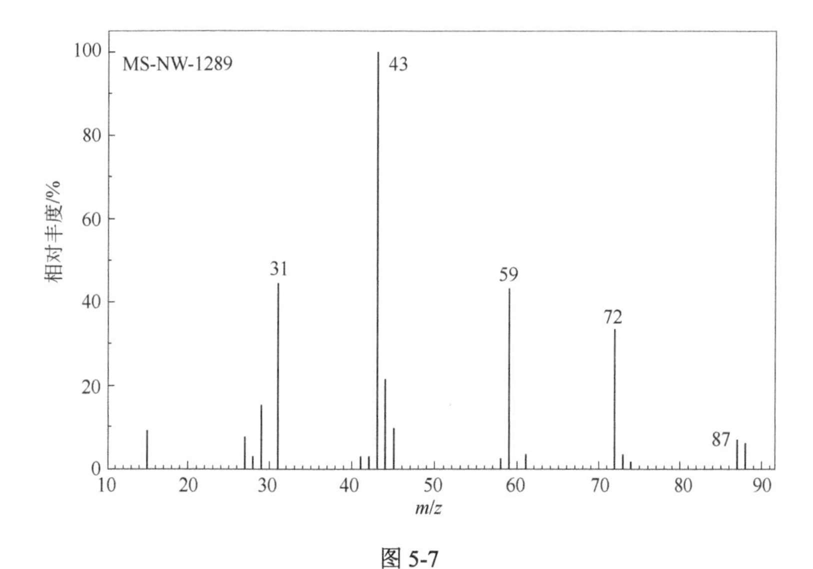

图 5-7

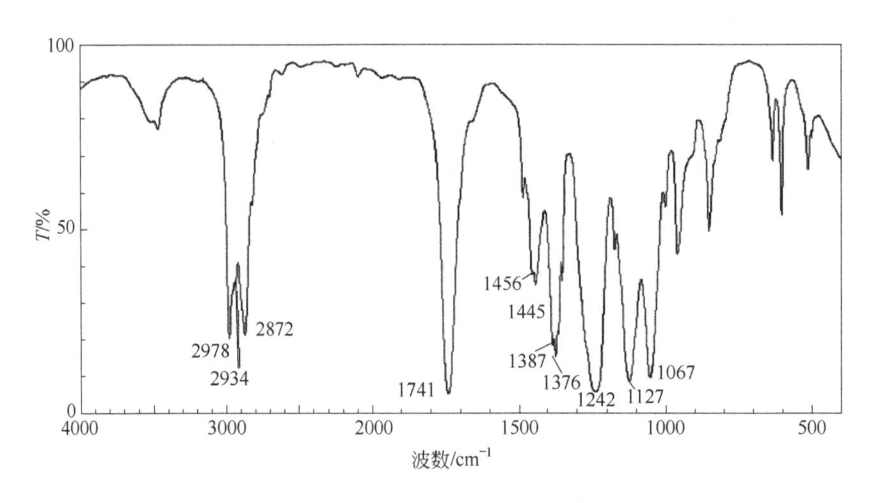

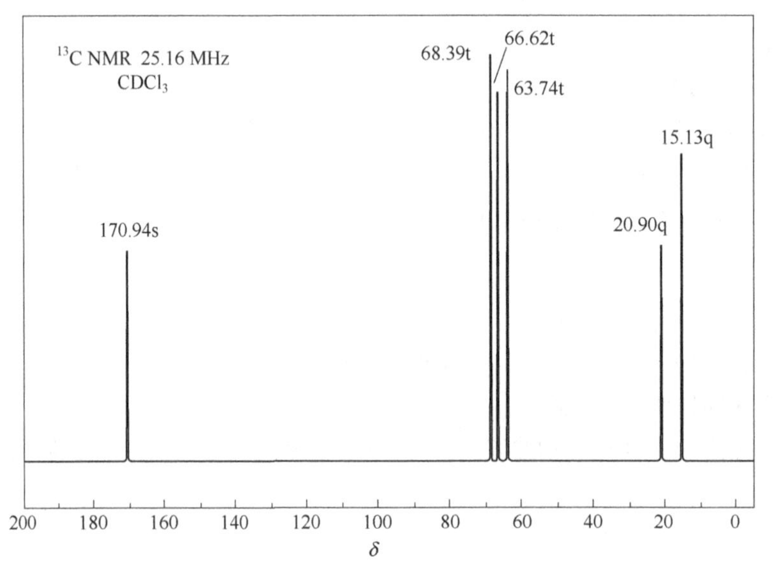

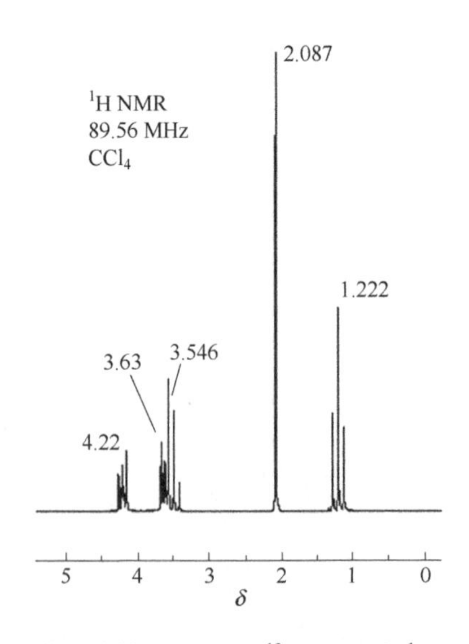

图 5-7 某化合物的 MS、IR、^{13}C NMR 和 ^{1}H NMR 谱图

解：

^{13}C NMR：

δ 170.94，s 峰，$—\underline{C}O—$

δ 68.39，t 峰，$O—\underline{C}H_2—$

δ 66.62，t 峰，$—\underline{C}H_2—O$

δ 63.74，t 峰，$O—\underline{C}H_2—$

δ 20.90，q 峰，$—\underline{C}H_3$

δ 15.13，q 峰，$—\underline{C}H_3$

⇒ 至少 6 个 C，12 个 H，1 个 O，分子量已达 100

MS：

m/*z* 87，不是分子离子峰

IR：

1741cm^{-1} ν(C═O)

1242cm^{-1}、1127cm^{-1}、1067cm^{-1} ν(C—O—C)

2978cm^{-1}、2934cm^{-1}、2872cm^{-1} ν(C—H)

1456cm^{-1}、1445cm^{-1}、1387cm^{-1}、1376cm^{-1} δ(C—H)　　$—CH_3$

^{1}H NMR：

δ 4.22，t 峰，$CH_3COOC\underline{H}_2CH_2O—$

δ 3.63，t 峰，$CH_3COOCH_2C\underline{H}_2O—$

δ 3.546，q 峰，$—OC\underline{H}_2CH_3$

δ 1.222，t 峰，3H，$—OCH_2C\underline{H}_3$

δ 2.087，s 峰，3H，$C\underline{H}_3—CO—O—$

综上所述，该化合物为 $CH_3COOCH_2CH_2OCH_2CH_3$

MS：

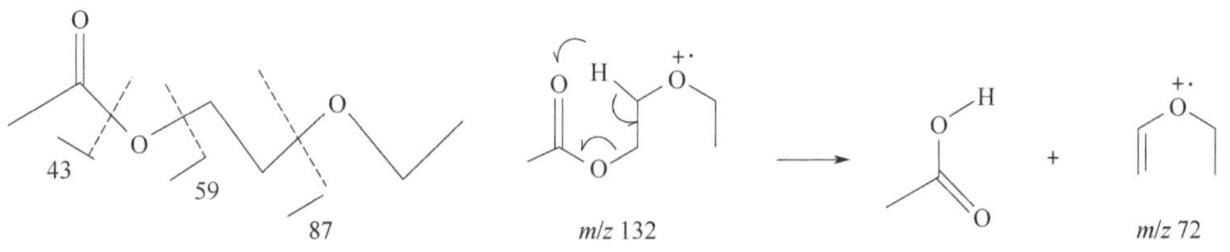

43　59　87　*m*/*z* 132　*m*/*z* 72

印证了上述的推理是正确的。

习题

1. 某化合物的质谱、红外光谱和 ^{1}H NMR 谱图如下所示，请根据这些信息推测该化合物的分子结构。

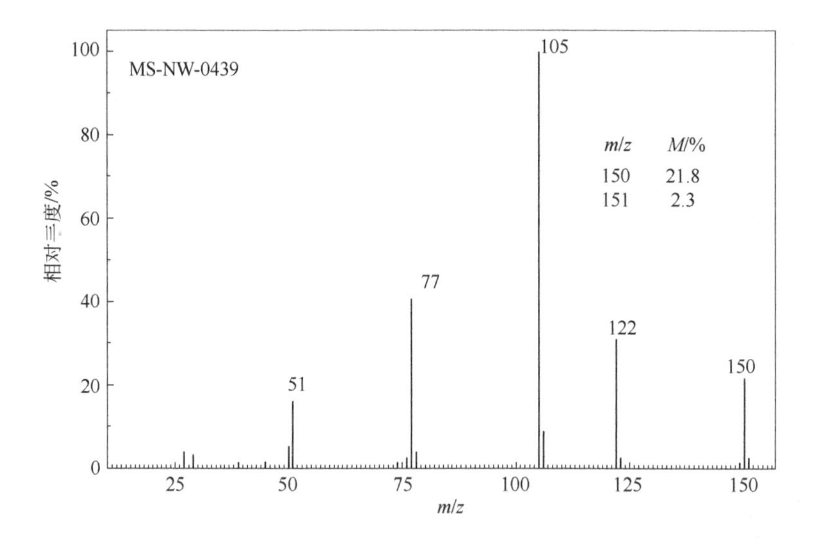
MS-NW-0439
m/z M/%
150 21.8
151 2.3
105
77
122
150
51
相对丰度/%
m/z

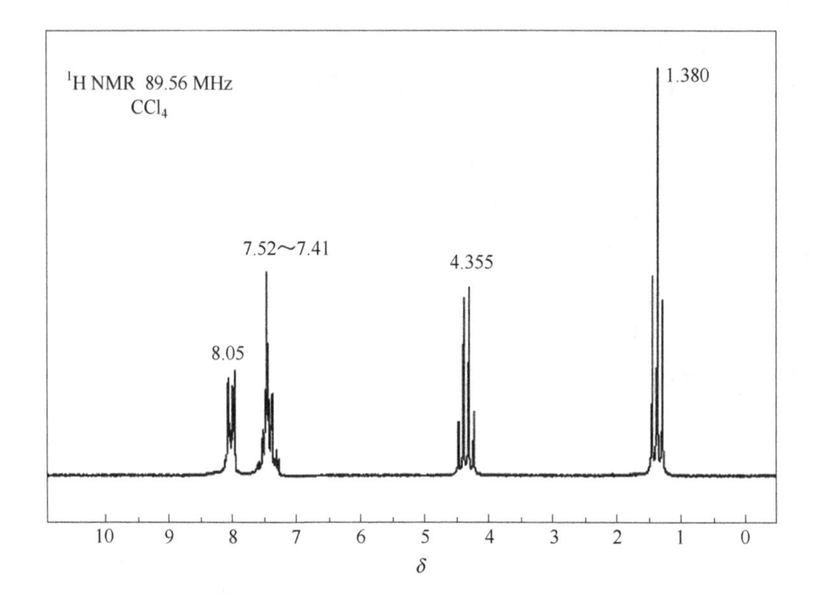
1H NMR 89.56 MHz
CCl4
1.380
7.52～7.41
4.355
8.05
δ

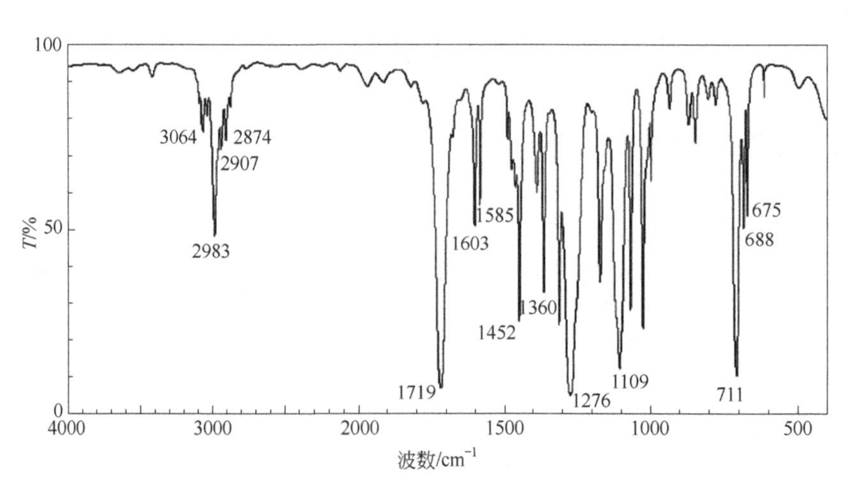
3064
2874
2907
2983
1585
1603
1360
1452
1719
1276
1109
711
675
688
T/%
波数/cm-1

2. 请根据如下的 MS、IR 和 ^{1}H NMR 谱图，推测化合物的结构式。

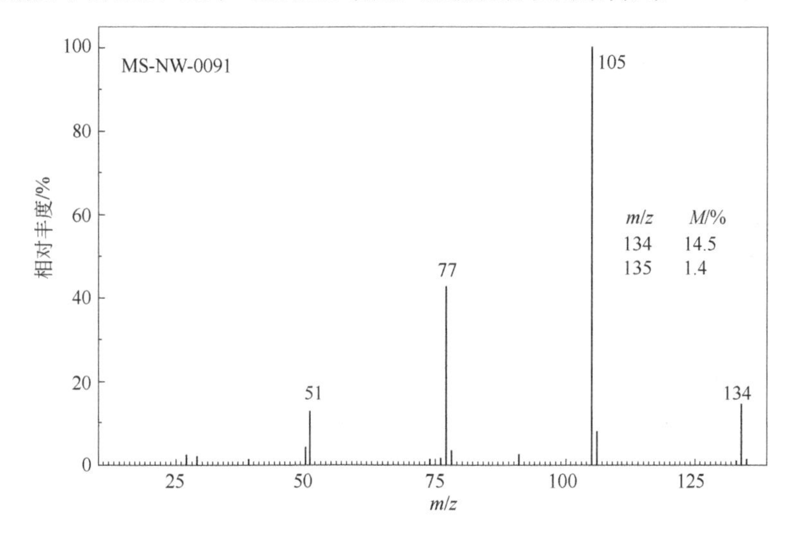

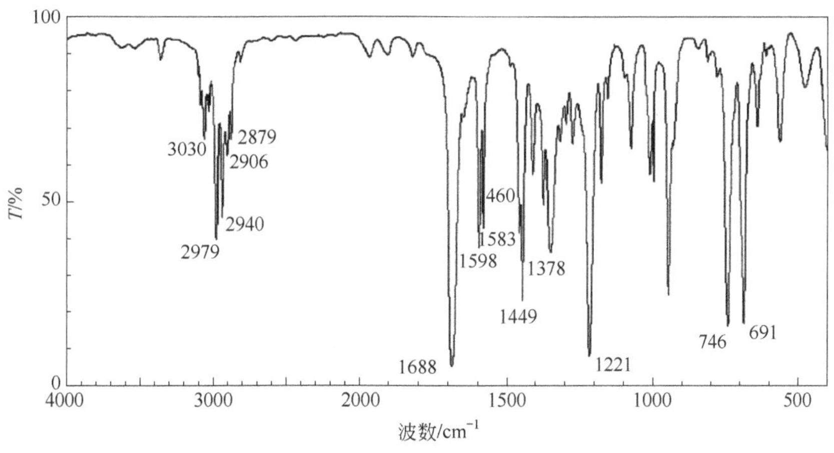

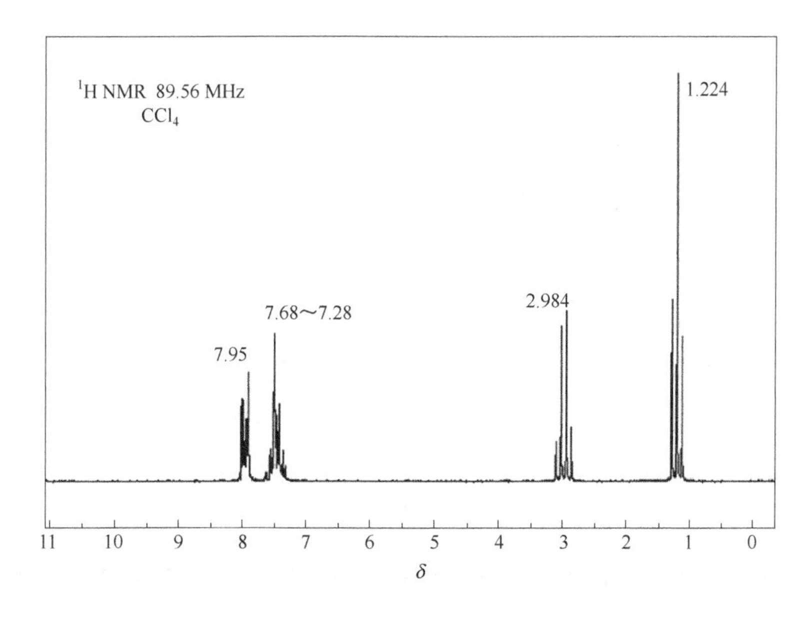

3. 某化合物 MS、IR 和 ^{1}H NMR 谱图如下，请推断该化合物的结构式。

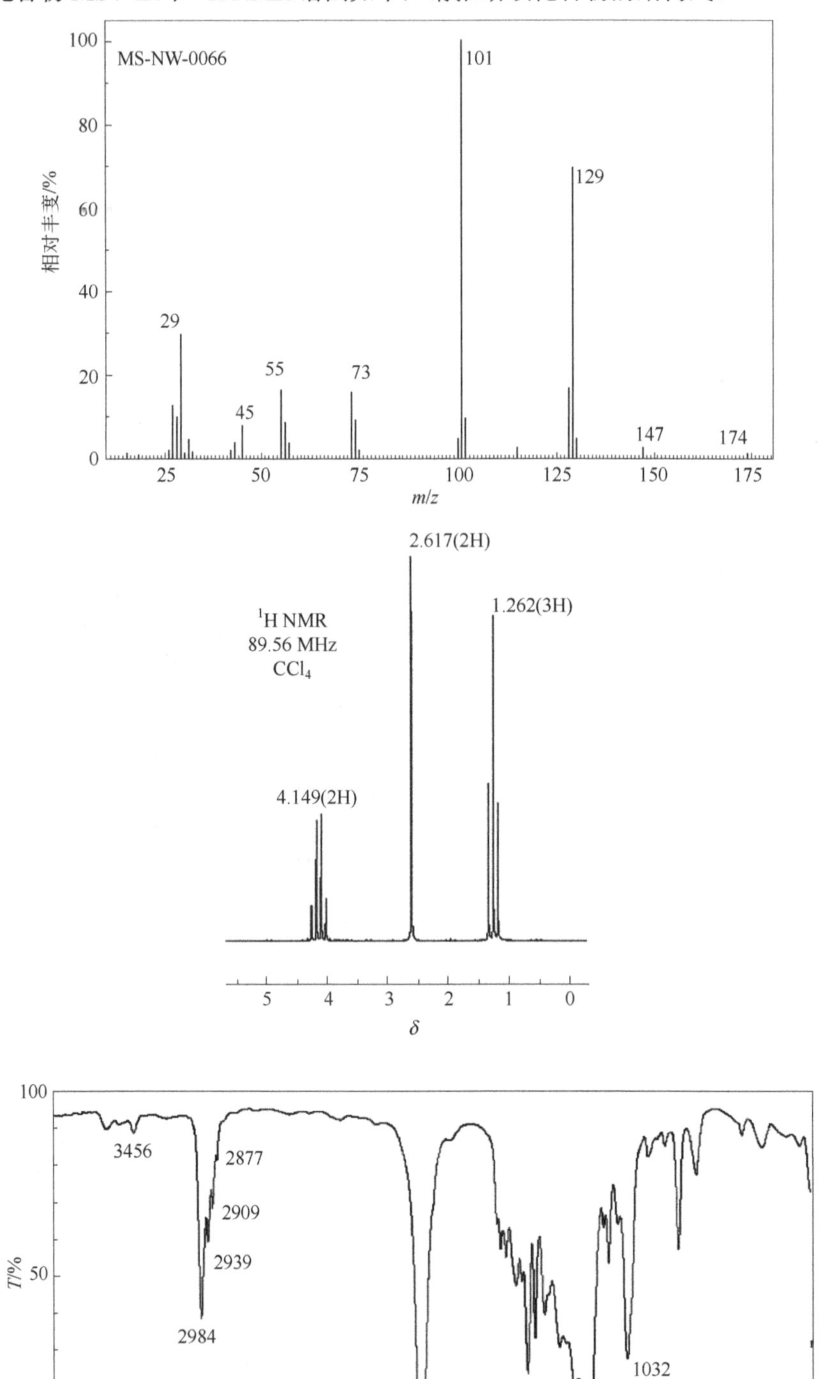

4. 某化合物的分子式为 $C_6H_{10}O_3$，它的 MS、IR 和 ^{1}H NMR 谱图如下所示，请确定其分子结构式。

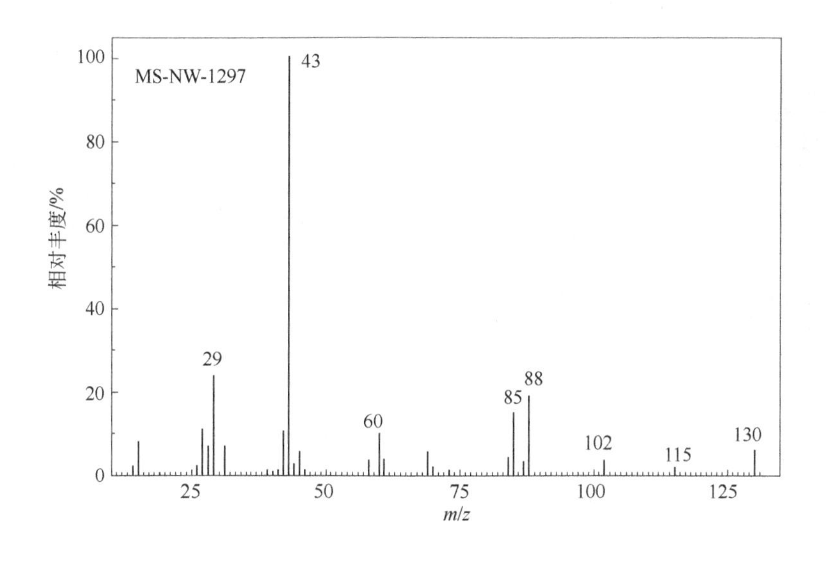
MS-NW-1297
相对丰度/%
m/z
43
29
60
85
88
102
115
130

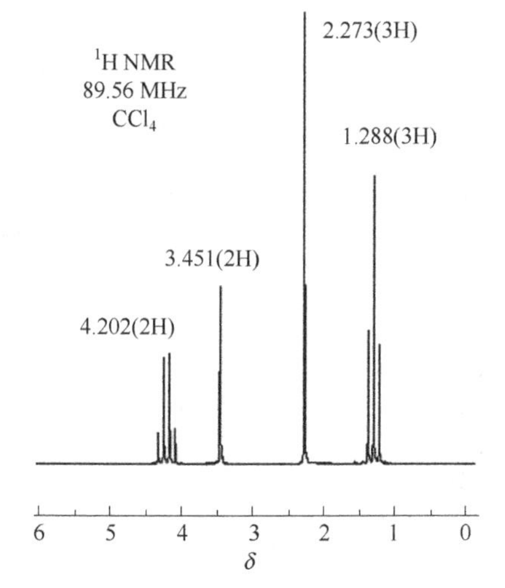
¹H NMR
89.56 MHz
CCl4
2.273(3H)
1.288(3H)
3.451(2H)
4.202(2H)
δ

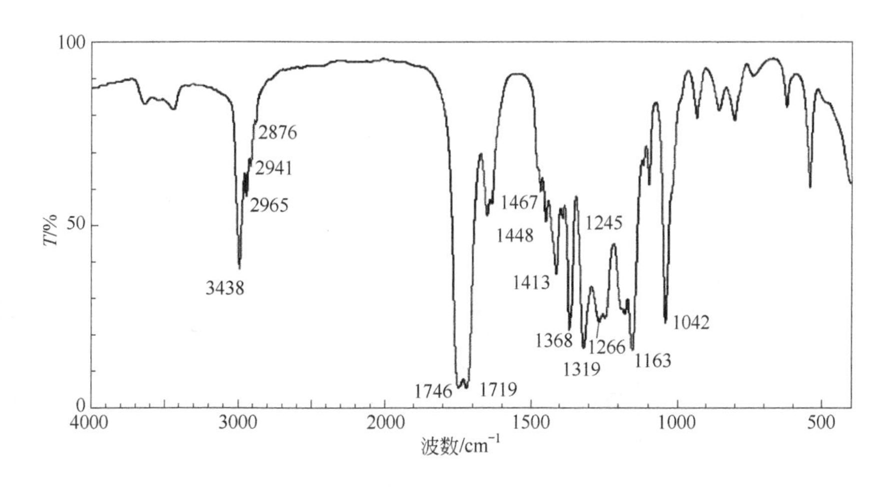
T/%
波数/cm⁻¹
2876
2941
2965
3438
1467
1448
1413
1245
1368
1266
1319
1163
1042
1746
1719

附录

碳、氢、氮和氧的各种组合的质量和同位素丰度比

项目	M+1	M+2
12		
C	1.08	
13		
CH	1.10	
14		
N	0.38	
CH_2	1.11	
15		
NH	0.40	
CH_3	1.13	
16		
O	0.04	0.20
NH_2	0.41	
CH_4	1.15	
17		
OH	0.06	0.20
NH_3	0.43	
CH_5	1.16	
18		
H_2O	0.07	0.20
NH_4	0.45	
19		
H_3O	0.09	0.20
24		
C_2	2.16	0.01
25		
C_2H	2.18	0.01
26		
CN	1.46	
C_2H_2	2.19	0.01
27		
CHN	1.48	
C_2H_3	2.21	0.01
28		
N_2	0.76	
CO	1.12	0.02
CH_2N	1.49	
C_2H_4	2.24	0.01
29		
N_2H	0.78	
CHO	1.14	0.20
CH_3N	1.51	
C_2H_5	2.24	0.01
30		
NO	0.42	0.20
N_2H_2	0.79	
CH_2O	1.15	0.20
CH_4N	1.53	0.01
C_2H_6	2.26	0.01
31		
NOH	0.44	0.20
N_2H_3	0.81	
CH_3O	1.17	0.20
CH_5N	1.54	
32		
O_2	0.08	0.40
NOH_2	0.45	0.20
N_2H_4	0.83	
CH_4O	1.18	0.20
33		
NOH_3	0.47	0.20
N_2H_5	0.84	
CH_5O	1.12	
34		
N_2H_6	0.86	
36		
C_3	3.24	0.04
37		
C_3H	3.26	0.04
38		
C_2N	2.54	0.02
C_3H_2	3.27	0.04
39		
C_2HN	2.56	0.02
C_3H_3	3.29	0.04
40		
CN_2	1.84	0.01
C_2O	2.20	0.21
C_2H_2N	2.58	0.02
C_3H_4	3.31	0.04
41		
CHN_2	1.86	
C_2HO	2.22	0.21
C_2H_3N	2.59	0.02
C_3H_5	3.32	0.04
42		
CNO	1.50	0.21
CH_2N_2	1.88	0.01
C_2H_2O	2.23	0.21
C_2H_4N	2.61	0.02
C_3H_6	3.34	0.04
43		
CHNO	1.52	0.21
CH_3N_2	1.89	0.01
C_2H_3O	2.25	0.21

续表

项目	M+1	M+2
C_2H_5N	2.62	0.02
C_3H_7	3.35	0.04
44		
N_2O	0.08	0.20
CO_2	1.16	0.40
CH_2NO	1.53	0.21
CH_4N_2	1.91	0.01
C_2H_4O	2.26	0.21
C_2H_6N	2.64	0.02
C_3H_8	3.37	0.04
45		
HN_2O	0.82	0.20
CHO_2	1.18	0.40
CH_3NO	1.15	0.21
CH_5N_2	1.92	0.01
C_2H_5O	2.28	0.21
C_2H_7N	2.66	0.02
46		
NO_2	0.46	0.40
N_2H_2O	0.83	0.20
CH_2O_2	1.19	0.40
CH_4NO	1.57	0.21
CH_6N_2	1.94	0.01
C_2H_8N	2.26	0.02
47		
CH_3O_2	1.21	0.40
CH_5NO	1.58	0.21
CH_7N_2	1.96	0.01
C_2H_7O	2.31	0.22
48		
CH_4O_2	1.22	0.40
C_4	4.32	0.07
49		
CH_5O_2	1.24	0.40
C_4H	4.34	0.07
50		
C_4H_2	4.34	0.07
51		
C_4H_3	4.37	0.07
52		
C_2N_2	2.92	0.03
C_3H_2N	3.66	0.05
C_4H_4	4.39	0.07
53		
C_2HN_2	2.94	0.03
C_3HO	3.30	0.24
C_3H_3N	3.67	0.05
C_4H_5	4.40	0.07
54		
C_2NO	2.58	0.22
$C_2H_2N_2$	2.96	0.03
C_3H_2O	3.31	0.24
C_3H_4N	3.69	0.05
C_4H_6	4.42	0.07
55		
C_2HNO	2.60	0.22
$C_2H_3N_2$	2.97	0.03
C_3H_3O	3.33	0.24
C_3H_5N	3.70	0.05
C_4H_7	4.43	0.08
56		
CH_2N_3	2.26	0.02
C_2O_2	2.24	0.41
$C_2H_4N_2$	2.99	0.03
C_3H_4O	3.35	0.24
C_3H_6N	3.72	0.05
C_4H_8	4.45	0.08
57		
CHN_2O	1.90	0.21
CH_3N_3	2.27	0.02
C_2HO_2	2.26	0.41
C_2H_3NO	2.63	0.22
$C_2H_5N_2$	3.00	0.03
C_3H_5O	3.36	0.24
C_3H_7N	3.74	0.05
C_4H_9	4.47	0.08
58		
CNO_2	1.54	0.41
CH_2N_2O	1.92	0.21
CH_4N_3	2.29	0.02
$C_2H_2O_2$	2.27	0.42
C_2H_4NO	2.65	0.22
$C_2H_6N_2$	3.02	0.03
C_3H_6O	3.38	0.24
C_3H_8N	3.75	0.05
C_4H_{10}	4.48	0.08
59		
$CHNO_2$	1.56	0.41
CH_3N_2O	1.93	0.21
CH_5N_3	2.31	0.02
$C_2H_3O_2$	2.29	0.42
C_2H_5NO	2.66	0.22
$C_2H_7N_2$	3.04	0.03
C_3H_7O	3.39	0.24
C_3H_9N	3.77	0.05
60		
CH_2NO_2	1.57	0.41
CH_4N_2O	1.95	0.21
CH_6N_3	2.32	0.02
$C_2H_4O_2$	2.30	0.04
C_2H_6NO	2.68	0.22
$C_2H_8N_2$	3.05	0.03
C_3H_8O	3.41	0.24
61		
CHO_3	1.21	0.60
CH_3NO_2	1.59	0.41
CH_5N_2O	1.96	0.21
CH_7N_3	2.34	0.02
$C_2H_5O_2$	2.32	0.42
C_2H_7NO	2.69	0.22
C_3H_9O	3.43	0.24
C_5H	5.42	0.12
62		
CH_2O_3	1.23	0.60
CH_4NO_2	1.60	0.41
CH_6N_2O	1.98	0.21
CH_8N_3	2.35	0.02
$C_2H_6O_2$	2.34	0.42
C_5H_2	5.44	0.12
63		
CH_3O_3	1.25	0.60
CH_5NO_2	1.62	0.41
C_4HN	4.72	0.09
C_5H_3	5.45	0.12
64		
CH_4O_3	1.26	0.60
C_4H_2N	4.74	0.09
C_5H_4	5.47	0.12
65		
C_3HN_2	4.02	0.06
C_4HO	4.38	0.27
C_4H_3N	4.75	0.09
C_5H_5	5.48	0.12
66		
$C_3H_2N_2$	4.04	0.06
C_4H_2O	4.39	0.27
C_4H_4N	4.77	0.09
C_5H_6	5.50	0.12

续表

项目	M+1	M+2
67		
C_2HN_3	3.32	0.04
C_3HNO	3.68	0.25
$C_3H_3N_2$	4.05	0.06
C_4H_3O	4.41	0.27
C_4H_5N	4.78	0.09
C_5H_7	5.52	0.12
68		
$C_2H_2N_3$	3.34	0.04
C_3O_2	3.32	0.44
C_3H_2NO	3.69	0.25
$C_3H_4N_2$	4.07	0.06
C_4H_4O	4.43	0.28
C_4H_6N	4.80	0.09
C_5H_8	5.53	0.12
69		
CHN_4	2.62	0.03
C_2HN_2O	2.98	0.23
$C_2H_3N_3$	3.35	0.04
C_3HO_2	3.34	0.44
C_3H_3NO	3.71	0.25
$C_3H_5N_2$	4.09	0.06
C_4H_5O	4.44	0.28
C_4H_7N	4.82	0.09
C_5H_9	5.55	0.12
70		
CH_2N_4	2.64	0.03
C_2NO_2	2.62	0.42
$C_2H_2N_2O$	3.00	0.23
$C_2H_4N_3$	3.37	0.04
$C_3H_2O_2$	3.35	0.44
C_3H_4NO	3.73	0.25
$C_3H_6N_2$	4.10	0.07
C_4H_6O	4.46	0.28
C_4H_8N	4.83	0.09
C_5H_{10}	5.56	0.13
71		
CHN_3O	2.28	0.22
CH_3N_4	2.65	0.03
C_2HNO_2	2.64	0.42
$C_2H_3N_2O$	3.01	0.23
$C_3H_5N_3$	3.39	0.04
$C_3H_3O_2$	3.37	0.44
C_3H_5NO	3.74	0.25
$C_3H_7N_2$	4.12	0.07
C_4H_7O	4.47	0.28
C_4H_9N	4.85	0.09
C_5H_{11}	5.58	0.13
72		
CH_2N_3O	2.30	0.22
CH_4N_4	2.67	0.03
$C_2H_2NO_2$	2.65	0.42
$C_2H_4N_2O$	3.03	0.23
$C_2H_6N_3$	3.40	0.44
$C_3H_4O_2$	3.38	0.44
C_3H_6NO	3.76	0.25
$C_3H_8N_2$	4.13	0.07
C_4H_8O	4.49	0.28
$C_4H_{10}N$	4.86	0.09
C_5H_{12}	5.60	0.13
73		
CHN_2O_2	1.94	0.41
CH_3N_3O	2.31	0.22
CH_5N_4	2.69	0.03
C_2HO_3	2.30	0.62
$C_2H_3NO_2$	2.67	0.42
$C_2H_5N_2O$	3.04	0.23
$C_2H_7N_3$	3.42	0.04
$C_3H_5O_2$	3.40	0.44
C_3H_7NO	3.77	0.25
$C_3H_9N_2$	4.15	0.27
C_4H_9O	4.51	0.28
$C_4H_{11}N$	4.88	0.10
C_6H	6.50	0.18
74		
$CH_2N_2O_2$	1.95	0.41
CH_4N_3O	2.33	0.22
CH_6N_4	2.70	0.03
$C_2H_2O_3$	2.31	0.62
$C_2H_4NO_2$	2.69	0.42
$C_2H_6N_2O$	3.06	0.23
$C_2H_8N_3$	3.43	0.05
$C_3H_6O_2$	3.42	0.44
C_3H_8NO	3.79	0.25
$C_3H_{10}N_2$	4.17	0.07
$C_4H_{10}O$	4.52	0.28
C_6H_2	6.52	0.18
75		
$CHNO_3$	1.60	0.61
$CH_3N_2O_2$	1.97	0.41
CH_5N_3O	2.34	0.22
CH_7N_4	2.72	0.03
$C_2H_3O_3$	2.33	0.62
$C_2H_5NO_2$	2.70	0.43
$C_2H_7N_2O$	3.08	0.23
$C_2H_9N_3$	3.45	0.05
$C_3H_7O_2$	3.43	0.44
C_3H_9NO	3.81	0.25
C_5HN	5.80	0.14
C_6H_3	6.53	0.18
76		
CH_2NO_3	1.61	0.61
$CH_4N_2O_2$	1.99	0.41
CH_6N_3O	2.36	0.22
CH_8N_4	2.73	0.03
$C_2H_4O_3$	2.34	0.62
$C_2H_6NO_2$	2.72	0.43
$C_2H_8N_2O$	3.09	0.24
$C_3H_8O_2$	3.45	0.44
C_5H_2N	5.82	0.14
C_6H_4	6.55	0.18
77		
CHO_4	1.25	0.80
CH_3NO_3	1.63	0.61
$CH_5N_2O_2$	2.00	0.41
CH_7N_3O	2.38	0.22
$C_2H_5O_3$	2.39	0.62
$C_2H_7NO_2$	2.73	0.43
C_4HN_2	5.10	0.11
C_5HO	5.45	0.32
C_5H_3N	5.83	0.14
C_6H_5	6.56	0.18
78		
CH_2O_4	1.27	0.80
CH_4NO_3	1.64	0.61
$CH_6N_2O_2$	2.02	0.41
$C_2H_6O_3$	2.38	0.62
$C_4H_2N_2$	5.12	0.11
C_5H_2O	5.47	0.32
C_5H_4N	5.49	0.14
C_6H_6	6.58	0.18
79		
CH_3O_4	1.29	0.80
CH_5NO_3	1.66	0.61
C_3HN_3	4.40	0.08
C_4HNO	4.76	0.29
$C_4H_3N_2$	5.13	0.11
C_5H_3O	5.49	0.32
C_5H_5N	5.87	0.14
C_6H_7	6.60	0.18
80		
CH_4O_4	1.30	0.80
$C_3H_2N_3$	4.42	0.08
C_4H_2NO	4.78	0.29
$C_4H_4N_2$	5.15	0.11
C_5H_4O	5.51	0.32
C_5H_6N	5.88	0.14
C_6H_8	6.61	0.18

续表

项目	M+1	M+2
81		
C_2HN_4	3.70	0.05
C_3HN_2O	4.06	0.26
$C_3H_3N_3$	4.43	0.08
C_4HO_2	4.42	0.48
C_4H_3NO	4.79	0.29
$C_4H_5N_2$	5.17	0.11
C_5H_5O	5.52	0.32
C_5H_7N	5.90	0.14
C_6H_9	6.63	0.18
82		
$C_2H_2N_4$	3.72	0.05
$C_3H_2N_2O$	4.08	0.36
$C_3H_4N_3$	4.45	0.08
$C_4H_2O_2$	4.43	0.48
C_4H_4NO	4.81	0.29
$C_4H_6N_2$	4.18	0.11
C_5H_6O	5.54	0.32
C_5H_8N	5.91	0.14
C_6H_{10}	6.64	0.19
83		
C_2HN_3O	3.36	0.24
$C_2H_3N_4$	3.74	0.06
$C_3H_3N_2O$	4.09	0.27
$C_2H_5N_3$	4.47	0.08
$C_4H_3O_2$	4.45	0.48
C_4H_5NO	4.82	0.29
$C_4H_7N_2$	5.20	0.11
C_5H_7O	5.55	0.33
C_5H_9N	5.93	0.15
C_6H_{11}	6.66	0.19
84		
$C_2H_2N_3O$	3.38	0.24
$C_2H_4N_4$	3.75	0.06
$C_3H_2NO_2$	3.73	0.45
$C_3H_4N_2O$	4.11	0.27
$C_3H_6N_3$	4.48	0.81
$C_4H_4O_2$	4.47	0.48
C_4H_6NO	4.84	0.29
$C_4H_8N_2$	5.21	0.11
C_5H_8O	5.57	0.33
$C_5H_{10}N$	5.95	0.15
C_6H_{12}	6.68	0.19
85		
CHN_4O	2.66	0.23
$C_2HN_2O_2$	3.02	0.43
$C_2H_3N_3O$	3.39	0.24
$C_2H_5N_4$	3.77	0.06
C_3HO_3	3.38	0.64
$C_3H_3NO_2$	3.75	0.45
$C_3H_5N_2O$	4.12	0.27
$C_3H_7N_3$	4.50	0.08
$C_4H_5O_2$	4.48	0.48
C_4H_7NO	4.86	0.29
$C_4H_9N_2$	5.23	0.11
C_5H_9O	5.59	0.33
$C_5H_{11}N$	5.96	0.15
C_6H_{13}	6.69	0.19
C_7H	7.58	0.25
86		
CH_2N_4O	2.68	0.23
$C_2H_2N_2O_2$	3.03	0.43
$C_2H_4N_3O$	3.41	0.24
$C_2H_6N_4$	3.78	0.06
$C_3H_2O_3$	3.39	0.64
$C_3H_4NO_2$	3.77	0.45
$C_3H_6N_2O$	4.14	0.27
$C_3H_8N_3$	4.51	0.08
$C_4H_6O_2$	4.50	0.48
C_4H_8NO	4.87	0.30
$C_4H_{10}N_2$	5.25	0.11
$C_5H_{10}O$	5.60	0.33
$C_5H_{12}N$	5.98	0.15
C_6H_{14}	6.71	0.19
C_7H_2	7.60	0.25
87		
CHN_3O_2	2.32	0.42
CH_3N_4O	2.69	0.23
C_2HNO_3	2.68	0.62
$C_2H_3N_2O_2$	3.05	0.43
$C_2H_5N_3O$	3.43	0.25
$C_2H_7N_4$	3.80	0.06
$C_3H_3O_3$	3.41	0.64
$C_3H_5NO_2$	3.78	0.45
$C_3H_7N_2O$	4.16	0.27
$C_3H_9N_3$	4.53	0.08
$C_4H_7O_2$	4.51	0.48
C_4H_9NO	4.89	0.30
$C_4H_{11}N_2$	5.26	0.11
$C_5H_{11}O$	5.62	0.33
$C_5H_{13}N$	5.99	0.15
C_6HN	6.88	0.20
C_7H_3	7.61	0.25
88		
$CH_2N_3O_2$	2.34	0.42
CH_4N_4O	2.71	0.23
$C_2H_2NO_3$	2.69	0.63
$C_2H_4N_2O_2$	3.07	0.43
$C_2H_6N_3O$	3.44	0.25
$C_2H_8N_4$	3.82	0.06
$C_3H_4O_3$	3.42	0.64
$C_3H_6NO_2$	4.17	0.27
$C_3H_{10}N_3$	4.55	0.08
$C_4H_8O_2$	4.53	0.48
$C_4H_{10}NO$	4.90	0.30
$C_4H_{12}N_2$	5.28	0.11
$C_5H_{12}O$	5.63	0.33
C_6H_2N	6.90	0.20
C_7H_4	7.63	0.25
89		
CHN_2O_3	1.98	0.61
$CH_3N_3O_2$	2.35	0.42
CH_5N_4O	2.73	0.23
C_2HO_4	2.33	0.82
$C_2H_3NO_3$	2.71	0.63
$C_2H_5N_2O_2$	3.08	0.44
$C_2H_7N_3O$	3.46	0.25
$C_2H_9N_4$	3.83	0.06
$C_3H_5O_3$	3.44	0.64
$C_3H_7NO_2$	3.81	0.46
$C_3H_9N_2O$	4.19	0.27
$C_3H_{11}N_3$	4.56	0.84
$C_4H_9O_2$	4.55	0.48
$C_4H_{11}NO$	4.92	0.30
C_5HN_2	6.18	0.16
C_6HO	6.54	0.38
C_6H_3N	6.91	0.20
C_7H_5	7.64	0.25
90		
$CH_2N_2O_3$	1.99	0.61
$CH_4N_3O_2$	2.37	0.42
CH_6N_4O	2.74	0.23
$C_2H_2O_4$	2.35	0.82
$C_2H_4NO_3$	2.72	0.63
$C_2H_6N_2O_2$	3.10	0.44
$C_2H_8N_3O$	3.47	0.25
$C_2H_{10}N_4$	3.85	0.06
$C_3H_6O_3$	3.46	0.64
$C_3H_8NO_2$	3.83	0.46
$C_3H_{10}N_2O$	4.20	0.27
$C_4H_{10}O_2$	4.56	0.48
$C_5H_2N_2$	6.20	0.16
C_6H_2O	6.56	0.38
C_6H_4N	6.93	0.20
C_7H_6	7.66	0.25
91		
$CHNO_4$	1.64	0.81
$CH_3N_2O_3$	2.01	0.61
$CH_5N_3O_2$	2.38	0.42
CH_7N_4O	2.76	0.23
$C_2H_3O_4$	2.37	0.82
$C_2H_5NO_3$	2.74	0.63

续表

项目	M+1	M+2
$C_2H_7N_2O_2$	3.11	0.44
$C_2H_9N_3O$	3.49	0.25
$C_3H_7O_3$	3.47	0.64
$C_3H_9NO_2$	3.85	0.46
C_4HN_3	5.48	0.12
C_5HNO	5.84	0.34
$C_5H_2N_2$	6.21	0.16
C_6H_3O	6.57	0.38
C_6H_5N	6.95	0.21
C_7H_7	7.68	0.25
92		
CH_2NO_4	1.65	0.81
$CH_4N_2O_3$	2.03	0.61
$CH_6N_3O_2$	2.40	0.42
CH_8N_4O	2.77	0.23
$C_2H_4O_4$	2.38	0.82
$C_2H_6NO_3$	2.76	0.63
$C_2H_8N_2O_2$	3.13	0.44
$C_3H_8O_3$	3.49	0.64
$C_4H_2N_3$	5.50	0.13
C_5H_2NO	5.86	0.34
$C_5H_4N_2$	6.23	0.16
C_6H_4O	6.59	0.38
C_6H_6N	6.96	0.21
C_7H_8	7.69	0.26
N_2O_4	9.19	0.80
93		
CH_3NO_4	1.67	0.81
$CH_5N_2O_3$	2.04	0.61
$CH_7N_3O_2$	2.42	0.42
$C_2H_5O_4$	2.40	0.82
$C_2H_7NO_3$	2.77	0.63
C_3HN_4	4.78	0.09
C_4HN_2O	5.14	0.31
$C_4H_3N_3$	5.52	0.13
C_5HO_2	5.50	0.52
C_5H_3NO	5.87	0.34
$C_5H_5N_2$	6.25	0.16
C_6H_5O	6.60	0.38
C_6H_7N	6.98	0.21
C_7H_9	7.71	0.26
94		
CH_4NO_4	1.68	0.81
$CH_6N_2O_3$	2.06	0.62
$C_2H_6O_4$	2.41	0.82
$C_3H_2N_4$	4.80	0.09
$C_4H_2N_2O$	5.16	0.31
$C_4H_4N_3$	5.53	0.13
$C_5H_2O_2$	5.51	0.52
C_5H_4NO	5.89	0.34
$C_5H_6N_2$	6.26	0.17

项目	M+1	M+2
C_6H_6O	6.62	0.38
C_6H_8N	6.99	0.21
C_7H_{10}	7.72	0.26
95		
CH_5NO_4	1.70	0.81
C_3HN_3O	4.44	0.28
$C_3H_3N_4$	4.82	0.10
C_4HNO_2	4.80	0.49
$C_4H_3N_2O$	5.17	0.31
$C_4H_5N_3$	5.55	0.13
$C_5H_3O_2$	5.53	0.52
C_5H_5NO	5.90	0.34
$C_5H_7N_2$	6.28	0.17
C_6H_7O	6.64	0.39
C_6H_9N	7.01	0.21
C_7H_{11}	7.74	0.26
96		
$C_3H_2N_3O$	4.46	0.28
$C_3H_4N_4$	4.83	0.10
$C_4H_2NO_2$	4.81	0.49
$C_4H_4N_2O$	5.19	0.31
$C_4H_6N_3$	5.56	0.13
$C_5H_4O_2$	5.55	0.53
C_5H_6NO	5.92	0.35
$C_5H_8N_2$	6.29	0.17
C_6H_8O	6.65	0.39
$C_6H_{10}N$	7.03	0.21
C_7H_{12}	7.76	0.26
97		
C_2HN_4O	3.74	0.26
$C_3HN_2O_2$	4.10	0.47
$C_3H_3N_3O$	4.47	0.28
$C_3H_5N_4$	4.85	0.10
C_4HO_3	4.46	0.68
$C_4H_3NO_2$	4.83	0.49
$C_4H_5N_2O$	5.20	0.31
$C_4H_7N_3$	5.58	0.13
$C_5H_5O_2$	5.56	0.53
C_5H_7NO	5.94	0.35
$C_5H_9N_2$	6.31	0.17
C_6H_9O	6.67	0.39
$C_6H_{11}N$	7.04	0.21
C_7H_{13}	7.77	0.26
C_8H	8.66	0.33
98		
$C_2H_2N_4O$	3.76	0.26
$C_3H_2N_2O_2$	4.12	0.47
$C_3H_4N_3O$	4.49	0.28
$C_3H_6N_4$	4.86	0.10
$C_4H_2O_3$	4.47	0.68

项目	M+1	M+2
$C_4H_4NO_2$	4.85	0.49
$C_4H_6N_2O$	5.22	0.31
$C_4H_8N_3$	5.60	0.13
$C_5H_6O_2$	5.58	0.53
C_5H_8NO	5.95	0.35
$C_5H_{10}N_2$	6.33	0.17
$C_6H_{10}O$	6.68	0.39
$C_6H_{12}N$	7.06	0.21
C_7H_{14}	7.79	0.26
C_8H_2	8.68	0.33
99		
$C_2HN_3O_2$	3.40	0.44
$C_2H_3N_4O$	3.77	0.26
C_3HNO_3	3.76	0.65
$C_3H_3N_2O_2$	4.13	0.47
$C_3H_5N_3O$	4.51	0.28
$C_3H_7N_4$	4.88	0.10
$C_4H_3O_3$	4.49	0.68
$C_4H_5NO_2$	4.86	0.50
$C_4H_7N_2O$	5.24	0.31
$C_4H_9N_3$	5.61	0.13
$C_5H_7O_2$	5.59	0.53
C_5H_9NO	5.97	0.35
$C_5H_{11}N_2$	6.34	0.17
$C_6H_{11}O$	6.70	0.39
$C_6H_{13}N$	7.07	0.21
C_7HN	7.96	0.28
C_7H_{15}	7.80	0.26
C_8H_3	8.69	0.33
100		
$C_2H_2N_3O_2$	3.42	0.45
$C_2H_4N_4O$	3.79	0.26
$C_3H_2NO_3$	3.77	0.65
$C_3H_4N_2O_2$	4.15	0.47
$C_3H_6N_3O$	4.52	0.28
$C_3H_8N_4$	4.90	0.10
$C_4H_4O_3$	4.50	0.68
$C_4H_6NO_2$	4.88	0.50
$C_4H_8N_2O$	5.25	0.31
$C_4H_{10}N_3$	5.63	0.13
$C_5H_8O_2$	5.61	0.53
$C_5H_{10}NO$	5.98	0.35
$C_5H_{12}N_2$	6.36	0.17
$C_6H_{12}O$	6.72	0.39
$C_6H_{14}N$	7.09	0.22
C_7H_2N	7.98	0.28
C_7H_{16}	7.82	0.26
C_8H_4	8.71	0.33
101		
CHN_4O_2	2.70	0.43
$C_2HN_2O_3$	3.06	0.64

续表

项目	M+1	M+2
$C_2H_3N_3O_2$	3.43	0.45
$C_2H_5N_4O$	3.81	0.26
C_3HO_4	3.41	0.84
$C_3H_3NO_3$	3.79	0.65
$C_3H_5N_2O_2$	4.16	0.47
$C_3H_7N_3O$	4.54	0.28
$C_3H_9N_4$	4.91	0.10
$C_4H_5O_3$	4.52	0.68
$C_4H_7NO_2$	4.89	0.50
$C_4H_9N_2O$	5.27	0.31
$C_4H_{11}N_3$	5.63	0.53
$C_5H_{11}NO$	6.00	0.35
$C_5H_{13}N_2$	6.37	0.17
C_6HN_2	7.26	0.23
$C_6H_{13}O$	6.73	0.39
$C_6H_{15}N$	7.11	0.22
C_7HO	7.62	0.45
C_7H_3N	7.99	0.28
C_8H_5	8.73	0.33
102		
$CH_2N_4O_2$	2.72	0.43
$C_2H_2N_2O_3$	3.07	0.64
$C_2H_4N_3O_2$	3.45	0.45
$C_2H_6N_4O$	3.82	0.26
$C_3H_2O_4$	3.43	0.84
$C_3H_4NO_3$	3.81	0.66
$C_3H_6N_2O_2$	4.18	0.47
$C_3H_8N_3O$	4.55	0.28
$C_3H_{10}N_4$	4.93	0.10
$C_4H_6O_3$	4.54	0.68
$C_4H_8NO_2$	4.91	0.50
$C_4H_{10}N_2O$	5.28	0.32
$C_4H_{12}N_3$	5.66	0.13
$C_5H_{10}O_2$	5.64	0.53
$C_5H_{12}NO$	6.02	0.35
$C_5H_{14}N_2$	6.39	0.17
$C_6H_2N_2$	7.28	0.23
$C_6H_{14}O$	6.75	0.39
C_7H_2O	7.64	0.45
C_7H_4N	8.01	0.28
C_8H_6	8.74	0.34
103		
CHN_3O_3	2.36	0.62
$CH_3N_4O_2$	2.73	0.43
C_2HNO_4	2.72	0.83
$C_2H_3N_2O_3$	3.09	0.64
$C_2H_5N_3O_2$	3.46	0.45
$C_2H_7N_4O$	3.84	0.26
$C_3H_3O_4$	3.45	0.84
$C_3H_5NO_3$	3.82	0.66
$C_3H_7N_2O_2$	4.20	0.47
$C_3H_9N_3O$	4.57	0.29
$C_3H_{11}N_4$	4.94	0.10
$C_4H_7O_3$	4.55	0.68
$C_4H_9NO_2$	4.93	0.50
$C_4H_{11}N_2O$	5.30	0.32
$C_4H_{13}N_3$	5.68	0.14
C_5HN_3	6.56	0.18
$C_5H_{11}O_2$	5.66	0.53
$C_5H_{13}NO$	6.03	0.35
C_6HNO	6.92	0.40
$C_6H_3N_2$	7.30	0.23
C_7H_3O	7.65	0.45
C_7H_5N	8.03	0.28
C_8H_7	8.76	0.34
104		
$CH_2N_3O_3$	2.37	0.62
$CH_4N_4O_2$	2.75	0.43
$C_2H_2NO_4$	2.73	0.83
$C_2H_4N_2O_3$	3.11	0.64
$C_2H_6N_3O_2$	3.48	0.45
$C_2H_8N_4O$	3.85	0.26
$C_3H_4O_4$	3.46	0.84
$C_3H_6NO_3$	3.84	0.66
$C_3H_8N_2O_2$	4.21	0.47
$C_3H_{10}N_3O$	4.59	0.29
$C_3H_{12}N_4$	4.96	0.10
$C_4H_8O_3$	4.57	0.68
$C_4H_{10}NO_2$	4.94	0.50
$C_4H_{12}N_2O$	5.32	0.32
$C_5H_2N_3$	6.58	0.19
$C_5H_{12}O_2$	5.67	0.53
C_6H_2NO	9.94	0.41
$C_6H_4N_2$	7.31	0.23
C_7H_4O	7.67	0.45
C_7H_6N	8.04	0.28
C_8H_8	8.77	0.34
105		
CHN_2O_4	2.02	0.81
$CH_3N_3O_3$	2.39	0.62
$CH_5N_4O_2$	2.77	0.43
$C_2H_3NO_4$	2.75	0.83
$C_2H_5N_2O_3$	3.12	0.64
$C_2H_7N_3O_2$	3.50	0.45
$C_2H_9N_4O$	3.87	0.26
$C_3H_5O_4$	3.48	0.84
$C_3H_7NO_3$	3.85	0.66
$C_3H_9N_2O_2$	4.23	0.47
$C_3H_{11}N_3O$	4.60	0.29
C_4HN_4	5.86	0.15
$C_4H_9O_3$	4.58	0.68
$C_4H_{11}NO_2$	4.96	0.50
C_5HN_2O	6.22	0.36
$C_5H_3N_3$	6.60	0.19
C_6HO_2	6.58	0.58
C_6H_3NO	6.95	0.41
$C_6H_5N_2$	7.33	0.23
C_7H_5O	7.68	0.45
C_7H_7N	8.06	0.28
C_8H_9	8.79	0.34
106		
$CH_2N_2O_4$	2.03	0.82
$CH_4N_3O_3$	2.41	0.62
$CH_6N_4O_2$	2.78	0.43
$C_2H_4NO_4$	2.76	0.83
$C_2H_6N_2O_3$	3.14	0.64
$C_2H_8N_3O_2$	3.51	0.45
$C_2H_{10}N_4O$	3.89	0.26
$C_3H_6O_4$	3.49	0.85
$C_3H_8NO_3$	3.87	0.66
$C_3H_{10}N_2O_2$	4.24	0.47
$C_4H_2N_4$	5.88	0.15
$C_4H_{10}O_3$	4.60	0.68
$C_5H_2N_2O$	6.24	0.36
$C_5H_4N_3$	6.61	0.19
$C_6H_2O_2$	6.59	0.58
C_6H_4NO	6.97	0.41
$C_6H_6N_2$	7.34	0.23
C_7H_6O	7.70	0.46
C_7H_8N	8.07	0.28
C_8H_{10}	8.81	0.34
107		
$CH_3N_2O_4$	2.05	0.82
$CH_5N_3O_3$	2.42	0.62
$CH_7N_4O_2$	2.80	0.43
$C_2H_5NO_4$	2.78	0.83
$C_2H_7N_2O_3$	3.15	0.64
$C_2H_9N_3O_2$	3.53	0.45
$C_3H_7O_4$	3.51	0.85
$C_3H_9NO_3$	3.89	0.66
C_4HN_3O	5.52	0.33
$C_4H_3N_4$	5.90	0.15
C_5HNO_2	5.88	0.54
$C_5H_3N_2O$	6.25	0.37
$C_5H_5N_3$	6.63	0.19
$C_6H_3O_2$	6.61	0.58
C_6H_5NO	6.98	0.41
$C_6H_7N_2$	7.36	0.23
C_7H_7O	7.72	0.46
C_7H_9N	8.09	0.29
C_8H_{11}	8.82	0.34
108		
$CH_4N_2O_4$	2.06	0.83
$CH_6N_3O_3$	2.44	0.62
$CH_8N_4O_2$	2.81	0.43

续表

项目	*M*+1	*M*+2
$C_2H_6NO_4$	2.80	0.83
$C_2H_8N_2O_3$	3.17	0.64
$C_3H_8O_4$	3.53	0.85
$C_4H_2N_3O$	5.54	0.33
$C_4H_4N_4$	5.91	0.15
$C_5H_2NO_2$	5.90	0.54
$C_5H_4N_2O$	6.27	0.37
$C_5H_6N_3$	6.64	0.19
$C_6H_4O_2$	6.63	0.59
C_6H_6NO	7.00	0.41
$C_6H_8N_2$	7.38	0.24
C_7H_8O	7.73	0.46
$C_7H_{10}N$	8.11	0.29
C_8H_{12}	8.84	0.34
109		
$CH_5N_2O_4$	2.08	0.82
$CH_7N_3O_3$	2.45	0.62
$C_2H_7NO_4$	2.81	0.83
C_3HN_4O	4.82	0.30
$C_4HN_2O_2$	5.18	0.51
$C_4H_3N_3O$	5.55	0.33
$C_4H_5N_4$	5.93	0.15
C_5HO_3	5.54	0.73
$C_5H_3NO_2$	5.91	0.55
$C_5H_5N_2O$	6.29	0.37
$C_5H_7N_3$	6.66	0.19
$C_6H_5O_2$	6.64	0.59
C_6H_7NO	7.02	0.41
$C_6H_9N_2$	7.39	0.24
C_7H_9O	7.75	0.46
$C_7H_{11}N$	8.12	0.29
C_8H_{13}	8.85	0.35
C_9H	9.74	0.24
110		
$CH_6N_2O_4$	2.10	0.82
$C_3H_2N_4O$	4.84	0.30
$C_4H_2N_2O_2$	5.20	0.51
$C_4H_4N_3O$	5.57	0.33
$C_4H_6N_4$	5.94	0.15
$C_5H_2O_3$	5.55	0.73
$C_5H_4NO_2$	5.93	0.55
$C_5H_6N_2O$	6.30	0.37
$C_5H_8N_3$	6.68	0.19
$C_6H_6O_2$	6.66	0.59
C_6H_8NO	7.03	0.41
$C_6H_{10}N_2$	7.41	0.24
$C_7H_{10}O$	7.76	0.46
$C_7H_{12}N$	8.14	0.29
C_8H_{14}	8.87	0.35
C_9H_2	9.76	0.42
111		
$C_3HN_3O_2$	4.48	0.48
$C_3H_3N_4O$	4.86	0.30
C_4HNO_3	4.84	0.69
$C_4H_3N_2O_2$	5.21	0.51
$C_4H_5N_3O$	5.59	0.33
$C_4H_7N_4$	5.96	0.15
$C_5H_3O_3$	5.57	0.73
$C_5H_5NO_2$	5.94	0.55
$C_5H_7N_2O$	6.32	0.37
$C_5H_9N_3$	6.69	0.19
$C_6H_7O_2$	6.67	0.59
C_6H_9NO	7.05	0.41
$C_6H_{11}N_2$	7.42	0.24
$C_7H_{11}O$	7.78	0.46
$C_7H_{13}N$	8.15	0.29
C_8HN	9.04	0.36
C_8H_{15}	8.89	0.35
C_9H_3	9.77	0.43
112		
$C_3H_2N_3O_2$	4.50	0.48
$C_3H_4N_4O$	4.87	0.30
$C_4H_2NO_3$	4.85	0.70
$C_4H_4N_2O_2$	5.23	0.51
$C_4H_6N_3O$	5.60	0.33
$C_4H_8N_4$	5.98	0.15
$C_5H_4O_3$	5.58	0.73
$C_5H_6NO_2$	5.96	0.55
$C_5H_8N_2O$	6.33	0.37
$C_5H_{10}N_3$	6.71	0.19
$C_6H_8O_2$	6.69	0.59
$C_6H_{10}NO$	7.06	0.41
$C_6H_{12}N_2$	7.44	0.24
$C_7H_{12}O$	7.80	0.46
$C_7H_{14}N$	8.17	0.29
C_8H_2N	9.06	0.36
C_8H_{16}	8.90	0.35
C_9H_4	9.79	0.43
113		
$C_2HN_4O_2$	3.78	0.46
$C_3HN_2O_3$	4.14	0.67
$C_3H_3N_3O_2$	4.51	0.48
$C_3H_5N_4O$	4.89	0.30
C_4HO_4	4.50	0.88
$C_4H_3NO_3$	4.87	0.70
$C_4H_5N_2O_2$	5.24	0.51
$C_4H_7N_3O$	5.62	0.33
$C_4H_9N_4$	5.99	0.15
$C_5H_5O_3$	5.60	0.73
$C_5H_7NO_2$	5.98	0.55
$C_5H_9N_2O$	6.35	0.37
$C_5H_{11}N_3$	6.72	0.19
$C_6H_9O_2$	6.71	0.59
$C_6H_{11}NO$	7.08	0.42
$C_6H_{13}N_2$	7.46	0.24
C_7HN_2	8.34	0.31
$C_7H_{13}O$	7.81	0.46
$C_7H_{15}N$	8.19	0.29
C_8HO	8.70	0.53
C_8H_3N	9.07	0.36
C_8H_{17}	8.92	0.35
C_9H_5	9.81	0.43
114		
$C_2H_2N_4O_2$	3.80	0.46
$C_3H_2N_2O_3$	4.15	0.67
$C_3H_4N_3O_2$	4.53	0.48
$C_3H_6N_4O$	4.90	0.30
$C_4H_2O_4$	4.51	0.88
$C_4H_4NO_3$	4.89	0.70
$C_4H_6N_2O_2$	5.26	0.51
$C_4H_8N_3O$	5.63	0.33
$C_4H_{10}N_4$	6.01	0.15
$C_5H_6O_3$	5.62	0.73
$C_5H_8NO_2$	5.99	0.55
$C_5H_{10}N_2O$	6.37	0.37
$C_5H_{12}N_3$	6.74	0.20
$C_6H_{10}O_2$	6.72	0.59
$C_6H_{12}NO$	7.10	0.42
$C_6H_{14}N_2$	7.47	0.24
$C_7H_2N_2$	8.36	0.31
$C_7H_{14}O$	7.83	0.47
$C_7H_{16}N$	8.20	0.29
C_8H_2O	8.72	0.53
C_8H_4N	9.09	0.37
C_8H_{18}	8.93	0.35
C_9H_6	9.82	0.43
115		
$C_2HN_3O_3$	3.44	0.65
$C_2H_3N_4O_2$	3.81	0.46
C_3HNO_4	3.80	0.86
$C_3H_3N_2O_3$	4.17	0.67
$C_3H_5N_3O_2$	4.54	0.48
$C_3H_7N_4O$	4.92	0.30
$C_4H_3O_4$	4.53	0.88
$C_4H_5NO_3$	4.90	0.70
$C_4H_7N_2O_2$	5.28	0.52
$C_4H_9N_3O$	5.65	0.33
$C_4H_{11}N_4$	6.02	0.16
$C_5H_7O_3$	5.63	0.73
$C_5H_9NO_2$	6.01	0.55
$C_5H_{11}N_2O$	6.38	0.37
$C_5H_{13}N_3$	6.76	0.20
C_6HN_3	7.64	0.25
$C_6H_{11}O_2$	6.74	0.59
$C_6H_{13}NO$	7.11	0.42

续表

项目	M+1	M+2
$C_6H_{15}N_2$	7.49	0.24
C_7HNO	8.00	0.48
$C_7H_3N_2$	8.38	0.31
$C_7H_{15}O$	7.84	0.47
$C_7H_{17}N$	8.22	0.30
C_8H_3O	8.73	0.54
C_8H_5N	9.11	0.37
C_9H_7	9.84	0.43
116		
$C_2H_2N_3O_3$	3.46	0.65
$C_2H_4N_4O_2$	3.83	0.46
$C_3H_2NO_4$	3.81	0.86
$C_3H_4N_2O_3$	4.19	0.67
$C_3H_6N_3O_2$	4.56	0.49
$C_3H_8N_4O$	4.94	0.30
$C_4H_4O_4$	4.54	0.88
$C_4H_6NO_3$	4.92	0.70
$C_4H_8N_2O_2$	5.29	0.52
$C_4H_{10}N_3O$	5.67	0.34
$C_4H_{12}N_4$	6.04	0.16
$C_5H_8O_3$	5.65	0.73
$C_5H_{10}NO_2$	6.02	0.55
$C_5H_{12}N_2O$	6.40	0.37
$C_5H_{14}N_3$	6.77	0.20
$C_6H_2N_3$	7.66	0.26
$C_6H_{12}O_2$	6.75	0.59
$C_6H_{14}NO$	7.13	0.42
$C_6H_{16}N_2$	7.50	0.24
C_7H_2NO	8.02	0.48
$C_7H_4N_2$	8.39	0.31
$C_7H_{16}O$	7.86	0.47
C_8H_4O	8.75	0.54
C_8H_6N	9.12	0.37
C_9H_8	9.85	0.43
117		
$C_2HN_2O_4$	3.10	0.84
$C_2H_3N_3O_3$	3.47	0.65
$C_2H_5N_4O_2$	0.85	0.46
$C_3H_3NO_4$	3.83	0.86
$C_3H_5N_2O_3$	4.20	0.67
$C_3H_7N_3O_2$	4.58	0.49
$C_3H_9N_4O$	4.95	0.30
$C_4H_5O_4$	4.56	0.88
$C_4H_7NO_3$	4.93	0.70
$C_4H_9N_2O_2$	5.31	0.52
$C_4H_{11}N_3O$	5.68	0.34
$C_4H_{13}N_4$	6.06	0.16
C_5HN_4	6.95	0.21
$C_5H_9O_3$	5.66	0.73
$C_5H_{11}NO_2$	6.04	0.55
$C_5H_{13}N_2O$	6.41	0.38
$C_5H_{15}N_3$	6.79	0.20

项目	M+1	M+2
C_6HN_2O	7.30	0.43
$C_6H_3N_3$	7.68	0.26
$C_6H_{13}O_2$	6.77	0.60
$C_6H_{15}NO$	7.14	0.42
C_7HO_2	7.66	0.65
C_7H_3NO	8.03	0.43
$C_7H_5N_2$	8.41	0.31
C_8H_5O	8.76	0.54
C_8H_7N	9.14	0.37
C_9H_9	9.87	0.43
118		
$C_2H_2N_2O_4$	3.11	0.84
$C_2H_4N_3O_3$	3.49	0.65
$C_2H_6N_4O_2$	3.86	0.46
$C_3H_4NO_4$	3.84	0.86
$C_3H_6N_2O_3$	4.22	0.67
$C_3H_8N_3O_2$	4.59	0.49
$C_3H_{10}N_4O$	4.97	0.30
$C_4H_6O_4$	4.58	0.88
$C_4H_8NO_3$	4.95	0.70
$C_4H_{10}N_2O_2$	5.32	0.52
$C_4H_{12}N_3O$	5.70	0.34
$C_4H_{14}N_4$	6.07	0.16
$C_5H_2N_4$	6.96	0.21
$C_5H_{10}O_3$	5.68	0.73
$C_5H_{12}NO_2$	6.06	0.55
$C_5H_{14}N_2O$	6.43	0.38
$C_6H_2N_2O$	7.32	0.43
$C_6H_4N_3$	7.69	0.26
$C_6H_{14}O_2$	6.79	0.60
$C_7H_2O_2$	7.67	0.65
C_7H_4NO	8.05	0.48
$C_7H_6N_2$	8.42	0.31
C_8H_6O	8.78	0.54
C_8H_8N	9.15	0.37
C_9H_{10}	9.89	0.44
119		
$C_2H_3N_2O_4$	3.13	0.84
$C_2H_5N_3O_3$	3.50	0.65
$C_2H_7N_4O_2$	3.88	0.46
$C_3H_5NO_4$	3.86	0.86
$C_3H_7N_2O_3$	4.23	0.67
$C_3H_9N_3O_2$	4.61	0.49
$C_3H_{11}N_4O$	4.98	0.30
$C_4H_7O_4$	4.59	0.88
$C_4H_9NO_3$	4.97	0.70
$C_4H_{11}N_2O_2$	5.34	0.52
$C_4H_{13}N_3O$	5.71	0.34
C_5HN_3O	6.60	0.39
$C_5H_3N_4$	6.98	0.21
$C_5H_{11}O_3$	5.70	0.73
$C_5H_{13}NO_2$	6.07	0.56

项目	M+1	M+2
C_6HNO_2	6.96	0.61
$C_6H_3N_2O$	7.33	0.43
$C_6H_5N_3$	7.71	0.26
$C_7H_3O_2$	7.69	0.66
C_7H_5NO	8.07	0.48
$C_7H_7N_2$	8.44	0.31
C_8H_7O	8.80	0.54
C_8H_9N	9.17	0.37
C_9H_{11}	9.90	0.44
120		
$C_2H_4N_2O_4$	3.15	0.84
$C_2H_6N_3O_3$	3.52	0.65
$C_2H_8N_4O_2$	3.89	0.46
$C_3H_6NO_4$	3.88	0.86
$C_3H_8N_2O_3$	4.25	0.67
$C_3H_{10}N_3O_2$	4.62	0.49
$C_3H_{12}N_4O$	5.00	0.31
$C_4H_8O_4$	4.61	0.88
$C_4H_{10}NO_3$	4.98	0.70
$C_4H_{12}N_2O_2$	5.36	0.52
$C_5H_2N_3O$	6.62	0.39
$C_5H_4N_4$	6.99	0.21
$C_5H_{12}O_3$	5.71	0.74
$C_6H_2NO_2$	6.98	0.61
$C_6H_4N_2O$	7.35	0.43
$C_6H_6N_3$	7.72	0.26
$C_7H_4O_2$	7.71	0.66
C_7H_6NO	8.08	0.49
$C_7H_8N_2$	8.46	0.32
C_8H_8O	8.81	0.54
$C_8H_{10}N$	9.19	0.37
C_9H_{12}	9.92	0.44
121		
$C_2H_5N_2O_4$	3.16	0.84
$C_2H_7N_3O_3$	3.54	0.65
$C_2H_9N_4O_2$	3.91	0.46
$C_3H_7NO_4$	3.89	0.86
$C_3H_9N_2O_3$	4.27	0.67
$C_3H_{11}N_3O_2$	4.64	0.49
C_4HN_4O	5.90	0.35
$C_4H_9O_4$	4.62	0.89
$C_4H_{11}NO_3$	5.00	0.70
$C_5HN_2O_2$	6.26	0.57
$C_5H_3N_3O$	6.64	0.39
$C_5H_5N_4$	7.01	0.21
C_6HO_3	6.62	0.79
$C_6H_3NO_2$	6.99	0.61
$C_6H_5N_2O$	7.37	0.44
$C_6H_7N_3$	7.74	0.26
$C_7H_5O_2$	7.72	0.66
C_7H_7NO	8.10	0.49
$C_7H_9N_2$	8.47	0.32

续表

项目	*M*+1	*M*+2
C_8H_9O	8.83	0.54
$C_8H_{11}N$	9.20	0.38
C_9H_{13}	9.93	0.44
$C_{10}H$	10.82	0.53
122		
$C_2H_6N_2O_4$	3.18	0.84
$C_2H_8N_3O_3$	3.55	0.65
$C_2H_{10}N_4O_2$	3.93	0.46
$C_3H_8NO_4$	3.91	0.86
$C_3H_{10}N_2O_3$	4.28	0.67
$C_4H_2N_4O$	5.92	0.35
$C_4H_{10}O_4$	4.64	0.89
$C_5H_2N_2O_2$	6.28	0.57
$C_5H_4N_3O$	6.65	0.39
$C_5H_6N_4$	7.03	0.21
$C_6H_2O_3$	6.63	0.79
$C_6H_4NO_2$	7.01	0.61
$C_6H_6N_2O$	7.38	0.44
$C_6H_8N_3$	7.76	0.26
$C_7H_6O_2$	7.74	0.66
C_7H_8NO	8.11	0.49
$C_7H_{10}N_2$	8.49	0.32
$C_8H_{10}O$	8.84	0.54
$C_8H_{12}N$	9.22	0.38
C_9H_{14}	9.95	0.44
$C_{10}H_2$	10.84	0.53
123		
$C_2H_7N_2O_4$	3.19	0.84
$C_2H_9N_3O_3$	3.57	0.65
$C_3H_9NO_4$	3.92	0.86
$C_4HN_3O_2$	5.56	0.53
$C_4H_3N_4O$	5.94	0.35
C_5HNO_3	5.92	0.75
$C_5H_3N_2O_2$	6.29	0.57
$C_5H_5N_3O$	6.67	0.39
$C_5H_7N_4$	7.04	0.22
$C_6H_3O_3$	6.65	0.79
$C_6H_5NO_2$	7.02	0.61
$C_6H_7N_2O$	7.40	0.44
$C_6H_9N_3$	7.77	0.26
$C_7H_7O_2$	7.75	0.66
C_7H_9NO	8.13	0.49
$C_7H_{11}N_2$	8.50	0.32
$C_8H_{11}O$	8.86	0.55
$C_8H_{13}N$	9.23	0.38
C_9HN	10.12	0.46
C_9H_{15}	9.97	0.44
$C_{10}H_3$	10.85	0.53
124		
$C_2H_8N_2O_4$	3.21	0.84
$C_4H_2N_3O_2$	5.58	0.53

项目	*M*+1	*M*+2
$C_4H_4N_4O$	5.95	0.35
$C_5H_2NO_3$	5.93	0.75
$C_5H_4N_2O_2$	6.31	0.57
$C_5H_6N_3O$	6.68	0.39
$C_5H_8N_4$	7.06	0.22
$C_6H_4O_3$	6.67	0.79
$C_6H_6NO_2$	7.04	0.61
$C_6H_8N_2O$	7.41	0.44
$C_6H_{10}N_3$	7.79	0.27
$C_7H_8O_2$	7.77	0.66
$C_7H_{10}NO$	8.15	0.49
$C_7H_{12}N_2$	8.52	0.32
$C_8H_{12}O$	8.88	0.55
$C_8H_{14}N$	9.25	0.38
C_9H_2N	10.14	0.46
C_9H_{16}	9.98	0.45
$C_{10}H_4$	10.87	0.53
125		
$C_3HN_4O_2$	4.86	0.50
$C_4HN_2O_3$	5.22	0.71
$C_4H_3N_3O_2$	5.59	0.53
$C_4H_5N_4O$	5.97	0.35
C_5HO_4	5.58	0.93
$C_5H_3NO_3$	5.95	0.75
$C_5H_5N_2O_2$	6.32	0.57
$C_5H_7N_3O$	6.70	0.39
$C_5H_9N_4$	7.07	0.22
$C_6H_5O_3$	6.68	0.79
$C_6H_7NO_2$	7.06	0.61
$C_6H_9N_2O$	7.43	0.44
$C_6H_{11}N_3$	7.80	0.27
$C_7H_9O_2$	7.79	0.66
$C_7H_{11}NO$	8.16	0.49
$C_7H_{13}N_2$	8.54	0.32
C_8HN_2	9.42	0.40
$C_8H_{13}O$	8.89	0.55
$C_8H_{15}N$	9.27	0.38
C_9HO	9.78	0.63
C_9H_3N	10.16	0.46
C_9H_{17}	10.00	0.45
$C_{10}H_5$	10.89	0.53
126		
$C_3H_2N_4O_2$	4.88	0.50
$C_4H_2N_2O_3$	5.23	0.71
$C_4H_4N_3O_2$	5.61	0.53
$C_4H_6N_4O$	5.98	0.35
$C_5H_2O_4$	5.59	0.93
$C_5H_4NO_3$	5.97	0.75
$C_5H_6N_2O_2$	6.34	0.57
$C_5H_8N_3O$	6.72	0.35
$C_5H_{10}N_4$	7.09	0.22
$C_6H_6O_3$	6.70	0.79

项目	*M*+1	*M*+2
$C_6H_8NO_2$	7.07	0.62
$C_6H_{10}N_2O$	7.45	0.44
$C_6H_{12}N_3$	7.82	0.27
$C_7H_{10}O_2$	7.80	0.66
$C_7H_{12}NO$	8.18	0.49
$C_7H_{14}N_2$	8.55	0.32
$C_8H_2N_2$	9.44	0.40
$C_8H_{14}O$	8.91	0.55
$C_8H_{16}N$	9.28	0.38
C_9H_2O	9.80	0.63
C_9H_4N	10.17	0.46
C_9H_{18}	10.01	0.45
$C_{10}H_6$	10.90	0.54
127		
$C_3HN_3O_3$	4.52	0.68
$C_3H_3N_4O_2$	4.89	0.50
C_4HNO_4	4.88	0.90
$C_4H_3N_2O_3$	5.25	0.71
$C_4H_5N_3O_2$	5.63	0.53
$C_4H_7N_4O$	6.00	0.35
$C_5H_3O_4$	5.61	0.93
$C_5H_5NO_3$	5.98	0.75
$C_5H_7N_2O_2$	6.36	0.57
$C_5H_9N_3O$	6.73	0.40
$C_5H_{11}N_4$	7.11	0.22
$C_6H_7O_3$	6.71	0.79
$C_6H_9NO_2$	7.09	0.62
$C_6H_{11}N_2O$	7.46	0.44
$C_6H_{13}N_3$	7.84	0.27
C_7HN_3	8.73	0.34
$C_7H_{11}O_2$	7.82	0.67
$C_7H_{13}NO$	8.19	0.49
$C_7H_{15}N_2$	8.57	0.32
C_8HNO	9.08	0.57
$C_8H_3N_2$	9.46	0.40
$C_8H_{15}O$	8.92	0.55
$C_8H_{17}N$	9.30	0.38
C_9H_3O	9.81	0.63
C_9H_5N	10.19	0.47
C_9H_{19}	10.03	0.45
$C_{10}H_7$	10.92	0.54
128		
$C_3H_2N_3O_3$	4.54	0.68
$C_3H_4N_4O_2$	4.91	0.50
$C_4H_2NO_4$	4.89	0.90
$C_4H_4N_2O_3$	5.27	0.72
$C_4H_6N_3O_2$	5.64	0.53
$C_4H_8N_4O$	6.02	0.36
$C_5H_4O_4$	5.62	0.93
$C_5H_6NO_3$	6.00	0.75
$C_5H_8N_2O_2$	6.37	0.57
$C_5H_{10}N_3O$	6.75	0.40

续表

项目	M+1	M+2
$C_5H_{12}N_4$	7.12	0.22
$C_6H_8O_3$	6.73	0.79
$C_6H_{10}NO_2$	7.10	0.62
$C_6H_{12}N_2O$	7.48	0.44
$C_6H_{14}N_3$	7.85	0.27
$C_7H_2N_3$	8.74	0.34
$C_7H_{12}O_2$	7.83	0.67
$C_7H_{14}NO$	8.21	0.50
$C_7H_{16}N_2$	8.58	0.33
C_8H_2NO	9.10	0.57
$C_8H_4N_2$	9.47	0.40
$C_8H_{16}O$	8.94	0.55
$C_8H_{18}N$	9.31	0.39
C_9H_4O	9.83	0.63
C_9H_6N	10.20	0.47
C_9H_{20}	10.05	0.45
$C_{10}H_8$	10.94	0.54
129		
$C_3HN_2O_4$	4.18	0.87
$C_3H_3N_3O_3$	4.55	0.69
$C_3H_5N_4O_2$	4.93	0.50
$C_4H_3NO_4$	4.91	0.90
$C_4H_5N_2O_3$	5.28	0.72
$C_4H_7N_3O_2$	5.66	0.54
$C_4H_9N_4O$	6.03	0.36
$C_5H_5O_4$	5.64	0.93
$C_5H_7NO_3$	6.01	0.75
$C_5H_9N_2O_2$	6.39	0.57
$C_5H_{11}N_3O$	6.76	0.40
$C_5H_{13}N_4$	7.14	0.22
C_6HN_4	8.03	0.28
$C_6H_9O_3$	6.75	0.79
$C_6H_{11}NO_2$	7.12	0.62
$C_6H_{13}N_2O$	7.49	0.44
$C_6H_{15}N_3$	7.87	0.27
C_7HN_2O	8.38	0.51
$C_7H_3N_3$	8.76	0.34
$C_7H_{13}O_2$	7.85	0.67
$C_7H_{15}NO$	8.23	0.50
$C_7H_{17}N_2$	8.60	0.33
C_8HO_2	8.74	0.74
C_8H_3NO	9.11	0.57
$C_8H_5N_2$	9.49	0.40
$C_8H_{17}O$	8.96	0.55
$C_8H_{19}N$	9.33	0.39
C_9H_5O	9.85	0.63
C_9H_7N	10.22	0.47
$C_{10}H_9$	10.95	0.54
130		
$C_3H_2N_2O_4$	4.19	0.87
$C_3H_4N_3O_3$	4.57	0.69
$C_3H_6N_4O_2$	4.94	0.50
$C_4H_4NO_4$	4.92	0.90
$C_4H_6N_2O_3$	5.30	0.72
$C_4H_8N_3O_2$	5.67	0.54
$C_4H_{10}N_4O$	5.05	0.36
$C_5H_6O_4$	5.66	0.93
$C_5H_8NO_3$	6.03	0.75
$C_5H_{10}N_2O_2$	6.40	0.58
$C_5H_{12}N_3O$	6.78	0.40
$C_5H_{14}N_4$	7.15	0.22
$C_6H_2N_4$	8.04	0.29
$C_6H_{10}O_3$	6.76	0.79
$C_6H_{12}NO_2$	7.14	0.62
$C_6H_{14}N_2O$	7.51	0.45
$C_6H_{16}N_3$	7.88	0.27
$C_7H_2N_2O$	8.40	0.51
$C_7H_4N_3$	8.77	0.34
$C_7H_{14}O_2$	7.87	0.67
$C_7H_{16}NO$	8.24	0.50
$C_7H_{18}N_2$	8.62	0.33
$C_8H_2O_2$	8.76	0.74
C_8H_4NO	9.13	0.57
$C_8H_6N_2$	9.50	0.40
$C_8H_{18}O$	8.97	0.56
C_9H_6O	9.86	0.63
C_9H_8N	10.24	0.47
$C_{10}H_{10}$	10.97	0.54
131		
$C_3H_3N_2O_4$	4.21	0.87
$C_3H_5N_3O_3$	4.58	0.69
$C_3H_7N_4O_2$	4.96	0.50
$C_4H_5NO_4$	4.94	0.90
$C_4H_7N_2O_3$	5.32	0.72
$C_4H_9N_3O_2$	5.69	0.54
$C_4H_{11}N_4O$	6.06	0.36
$C_5H_7O_4$	5.67	0.93
$C_5H_9NO_3$	6.05	0.75
$C_5H_{11}N_2O_2$	6.42	0.58
$C_5H_{13}N_3O$	6.80	0.40
$C_5H_{15}N_4$	7.17	0.22
C_6HN_3O	7.68	0.46
$C_6H_3N_4$	8.06	0.29
$C_6H_{11}O_3$	6.78	0.80
$C_6H_{13}NO_2$	7.15	0.62
$C_6H_{15}N_2O$	7.53	0.45
$C_6H_{17}N_3$	7.90	0.27
C_7HNO_2	8.04	0.68
$C_7H_3N_2O$	8.41	0.51
$C_7H_5N_3$	8.79	0.34
$C_7H_{15}O_2$	7.88	0.67
$C_7H_{17}NO$	8.26	0.50
$C_8H_3O_2$	8.77	0.74
C_8H_5NO	9.15	0.57
$C_8H_7N_2$	9.52	0.41
C_9H_7O	9.88	0.64
C_9H_9N	10.25	0.47
$C_{10}H_{11}$	10.98	0.54
132		
$C_3H_4N_2O_4$	4.23	0.87
$C_3H_6N_3O_3$	4.60	0.69
$C_3H_8N_4O_2$	4.97	0.50
$C_4H_6NO_4$	4.96	0.90
$C_4H_8N_2O_3$	5.33	0.72
$C_4H_{10}N_3O_2$	5.71	0.54
$C_4H_{12}N_4O$	6.08	0.36
$C_5H_8O_4$	5.69	0.93
$C_5H_{10}NO_3$	6.06	0.76
$C_5H_{12}N_2O_2$	6.44	0.58
$C_5H_{14}N_3O$	6.81	0.40
$C_5H_{16}N_4$	7.19	0.23
$C_6H_2N_3O$	8.07	0.29
$C_6H_{12}O_3$	6.97	0.80
$C_6H_{14}NO_2$	7.17	0.62
$C_6H_{16}N_2O$	7.54	0.45
$C_7H_2NO_2$	8.06	0.68
$C_7H_4N_2O$	8.43	0.51
$C_7H_6N_3$	8.81	0.34
$C_7H_{16}O_2$	7.90	0.67
$C_8H_4O_2$	8.79	0.74
C_8H_6NO	9.16	0.57
$C_8H_8N_2$	9.54	0.41
C_9H_8O	9.89	0.64
$C_9H_{10}N$	10.27	0.47
$C_{10}H_{12}$	11.00	0.55
133		
$C_3H_5N_2O_4$	4.24	0.87
$C_3H_7N_3O_3$	4.62	0.69
$C_3H_9N_4O_2$	4.99	0.51
$C_4H_7NO_4$	4.97	0.90
$C_4H_9N_2O_3$	5.35	0.72
$C_4H_{11}N_3O_2$	5.72	0.54
$C_4H_{13}N_4O$	6.10	0.36
C_5HN_4O	6.98	0.41
$C_5H_9O_4$	5.70	0.94
$C_5H_{11}NO_3$	6.08	0.76
$C_5H_{13}N_2O_2$	6.45	0.58
$C_5H_{15}N_3O$	6.83	0.40
$C_6HN_2O_2$	7.34	0.63
$C_6H_3N_3O$	7.72	0.46
$C_6H_5N_4$	8.09	0.29
$C_6H_{13}O_3$	6.81	0.80
$C_6H_{15}NO_2$	7.18	0.62
C_7HO_3	7.70	0.86
$C_7H_3NO_2$	8.07	0.69
$C_7H_5N_2O$	8.45	0.51
$C_7H_7N_3$	8.82	0.35

续表

项目	M+1	M+2
$C_8H_5O_2$	8.80	0.74
C_8H_7NO	9.18	0.57
$C_8H_9N_2$	9.55	0.41
C_9H_9O	9.91	0.64
$C_9H_{11}N$	10.28	0.48
$C_{10}H_{13}$	11.01	0.55
$C_{11}H$	11.90	0.64
134		
$C_3H_6N_2O_4$	4.26	0.87
$C_3H_8N_3O_3$	4.63	0.69
$C_3H_{10}N_4O_2$	5.01	0.51
$C_4H_8NO_4$	4.99	0.90
$C_4H_{10}N_2O_3$	5.36	0.72
$C_4H_{12}N_3O_2$	5.74	0.54
$C_4H_{14}N_4O$	6.11	0.36
$C_5H_2N_4O$	6.98	0.41
$C_5H_{10}O_4$	5.72	0.94
$C_5H_{12}NO_3$	6.09	0.76
$C_5H_{14}N_2O_2$	6.47	0.58
$C_6H_2N_2O_2$	7.36	0.64
$C_6H_4N_3O$	7.73	0.46
$C_6H_6N_4$	8.11	0.29
$C_6H_{14}O_3$	6.83	0.80
$C_7H_2O_3$	7.71	0.86
$C_7H_4NO_2$	8.09	0.69
$C_7H_6N_2O$	8.46	0.52
$C_7H_8N_3$	8.84	0.35
$C_8H_6O_2$	8.82	0.74
C_8H_8NO	9.19	0.58
$C_8H_{10}N_2$	9.57	0.41
$C_9H_{10}O$	9.93	0.64
$C_9H_{12}N$	10.30	0.48
$C_{10}H_{14}$	11.03	0.55
$C_{11}H_2$	11.92	0.65
135		
$C_3H_7N_2O_4$	4.27	0.87
$C_3H_9N_3O_3$	4.65	0.69
$C_3H_{11}N_4O_2$	5.02	0.51
$C_4H_9NO_4$	5.00	0.90
$C_4H_{11}N_2O_3$	5.38	0.72
$C_4H_{13}N_3O_2$	5.75	0.54
$C_5HN_3O_2$	6.64	0.59
$C_5H_3N_4O$	7.02	0.41
$C_5H_{11}O_4$	5.74	0.94
$C_5H_{13}NO_3$	6.11	0.76
C_6HNO_3	7.00	0.81
$C_6H_3N_2O_2$	7.37	0.64
$C_6H_5N_3O$	7.75	0.46
$C_6H_7N_4$	8.12	0.29
$C_7H_3O_3$	7.73	0.86
$C_7H_5NO_2$	8.10	0.69
$C_7H_7N_2O$	8.48	0.52
$C_7H_9N_3$	8.85	0.35
$C_8H_7O_2$	8.84	0.74
C_8H_9NO	9.21	0.58
$C_8H_{11}N_2$	9.58	0.41
$C_9H_{11}O$	9.94	0.64
$C_9H_{13}N$	10.32	0.48
$C_{10}HN$	11.20	0.57
$C_{10}H_{15}$	11.05	0.55
$C_{11}H_3$	11.94	0.65
136		
$C_3H_8N_2O_4$	4.29	0.87
$C_3H_{10}N_3O_3$	4.66	0.69
$C_3H_{12}N_4O_2$	5.04	0.51
$C_4H_{10}NO_4$	5.02	0.90
$C_4H_{12}N_2O_3$	5.40	0.72
$C_5H_2N_3O_2$	6.66	0.59
$C_5H_4N_4O$	7.03	0.42
$C_5H_{12}O_4$	5.75	0.94
$C_6H_2NO_3$	7.01	0.81
$C_6H_4N_2O_2$	7.39	0.64
$C_6H_6N_3O$	7.76	0.46
$C_6H_8N_4$	8.14	0.29
$C_7H_4O_3$	7.75	0.86
$C_7H_6NO_2$	8.12	0.69
$C_7H_8N_2O$	8.49	0.52
$C_7H_{10}N_3$	8.87	0.35
$C_8H_8O_2$	8.85	0.75
$C_8H_{10}NO$	9.23	0.58
$C_8H_{12}N_2$	9.60	0.41
$C_9H_{12}O$	9.96	0.64
$C_9H_{14}N$	10.33	0.48
$C_{10}H_2N$	11.22	0.57
$C_{11}H_4$	11.95	0.65
137		
$C_3H_9N_2O_4$	4.31	0.88
$C_3H_{11}N_3O_3$	4.68	0.69
$C_4HN_4O_2$	5.94	0.55
$C_4H_{11}NO_4$	5.04	0.90
$C_5HN_2O_3$	6.30	0.77
$C_5H_3N_3O_2$	6.67	0.59
$C_5H_5N_4O$	7.05	0.42
C_6HO_4	6.66	0.99
$C_6H_3NO_3$	7.03	0.81
$C_6H_5N_2O_2$	7.41	0.64
$C_6H_7N_3O$	7.78	0.47
$C_6H_9N_4$	8.15	0.29
$C_7H_5O_3$	7.76	0.86
$C_7H_7NO_2$	8.14	0.59
$C_7H_9N_2O$	8.51	0.52
$C_7H_{11}N_3$	8.89	0.35
$C_8H_9O_2$	8.87	0.75
$C_8H_{11}NO$	9.24	0.58
$C_8H_{13}N_2$	9.62	0.41
C_9HN_2	10.50	0.50
$C_9H_{13}O$	9.97	0.65
$C_9H_{15}N$	10.35	0.48
$C_{10}HO$	10.86	0.73
$C_{10}H_3N$	11.24	0.57
$C_{10}H_{17}$	11.08	0.56
$C_{11}H_5$	11.97	0.65
138		
$C_3H_{10}N_2O_4$	4.32	0.88
$C_4H_2N_4O_2$	5.96	0.55
$C_5H_2N_2O_3$	6.32	0.77
$C_5H_4N_3O_2$	6.69	0.59
$C_5H_6N_4O$	7.06	0.42
$C_6H_2O_4$	6.67	0.99
$C_6H_4NO_3$	7.05	0.81
$C_6H_6N_2O_2$	7.42	0.64
$C_6H_8N_3O$	7.80	0.47
$C_6H_{10}N_4$	8.17	0.30
$C_7H_6O_3$	7.78	0.86
$C_7H_8NO_2$	8.15	0.69
$C_7H_{10}N_2O$	8.53	0.52
$C_7H_{12}N_3$	8.90	0.35
$C_8H_{10}O_2$	8.88	0.75
$C_8H_{12}NO$	9.26	0.58
$C_8H_{14}N_2$	9.63	0.42
$C_9H_2N_2$	10.52	0.50
$C_9H_{14}O$	9.99	0.65
$C_9H_{16}N$	10.36	0.48
$C_{10}H_2O$	10.88	0.73
$C_{10}H_4N$	11.25	0.57
$C_{10}H_{18}$	11.09	0.56
$C_{11}H_6$	11.98	0.65
139		
$C_4HN_3O_3$	5.60	0.73
$C_4H_3N_4O_2$	5.97	0.55
C_5HNO_4	5.96	0.95
$C_5H_3N_2O_3$	6.33	0.77
$C_5H_5N_3O_2$	6.71	0.59
$C_5H_7N_4O$	7.03	0.42
$C_6H_3O_4$	6.69	0.99
$C_6H_5NO_3$	7.06	0.82
$C_6H_7N_2O_2$	7.44	0.64
$C_6H_9N_3O$	7.81	0.47
$C_6H_{11}N_4$	8.19	0.30
$C_7H_7O_3$	7.79	0.86
$C_7H_9NO_2$	8.17	0.69
$C_7H_{11}N_2O$	8.54	0.52
$C_7H_{13}N_3$	8.92	0.35
C_8HN_3	9.81	0.43
$C_8H_{11}O_2$	8.90	0.75
$C_8H_{13}NO$	9.27	0.58

续表

项目	$M+1$	$M+2$
$C_8H_{15}N_2$	9.65	0.42
C_9HNO	10.16	0.66
$C_9H_3N_2$	10.54	0.50
$C_9H_{15}O$	10.01	0.65
$C_9H_{17}N$	10.38	0.49
$C_{10}H_3O$	10.89	0.74
$C_{10}H_5N$	11.27	0.58
$C_{10}H_{19}$	11.11	0.56
$C_{11}H_7$	12.00	0.66
140		
$C_4H_2N_3O_3$	5.66	0.73
$C_4H_4N_4O_2$	5.99	0.55
$C_5H_2NO_4$	5.97	0.95
$C_5H_4N_2O_3$	6.35	0.77
$C_5H_6N_3O_2$	7.10	0.42
$C_6H_4O_4$	6.70	0.99
$C_6H_6NO_3$	7.08	0.82
$C_6H_8N_2O_2$	7.45	0.64
$C_6H_{10}N_3O$	7.83	0.47
$C_6H_{12}N_4$	8.20	0.30
$C_7H_8O_3$	7.81	0.87
$C_7H_{10}NO_2$	8.18	0.69
$C_7H_{12}N_2O$	8.56	0.52
$C_7H_{14}N_3$	8.93	0.36
$C_8H_2N_3$	9.82	0.43
$C_8H_{12}O_2$	8.92	0.75
$C_8H_{14}NO$	9.29	0.58
$C_8H_{16}N_2$	9.66	0.42
C_9H_2NO	10.18	0.67
$C_9H_4N_2$	10.55	0.50
$C_9H_{16}O$	10.02	0.65
$C_9H_{18}N$	10.40	0.49
$C_{10}H_4O$	10.91	0.74
$C_{10}H_6N$	11.28	0.58
$C_{10}H_{20}$	11.13	0.56
$C_{11}H_8$	12.02	0.66
141		
$C_4HN_2O_4$	5.26	0.92
$C_4H_3N_3O_3$	5.63	0.73
$C_4H_5N_4O_2$	6.01	0.56
$C_5H_3NO_4$	5.99	0.95
$C_5H_5N_2O_3$	6.36	0.77
$C_5H_7N_3O_2$	6.74	0.60
$C_5H_9N_4O$	7.11	0.42
$C_6H_5O_4$	6.72	0.99
$C_6H_7NO_3$	7.09	0.82
$C_6H_9N_2O_2$	7.47	0.64
$C_6H_{11}N_3O$	7.84	0.47
$C_6H_{13}N_4$	8.22	0.30
C_7HN_4	9.11	0.37
$C_7H_9O_3$	7.83	0.87
$C_7H_{11}NO_2$	8.20	0.70
$C_7H_{13}N_2O$	8.57	0.53
$C_7H_{15}N_3$	8.95	0.36
C_8HN_2O	9.46	0.60
$C_8H_3N_3$	9.84	0.44
$C_8H_{13}O_2$	8.93	0.75
$C_8H_{15}NO$	9.31	0.59
$C_8H_{17}N_2$	9.68	0.42
C_9HO_2	9.82	0.83
C_9H_3NO	10.19	0.67
$C_9H_5N_2$	10.04	0.65
$C_9H_{19}N$	10.41	0.49
$C_{10}H_5O$	10.93	0.74
$C_{10}H_7N$	11.30	0.58
$C_{10}H_{21}$	11.14	0.56
$C_{11}H_9$	12.03	0.66
142		
$C_4H_2N_2O_4$	5.27	0.92
$C_4H_4N_3O_3$	5.65	0.74
$C_4H_6N_4O_2$	6.02	0.56
$C_5H_4NO_4$	6.01	0.95
$C_5H_6N_2O_3$	6.38	0.77
$C_5H_8N_3O_2$	6.75	0.60
$C_5H_{10}N_4O$	7.13	0.42
$C_6H_6O_4$	6.74	0.99
$C_6H_8NO_3$	7.11	0.82
$C_6H_{10}N_2O_2$	7.49	0.64
$C_6H_{12}N_3O$	7.86	0.47
$C_6H_{14}N_4$	8.23	0.30
$C_7H_2N_4$	9.12	0.37
$C_7H_{10}O_3$	7.84	0.87
$C_7H_{12}NO_2$	8.22	0.70
$C_7H_{14}N_2O$	8.59	0.53
$C_7H_{16}N_3$	8.97	0.36
$C_8H_2N_2O$	9.48	0.60
$C_8H_4N_3$	9.85	0.44
$C_8H_{14}O_2$	8.95	0.75
$C_8H_{16}NO$	9.32	0.59
$C_8H_{18}N_2$	9.70	0.42
$C_9H_2O_2$	9.84	0.83
C_9H_4NO	10.21	0.67
$C_9H_6N_2$	10.58	0.51
$C_9H_{18}O$	10.05	0.65
$C_9H_{20}N$	10.43	0.49
$C_{10}H_6O$	10.94	0.74
$C_{10}H_8N$	11.32	0.58
$C_{10}H_{22}$	11.16	0.56
$C_{11}H_{10}$	12.05	0.66
143		
$C_4H_3N_2O_4$	5.29	0.92
$C_4H_5N_3O_3$	5.66	0.74
$C_4H_7N_4O_2$	6.04	0.56
$C_5H_5NO_4$	6.02	0.95
$C_5H_7N_2O_3$	6.40	0.78
$C_5H_9N_3O_2$	6.77	0.60
$C_5H_{11}N_4O$	7.14	0.42
$C_6H_7O_4$	6.75	0.99
$C_6H_9NO_3$	7.13	0.82
$C_6H_{11}N_2O_2$	7.50	0.65
$C_6H_{13}N_3O$	7.88	0.47
$C_6H_{15}N_4$	8.25	0.30
C_7HN_3O	8.76	0.54
$C_7H_3N_4$	9.14	0.37
$C_7H_{11}O_3$	7.86	0.87
$C_7H_{13}NO_2$	8.23	0.70
$C_7H_{15}N_2O$	8.61	0.53
$C_7H_{17}N_3$	8.98	0.36
C_8HNO_2	9.50	0.60
$C_8H_5N_3$	9.87	0.44
$C_8H_{15}O_2$	8.96	0.76
$C_8H_{17}NO$	9.34	0.59
$C_8H_{19}N_2$	9.71	0.42
$C_9H_3O_2$	9.85	0.83
C_9H_5NO	10.23	0.67
$C_9H_7N_2$	10.60	0.51
$C_9H_{19}O$	10.07	0.65
$C_9H_{21}N$	10.44	0.49
$C_{10}H_7O$	10.96	0.74
$C_{10}H_9N$	11.33	0.58
$C_{11}H_{11}$	12.06	0.66
144		
$C_4H_4N_2O_4$	5.31	0.92
$C_4H_6N_3O_3$	5.68	0.74
$C_4H_8N_4O_2$	6.05	0.56
$C_5H_6NO_4$	6.04	0.95
$C_5H_8N_2O_3$	6.41	0.78
$C_5H_{10}N_3O_2$	6.79	0.60
$C_5H_{12}N_4O$	7.16	0.42
$C_6H_8O_4$	6.77	1.00
$C_6H_{10}NO_3$	7.14	0.82
$C_6H_{12}N_2O_2$	7.52	0.65
$C_6H_{14}N_3O$	7.89	0.47
$C_6H_{16}N_4$	8.27	0.30
$C_7H_2N_3O$	8.78	0.54
$C_7H_4N_4$	9.15	0.38
$C_7H_{12}O_3$	7.87	0.87
$C_7H_{14}NO_2$	8.25	0.70
$C_7H_{16}N_2O$	8.62	0.53
$C_7H_{18}N_3$	9.00	0.36
$C_8H_2NO_2$	9.14	0.77
$C_8H_4N_2O$	9.51	0.60
$C_8H_6N_3$	9.89	0.44
$C_8H_{16}O_2$	8.98	0.76
$C_8H_{18}NO$	9.35	0.59
$C_8H_{20}N_2$	9.73	0.43
$C_9H_4O_2$	9.87	0.84

续表

项目	*M*+1	*M*+2
C_9H_6NO	10.24	0.67
$C_9H_8N_2$	10.62	0.51
$C_9H_{20}O$	10.09	0.66
$C_{10}H_8O$	10.97	0.74
$C_{10}H_{10}N$	11.35	0.58
$C_{11}H_{12}$	12.08	0.67
145		
$C_4H_5N_2O_4$	5.32	0.92
$C_4H_7N_3O_3$	5.70	0.74
$C_4H_9N_4O_2$	6.07	0.56
$C_5H_7NO_4$	6.05	0.96
$C_5H_9N_2O_3$	6.43	0.78
$C_5H_{11}N_3O_2$	6.80	0.60
$C_5H_{13}N_4O$	7.18	0.43
C_6HN_4O	8.07	0.49
$C_6H_9O_4$	6.78	1.00
$C_6H_{11}NO_3$	7.16	0.82
$C_6H_{13}N_2O_2$	7.53	0.65
$C_6H_{15}N_3O$	7.91	0.48
$C_6H_{17}N_4$	8.28	0.31
$C_7HN_2O_2$	8.42	0.71
$C_7H_3N_3O$	8.80	0.54
$C_7H_5N_4$	9.17	0.38
$C_7H_{13}O_3$	7.89	0.87
$C_7H_{15}NO_2$	8.26	0.70
$C_7H_{17}N_2O$	8.64	0.53
$C_7H_{19}N_3$	9.01	0.36
C_8HO_3	8.78	0.94
$C_8H_3NO_2$	9.15	0.77
$C_8H_5N_2O$	9.53	0.61
$C_8H_7N_3$	9.90	0.76
$C_8H_{19}NO$	9.37	0.59
$C_9H_5O_2$	9.88	0.84
C_9H_7NO	10.26	0.67
$C_9H_9N_2$	10.63	0.51
$C_{10}H_9O$	10.99	0.75
$C_{10}H_{11}N$	11.36	0.59
$C_{12}H$	12.98	0.77
146		
$C_4H_6N_2O_4$	5.34	0.92
$C_4H_8N_3O_3$	5.71	0.74
$C_4H_{10}N_4O_2$	6.09	0.96
$C_5H_8NO_4$	6.07	0.96
$C_5H_{10}N_2O_3$	6.44	0.78
$C_5H_{12}N_3O_2$	6.82	0.60
$C_5H_{14}N_4O$	7.19	0.43
$C_6H_2N_4O$	8.08	0.49
$C_6H_{10}O_4$	6.80	1.00
$C_6H_{12}NO_3$	7.17	0.82
$C_6H_{14}N_2O_2$	7.55	0.65
$C_6H_{16}N_3O$	7.92	0.48
$C_6H_{18}N_4$	8.30	0.31
$C_7H_2N_2O_2$	8.44	0.71
$C_7H_6N_4$	9.19	0.38
$C_7H_{14}O_3$	7.91	0.87
$C_7H_{16}NO_2$	8.28	0.70
$C_7H_{18}N_2O$	8.65	0.53
$C_8H_2O_3$	8.79	0.94
$C_8H_4NO_2$	9.17	0.77
$C_8H_6N_2O$	9.54	0.61
$C_8H_8N_3$	9.92	0.44
$C_8H_{18}O_2$	9.01	0.76
$C_9H_6O_2$	9.90	0.84
C_9H_8NO	10.27	0.68
$C_9H_{10}N_2$	10.65	0.51
$C_{10}H_{10}O$	11.01	0.75
$C_{10}H_{12}N$	11.38	0.59
$C_{11}H_{14}$	12.11	0.67
$C_{12}H_2$	13.00	0.77
147		
$C_4H_7N_2O_4$	5.35	0.92
$C_4H_9N_3O_3$	5.73	0.74
$C_4H_{11}N_4O_2$	6.10	0.74
$C_5H_9NO_4$	6.09	0.96
$C_5H_{11}N_2O_3$	6.46	0.78
$C_5H_{13}N_3O_2$	6.83	0.60
$C_5H_{15}N_4O$	7.21	0.43
$C_6HN_3O_2$	7.72	0.66
$C_6H_3N_4O$	8.10	0.49
$C_6H_{11}O_4$	6.82	1.00
$C_6H_{13}NO_3$	7.19	0.82
$C_6H_{15}N_2O_2$	7.57	0.65
$C_6H_{17}N_3O$	7.94	0.48
C_7HNO_3	8.08	0.89
$C_7H_3N_2O_2$	8.45	0.72
$C_7H_5N_3O$	8..83	0.55
$C_7H_7N_4$	9.20	0.38
$C_7H_{15}O_3$	8.30	0.70
$C_8H_3O_3$	8.81	0.94
$C_8H_5NO_2$	9.19	0.78
$C_8H_7N_2O$	9.56	0.61
$C_8H_9N_3$	9.93	0.44
$C_9H_7O_2$	9.92	0.84
C_9H_9NO	10.29	0.68
$C_9H_{11}N_2$	10.66	0.51
$C_{10}H_{11}O$	11.02	0.75
$C_{10}H_{13}N$	11.40	0.59
$C_{11}HN$	12.28	0.69
$C_{11}H_{15}$	12.13	0.67
$C_{12}H_3$	13.02	0.78
148		
$C_4H_8N_2O_4$	5.37	0.92
$C_4H_{10}N_3O_3$	5.74	0.74
$C_4H_{12}N_4O_2$	6.12	0.56
$C_5H_{10}NO_4$	6.10	0.96
$C_5H_{12}N_2O_3$	6.48	0.78
$C_5H_{14}N_3O_2$	6.85	0.60
$C_5H_{16}N_4O$	7.22	0.43
$C_6H_2N_3O_2$	7.74	0.66
$C_6H_4N_4O$	8.11	0.49
$C_6H_{12}O_4$	6.83	1.00
$C_6H_{14}NO_3$	7.21	0.83
$C_6H_{16}N_2O_2$	7.58	0.65
$C_7H_2NO_3$	8.10	0.89
$C_7H_4N_2O_2$	8.47	0.72
$C_7H_6N_3O$	8.84	0.55
$C_7H_8N_4$	9.22	0.38
$C_7H_{16}O_3$	7.94	0.88
$C_8H_4O_3$	8.83	0.94
$C_8H_6NO_2$	9.20	0.78
$C_8H_8N_2O$	9.58	0.61
$C_8H_{10}N_3$	9.95	0.45
$C_9H_8O_2$	9.93	0.84
$C_9H_{10}NO$	10.31	0.68
$C_9H_{12}N_2$	10.68	0.52
$C_{10}H_{12}O$	11.04	0.75
$C_{10}H_{14}N$	11.41	0.59
$C_{11}H_2N$	12.30	0.69
$C_{11}H_{16}$	12.14	0.67
$C_{12}H_4$	13.03	0.78
149		
$C_4H_9N_2O_4$	5.39	0.92
$C_4H_{11}N_3O_3$	5.76	0.74
$C_4H_{13}N_4O_2$	6.13	0.56
$C_5HN_4O_2$	7.02	0.62
$C_5H_{11}NO_4$	6.12	0.96
$C_5H_{13}N_2O_3$	6.49	0.78
$C_5H_{15}N_3O_2$	6.87	0.61
$C_6HN_2O_3$	7.38	0.84
$C_6H_3N_3O_2$	7.75	0.66
$C_6H_5N_4O$	8.13	0.49
$C_6H_{13}O_4$	6.85	1.00
$C_6H_{15}NO_3$	7.22	0.83
C_7HO_4	7.74	1.06
$C_7H_3NO_3$	8.11	0.89
$C_7H_5N_2O_2$	8.49	0.72
$C_7H_7N_3O$	8.86	0.55
$C_7H_9N_4$	9.23	0.38
$C_8H_5O_3$	8.84	0.95
$C_8H_7NO_2$	9.22	0.78
$C_8H_9N_2O$	9.59	0.61
$C_8H_{11}N_3$	9.97	0.45
$C_9H_9O_2$	9.95	0.84
$C_9H_{11}NO$	10.32	0.68
$C_9H_{13}N_2$	10.70	0.52
$C_{10}HN_2$	11.59	0.61
$C_{10}H_{13}O$	11.05	0.75

续表

项目	M+1	M+2
$C_{10}H_{15}N$	11.43	0.59
$C_{11}HO$	11.94	0.85
$C_{11}H_3N$	12.32	0.69
$C_{11}H_{17}$	12.16	0.67
$C_{12}H_5$	13.05	0.78
150		
$C_4H_{10}N_2O_4$	5.40	0.92
$C_4H_{12}N_3O_3$	5.78	0.74
$C_4H_{14}N_4O_2$	6.15	0.56
$C_5H_2N_4O_2$	7.04	0.62
$C_5H_{12}NO_4$	6.13	0.96
$C_5H_{14}N_2O_3$	6.51	0.78
$C_6H_2N_2O_3$	7.40	0.84
$C_6H_4N_3O_2$	7.77	0.67
$C_6H_6N_4O$	8.15	0.49
$C_6H_{14}O_4$	6.86	1.00
$C_7H_2O_4$	7.75	1.06
$C_7H_4NO_3$	8.13	0.89
$C_7H_6N_2O_2$	8.50	0.72
$C_7H_8N_3O$	8.88	0.55
$C_7H_{10}N_4$	9.25	0.38
$C_8H_6O_3$	8.86	0.95
$C_8H_8NO_2$	9.23	0.78
$C_8H_{10}N_2O$	9.61	0.61
$C_8H_{12}N_3$	9.98	0.45
$C_9H_{10}O_2$	9.96	0.84
$C_9H_{12}NO$	10.34	0.68
$C_9H_{14}N_2$	10.71	0.52
$C_{10}H_2N_2$	11.60	0.61
$C_{10}H_{14}O$	11.07	0.75
$C_{10}H_{16}N$	11.44	0.60
$C_{11}H_2O$	11.96	0.85
$C_{11}H_4N$	12.33	0.70
$C_{11}H_{18}$	12.18	0.68
$C_{12}H_6$	13.06	0.78
151		
$C_4H_{11}N_2O_4$	5.42	0.92
$C_4H_{13}N_3O_3$	5.79	0.74
$C_5HN_3O_3$	6.68	0.79
$C_5H_3N_4O_2$	7.06	0.62
$C_5H_{13}NO_4$	6.15	0.96
C_6HNO_4	7.04	1.01
$C_6H_3N_2O_3$	7.41	0.84
$C_6H_5N_3O_2$	7.79	0.67
$C_6H_7N_4O$	8.16	0.50
$C_7H_3O_4$	7.77	1.06
$C_7H_5NO_3$	8.14	0.89
$C_7H_7N_2O_2$	8.52	0.72
$C_7H_9N_3O$	8.89	0.55
$C_7H_{11}N_4$	9.27	0.39
$C_8H_7O_3$	8.87	0.95
$C_8H_9NO_2$	9.25	0.78
$C_8H_{11}N_2O$	9.62	0.62
$C_8H_{13}N_3$	10.00	0.45
C_9HN_3	10.89	0.54
$C_9H_{11}O_2$	9.98	0.85
$C_9H_{13}NO$	10.36	0.68
$C_9H_{15}N_2$	10.73	0.52
$C_{10}HNO$	11.24	0.77
$C_{10}H_3N_2$	11.62	0.61
$C_{10}H_{15}O$	11.09	0.76
$C_{10}H_{17}N$	11.46	0.60
$C_{11}H_3O$	11.97	0.85
$C_{11}H_5N$	12.35	0.70
$C_{11}H_{19}$	12.19	0.68
$C_{12}H_7$	13.08	0.79
152		
$C_4H_{12}N_2O_4$	5.43	0.92
$C_5H_2N_3O_3$	6.70	0.79
$C_5H_4N_4O_2$	7.07	0.62
$C_6H_2NO_4$	7.05	1.01
$C_6H_4N_2O_3$	7.43	0.84
$C_6H_6N_3O_2$	7.80	0.67
$C_6H_8N_4O$	8.18	0.50
$C_7H_4O_4$	7.79	1.06
$C_7H_6NO_3$	8.16	0.89
$C_7H_8N_2O_2$	8.53	0.72
$C_7H_{10}N_3O$	8.91	0.55
$C_7H_{12}N_4$	9.28	0.39
$C_8H_8O_3$	8.89	0.95
$C_8H_{10}NO_2$	9.27	0.78
$C_8H_{12}N_2O$	9.64	0.62
$C_8H_{14}N_3$	10.01	0.45
$C_9H_2N_3$	10.90	0.54
$C_9H_{12}O_2$	10.00	0.85
$C_9H_{14}NO$	10.37	0.68
$C_9H_{16}N_2$	10.74	0.52
$C_{10}H_2NO$	11.26	0.78
$C_{10}H_{16}O$	11.10	0.76
$C_{10}H_{18}N$	11.48	0.60
$C_{11}H_4O$	11.99	0.86
$C_{11}H_6N$	12.36	0.70
$C_{11}H_{20}$	12.21	0.68
$C_{12}H_8$	13.10	0.79
153		
$C_5HN_2O_4$	6.34	0.97
$C_5H_3N_3O_3$	6.71	0.80
$C_5H_5N_4O_2$	7.09	0.62
$C_6H_3NO_4$	7.07	1.02
$C_6H_5N_2O_3$	7.44	0.84
$C_6H_7N_3O_2$	7.82	0.67
$C_6H_9N_4O$	8.19	0.50
$C_7H_5O_4$	7.80	1.07
$C_7H_7NO_3$	8.18	0.89
$C_7H_9N_2O_2$	8.55	0.72
$C_7H_{11}N_3O$	8.92	0.56
$C_7H_{13}N_4$	9.30	0.39
C_8HN_4	10.19	0.47
$C_8H_9O_3$	8.91	0.95
$C_8H_{11}NO_2$	9.28	0.78
$C_8H_{13}N_2O$	9.66	0.62
$C_8H_{15}N_3$	10.03	0.45
C_9HN_2O	10.54	0.70
$C_9H_3N_3$	10.92	0.54
$C_9H_{13}O_2$	10.01	0.85
$C_9H_{15}NO$	10.39	0.69
$C_9H_{17}N_2$	10.76	0.52
$C_{10}HO_2$	10.90	0.94
$C_{10}H_3NO$	11.28	0.78
$C_{10}H_5N_2$	11.65	0.62
$C_{10}H_{17}O$	11.12	0.76
$C_{10}H_{19}N$	11.49	0.60
$C_{11}H_5O$	12.01	0.86
$C_{11}H_7N$	12.38	0.70
$C_{11}H_{21}$	12.22	0.68
$C_{12}H_9$	13.11	0.79
154		
$C_5H_2N_2O_4$	6.35	0.97
$C_5H_4N_3O_3$	6.73	0.30
$C_5H_6N_4O_2$	7.10	0.62
$C_6H_4NO_4$	7.09	1.02
$C_6H_6N_2O_3$	7.46	0.84
$C_6H_8N_3O_2$	7.83	0.67
$C_6H_{10}N_4O$	8.21	0.50
$C_7H_6O_4$	7.82	1.07
$C_7H_8NO_3$	8.19	0.90
$C_7H_{10}N_2O_2$	8.57	0.73
$C_7H_{12}N_3O$	8.94	0.56
$C_7H_{14}N_4$	9.31	0.39
$C_8H_2N_4$	10.20	0.47
$C_8H_{10}O_3$	8.92	0.95
$C_8H_{12}NO_2$	9.30	0.79
$C_8H_{14}N_2O$	9.67	0.62
$C_8H_{16}N_3$	10.05	0.46
$C_9H_2N_2O$	10.93	0.54
$C_9H_{14}O_2$	10.03	0.85
$C_9H_{16}NO$	10.40	0.69
$C_9H_{18}N_2$	10.78	0.53
$C_{10}H_2O_2$	10.92	0.94
$C_{10}H_4NO$	11.29	0.78
$C_{10}H_6N_2$	11.67	0.62
$C_{10}H_{18}O$	11.13	0.76
$C_{10}H_{20}N$	11.51	0.60
$C_{11}H_6O$	12.02	0.86
$C_{11}H_8N$	12.40	0.70
$C_{11}H_{22}$	12.24	0.68
$C_{12}H_{10}$	13.13	0.79

续表

项目	M+1	M+2
155		
$C_5H_3N_2O_4$	6.37	0.97
$C_5H_5N_3O_3$	6.75	0.80
$C_5H_7N_4O_2$	7.12	0.62
$C_6H_5NO_4$	7.10	1.02
$C_6H_7N_2O_3$	7.48	0.84
$C_6H_9N_3O_2$	7.85	0.67
$C_6H_{11}N_4O$	8.23	0.50
$C_7H_7O_4$	7.83	1.07
$C_7H_9NO_3$	8.21	0.90
$C_7H_{11}N_2O_2$	8.58	0.73
$C_7H_{13}N_3O$	8.96	0.56
$C_7H_{15}N_4$	9.33	0.39
C_8HN_3O	9.84	0.64
$C_8H_3N_4$	10.22	0.47
$C_8H_{11}O_3$	8.94	0.95
$C_8H_{13}NO_2$	9.31	0.79
$C_8H_{15}N_2O$	9.69	0.62
$C_8H_{17}N_3$	10.06	0.46
C_9HNO_2	10.20	0.87
$C_9H_3N_2O$	10.58	0.71
$C_9H_5N_3$	10.95	0.54
$C_9H_{15}O_2$	10.04	0.85
$C_9H_{17}NO$	10.42	0.69
$C_9H_{19}N_2$	10.79	0.53
$C_{10}H_3O_2$	10.93	0.94
$C_{10}H_5NO$	11.31	0.78
$C_{10}H_7N_2$	11.68	0.62
$C_{10}H_{19}O$	11.15	0.76
$C_{10}H_{21}N$	11.52	0.60
$C_{11}H_7O$	12.04	0.86
$C_{11}H_9N$	12.41	0.71
$C_{11}H_{23}$	12.46	0.69
$C_{12}H_{11}$	13.14	0.79
156		
$C_5H_4N_2O_4$	6.39	0.98
$C_5H_6N_3O_3$	6.76	0.80
$C_5H_8N_4O_2$	7.14	0.62
$C_6H_6NO_4$	7.12	1.02
$C_6H_8N_2O_3$	7.49	0.85
$C_6H_{10}N_3O_2$	7.87	0.67
$C_6H_{12}N_4O$	8.24	0.50
$C_7H_8O_4$	7.85	1.07
$C_7H_{10}NO_3$	8.22	0.90
$C_7H_{12}N_2O_2$	8.60	0.73
$C_7H_{14}N_3O$	8.97	0.56
$C_7H_{16}N_4$	9.35	0.39
$C_8H_2N_3O$	9.86	0.64
$C_8H_4N_4$	10.24	0.47
$C_8H_{12}O_3$	8.95	0.96
$C_8H_{14}NO_2$	9.35	0.79
$C_8H_{16}N_2O$	9.70	0.62
$C_8H_{18}N_3$	10.08	0.46
$C_9H_2NO_2$	10.22	0.87
$C_9H_4N_2O$	10.59	0.71
$C_9H_6N_3$	10.97	0.55
$C_9H_{16}O_2$	10.06	0.85
$C_9H_{18}NO$	10.43	0.69
$C_9H_{20}N_2$	10.81	0.53
$C_{10}H_4O_2$	10.95	0.94
$C_{10}H_6NO$	11.32	0.78
$C_{10}H_8N_2$	11.70	0.62
$C_{10}H_{20}O$	11.17	0.77
$C_{10}H_{22}N$	11.54	0.61
$C_{11}H_8O$	12.05	0.86
$C_{11}H_{10}N$	12.43	0.71
$C_{11}H_{24}$	12.27	0.69
$C_{12}H_{12}$	13.16	0.80
157		
$C_5H_5N_2O_4$	6.40	0.98
$C_5H_7N_3O_3$	6.78	0.80
$C_5H_9N_4O_2$	7.15	0.62
$C_6H_7NO_4$	7.13	1.02
$C_6H_9N_2O_3$	7.51	0.85
$C_6H_{11}N_3O_2$	7.88	0.67
$C_6H_{13}N_4O$	8.26	0.50
C_7HN_4O	9.15	0.57
$C_7H_9O_4$	7.87	1.07
$C_7H_{11}NO_3$	8.24	0.90
$C_7H_{13}N_2O_2$	8.61	0.73
$C_7H_{15}N_3O$	8.99	0.56
$C_7H_{17}N_4$	9.36	0.39
$C_8HN_2O_2$	9.50	0.80
$C_8H_3N_3O$	9.88	0.64
$C_8H_5N_4$	10.25	0.48
$C_8H_{13}O_3$	8.97	0.96
$C_8H_{15}NO_2$	9.35	0.79
$C_8H_{17}N_2O$	9.72	0.62
$C_8H_{19}N_3$	10.09	0.46
C_9HO_3	9.86	1.03
$C_9H_3NO_2$	10.23	0.87
$C_9H_5N_2O$	10.61	0.71
$C_9H_7N_3$	10.98	0.55
$C_9H_{17}O_2$	10.08	0.86
$C_9H_{19}NO$	10.45	0.69
$C_9H_{21}N_2$	10.82	0.53
$C_{10}H_5O_2$	10.96	0.94
$C_{10}H_7NO$	11.34	0.78
$C_{10}H_9N_2$	11.71	0.63
$C_{10}H_{21}O$	11.18	0.77
$C_{10}H_{23}N$	11.56	0.61
$C_{11}H_9O$	12.07	0.86
$C_{11}H_{11}N$	12.44	0.71
$C_{12}H_{13}$	13.18	0.80
$C_{13}H$	14.06	0.91
158		
$C_5H_6N_2O_4$	6.42	0.98
$C_5H_8N_3O_3$	6.79	0.80
$C_5H_{10}N_4O_2$	7.17	0.63
$C_6H_8NO_4$	7.15	1.02
$C_6H_{10}N_2O_3$	7.52	0.85
$C_6H_{12}N_3O_2$	7.90	0.68
$C_6H_{14}N_4O$	8.27	0.50
$C_7H_2N_4O$	9.16	0.58
$C_7H_{10}O_4$	7.88	1.07
$C_7H_{12}NO_3$	8.26	0.90
$C_7H_{14}N_2O_2$	8.63	0.73
$C_7H_{16}N_3O$	9.00	0.56
$C_7H_{18}N_4$	9.38	0.40
$C_8H_2N_2O_2$	9.52	0.81
$C_8H_4N_3O$	9.89	0.64
$C_8H_6N_4$	10.27	0.48
$C_8H_{14}O_3$	8.99	0.96
$C_8H_{16}NO_2$	9.36	0.79
$C_8H_{18}N_2O$	9.74	0.63
$C_8H_{20}N_3$	10.11	0.46
$C_9H_2O_3$	9.88	1.04
$C_9H_4NO_2$	10.25	0.87
$C_9H_6N_2O$	10.62	0.71
$C_9H_8N_3$	11.00	0.55
$C_9H_{18}O_2$	10.09	0.86
$C_9H_{20}NO$	10.47	0.69
$C_9H_{22}N_2$	10.84	0.53
$C_{10}H_6O_2$	10.98	0.95
$C_{10}H_8NO$	11.36	0.79
$C_{10}H_{10}N_2$	11.73	0.63
$C_{10}H_{22}O$	11.20	0.77
$C_{11}H_{10}O$	12.09	0.87
$C_{11}H_{12}N$	12.46	0.71
$C_{12}H_{14}$	13.19	0.80
$C_{13}H_2$	14.08	0.92
159		
$C_5H_7N_2O_4$	6.43	0.98
$C_5H_9N_3O_3$	6.81	0.80
$C_5H_{11}N_4O_2$	7.18	0.63
$C_6H_9NO_4$	7.17	1.02
$C_6H_{11}N_2O_3$	7.54	0.85
$C_6H_{13}N_3O_2$	7.91	0.68
$C_6H_{15}N_4O$	8.29	0.51
$C_7HN_3O_2$	8.80	0.75
$C_7H_3N_4O$	9.18	0.58
$C_7H_{11}O_4$	7.90	1.07
$C_7H_{13}NO_3$	8.27	0.90
$C_7H_{15}N_2O_2$	8.65	0.73
$C_7H_{17}N_3O$	9.02	0.56
$C_7H_{19}N_4$	9.39	0.40
C_8HNO_3	9.16	0.97
$C_8H_3N_2O_2$	9.53	0.81

续表

项目	*M*+1	*M*+2
$C_8H_5N_3O$	9.91	0.64
$C_8H_7N_4$	10.28	0.48
$C_8H_{15}O_3$	9.00	0.96
$C_8H_{17}NO_2$	9.38	0.79
$C_8H_{19}N_2O$	9.75	0.63
$C_8H_{21}N_3$	10.13	0.46
$C_9H_3O_3$	9.89	1.04
$C_9H_5NO_2$	10.27	0.87
$C_9H_7N_2O$	10.64	0.74
$C_{10}H_9NO$	11.37	0.79
$C_9H_9N_3$	11.01	0.55
$C_9H_{19}O_2$	10.11	0.86
C_9HNO	10.48	0.70
$C_{10}H_7O_2$	11.00	0.95
$C_{10}H_{11}N_2$	11.75	0.63
$C_{11}H_{11}O$	12.10	0.87
$C_{11}H_{13}N$	12.48	0.71
$C_{12}HN$	13.37	0.82
$C_{12}H_{15}$	13.21	0.80
$C_{13}H_3$	14.10	0.92
160		
$C_5H_8N_2O_4$	6.45	0.98
$C_5H_{10}N_3O_3$	6.83	0.80
$C_5H_{12}N_4O_2$	7.20	0.63
$C_6H_{10}NO_4$	7.18	1.02
$C_6H_{12}N_2O_3$	7.56	0.85
$C_6H_{14}N_3O_2$	7.93	0.68
$C_6H_{16}N_4O$	8.31	0.51
$C_7H_2N_3O_2$	8.82	0.75
$C_7H_4N_4O$	9.19	0.58
$C_7H_{12}O_4$	7.91	1.07
$C_7H_{14}NO_3$	8.29	0.90
$C_7H_{16}N_2O_2$	8.66	0.73
$C_7H_{18}N_3O$	9.04	0.57
$C_7H_{20}N_4$	9.41	0.40
$C_8H_2NO_3$	9.18	0.97
$C_8H_4N_2O_2$	9.55	0.81
$C_8H_6N_3O$	9.92	0.64
$C_8H_8N_4$	10.30	0.48
$C_8H_{16}O_3$	9.02	0.96
$C_8H_{18}NO_2$	9.39	0.79
$C_8H_{20}N_2O$	9.77	0.63
$C_9H_4O_3$	9.91	1.04
$C_9H_6NO_2$	10.28	0.88
$C_9H_8N_2O$	10.66	0.71
$C_9H_{10}N_3$	11.03	0.55
$C_9H_{20}O_2$	10.12	0.86
$C_{10}H_8O_2$	11.01	0.95
$C_{10}H_{10}NO$	11.39	0.79
$C_{10}H_{12}N_2$	11.76	0.63
$C_{11}H_{12}O$	12.12	0.87
$C_{11}H_{14}N$	12.49	0.72
$C_{12}H_2N$	13.38	0.82
$C_{12}H_{16}$	13.22	0.80
$C_{13}H_4$	14.11	0.92
161		
$C_5H_9N_2O_4$	6.47	0.98
$C_5H_{11}N_3O_3$	6.84	0.80
$C_5H_{13}N_4O_2$	7.22	0.63
$C_6HN_4O_2$	8.10	0.69
$C_6H_{11}NO_4$	7.20	1.03
$C_6H_{13}N_2O_3$	7.57	0.85
$C_6H_{15}N_3O_2$	7.95	0.68
$C_6H_{17}N_4O$	8.32	0.51
$C_7HN_2O_3$	8.46	0.92
$C_7H_3N_3O_2$	8.84	0.75
$C_7H_5N_4O$	9.21	0.58
$C_7H_{13}O_4$	7.93	1.08
$C_7H_{15}NO_3$	8.30	0.90
$C_7H_{17}N_2O_2$	8.68	0.74
$C_7H_{19}N_3O$	9.05	0.57
C_8HO_4	8.82	1.14
$C_8H_3NO_3$	9.19	0.98
$C_8H_5N_2O_2$	9.57	0.81
$C_8H_7N_3O$	9.94	0.65
$C_8H_9N_4$	10.32	0.48
$C_8H_{17}O_3$	9.03	0.80
$C_9H_5O_3$	9.92	1.04
$C_9H_7NO_2$	10.30	0.88
$C_9H_9N_2O$	10.67	0.72
$C_9H_{11}N_3$	11.05	0.56
$C_{10}H_9O_2$	11.03	0.95
$C_{10}H_{11}NO$	11.40	0.79
$C_{10}H_{13}N_2$	12.67	0.74
$C_{11}H_{13}O$	12.13	0.87
$C_{11}H_{15}N$	12.51	0.72
$C_{12}HO$	13.02	0.98
$C_{12}H_3N$	13.40	0.83
$C_{12}H_{17}$	13.24	0.81
$C_{13}H_5$	14.13	0.92
162		
$C_5H_{10}N_2O_4$	6.48	0.98
$C_5H_{12}N_3O_3$	6.86	0.81
$C_5H_{14}N_4O_2$	7.23	0.63
$C_6H_2N_4O_2$	8.12	0.69
$C_6H_{12}NO_4$	7.21	1.03
$C_6H_{14}N_2O_3$	7.59	0.85
$C_6H_{16}N_3O_2$	7.96	0.68
$C_6H_{18}N_4O$	8.34	0.51
$C_7H_2N_2O_3$	8.48	0.92
$C_7H_4N_3O_2$	8.85	0.75
$C_7H_6N_4O$	9.23	0.58
$C_7H_{14}O_4$	7.95	1.08
$C_7H_{16}NO_3$	8.32	0.91
$C_7H_{18}N_2O_2$	8.69	0.74
$C_8H_2O_4$	8.83	1.15
$C_8H_4NO_3$	9.21	0.98
$C_8H_6N_2O_2$	9.58	0.81
$C_8H_8N_3O$	9.96	0.65
$C_8H_{10}N_4$	10.33	0.48
$C_8H_{18}O_3$	9.05	0.96
$C_9H_6O_3$	9.94	1.04
$C_9H_8NO_2$	10.31	0.88
$C_9H_{10}N_2O$	10.69	0.72
$C_9H_{12}N_3$	11.06	0.56
$C_{10}H_{10}O_2$	11.04	0.95
$C_{10}H_{12}NO$	11.42	0.79
$C_{10}H_{14}N_2$	11.79	0.64
$C_{11}H_2N_2$	12.68	0.74
$C_{11}H_{14}O$	12.15	0.87
$C_{11}H_{16}N$	12.52	0.72
$C_{12}H_2O$	13.04	0.98
$C_{12}H_4N$	13.41	0.83
$C_{12}H_{18}$	13.26	0.81
$C_{13}H_6$	14.14	0.92
163		
$C_5H_{11}N_2O_4$	6.50	0.98
$C_5H_{13}N_3O_3$	6.87	0.81
$C_5H_{15}N_4O_2$	7.25	0.63
$C_6HN_3O_3$	7.76	0.87
$C_6H_3N_4O_2$	8.14	0.69
$C_6H_{13}NO_4$	7.23	1.03
$C_6H_{15}N_2O_3$	7.60	0.85
$C_6H_{17}N_3O_2$	7.98	0.68
C_7HNO_4	8.12	1.09
$C_7H_3N_2O_3$	8.49	0.92
$C_7H_5N_3O_2$	8.87	0.75
$C_7H_7N_4O$	9.24	0.58
$C_7H_{15}O_4$	7.96	1.08
$C_7H_{17}NO_3$	8.34	0.91
$C_8H_3O_4$	8.85	1.15
$C_8H_5NO_3$	9.22	0.98
$C_8H_7N_2O_2$	9.60	0.81
$C_8H_9N_3O$	9.97	0.65
$C_8H_{11}N_4$	10.35	0.49
$C_9H_7O_3$	9.96	1.04
$C_9H_9NO_2$	10.33	0.88
$C_9H_{11}N_2O$	10.70	0.72
$C_9H_{13}N_3$	11.08	0.56
$C_{10}HN_3$	11.97	0.66
$C_{10}H_{11}O_2$	11.06	0.95
$C_{10}H_{13}NO$	11.81	0.64
$C_{11}HNO$	12.70	0.74
$C_{11}H_{15}O$	12.17	0.88
$C_{11}H_{17}N$	12.54	0.72
$C_{12}H_3O$	13.05	0.98
$C_{12}H_5N$	13.43	0.83
$C_{12}H_{19}$	13.27	0.81

续表

项目	$M+1$	$M+2$
$C_{13}H_7$	14.16	0.93
164		
$C_5H_{12}N_2O_4$	6.51	0.98
$C_5H_{14}N_3O_3$	6.89	0.81
$C_5H_{16}N_4O_2$	7.26	0.63
$C_6H_2N_3O_3$	7.78	0.87
$C_6H_4N_4O_2$	8.15	0.70
$C_6H_{14}NO_4$	7.25	1.03
$C_6H_{16}N_2O_3$	7.62	0.86
$C_7H_2NO_4$	8.13	1.09
$C_7H_4N_2O_3$	8.51	0.92
$C_7H_6N_3O_2$	8.88	0.75
$C_7H_8N_4O$	9.26	0.59
$C_7H_{16}O_4$	7.98	1.08
$C_8H_4O_4$	8.87	1.15
$C_8H_6NO_3$	9.24	0.98
$C_8H_8N_2O_2$	9.70	0.75
$C_8H_{10}N_3O$	9.99	0.65
$C_8H_{12}N_4$	10.36	0.49
$C_9H_8O_3$	9.97	1.05
$C_9H_{10}NO_2$	10.35	0.88
$C_9H_{12}N_2O$	10.72	0.72
$C_9H_{14}N_3$	11.09	0.56
$C_{10}H_2N_3$	11.98	0.66
$C_{10}H_{12}O_2$	11.08	0.96
$C_{10}H_{14}NO$	11.45	0.80
$C_{10}H_{16}N_2$	11.83	0.64
$C_{11}H_2NO$	12.34	0.90
$C_{11}H_4N_2$	12.71	0.74
$C_{11}H_{16}O$	12.18	0.88
$C_{11}H_{18}N$	12.56	0.72
$C_{12}H_4O$	13.07	0.98
$C_{12}H_6N$	13.45	0.83
$C_{12}H_{20}$	13.29	0.81
$C_{13}H_8$	14.18	0.93
165		
$C_5H_{13}N_2O_4$	6.53	0.98
$C_5H_{15}N_3O_3$	6.91	0.81
$C_6HN_2O_4$	7.42	1.04
$C_6H_3N_3O_3$	7.79	0.87
$C_6H_5N_4O_2$	8.17	0.70
$C_6H_{15}NO_4$	7.26	1.03
$C_7H_3NO_4$	8.15	1.09
$C_7H_5N_2O_3$	8.52	0.92
$C_7H_7N_3O_2$	8.90	0.75
$C_7H_9N_4O$	9.27	0.59
$C_8H_5O_4$	8.88	1.15
$C_8H_7NO_3$	9.26	0.98
$C_8H_9N_2O_2$	9.63	0.82
$C_8H_{11}N_3O$	10.00	0.65
$C_8H_{13}N_4$	10.38	0.49
C_9HN_4	11.27	0.58
$C_9H_9O_3$	9.99	1.05
$C_9H_{11}NO_2$	10.36	0.88
$C_9H_{13}N_2O$	10.74	0.72
$C_9H_{15}N_3$	11.11	0.56
$C_{10}HN_2O$	11.62	0.82
$C_{10}H_3N_3$	12.00	0.66
$C_{10}H_{13}O_2$	11.09	0.96
$C_{10}H_{15}NO$	11.47	0.80
$C_{10}H_{17}N_2$	11.84	0.64
$C_{11}HO_2$	11.98	1.05
$C_{11}H_3NO$	12.36	0.90
$C_{11}H_5N_2$	12.73	0.74
$C_{11}H_{17}O$	12.20	0.88
$C_{11}H_{19}N$	12.57	0.73
$C_{12}H_5O$	13.09	0.99
$C_{12}H_7N$	13.46	0.84
$C_{12}H_{21}$	13.30	0.81
$C_{13}H_9$	14.19	0.93
166		
$C_5H_{14}N_2O_4$	6.55	0.99
$C_6H_2N_2O_4$	7.44	1.04
$C_6H_4N_3O_3$	7.81	0.87
$C_6H_6N_4O_2$	8.18	0.70
$C_7H_4NO_4$	8.17	1.09
$C_7H_6N_2O_3$	8.54	0.92
$C_7H_8N_3O_2$	8.92	0.76
$C_7H_{10}N_4O$	9.29	0.59
$C_8H_6O_4$	8.90	1.15
$C_8H_8NO_3$	9.27	0.98
$C_8H_{10}N_2O_2$	9.65	0.82
$C_8H_{12}N_3O$	10.02	0.65
$C_8H_{14}N_4$	10.40	0.49
$C_9H_2N_4$	11.28	0.58
$C_9H_{10}O_3$	10.00	1.05
$C_9H_{12}NO_2$	10.38	0.89
$C_9H_{14}N_2O$	10.75	0.72
$C_9H_{16}N_3$	11.13	0.56
$C_{10}H_2N_2O$	11.64	0.82
$C_{10}H_4N_3$	12.01	0.66
$C_{10}H_{14}O_2$	11.11	0.96
$C_{10}H_{16}NO$	11.48	0.64
$C_{11}H_2O_2$	12.00	1.06
$C_{11}H_4NO$	12.37	0.90
$C_{11}H_6N_2$	12.75	0.90
$C_{11}H_{18}O$	12.21	0.88
$C_{11}H_{20}N$	12.59	0.73
$C_{12}H_6O$	13.10	0.99
$C_{12}H_8N$	13.48	0.84
$C_{12}H_{22}$	13.32	0.82
$C_{13}H_{10}$	14.21	0.93
167		
$C_6H_3N_2O_4$	7.45	1.04
$C_6H_5N_3O_3$	7.83	0.87
$C_6H_7N_4O_2$	8.20	0.70
$C_7H_5NO_4$	8.18	1.10
$C_7H_7N_2O_3$	8.56	0.93
$C_7H_9N_3O_2$	9.31	0.59
$C_8H_7O_4$	8.91	1.15
$C_8H_9NO_3$	9.29	0.99
$C_8H_{11}N_2O_2$	9.66	0.82
$C_8H_{13}N_3O$	10.04	0.66
$C_8H_{15}N_4$	10.41	0.49
C_9HN_3O	10.93	0.74
$C_9H_3N_4$	11.30	0.58
$C_9H_{11}O_3$	10.02	1.05
$C_9H_{13}NO_2$	10.39	0.89
$C_9H_{15}N_2O$	10.77	0.73
$C_9H_{17}N_3$	11.14	0.57
$C_{10}HNO_2$	11.28	0.98
$C_{10}H_3N_2O$	11.66	0.82
$C_{10}H_5N_3$	12.03	0.66
$C_{10}H_{15}O_2$	11.12	0.96
$C_{10}H_{17}NO$	11.50	0.80
$C_{10}H_{19}N_2$	11.87	0.65
$C_{11}H_3O_2$	12.01	1.06
$C_{11}H_5NO$	12.39	0.50
$C_{11}H_7N_2$	12.76	0.75
$C_{11}H_{19}O$	12.23	0.88
$C_{11}H_{21}N$	12.60	0.73
$C_{12}H_7O$	13.12	0.99
$C_{12}H_9N$	13.49	0.84
$C_{12}H_{23}$	13.34	0.82
$C_{13}H_{11}$	14.22	0.94
168		
$C_6H_4N_2O_4$	7.47	1.04
$C_6H_6N_3O_3$	7.84	0.87
$C_6H_8N_4O_2$	8.22	1.10
$C_7H_8N_2O_3$	8.57	0.93
$C_7H_{10}N_3O_2$	8.95	0.76
$C_7H_{12}N_4O$	9.32	0.59
$C_8H_8O_4$	8.93	1.15
$C_8H_{10}NO_3$	9.30	0.99
$C_8H_{12}N_2O_2$	9.68	0.82
$C_8H_{14}N_3O$	10.05	0.66
$C_8H_{16}N_4$	10.43	0.49
$C_9H_2N_3O$	10.94	0.74
$C_9H_4N_4$	11.32	0.58
$C_9H_{12}O_3$	10.04	1.05
$C_9H_{14}NO_2$	10.41	0.89
$C_9H_{16}N_2O$	10.78	0.73
$C_9H_{18}N_3$	11.16	0.57
$C_{10}H_2NO_2$	11.30	0.98
$C_{10}H_4N_2O$	11.67	0.82
$C_{10}H_6N_3$	12.05	0.67
$C_{10}H_{16}O_2$	11.14	0.96
$C_{10}H_{18}NO$	11.52	0.80
$C_{10}H_{20}N_2$	11.89	0.65
$C_{11}H_4O_2$	12.03	1.06

续表

项目	*M*+1	*M*+2
$C_{11}H_6NO$	12.40	0.90
$C_{11}H_8N_2$	12.78	0.75
$C_{11}H_{20}O$	12.25	0.89
$C_{11}H_{22}N$	12.62	0.73
$C_{12}H_8O$	13.13	0.99
$C_{12}H_{10}N$	13.51	0.84
$C_{12}H_{24}$	13.35	0.82
$C_{13}H_{12}$	14.24	0.94
169		
$C_6H_5N_2O_4$	7.48	1.05
$C_5H_7N_3O_3$	7.86	0.87
$C_6H_9N_4O_2$	8.23	0.70
$C_7H_7NO_4$	8.21	1.10
$C_7H_9N_2O_3$	8.59	0.93
$C_7H_{11}N_3O_2$	8.96	0.76
$C_7H_{13}N_4O$	9.34	0.59
C_8HN_4O	10.23	0.67
$C_8H_9O_4$	8.95	1.16
$C_8H_{11}NO_3$	9.32	0.99
$C_8H_{13}N_2O_2$	9.69	0.82
$C_8H_{15}N_3O$	10.07	0.66
$C_8H_{17}N_4$	10.44	0.50
$C_9HN_2O_2$	10.58	0.91
$C_9H_3N_3O$	10.96	0.75
$C_9H_5N_4$	11.33	0.59
$C_9H_{13}O_3$	10.05	1.05
$C_9H_{15}NO_2$	10.43	0.89
$C_9H_{17}N_2O$	10.80	0.73
$C_9H_{19}N_3$	11.17	0.57
$C_{10}HO_3$	10.94	1.14
$C_{10}H_3NO_2$	11.31	0.98
$C_{10}H_5N_2O$	11.69	0.82
$C_{10}H_7N_3$	12.06	0.67
$C_{10}H_{17}O_2$	11.16	0.96
$C_{10}H_{19}NO$	11.53	0.81
$C_{10}H_{21}N_2$	11.91	0.65
$C_{11}H_5O_2$	12.05	1.06
$C_{11}H_7NO$	12.42	0.91
$C_{11}H_9N_2$	12.79	0.75
$C_{11}H_{21}O$	12.26	0.89
$C_{11}H_{23}N$	12.64	0.73
$C_{12}H_9O$	13.15	1.00
$C_{12}H_{11}N$	13.53	0.84
$C_{12}H_{25}$	13.37	0.82
$C_{13}H_{13}$	14.26	0.94
$C_{14}H$	15.14	1.07
170		
$C_6H_6N_2O_4$	7.50	1.05
$C_6H_8N_3O_3$	7.87	0.87
$C_6H_{10}N_4O_2$	8.25	0.70
$C_7H_8NO_4$	8.23	1.10
$C_7H_{10}N_2O_3$	8.60	0.93

项目	*M*+1	*M*+2
$C_7H_{12}N_3O_2$	8.98	0.76
$C_7H_{14}N_4O$	9.35	0.59
$C_8H_2N_4O$	10.24	0.68
$C_8H_{10}O_4$	8.96	1.16
$C_8H_{12}NO_3$	9.34	0.99
$C_8H_{14}N_2O_2$	9.71	0.82
$C_8H_{16}N_3O$	10.08	0.66
$C_8H_{18}N_4$	10.46	0.50
$C_9H_2N_2O_2$	10.60	0.91
$C_9H_4N_3O$	10.97	0.75
$C_9H_6N_4$	11.35	0.59
$C_9H_{14}O_3$	10.07	1.06
$C_9H_{16}NO_2$	10.44	0.89
$C_9H_{18}N_2O$	10.82	0.73
$C_9H_{20}N_3$	11.19	0.57
$C_{10}H_2O_3$	10.96	1.14
$C_{10}H_4NO_2$	11.33	0.98
$C_{10}H_6N_2O$	11.70	0.83
$C_{10}H_8N_3$	12.08	0.67
$C_{10}H_{18}O_2$	11.17	0.97
$C_{10}H_{20}NO$	11.55	0.81
$C_{10}H_{22}N_2$	11.92	0.65
$C_{11}H_6O_2$	12.06	1.06
$C_{11}H_8NO$	12.44	0.91
$C_{11}H_{10}N_2$	12.81	0.75
$C_{11}H_{22}O$	12.65	0.74
$C_{12}H_{10}O$	13.17	1.00
$C_{12}H_{12}N$	13.54	0.85
$C_{12}H_{26}$	13.38	0.83
$C_{13}H_{14}$	14.27	0.94
$C_{14}H_2$	15.16	1.07
171		
$C_6H_7N_2O_4$	7.52	1.05
$C_6H_9N_3O_3$	7.89	0.88
$C_6H_{11}N_4O_2$	8.26	0.70
$C_7H_9NO_4$	8.25	1.10
$C_7H_{11}N_2O_3$	8.62	0.93
$C_7H_{13}N_3O_2$	9.00	0.76
$C_7H_{15}N_4O$	9.37	0.60
$C_8HN_3O_2$	9.88	0.84
$C_8H_3N_4O$	10.26	0.68
$C_8H_{11}O_4$	8.98	1.16
$C_8H_{13}NO_3$	9.35	0.99
$C_8H_{15}N_2O_2$	9.73	0.83
$C_8H_{17}N_3O$	10.10	0.66
$C_8H_{19}N_4$	10.48	0.50
C_9HNO_3	10.24	1.07
$C_9H_3N_2O_2$	10.61	0.91
$C_9H_5N_3O$	10.99	0.75
$C_9H_7N_4$	11.36	0.59
$C_9H_{15}O_3$	10.08	1.06
$C_9H_{17}NO_2$	10.46	0.89
$C_9H_{19}N_2O$	10.83	0.73

项目	*M*+1	*M*+2
$C_9H_{21}N_3$	11.21	0.57
$C_{10}H_3O_3$	10.97	1.14
$C_{10}H_5NO_2$	11.35	0.99
$C_{10}H_7N_2O$	11.72	0.83
$C_{10}H_9N_3$	12.09	0.67
$C_{10}H_{19}O_2$	11.19	0.97
$C_{10}H_{21}NO$	11.56	0.81
$C_{10}H_{23}N_2$	11.94	0.65
$C_{11}H_7O_2$	12.08	1.07
$C_{11}H_9NO$	12.45	0.91
$C_{11}H_{11}N_2$	12.83	0.76
$C_{11}H_{23}O$	12.29	0.89
$C_{11}H_{25}N$	12.67	0.74
$C_{12}H_{11}O$	13.18	1.00
$C_{12}H_{13}N$	13.56	0.85
$C_{13}HN$	14.45	0.97
$C_{13}H_{15}$	14.29	0.94
$C_{14}H_3$	15.18	1.07
172		
$C_6H_8N_2O_4$	7.53	1.05
$C_6H_{10}N_3O_3$	7.91	0.88
$C_6H_{12}N_4O_2$	8.28	0.71
$C_7H_{10}NO_4$	8.26	1.10
$C_7H_{12}N_2O_3$	8.64	0.93
$C_7H_{14}N_3O_2$	9.01	0.76
$C_7H_{16}N_4O$	9.39	0.60
$C_8H_2N_3O_2$	9.90	0.84
$C_8H_4N_4O$	10.27	0.68
$C_8H_{12}O_4$	8.99	1.16
$C_8H_{14}NO_3$	9.37	0.99
$C_8H_{16}N_2O_2$	9.74	0.83
$C_8H_{18}N_3O$	10.12	0.66
$C_8H_{20}N_4$	10.49	0.50
$C_9H_2NO_3$	10.26	1.07
$C_9H_4N_2O_2$	10.63	0.91
$C_9H_6N_3O$	11.01	0.75
$C_9H_8N_4$	11.38	0.59
$C_9H_{16}O_3$	10.10	1.06
$C_9H_{18}NO_2$	10.47	0.90
$C_9H_{20}N_2O$	10.85	0.73
$C_9H_{22}N_3$	11.22	0.57
$C_{10}H_4O_3$	10.99	1.15
$C_{10}H_6NO_2$	11.36	0.99
$C_{10}H_8N_2O$	11.74	0.83
$C_{10}H_{10}N_3$	12.11	0.67
$C_{10}H_{20}O_2$	11.20	0.97
$C_{10}H_{22}NO$	11.58	0.81
$C_{10}H_{24}N_2$	11.95	0.65
$C_{11}H_8O_2$	12.09	1.07
$C_{11}H_{10}NO$	12.47	0.91
$C_{11}H_{12}N_2$	12.84	0.76
$C_{11}H_{24}O$	12.31	0.89
$C_{12}H_{12}O$	13.20	1.00

续表

项目	M+1	M+2
$C_{12}H_{14}N$	13.57	0.85
$C_{13}H_{2}N$	14.46	0.97
$C_{13}H_{16}$	14.30	0.95
$C_{14}H_{4}$	15.19	1.07
173		
$C_{6}H_{9}N_{2}O_{4}$	7.55	1.05
$C_{6}H_{11}N_{3}O_{3}$	7.92	0.88
$C_{6}H_{13}N_{4}O_{2}$	8.30	0.71
$C_{7}HN_{4}O_{2}$	9.18	0.78
$C_{7}H_{11}NO_{4}$	8.28	1.10
$C_{7}H_{13}N_{2}O_{3}$	8.65	0.93
$C_{7}H_{15}N_{3}O_{2}$	9.03	0.77
$C_{7}H_{17}N_{4}O$	9.40	0.60
$C_{8}HN_{2}O_{3}$	9.54	1.01
$C_{8}H_{3}N_{3}O_{2}$	9.92	0.84
$C_{8}H_{5}N_{4}O$	10.29	0.68
$C_{8}H_{13}O_{4}$	9.01	1.16
$C_{8}H_{15}NO_{3}$	9.38	0.99
$C_{8}H_{17}N_{2}O_{2}$	9.76	0.83
$C_{8}H_{19}N_{3}O$	10.13	0.66
$C_{8}H_{21}N_{4}$	10.51	0.50
$C_{9}HO_{4}$	9.90	1.24
$C_{9}H_{3}NO_{3}$	10.27	1.08
$C_{9}H_{5}N_{2}O_{2}$	10.65	0.91
$C_{9}H_{7}N_{3}O$	11.02	0.75
$C_{9}H_{9}N_{4}$	11.40	0.59
$C_{9}H_{17}O_{3}$	10.12	1.06
$C_{9}H_{19}NO_{2}$	10.49	0.90
$C_{9}H_{21}N_{2}O$	10.86	0.74
$C_{9}H_{23}N_{3}$	11.24	0.58
$C_{10}H_{5}O_{3}$	11.00	1.15
$C_{10}H_{7}NO_{2}$	11.38	0.99
$C_{10}H_{9}N_{2}O$	11.75	0.83
$C_{10}H_{11}N_{3}$	12.13	0.67
$C_{10}H_{21}O_{2}$	11.22	0.97
$C_{10}H_{23}NO$	11.60	0.81
$C_{11}H_{9}O_{2}$	12.61	1.07
$C_{11}H_{11}NO$	12.48	0.91
$C_{11}H_{13}N_{2}$	12.86	0.76
$C_{12}HN_{2}$	13.75	0.87
$C_{12}H_{13}O$	13.21	1.00
$C_{12}H_{15}N$	13.59	0.85
$C_{13}HO$	14.10	1.12
$C_{13}H_{3}N$	14.48	0.97
$C_{13}H_{17}$	14.32	0.95
$C_{14}H_{5}$	15.21	1.07
174		
$C_{6}H_{10}N_{2}O_{4}$	7.56	1.05
$C_{6}H_{12}N_{3}O_{3}$	7.94	0.88
$C_{6}H_{14}N_{4}O_{2}$	8.31	0.71
$C_{7}H_{2}N_{4}O_{2}$	9.20	0.78
$C_{7}H_{12}NO_{4}$	8.29	1.10
$C_{7}H_{14}N_{2}O_{3}$	8.67	0.93
$C_{7}H_{16}N_{3}O_{2}$	9.04	0.77
$C_{7}H_{18}N_{4}O$	9.42	0.60
$C_{8}H_{2}N_{2}O_{3}$	9.56	1.01
$C_{8}H_{4}N_{3}O_{2}$	9.93	0.85
$C_{8}H_{6}N_{4}O$	10.31	0.68
$C_{8}H_{14}O_{4}$	9.03	1.16
$C_{8}H_{16}NO_{3}$	9.40	1.00
$C_{8}H_{18}N_{2}O_{2}$	9.77	0.83
$C_{8}H_{20}N_{3}O$	10.15	0.67
$C_{8}H_{22}N_{4}$	10.52	0.50
$C_{9}H_{2}O_{4}$	9.91	1.24
$C_{9}H_{4}NO_{3}$	10.29	1.08
$C_{9}H_{6}N_{2}O_{2}$	10.66	0.92
$C_{9}H_{8}N_{3}O$	11.04	0.75
$C_{9}H_{10}N_{4}$	11.41	0.60
$C_{9}H_{18}O_{3}$	10.13	1.06
$C_{9}H_{20}NO_{2}$	10.51	0.90
$C_{9}H_{22}N_{2}O$	10.88	0.74
$C_{10}H_{6}O_{3}$	11.02	1.15
$C_{10}H_{8}NO_{2}$	11.39	0.99
$C_{10}H_{10}N_{2}O$	11.77	0.83
$C_{10}H_{12}N_{3}$	12.14	0.68
$C_{10}H_{22}O_{2}$	11.24	0.97
$C_{11}H_{10}O_{2}$	12.13	1.07
$C_{11}H_{12}NO$	12.50	0.92
$C_{11}H_{14}N_{2}$	12.87	0.76
$C_{12}H_{2}N_{2}$	13.76	0.88
$C_{12}H_{14}O$	13.23	1.01
$C_{12}H_{16}N$	13.61	0.85
$C_{13}H_{2}O$	14.12	1.12
$C_{13}H_{4}N$	14.49	0.97
$C_{13}H_{18}$	14.34	0.95
$C_{14}H_{6}$	15.22	1.08
175		
$C_{6}H_{11}N_{2}O_{4}$	7.58	1.05
$C_{6}H_{13}N_{3}O_{3}$	7.95	0.88
$C_{6}H_{15}N_{4}O_{2}$	8.33	0.71
$C_{7}HN_{3}O_{3}$	8.84	0.95
$C_{7}H_{3}N_{4}O_{2}$	9.22	0.78
$C_{7}H_{13}NO_{4}$	8.31	1.11
$C_{7}H_{15}N_{2}O_{3}$	8.68	0.94
$C_{7}H_{17}N_{3}O_{2}$	9.06	0.77
$C_{7}H_{19}N_{4}O$	9.43	0.60
$C_{8}HNO_{4}$	9.20	1.18
$C_{8}H_{3}N_{2}O_{3}$	9.57	1.01
$C_{8}H_{5}N_{3}O_{2}$	9.95	0.85
$C_{8}H_{7}N_{4}O$	10.32	0.68
$C_{8}H_{15}O_{4}$	9.04	1.16
$C_{8}H_{17}NO_{3}$	9.42	1.00
$C_{8}H_{19}N_{2}O_{2}$	9.79	0.83
$C_{8}H_{21}N_{3}O$	10.16	0.67
$C_{9}H_{3}O_{4}$	9.93	1.24
$C_{9}H_{5}NO_{3}$	10.30	1.08
$C_{9}H_{7}N_{2}O_{2}$	10.68	0.92
$C_{9}H_{9}N_{3}O$	11.05	0.76
$C_{9}H_{11}N_{4}$	11.43	0.60
$C_{9}H_{19}O_{3}$	10.15	1.06
$C_{9}H_{21}NO_{2}$	10.52	0.90
$C_{10}H_{7}O_{3}$	11.04	1.15
$C_{10}H_{9}NO_{2}$	11.41	0.99
$C_{10}H_{11}N_{2}O$	11.78	0.83
$C_{10}H_{13}N_{3}$	12.16	0.68
$C_{11}HN_{3}$	13.05	0.78
$C_{11}H_{11}O_{2}$	12.14	1.07
$C_{11}H_{13}NO$	12.52	0.92
$C_{11}H_{15}N_{2}$	12.89	0.77
$C_{12}HNO$	13.40	1.03
$C_{12}H_{3}N_{2}$	13.78	0.88
$C_{12}H_{15}O$	13.25	1.01
$C_{12}H_{17}N$	13.62	0.86
$C_{13}H_{3}O$	14.14	1.12
$C_{13}H_{5}N$	14.51	0.98
$C_{13}H_{19}$	14.35	0.95
$C_{14}H_{7}$	15.24	1.08
176		
$C_{6}H_{12}N_{2}O_{4}$	7.60	1.05
$C_{6}H_{14}N_{3}O_{3}$	7.97	0.88
$C_{6}H_{16}N_{4}O_{2}$	8.34	0.71
$C_{7}H_{2}N_{3}O_{3}$	8.86	0.71
$C_{7}H_{4}N_{4}O_{2}$	9.23	0.78
$C_{7}H_{14}NO_{4}$	8.33	1.11
$C_{7}H_{16}N_{2}O_{3}$	8.70	0.94
$C_{7}H_{18}N_{3}O_{2}$	9.08	0.77
$C_{7}H_{20}N_{4}O$	9.45	0.60
$C_{8}H_{2}NO_{4}$	9.22	1.18
$C_{8}H_{4}N_{2}O_{3}$	9.59	1.01
$C_{8}H_{6}N_{3}O_{2}$	9.96	0.85
$C_{8}H_{8}N_{4}O$	10.34	0.69
$C_{8}H_{16}O_{4}$	9.06	1.17
$C_{8}H_{18}NO_{3}$	9.43	1.00
$C_{8}H_{20}N_{2}O_{2}$	9.81	0.83
$C_{9}H_{4}O_{4}$	9.95	1.24
$C_{9}H_{6}NO_{3}$	10.32	1.08
$C_{9}H_{8}N_{2}O_{2}$	10.70	0.92
$C_{9}H_{10}N_{3}O$	11.07	0.76
$C_{9}H_{12}N_{4}$	11.44	0.60
$C_{9}H_{20}O_{3}$	10.16	1.07
$C_{10}H_{8}O_{3}$	11.05	1.15
$C_{10}H_{10}NO_{2}$	11.80	0.84
$C_{10}H_{12}N_{2}O$	11.94	0.76
$C_{10}H_{14}N_{3}$	12.17	0.68
$C_{11}H_{2}N_{3}$	13.06	0.79
$C_{11}H_{12}O_{2}$	12.16	1.08
$C_{11}H_{14}NO$	12.53	0.92
$C_{11}H_{16}N_{2}$	12.91	0.77

续表

项目	M+1	M+2
$C_{12}H_{2}NO$	13.42	1.03
$C_{12}H_{4}N_{2}$	13.79	0.88
$C_{12}H_{16}O$	13.26	1.01
$C_{12}H_{18}N$	13.64	0.86
$C_{13}H_{4}O$	14.15	1.13
$C_{13}H_{6}N$	14.53	0.98
$C_{13}H_{20}$	14.37	0.96
$C_{14}H_{8}$	15.26	1.08
177		
$C_{6}H_{13}N_{2}O_{4}$	7.61	1.06
$C_{6}H_{15}N_{3}O_{3}$	7.99	0.88
$C_{6}H_{17}N_{4}O_{2}$	8.36	0.71
$C_{7}HN_{2}O_{4}$	8.50	1.12
$C_{7}H_{3}N_{3}O_{3}$	8.87	0.95
$C_{7}H_{5}N_{4}O_{2}$	9.25	0.78
$C_{7}H_{15}NO_{4}$	8.34	1.11
$C_{7}H_{17}N_{2}O_{3}$	8.72	0.94
$C_{7}H_{19}N_{3}O_{2}$	9.09	0.77
$C_{8}H_{3}NO_{4}$	9.23	1.18
$C_{8}H_{5}N_{2}O_{3}$	9.61	1.01
$C_{8}H_{7}N_{3}O_{2}$	9.98	0.85
$C_{8}H_{9}N_{4}O$	10.35	0.69
$C_{8}H_{17}O_{4}$	9.07	1.17
$C_{8}H_{19}NO_{3}$	9.45	1.00
$C_{9}H_{5}O_{4}$	9.96	1.25
$C_{9}H_{7}NO_{3}$	10.34	1.08
$C_{9}H_{9}N_{2}O_{2}$	10.71	0.92
$C_{9}H_{11}N_{3}O$	11.09	0.76
$C_{9}H_{13}N_{4}$	11.46	0.60
$C_{10}HN_{4}$	12.35	0.70
$C_{10}H_{9}O_{3}$	11.07	1.16
$C_{10}H_{11}NO_{2}$	11.44	1.00
$C_{10}H_{13}N_{2}O$	11.82	0.84
$C_{10}H_{15}N_{3}$	12.19	0.68
$C_{11}HN_{2}O$	12.17	0.94
$C_{11}H_{3}N_{3}$	13.08	0.79
$C_{11}H_{13}O_{2}$	12.17	1.08
$C_{11}H_{15}NO$	12.55	0.92
$C_{11}H_{17}N_{2}$	12.92	0.77
$C_{12}HO_{2}$	13.06	1.18
$C_{12}H_{3}NO$	13.44	1.03
$C_{12}H_{5}N_{2}$	13.81	0.88
$C_{12}H_{17}O$	13.28	1.01
$C_{12}H_{19}N$	13.65	0.86
$C_{13}H_{5}O$	14.17	1.13
$C_{13}H_{7}N$	14.53	0.98
$C_{13}H_{21}$	14.38	0.96
$C_{14}H_{9}$	15.27	1.08
178		
$C_{6}H_{14}N_{2}O_{4}$	7.63	1.06
$C_{6}H_{16}N_{3}O_{3}$	8.00	0.88
$C_{6}H_{18}N_{4}O_{2}$	8.38	0.71
$C_{7}H_{2}N_{2}O_{4}$	8.52	1.12
$C_{7}H_{4}N_{3}O_{3}$	8.89	0.95
$C_{7}H_{6}N_{4}O_{2}$	9.26	0.79
$C_{7}H_{16}NO_{4}$	8.36	1.11
$C_{7}H_{18}N_{2}O_{3}$	8.73	0.94
$C_{8}H_{4}NO_{4}$	9.25	1.18
$C_{8}H_{6}N_{2}O_{3}$	9.62	1.02
$C_{8}H_{8}N_{3}O_{2}$	10.00	0.85
$C_{8}H_{10}N_{4}O$	10.37	0.69
$C_{8}H_{18}O_{4}$	9.09	1.17
$C_{9}H_{6}O_{4}$	9.98	1.25
$C_{9}H_{8}NO_{3}$	10.35	1.08
$C_{9}H_{10}N_{2}O_{3}$	10.73	0.92
$C_{9}H_{12}N_{3}O$	11.10	0.76
$C_{9}H_{14}N_{4}$	11.48	0.60
$C_{10}H_{2}N_{4}$	12.36	0.70
$C_{10}H_{10}O_{3}$	11.08	1.16
$C_{10}H_{12}NO_{2}$	11.46	1.00
$C_{10}H_{14}N_{2}O$	11.83	0.84
$C_{10}H_{16}N_{3}$	12.21	0.68
$C_{11}H_{2}N_{2}O$	12.72	0.94
$C_{11}H_{4}N_{3}$	13.10	0.79
$C_{11}H_{14}O_{2}$	12.19	1.08
$C_{11}H_{16}NO$	12.56	0.92
$C_{11}H_{18}N_{2}$	12.94	0.77
$C_{12}H_{2}O_{2}$	13.08	1.19
$C_{12}H_{4}NO$	13.45	1.03
$C_{12}H_{6}N_{2}$	13.83	0.88
$C_{12}H_{18}O$	13.29	1.01
$C_{12}H_{20}N$	13.67	0.86
$C_{13}H_{6}O$	14.18	1.13
$C_{13}H_{8}N$	14.56	0.98
$C_{14}H_{10}$	15.29	1.09
179		
$C_{6}H_{15}N_{2}O_{4}$	7.64	1.06
$C_{6}H_{17}N_{3}O_{3}$	8.02	0.89
$C_{7}H_{3}N_{2}O_{4}$	8.53	1.12
$C_{7}H_{5}N_{3}O_{3}$	8.91	0.95
$C_{7}H_{7}N_{4}O_{2}$	9.28	0.79
$C_{7}H_{17}NO_{4}$	8.37	1.11
$C_{8}H_{5}NO_{4}$	9.26	1.18
$C_{8}H_{7}N_{2}O_{3}$	9.64	1.02
$C_{8}H_{9}N_{3}O_{2}$	10.01	0.85
$C_{8}H_{11}N_{4}O$	10.39	0.69
$C_{9}H_{7}O_{4}$	9.99	1.25
$C_{9}H_{9}NO_{3}$	10.37	1.09
$C_{9}H_{11}N_{2}O_{2}$	10.74	0.92
$C_{9}H_{13}N_{3}O$	11.12	0.76
$C_{9}H_{15}N_{4}$	11.49	0.60
$C_{10}HN_{3}O$	12.01	0.86
$C_{10}H_{3}N_{4}$	12.38	0.71
$C_{10}H_{11}O_{3}$	11.10	1.16
$C_{10}H_{13}NO_{2}$	11.47	1.00
$C_{10}H_{15}N_{2}O$	11.85	0.84
$C_{10}H_{17}N_{3}$	12.22	0.69
$C_{11}HNO_{2}$	12.36	1.10
$C_{11}H_{3}N_{2}O$	12.74	0.95
$C_{11}H_{5}N_{3}$	13.11	0.79
$C_{11}H_{15}O_{2}$	12.21	1.08
$C_{11}H_{17}NO$	12.58	0.93
$C_{11}H_{19}N_{2}$	12.95	0.77
$C_{12}H_{3}O_{2}$	13.09	1.19
$C_{12}H_{5}NO$	13.47	1.04
$C_{12}H_{7}N_{2}$	13.84	0.89
$C_{12}H_{19}O$	13.31	1.02
$C_{12}H_{21}N$	13.69	0.87
$C_{13}H_{7}O$	14.20	1.13
$C_{13}H_{9}N$	14.57	0.99
$C_{13}H_{23}$	14.42	0.96
$C_{14}H_{11}$	15.30	1.09
180		
$C_{6}H_{16}N_{2}O_{4}$	7.66	1.06
$C_{7}H_{4}N_{2}O_{4}$	8.55	1.12
$C_{7}H_{6}N_{3}O_{3}$	8.92	0.96
$C_{7}H_{8}N_{4}O_{2}$	9.30	0.79
$C_{8}H_{6}NO_{4}$	9.28	1.18
$C_{8}H_{8}N_{2}O_{3}$	9.65	1.02
$C_{8}H_{10}N_{3}O_{2}$	10.03	0.85
$C_{8}H_{12}N_{4}O$	10.40	0.69
$C_{9}H_{8}O_{4}$	10.01	1.25
$C_{9}H_{10}NO_{3}$	10.38	1.09
$C_{9}H_{12}N_{2}O_{2}$	10.76	0.93
$C_{9}H_{14}N_{3}O$	11.13	0.77
$C_{9}H_{16}N_{4}$	11.51	0.61
$C_{10}H_{2}N_{3}O$	12.02	0.86
$C_{10}H_{4}N_{4}$	12.40	0.71
$C_{10}H_{12}O_{3}$	11.12	1.16
$C_{10}H_{14}NO_{2}$	11.49	1.00
$C_{10}H_{16}N_{2}O$	11.86	0.84
$C_{10}H_{18}N_{3}$	12.24	0.69
$C_{11}H_{2}NO_{2}$	12.38	1.10
$C_{11}H_{4}N_{2}O$	12.75	0.95
$C_{11}H_{6}N_{3}$	13.13	0.80
$C_{11}H_{16}O_{2}$	12.22	1.08
$C_{11}H_{18}NO$	12.60	0.93
$C_{11}H_{20}N_{2}$	12.97	0.78
$C_{12}H_{4}O_{2}$	13.11	1.19
$C_{12}H_{6}NO$	13.48	1.04
$C_{12}H_{8}N_{2}$	13.86	0.89
$C_{12}H_{20}O$	13.33	1.02
$C_{12}H_{22}N$	13.70	0.87
$C_{13}H_{8}O$	14.22	1.13
$C_{13}H_{10}N$	14.59	0.99
$C_{13}H_{24}$	14.43	0.97
$C_{14}H_{12}$	15.32	1.09

参考文献

[1] Williams D H, Flining I. 有机化学中的光谱方法. 6 版. 张艳，邱頔，施卫峰，王剑波，译. 北京：北京大学出版社，2015.

[2] Silverstein R M, Webster F X, Klomie D J, Bryce D L. Spectrometric Indintification of Organic Compounds. 8th ed. John Wiley Sons Inc, 2014.

[3] 洪山海. 光谱解析法在有机化学中的应用. 北京：科学出版社，1981.

[4] 唐恢同. 有机化合物的光谱鉴定. 北京：北京大学出版社，1992.

[5] 赵瑶兴，孙祥玉. 光谱解析与有机结构鉴定. 合肥：中国科学技术大学出版社，1992.

[6] 周永洽. 分子结构分析. 北京：化学工业出版社，1991.

[7] 沈淑娟，等. 波谱分析的基本原理及应用. 北京：高等教育出版社，1988.

[8] 张华. 现代有机波谱分析. 北京：化学工业出版社，2005.

[9] Wilson E B J, Decius J C, Cross P C. 分子振动. 胡皆汉，译. 北京：科学出版社，1985.

[10] 卢嘉锡. 过渡金属原子簇化学的新进展. 福州：福建科学技术出版社，1997.

[11] Cotton F A. 群论在化学中的应用. 刘春万，游效曾，赖伍江，译. 北京：科学出版社，1975.

[12] 张光寅，蓝国详. 晶格振动光谱学. 北京：高等教育出版社，1991.

[13] 中本一雄. 无机和配位化合物的红外和拉曼光谱. 黄德如，汪仁庆，译. 北京：化学工业出版社，1986.

[14] 吴瑾光. 近代傅里叶变换红外光谱技术及应用（上、下卷）. 北京：科学技术文献出版社，1994.

[15] Isao Noda, Yukihiro Ozaki. Two-dimensional Correlation Spectroscopy——Applications in Vibrational and Optical Spectroscopy. John Wiley & Sons, Ltd., 2004.

[16] 孙素琴，周群，秦竹. 中药二维相关红外光谱鉴定图集. 北京：化学工业出版社，2003.

[17] Hendra P, Jones C, Warnes G. Fourier Transform Raman Spectroscopy, Instrumentation and Chimical Applicatons. Ellis Horwood, 1991.

[18] 朱自莹，顾仁敖，陆天虹. 拉曼光谱在化学中的应用. 沈阳：东北大学出版社，1998.

[19] Lever A B P. Inorganic Electronic Spectroscopy. Second ed. Elsevier, 1984.

[20] 杨文火，王宏钧，卢葛覃. 核磁共振原理及其在结构化学中的应用. 福州：福建科学技术出版社，1988.

[21] 赵天增. 核磁共振氢谱. 北京：北京大学出版社，1983.

[22] 杨立. 二维核磁共振简明原理及图谱解析. 兰州：兰州大学出版社，1996.

[23] 张立德，牟季美. 纳米材料科学. 沈阳：辽宁科学技术出版社，1994.